生态贸易：理论与政策

王　俊等　编著

科学出版社
北　京

内 容 简 介

《生态贸易：理论与政策》是一部系统探讨生态贸易领域的专著，涵盖了生态贸易的理论基础、测度与核算、制度框架、市场业态以及政策改革等多个方面。书中详细分析了生态贸易的微观与宏观基础，探讨了经济行为与生态影响之间的关系，并介绍了国际法律及公约对生态贸易的影响。此外，书中还讨论了碳交易、绿色供应链及生态服务贸易等前沿议题，旨在为读者提供全面的生态贸易知识体系，促进可持续发展。

本书可作为经济学、管理学等相关专业的本科生、硕士生和博士生的学习参考书。同时，书中所涉及的理论与实践内容也为研究工作者提供了宝贵的参考资料，助力学术界在生态贸易领域的深入研究与探索。

图书在版编目(CIP)数据

生态贸易 ： 理论与政策 / 王俊等编著. -- 北京 ： 科学出版社, 2025. 6. -- ISBN 978-7-03-081306-0

Ⅰ. X171.1； F74

中国国家版本馆 CIP 数据核字第 2025RF3685 号

责任编辑：王丹妮/责任校对：姜丽策

责任印制：张 伟/封面设计：有道设计

科学出版社 出版

北京东黄城根北街 16 号

邮政编码：100717

http://www.sciencep.com

北京市金木堂数码科技有限公司印刷

科学出版社发行 各地新华书店经销

*

2025 年 6 月第 一 版 开本：720×1000 1/16

2025 年 6 月第一次印刷 印张：22

字数：442 000

定价：245.00 元

（如有印装质量问题，我社负责调换）

序　言

随着经济社会的发展，世界各国普遍面临着土质退化、水资源短缺和大气污染等生态环境问题，厄尔尼诺等极端气候变化以及海平面上升对人类生存产生了较大威胁。因此，加强生态环境保护、实现人与自然和谐共处成为国际社会共识，全球政治、经济与生态环境之间的关联性趋于强化。当前，全球正经历百年未有之大变局，贸易保护兴起、地缘政治冲突频发、新冠疫情之后经济复苏乏力，引发了多重危机。在生态环境方面，面临着能源危机，以及应对气候变化、生物多样性等方面的困境挑战。可以预见，经济复苏与绿色低碳发展成为疫情之后世界发展的主旋律。

从国际贸易学科发展角度来看，学术界长期关注了国际贸易与生态环境之间的关系，并形成了“污染天堂”假说、“环境库兹涅茨”假说和“贸易环境促进论”等代表性观点。从实践角度来看，世界各国以批准加入多边环境公约或议定书，以及在自由贸易协定中加入环境保护条款等方式，完善全球生态环境治理，并对污染排放形成一定制度约束。近年来，还出现了一些新情况。美国频繁推出印太经济框架（Indo-Pacific Economic Framework，IPEF）、全球基础设施伙伴关系（Partnership for Global Infrastructure and Investment，PGII）等政治性框架，并将保护环境与发展清洁能源作为重要议题。2021 年欧洲议会表决通过了碳边境调节机制以及欧盟委员会发布《建立碳边境调节机制》提案，随后公布碳边境调节机制运行时间表，供应链上每个环节碳排放都将付出更多碳管制成本。面对全球环境战略新变化，全方位理解贸易与环境问题，非常迫切，也非常必要。为此，我提议由广东外语外贸大学王俊教授主持编著《生态贸易：理论与政策》一书。他具有产业经济学研究功底，又熟悉国际贸易规则，故由其牵头组建研究团队来完成书稿的撰写。

《生态贸易：理论与政策》一书是国际贸易学科领域中一部详细考察生态贸易的著作，系统地阐释了生态贸易理论、前沿、战略与政策，具有新颖性、系统性和前沿性特点。主要包括了五个部分：第一部分是理论基础，探寻了生态贸易的微观和宏观基础；第二部分是生态贸易的测度与核算，包括生态经济系统构成、绿色 GDP 核算、生态产品及碳足迹核算等；第三部分是生态贸易制度，包括国际环境公约、自由贸易协定环境条款等；第四部分是生态贸易业态及市场，包括了碳市场、碳关税、生态服务贸易、绿色供应链等；第五部分是生态贸易政策改革以及中国可持续发展政策取向等。

希望此书的出版，能够带动学术界进一步深耕生态贸易相关领域的研究。当然，由于成书时间不长，各章的内容还有一些改进空间，虽瑕不掩瑜，仍需精益求精，更上一层楼。

对外经济贸易大学　林桂军

2024年2月24日

目　录

导　论

第一节　生态贸易概念与研究对象

一、生态贸易概念

生态贸易是生态学和贸易学衍生出的新概念，隶属于环境与贸易问题，是研究经济增长与环境关系的重要内容。回顾人类文明的发展历史，其本质上就是不断开发和利用自然资源，通过集结各类资本（如自然资本、经济资本、人力资本等）以及技术变革不断推动经济增长的过程。可以说，自人类社会生产活动产生以来，环境问题就一直相伴相生。但从意识到环境与贸易关系之间的问题到概念的提出，人类经历了一个相当长的历史过程。

（一）中外的生态思想

古往今来，中外文化均有各自的生态思想。外国的生态思想由来已久，“生态”这一术语，源于古希腊文，意思是指家、住所或者生存环境。古希腊哲学家高度重视人与自然的关系，他们的学说代表了古希腊哲人的生态智慧。德谟克利特提出了“古代可持续发展”的观念。他把人与自然的关系问题与人的终极意义联系起来思考，认为人生的目的在于与自然和谐相处，指出生活的目的不是一味地追求物质享乐，真正的幸福是节制欲望，让灵魂宁静，幸福不在于占有畜群，也不在于占有黄金，而是健康的灵魂，要求人们向动物学习，向大自然学习。

中国曾长期处于世界各大文明的第一梯队，随着社会经济的发展和城市的兴起，各类活动导致了对环境的污染和破坏，在古代中国，人们也很早就注意到了这些问题，并采取了各种措施对环境进行保护和治理。《唐律》详细具体地规定了保护自然环境和生活环境的措施及对违反者的处罚标准。《旧唐书》记载，当时的政府把京兆、河南两都四郊三百里划为禁伐区或禁猎区，通过设置“自然保护区”的方式来保护自然资源与生态环境，这对保护祖国的秀丽山川起了很大的作用。总之，中国古代的人们这种“天人合一”的辩证的思维、“不夺农时，不蔑民功”的指导思想，给我们留下了非常宝贵的知识与精神财富，生态环境是人类赖以生存和发展的基础，我国古代贤哲不仅对“天人关系”“人地关系”有着深刻的认识，更通过极具科学精神的实践活动，为我们留下了宝贵的精神遗产。

尽管生态文明思想由来已久，但直至20世纪60年代末，随着发达国家工业化与环保之间矛盾的激化，贸易与环境问题才作为一个相对独立的学术议题和国家实践的重要领域开始进入人们的视野，自20世纪80年代开始发展成为全球性普遍关注的热点问题。因此，关于贸易与环境关系问题的研究历程，西方学者通常将20世纪60年代末70年代初视为一个重要的起点。

（二）20世纪70年代前贸易引发污染的实例

生态贸易概念起源于环境与贸易之间的矛盾。二战以后，部分发达国家凭借着工业革命的先发优势快速实现工业化，全球范围内贸易合作逐渐增加，经济全球化趋势日益明显。但由于经济增长方式和消费方式过度消耗资源，引发了一系列严重的环境问题，由贸易引发的与环境相关的国际争端也逐渐增多。

20世纪30年代发生的“马斯河谷烟雾事件”，是20世纪最早记录的公害事件之一。在比利时的马斯河谷工业区，狭窄的河谷里面集中了炼油厂、金属厂、玻璃厂等许多工厂。1930年12月1日到5日的几天里，河谷上空出现了很强的逆温层，致使13个大烟囱排出的烟尘无法扩散，大量有害气体积累在近地大气层，对环境造成严重的危害。一周内有60多人丧生，其中心脏病、肺病患者死亡率最高，许多牲畜死亡。

20世纪60年代以前，人们普遍认为海洋是一个巨大的净化器，可以净化几乎所有的人为污染。但是，1967年3月18日利比里亚超级油轮“托利·坎荣”号在英吉利海峡触礁，造成了一起震惊世界的生态灾难，彻底改变了以前人们认为海洋能净化所有人为污染的观点，使得人们开始重视并关注海洋溢油污染问题。

（三）环境保护运动的兴起

以牺牲环境为代价的经济发展模式对居民的健康生活造成了极大的威胁。在居民日益提升的环保诉求的压力下，各国相继实施了一些环境规制举措。

以欧洲为例，欧洲工业化的发展与环境保护问题一直备受关注，尤其是20世纪70年代以来，欧洲各国采取了一系列治理措施，旨在解决工业化带来的环境问题。最早的环保措施可以追溯到20世纪70年代初期，当时欧洲各国开始关注空气污染问题，为了遏制工业生产过程中的污染物排放，政府开始制定各种环保法规和标准。例如，德国制定了严格的空气质量标准，要求所有工业企业采用高效净化设备并监测其排放数据，类似的法规和标准也在其他欧洲国家得到推广和实施，如英国的《清洁空气法案》。除此之外，欧洲国家还积极开展环保科研，在环境监测、污染治理等领域不断取得新的进展。同时，政府和企业之间的合作也逐渐加强，企业在生产过程中必须遵循环保法规和标准，否则将面临巨额的罚款和损失。这种法规趋严加上社会责任感的提升，使得企业不得不在减少污染方面大做文章，当然欧洲环境保护的发展过程中，也存在一些问题。例如，一些欧洲企业为了压低成本，在污染治理方面采取了一些不良的手段或者将工厂转移到其他国家来规避环保标准。这些问题也成为欧洲各国政府和企业面临的挑战。总体来说，欧洲的环保措施在缓解工业化带来的环境问题方面取得了很大的成就。各国政府通过法规和监管，企业通过技术和管理手段，共同推进了欧洲环境保护事业的发展。在全球环保领域中，欧洲在一定程度上成为其他国家的榜样，展示了环保与工业化并存的可行性与前景。和欧洲相类似的是，世界各国的环境保护运动自 20 世纪 70 年代以来一直风起云涌。

（四）贸易与环境问题的争论

对于贸易与环境的协调问题，历史上有一个著名的司法案例——金枪鱼案。海豚是一种珍贵的海洋生物，在东热带太平洋地区，海豚和金枪鱼存在一种奇妙的共生现象，而墨西哥渔民在捕捉金枪鱼的时候常常使用“袋状围网”，这种网会对海豚造成伤害。在 1990 年 10 月，美国根据自己的国内法《海洋哺乳动物保护法》（Marine Mammal Protection Act，MMPA），发布禁令，禁止从墨西哥进口金枪鱼，包括金枪鱼制成品和鲜鱼，并拒绝接受墨西哥的申辩，坚持实施禁令。1991 年 2 月 6 日，墨西哥向《关税及贸易总协定》（General Agreement on Tariffs and Trade，GATT）争端解决机构提起申诉，要求解决美国禁止其金枪鱼进口的问题。同年三月，GATT 成立了专家组处理此事，专家组在广泛收集资料、充分听取双方的意见之后，认为：GATT 仅规定了可对产品引起的污染用贸易手段进行限制，但未对因产品的制造方式引起的污染做出规定。况且，MMPA 仅仅是美国的一项国内法，不能用来约束美国境外的生产过程。最后，专家组认为美国对墨西哥采取的措施违反了 GATT 第 11 条的关于取消数量限制的规定，并且不属于第二十条例外情况之列，裁决美国败诉。该案在当时备受世人瞩目，被认为具有里程碑意义。因为，“该案提出了 GATT 历史上的一个新的问题——环境保护与国际贸易关系的问题”（赵维田，2001）。

金枪鱼案件引发了 20 世纪 90 年代世界范围内贸易与环境问题的争论。1992 年召开的联合国环境与发展大会真正使得环境问题成为全球关注焦点，大会所通过的《里约环境与发展宣言》（简称《里约宣言》）等重要文件，充分表达了世界各国对环境保护的重视程度，体现出“可持续发展”的观点已经为国际社会所普遍接受。1993 年 12 月 15 日，GATT 乌拉圭回合谈判委员会制定了一项旨在弄清贸易措施与环境措施之间的相互关系以促进可持续发展的工作计划。随着 1994 年 4 月马拉喀什部长会议决定在世界贸易组织（World Trade Organization，WTO）内建立贸易与环境委员会，有人预言，环境与贸易问题已经日益成为 WTO 主持下的多边谈判的“绿色回合”。

关于贸易与环境问题的争论，首先是关于生产加工方法限制贸易的合法性问题，美墨金枪鱼案掀起了对于一国是否可以以生产加工方式为依据来对另一国展开贸易限制的讨论浪潮。随着环境保护向纵深发展，1998 年的海龟案被认为扫除了使用生产加工方法作为贸易限制措施的障碍，首次对生产加工方法标准做出了含蓄的肯定。其次是环境法域外适用问题，即一个国家是否有权为保护其管辖领域之外的人类、动植物生命或健康以及自然资源而采取某些措施，如对相关国家的产品施加一定的进口限制，但迄今为止没有明确的法律依据。再者是生态倾销问题，它通常是由发达国家和发展中国家之间经济发展水平和环保意识差异造成的，不同的环境标准会导致不同的环境成本，在国际贸易中若要消除生态倾销问题的争论，就必须解决发展中国家的差别待遇问题。最后是有关于多边环境协议与 WTO 规则的冲突问题，目前认为在判断国内措施的合法性之外，还应该包括判断多边贸易协定本身的合法性。

（五）生态贸易学概念的提出

二战以后，科学技术的持续发展、劳动生产率的不断提高和世界经济的快速发展，显示出人类干预和改造自然的能力也在逐渐增强。然而与此同时出现了大量的环境污染和生态退化问题，其严重程度是人类始料未及的。随着时间的推移，环境和资源问题从区域向全球扩展，世界范围内的人口骤增、粮食短缺、环境污染、能源危机等不仅威胁着人类的生存，而且制约着社会的进一步发展。

当科学家们探索以上问题产生的历史原因、发展趋势、预防措施和解决途径之时，从一开始他们就发现：单纯从生态学或从贸易学甚至经济学的角度来解释和研究这些问题，是难以找到答案的，只有将生态学和贸易学有机结合起来进行分析，才能从中寻求到既推动社会贸易发展又能保护生态环境的对策。

针对贸易与环境这一复杂的问题，自 20 世纪 70 年代开始，世界各国的研究者分别从不同的角度探讨问题产生的根源，并将其归结为市场失灵、制度失灵和环境成本外部化三个方面，这三者都与人类的现实需求层次紧密相关，三者归结起来，总的根源在于受现实的人类需求层次限制的市场和制度取向上与生态经济系统自组织发展相偏离。

生态与环境是两个既有区别又有联系的词汇，它们常常一起出现。生态偏重生物与其周边环境的相互关系，更多地体现出系统性、整体性、关联性，而环境更强调以人类生存发展为中心的外部因素，更多地体现为为人类社会的生产和生活提供的广泛空间、充裕资源和必要条件。因此，二者存在较大的交叉，在不引起混淆和歧义的情况下我们可以认为生态贸易问题隶属于环境贸易问题，即研究生态与贸易之间的问题也可以联系到环境与贸易之间的问题。

生态与贸易二者间因人类需求层次的有序而不断深度耦合，又因进化目标的不同和进化的有序性、循环渠道的相互独立性以及二者之间相互交换非主动性而使冲突加剧。贸易有很多好处，可货币化的生态系统服务通常通过交易来增加其价值。尽管这些商品可能被过度开发，但经济和其他社会利益也可以协调一致，以维持生态系统服务的生产并促进有效的管理。贸易可以通过提高资源利用效率来减少环境影响。贸易还可以刺激经济增长，增加财富和环境保护支出。然而，由于范围的扩大和集约化，贸易是目前影响生态系统的环境变化的关键驱动因素，并且贸易全球化的影响在未来可能会增加。

事实上，生态与贸易的冲突产生的根源在于旧的不平等的国际经济秩序造成的发展中国家与发达国家之间在经济上的差距及利益冲突（汪洪，2001）。要使生态与贸易协调，必要条件是人类对经济的基本需求得以满足，同时要弥补经济发展差异的鸿沟，主要对策之一是加大贸易对环境的反哺，促使二者交换对称，这既包括改变财政分配政策取向，也包括加强环境法规的制定及贯彻执行上的合作。生态与贸易之间的这种对立又统一的关系随着时间推移不断地发展演变，形成一个统一的整体，产生了生态贸易学。

本书认为，生态贸易学是以维护生态环境安全为底线，通过调控经济系统内外部关系，实现贸易增长以及经济可持续发展。在国际贸易中，需要考虑商品和服务对生态环境的影响，并采取措施以最大限度地减少贸易对生态环境的负面影响，促进可持续发展。也就是说，生态贸易的提出是为了解决传统贸易模式可能造成的环境问题，通过强调环境友好型生产方式和消费行为，实现经济增长和生态环境保护的双赢局面。

二、生态贸易的学科属性

生态贸易也被称为环境贸易或绿色贸易，是指以可持续发展为导向、注重生态环境保护和资源可持续利用的贸易形式。因此，生态贸易学也可以理解为有关环境贸易或绿色贸易的学科。

（一）生态贸易孕育于生态学和经济学

从生态贸易产生来看，伴随着生态和贸易之间的耦合和冲突，在二者对立和统一的过程中，逐步形成一个不可分割的整体。

生态贸易是一个综合了多个学科领域的综合性学科，旨在探索国际贸易和生态环境之间的相互作用和影响，推动贸易和环境的可持续发展。生态学则是研究生物与环境之间相互影响和相互依存关系的学科，强调生态系统的演化和功能及其对生态环境的保护。随着经济的增长，对外贸易过程中存在的市场失灵和政府失灵导致负外部性和污染产权界定不明确问题，全球环境问题变得愈发严重，如何同时兼顾经济发展和生态环境保护是当前需要解决的一个问题。生态贸易学和生态学的关系在于，它们共同关注着生态环境问题，都试图寻找可持续的发展模式。然而，二者的研究内容和重点略有不同：生态贸易学的研究重点是贸易和环境之间的相互作用和影响，涉及贸易环节中的物流、包装、生产、消费等方面；生态学的重点则在于研究生态系统、生态过程和生态管理，不局限于贸易领域。虽然生态贸易学和生态学在研究的内容、重点方面都有所不同，但两者之间有重要的关系，共同致力于推动人与自然和谐共生的可持续发展。

生态贸易是人类在保持赖以生存的生态环境条件下进行贸易活动的一门学科，是经济学的一门重要的分支学科，也是经济学中的一门新兴学科。生态贸易是以贸易为主体的人类的经济交流和经济活动，是包含商品流通、人类活动、经济交流、商业服务等相互关联的一个经济活动的系统工程。学科的主要特点是在有效地保护生态环境的前提下，进行高效的贸易活动。因此，以贸易为主体研究商品的国际大循环和国内小循环的经济活动的发展过程，使得生态贸易学成为经济学研究的一个新兴领域。

（二）生态贸易是自然科学和人文科学的交叉学科

从“综合学科”的定义来看，交叉学科理论认为，根据交叉学科的表现形态和交叉程度可以把学科分为比较学科、边缘学科、横断学科、综合学科和元学科。“综合学科”是指运用多门学科的理论方法和技术手段，以涉及复杂的自然因素和社会因素的特定问题作为研究对象而形成的交叉学科。具体而言，“综合学科”应该具有以下的特征。

在学科名称方面，综合学科的命名多是不可分的名词，而且由于牵涉广泛，往往是以其研究对象作为学科名称的，如海洋学、信息学、环境科学等。然而“生态贸易”的名称显然不具备上述特征，它可以分为“生态”“贸易”两部分，而且也未能集中地表现其研究对象。在学科形成特征方面，综合学科与形成该学科的子学科差异较大，它的形成是以对传统学科的超越为前提的。从以上的分析中可以得知，生态贸易应该是以生态学、经济学两门学科为背景形成的，贸易学属于经济学的一个分支，而且无论它的形式和特质发生了多大的变化，我们似乎都可以从这两门学科中找到它的生长点。依据生态贸易从生态学和经济学这两个母体中产生、发展的事实，在现有的学科分类理论和学科本身的发展情况的基础上，可以将生态贸易的学科属性界定为：一门以生态学和经济学为基础的，自然科学和人文社会科学的交叉学科。

（三）生态贸易的学科特点

1. 学科的理论性

生态贸易作为一个学科领域，具有一定的理论性。生态贸易学借鉴了生态经济学的理论，后者是从经济学的视角探究由经济系统和生态系统构成的复合系统的结构、功能行为及其规律的学科。生态经济学是生态学和经济学交叉形成的一门新兴学科。主要研究内容有：生态-经济系统的结构、功能和目标；经济平衡与生态平衡之间的关系及其内在规律；经济的再生产与自然的再生产之间的关系和规律；人类在生态-经济系统中的各种经济活动同时带来的经济效益和生态效益的相互关系；人口、资源、能源、生态环境、城乡建设等问题之间的内在联系；防止环境污染，恢复生态平衡的投资来源及效果评价等。

2. 学科的实用性

由联合国支持的“奔向零碳”行动于2020年启动，旨在汇集各方力量与支持，共同致力于实现到“2030年将碳排放减少一半”的目标，为子孙后代建设一个更加健康、安全、清洁和具有抵御力的世界。生态贸易在“奔向零碳”的背景下具有很强的实用性，是贴合“奔向零碳”潮流的一个有力的工具。

（四）生态贸易的学科发展方向洞察

生态思想和贸易理论引领学科的发展方向。

1. 目前国际上主流的生态思想

世界生态文明建设的主要指导思想是在可持续发展的基础上构建人与自然和谐共生的社会，推动经济、社会和环境协同发展，实现生态文明建设和绿色发展的目标。该思想的核心理念主要包括以下内容。

可持续发展：生态文明建设强调经济增长必须符合资源环境的承载能力，确保现代社会的需求不损害未来世代的生存和发展权益。

和谐共生：生态文明建设倡导人与自然和谐共生，强调生态系统的保护、恢复和可持续利用，避免过度开发和破坏自然资源。

绿色发展：生态文明建设鼓励推动绿色产业、绿色技术、绿色消费等，减少环境污染和资源浪费，实现经济增长与环境保护的平衡。

生态文明观：强调人类在生态系统中的角色和责任，倡导尊重自然、保护生态环境，传承和弘扬生态文化。

全球合作：生态文明建设强调全球性的环境问题，倡导各国携手合作，共同应对气候变化、生态破坏等全球性挑战。

这一指导思想旨在超越传统经济发展模式，以人与自然的和谐为基础，构建具有长远可持续性的发展模式。它不仅是一个国家内部的发展理念，也是国际社会共同关注的重要议题，因为生态环境问题已经成为全球性挑战，需要各国共同努力。

2. 当前主要的贸易理论

（1）比较优势理论。由大卫·李嘉图提出，他认为：一个国家即使生产不出成本绝对低的产品，只要能生产出成本相对低的产品也可以和另一个国家进行贸易，并使得双方都获益。这一理论从实证经济学的角度给出了证明：无论是生产力水平高或者低的国家，只要按照比较优势的原则参与分工和贸易，都可以从中获益。

（2）H-O 理论，又称要素禀赋理论，由瑞典著名经济学家赫克歇尔（Heckscher）首先提出基本观点，他的学生俄林（Ohlin）系统创立。根据要素禀赋理论，劳动力丰富的国家出口劳动密集型商品，进口资本密集型商品；相反，资金过剩的国家出口资本密集型商品，进口劳动密集型商品。

（3）规模经济贸易理论。1985 年，经济学家克鲁格曼在和艾瀚南合著的《市场结构与对外贸易》一书中提出了规模经济贸易理论：当某一产品的生产发生规模收益递增的时候，随着生产规模的扩大，单位产品成本递减且取得成本优势，由此导致专业化生产并出口这一产品。

从当今的世界经济发展趋势来看，规模经济、不完全竞争、产品差异已经跃居为主导因素。任何一国都不可能包揽一行业的上下游全部环节，从而使国际分工成为必然选择。许多资源、技术相似的邻国，在生产要素方面并没有太强的互补性，却组成自由贸易区，以规模经济为基础进行专业化分工合作，取得的收益甚至超过了传统比较优势带来的利益。

3. 生态贸易的学科发展方向

生态贸易学是将生态学原理与贸易学原理相结合的一门新型交叉学科。它的主要研究对象包括生物多样性保护、环境污染治理、气候变化应对等环境问题的经济影响及其解决方案。

从学科发展趋势来看，未来的生态贸易将会更加注重跨学科合作与融合，结合自然科学、社会科学等多个领域的研究成果，探索更为全面、深入的环境保护途径和方法。同时，随着数字化技术的发展，大数据、人工智能等新技术也将成为生态贸易学的重要工具，助力该领域的科研工作开展。当前，许多环境问题是全球性的，需要国际社会共同努力才能解决。因此，未来的生态贸易学将更多地关注全球生态环境变化带来的挑战和机遇，寻求在全球范围内协调资源分配、促进可持续发展的有效途径。这不仅需要政策层面的合作，还需要企业在实践中采取更具可持续性的商业模式。这需要各国政府、企业和民间组织紧密合作，共同推进全球生态环境治理进程。

三、生态贸易的研究对象

研究对象可以按需求进行不同方向细分，具体如下。

（1）按层次性进行细分，可以分成农田生态、森林生态、草原生态、水域生态和城市生态等，其下还可以再加划分，如农田生态，又包括水田生态、旱田生态，并可再按主要作物分别研究其生态经济问题。从横向来说，包括各种层次区域生态经济问题的研究。

（2）按地域性进行细分，可以分为研究某一个国家或某一个地区的国情或地区情况，如亚洲地区、环太平洋地区等。

（3）按战略性进行细分，可以分为局部和近期的生态经济效益、全局和长远的生态经济效益。

从本质上来说，生态贸易的主要研究对象是贸易与生态的关系，即如何在贸易交流的前提下，优化与改善生态环境。贸易和生态之间是相互影响、互相制约的关系。

（一）贸易对生态环境的影响

贸易对环境有不利的影响。贸易通过多个渠道对环境造成负面影响。早期的研究认为，比较优势是产业间贸易流动的关键驱动因素。贸易通过提高经济活动的规模，增加了污染，但贸易通过提高实际收入，亦提高了对环境质量的需求。若政府能够出台相关政策，污染问题将会通过技术效应得到缓解，在控制收入水平和经济活动规模的情况下，清洁和污染行业部门构成的变化将会影响污染物的排放，这些贸易创造的结构效应会因各国的比较优势不同而不同（Copeland and Taylor，1999）。以上观点产生于污染避难所假说，该假说指出，随着贸易壁垒的下降，污染严重的产业将会逐渐撤出对环境有较高标准的国家，迁往环境规制较弱的国家，意味着政府政策的差异是比较优势的重要来源。

同时也存在贸易保护论，持这种观点的人认为，自由贸易并不会加重环境污染问题，通过限制贸易来解决环境问题只会扭曲商品与要素价格，影响市场的资源配置效率，而基于比较优势的国际贸易分工不但能够有效配置和合理利用全球资源，而且能够从以下几方面改善生态环境。一是国际贸易能够提高资源的利用效率，从而减少了废物产生与环境污染问题；二是国际贸易能促进贸易国的经济发展，进而增加贸易国用于环境保护方面的资金投入，从而改善其生态环境；三是先进环保技术通过国际贸易的方式从发达国家向发展中国家转移，提高了发展中国家的环保技术水平和资源利用效率，从而改善发展中国家的环境质量。

（二）生态环境对贸易的影响

大多数学者认为，环境对贸易的影响是多方面的，环境既能促进贸易的增长也能阻碍贸易的正常发展。主要体现在以下几个方面。

自然资源为贸易提供了物质基础，不同的环境禀赋使得各国形成了不同的比较优势。Scott（1975）用修正的H-O模型研究环境的外部性对生产与消费的影响，认为如果环境成本在商品的国内生产中没有内部化，那么这种商品的出口会增加，进口将会减少。各个国家出于保护环境的目的，采取不同的环境规制，目的是达到“环境成本内部化”，不同的环境政策使各国的比较优势发生变化，直接影响一国的产品在国际上的竞争力。Siebert（1977）分析认为，环境政策会增加生产成本，环境规制严格的国家，不鼓励污染产品的专业化生产，环境政策较为宽松的国家会增加污染型产品的比较优势。Baumol和Oates（1988）认为在局部均衡条件下没有实施环境规制国家的污染产业的比较优势会增大，进而倾向于以损害环境为代价专业化发展污染产业。Copeland和Taylor（1994）建立一般均衡模型，得出收入水平高的国家在清洁产品上具有比较优势，收入水平低的国家在“污染密集型产品”上拥有比较优势，跨国贸易让污染型的产业向污染管制较松的国家进行转移，使得从世界范围来看总体的污染水平提升。与此相反的是，Porter（1991）开创性地提出了环境管制存在产生正外部性的可能；Porter和Linde（1995）认为严苛的环境规制是一种积极的力量，它可以凭借引发环境方面的技术创新从而驱动整个经济在全球市场上变得更加具有竞争力。

经过以上文献分析得出，学者们普遍认为贸易可以推动社会福利增加和经济的增长，提高一国对环境质量的要求，也就是说贸易对环境有正向的效应，若要使这种正向效应发挥作用，需要有一定的经济发展水平作为基础。

（三）研究贸易与生态环境关系问题的必要性

随着贸易的发展，贸易和环境之间的关系日益紧密，其研究的必要性逐渐显现，国内外学者从以下几个层面分析这一问题的重要性。

首先，国际背景层面，随着国际贸易和经济全球化的发展，环境问题愈发成为焦点问题之一。历史形成的不合理的国际经济秩序使得环境污染和生态环境破坏日益严重，随着全球经济快速发展，世界贸易以空前的规模迅速扩大，世界环境受到的冲击也非常大，各种各样的环境问题以前所未有的规模转化成超越国界的全球问题。在可持续发展原则的指导下，贸易自由化可以为环境保护提供更多的资源和先进的技术，但是不顾环境和生态承受能力的贸易自由化会导致资源与生态破坏和环境污染，不恰当的环境保护措施会制约贸易的发展。如何处理好贸易自由化和环境保护的关系已经成为世界各国所共同关注的问题。

其次，“环境革命视角”层面，人类社会正在经历一场以保护生态环境、防治和减少环境污染、节约和合理利用自然资源为中心内容的环境革命。“环境与贸易”这一热点的产生并非偶然。它是贸易和环境在当今时代发展演变的结果。更进一步来看，贸易活动对自然资源需求的无限性和生态环境对资源供给的有限性之间存在矛盾的关系。贸易的发展是人类社会生产力和社会分工发展的客观要求；生态环境的平衡稳定又是一种不以人类的意志为转移的客观自然规律。20 世纪 90 年代以来，全球各阶层人们对环境的关注程度超过了对贸易增长的关注，这使得各个国家和国际社会对环境的管制越来越严，各国政府的贸易政策日益成为更好地服务于环境目标的工具。出于环保目的执行的限制或禁止进出口的环境贸易措施数量日益增多，并可能对国际贸易的正常发展产生影响，环境与贸易问题已成为当下研究的焦点。

最后，学术研究层面，由于环境和贸易这个问题相对较新，虽然有关专家进行了大量的研究，但是仍存在未有定论的内容。从现有的研究来看，国内外学者的研究基本上包含了贸易对环境的影响、环境对贸易的影响、贸易与环境关系的协调、竞争力、与环境相关的标准等五个方面。

（四）贸易与环境问题研究的新领域

自 1972 年国际贸易与环境问题被正式提出以来，贸易与环境问题已成为 21 世纪各国关注的重要议题之一。传统的贸易与环境问题的研究主要集中于贸易与环境的关系研究，即研究贸易对环境的影响和环境对贸易的影响，理论框架已经建立并且认知已经比较成熟。近年来，以硫排放交易、碳排放交易、虚拟水、虚拟能源研究为代表，现有研究更多的是将环境直接或间接作为贸易品，通过贸易方式改善环境，形成了贸易与环境问题研究的新领域：环境贸易。环境贸易不是指传统意义上的环境保护产品和服务贸易，而是指环境要素的直接或间接的贸易。

结合目前的研究，环境贸易可分成以下两类，直接的环境贸易和外生的环境贸易。

直接的环境贸易：直接环境贸易的理论源自 20 世纪 70 年代美国经济学家提出的排放许可交易制度。该制度是指在实行排放许可证管理和污染物排放总量控制的前提下，激励企业通过技术进步和污染的治理来控制污染排放指标，并把这种指标作为一种可储存的资源，提供给企业当前或者未来使用，也就是可以在不同的企业之间进行流动。

外生的环境贸易：与直接的环境贸易相对的是外生的环境贸易。它是在普通的商品或服务贸易中，增加了形成这种商品或者服务所需要的环境要素的贸易，比如水资源、能源、土地等环境因素。外生的环境贸易以虚拟水贸易作为代表。20 世纪 80 年代，以色列的经济学家曾经提出减少对耗水量大的商品的出口，而增加耗水量大的商品的进口。1993 年，英国托尼·艾伦（Tony Allan）教授正式提出“虚拟水”概念，该概念由于其研究方法和研究视角的新颖性以及在分析和研究世界水资源问题上独特的应用价值和阐释力，在相关领域引起了广泛的关注。虚拟水理论以及虚拟水贸易的研究为解决全球水资源匮乏、实现全球水资源合理分配提供了新的方法。

综上所述，直接的环境贸易是环境污染排放权的贸易，是把环境要素作为一种生产要素，以贸易的方式内化到经济运行的过程之中，因此其本质是环境要素的直接贸易。环境要素直接作为贸易品进行贸易的首次尝试是碳排放交易。随着全球变暖问题的加重，碳排放交易得到国际范围内的广泛关注。外生的环境贸易主要是以环境要素的虚拟贸易为特征，表现为普通服务或产品的贸易，尽管没有表现为环境要素的直接贸易，但是间接显示了环境要素的贸易。外生的环境贸易体现了考虑环境因素的新贸易思想，可以使经济发展和贸易自由化与环境保护得到最优整合，但其理论基础仍是 H-O 理论。虚拟水理论的提出及其不断完善，为外生的环境贸易奠定了坚实的理论基础，推动了虚拟能源贸易等各种环境要素的虚拟贸易的研究。

贸易与环境问题在 21 世纪被各国广泛关注。世界上有关贸易与环境问题的研究已经从专注贸易对环境的影响和环境对贸易的影响的传统研究角度，转向了环境贸易的新领域。环境贸易凭借其独特的视角，为减缓贸易与环境之间的冲突提供了新的方法，使得经济贸易增长和环境保护和谐发展更快实现。显然，不论是直接的环境贸易，还是外生的环境贸易，大都是在国外首先提出，研究也比较成熟，国内还更多处于介绍引进和研究论证阶段。作为一个新的贸易与环境的研究领域，国内要引起足够的重视，将研究重点从传统的贸易与环境关系问题转移到环境贸易上来。我国正面临较为复杂和严峻的环境、资源问题，迫切需要国内学者结合我国的具体情况，提出新的理论和方法，并应用到实际的环境与贸易政策中来，为减缓贸易与环境冲突，使贸易与环境双方达到双赢提供理论和政策支持。

第二节　生态贸易主要内容

与传统经济学研究的不同之处就在于，生态贸易学以人类经济贸易活动为中心，将生态和贸易作为一个不可分割的有机整体，研究生态系统和贸易系统相互作用而形成的复合系统及其矛盾运动过程中发生的种种问题，从而揭示生态贸易发展和运动的规律，寻求人类贸易发展和自然生态发展相互适应、保持平衡的对策和途径，其研究结果是解决环境资源问题、制定正确的发展战略和贸易政策的科学依据。生态贸易研究的主要内容可以分为以下九方面。

一、生态贸易的基本理论

生态贸易作为环境经济学与贸易经济学的交叉学科，涵盖微观经济学与宏观经济学中的多种理论。从微观基础来看，生态贸易学不仅包含传统经济学中消费者效用最大化、生产者成本最小化等行为理论，而且更重视资源稀缺性、外部性、可持续发展、效率与公平等概念在生态贸易中的表现，强调消费者、生产者等微观主体在生产和消费决策中基于包含环境成本在内的真实成本所做的“理性人”决策。从宏观基础来看，传统经济学关注国民收入、就业和通货膨胀等经济指标，生态经济学则更重视资源利用、环境负荷等社会长期发展，二者在宏观层面拥有独特且互补的视角，将环境因素纳入宏观经济分析框架，可更全面、更准确地衡量和理解经济活动与社会福利间的关系。

二、生态经济系统的组成与功能

与单独的生态系统和经济系统不同，生态经济系统是由生态子系统、经济子系统以及由经济子系统衍生的社会子系统构成的复杂的组合体，体现出生态系统和经济系统之间的对立统一关系，其构成要素包括自然资源、生态环境、经济活动、社会制度、科技知识和人口六大要素。从规模来看，生态经济系统可划分为全球、国家、区域、城市、社区等不同区域类型；从产业进行划分，生态经济系统可划分为农业、林业、水产业、能源生态、制造业等生态经济系统；此外，还可按时间趋势、竞合关系、国家禀赋等角度进行划分。无论生态经济系统以何种形式表现，都包含了经济、社会、环境、资源管理、创新和技术发展、风险管理等功能，具有相互依赖、循环性、可持续性、复杂性等多重特征。理解和管理生态经济系统需要采用系统思维和方法，考虑其复杂性、动态性、多尺度性和适应性等特点。

三、生态生产总值核算

随着生态问题重要性的提升，将环境因素纳入国内生产总值（gross domestic product，GDP）核算已成为未来发展的一个重要趋势。传统的 GDP 核算未扣除在经济发展中由于资源消耗和生态福利降低而产生的环境退化，因此部分国家或地区为了追求 GDP 增长，忽略了经济活动对自然资源造成的消耗及对环境造成的危害。为了解决这个问题，国际上开始探讨如何剔除环境污染及资源耗减等负面因素，并发布了环境经济核算的国际统计标准。其中，经济生态生产总值（gross economic-ecological product，GEEP）是一种考虑经济活动中环境污染代价和资源耗减成本的指标，用于反映一个国家（地区）的 GDP 水平和真实发展状况。

四、生态贸易的国际法律及公约

生态贸易具有典型的区域转移和代际转移特征，国际社会为协同应对生态贸易问题已制定了相关的政策法规、法律公约等，遵循源头预防、可持续发展、尊重国家主权、共同但有区别的责任、国际合作、和平解决国际环境争端等原则。其中，发达国家在二战后曾以牺牲环境为代价实现快速工业化，为解决由此引发的环境与经济之间的矛盾，美国、欧盟、日本等发达经济体相继出台了环境法规，这些法规为发展中国家生态与贸易的协调发展提供了有益借鉴。国际上，《联合国气候变化框架公约》《京都议定书》《巴黎协定》《生物多样性公约》《关于森林问题的原则声明》等是具有相当约束力与影响力的全球性条款与公约。中国作为最大的发展中国家，不仅积极主动参与国际公约的制定，而且一直以实际行动遵循国际公约，践行人类命运共同体的理念。

五、多边及双边贸易体制下的生态贸易规则

贸易自由化与环境保护在目标、立场和实施机制上存在一定差异和冲突，需要通过规则创新来协调。在自由贸易协定（Free Trade Agreement，FTA）中加入生态贸易规则是贸易国间协调贸易与环境问题的重要途径，有利于保护全球生态系统。生态贸易规则的制定经历了长期的发展过程，早期的环境保护条款主要是为了协调自由贸易与环境保护之间的冲突，但例外条款的表述缺乏明确标准，可能导致环保例外权的滥用。随着区域自由贸易协定在具体章节中加入更多生态环境保护内容，比如技术性贸易壁垒、投资等，生态贸易规则逐步演变为区域自由贸易协定下的独立环境义务章节。最新一代高标准自由贸易协定将环境保护规则纳入更广泛的“边境内”规则范畴，提高了生态贸易规则的标准和效力。

六、生态贸易中的碳排放

近年来，二氧化碳的大量排放加速了全球气候变暖趋势，给人类社会和生态环境带来严重影响，重视和控制碳排放问题至关重要。二氧化碳排放问题是全球性问题，需要通过国际合作协调政策措施。1997 年《京都议定书》的签订正式提出碳交易的概念，随后世界第一个温室气体交易所在美国芝加哥成立，《京都议定书》的正式生效使得碳排放权成为国际商品。全球碳市场发展日益成熟，截至 2024 年，全球共有 36 个运行中的碳市场，14 个碳市场正在建设中，还有 8 个司法管辖区正在考虑建立碳市场，但不同地区在细节设计上仍存在差异，需要不断完善

协调①。

七、生态服务贸易

1994年签署的《服务贸易总协定》（General Agreement on Trade in Services，GATS）标志着多边贸易谈判开始重视服务贸易，其中包括生态服务贸易；2001年多哈回合首次将贸易与环境问题作为谈判议题，提出削减或取消环境服务贸易中的贸易壁垒。区域贸易组织如APEC从1995年开始就致力于推动环境服务贸易自由化，是较早开展环境服务合作的国际组织。最近签署的区域贸易协定如《摩尔多瓦-英国贸易与合作协定》《安哥拉-欧盟可持续投资便利化协定》等都重视应对气候变化和环境保护，其中也包括生态服务贸易内容。总体而言，随着环境问题日益受到重视，生态服务贸易在多边贸易谈判和区域贸易谈判中的地位和重要性不断提高，成为各国重点推进的一个领域。

八、绿色供应链

绿色供应链建立在传统供应链的框架之上，在追求经济收益的同时，更重视环境保护，强调对产品整个生命周期的绿色改造，在供应链各环节都融入环保意识，旨在平衡经济增长、社会责任和环境保护之间的关系。相较于传统供应链，绿色供应链更注重动态性和阶段性，强调对产品整个生命周期的绿色改造，在供应链各环节都融入环保意识。随着企业越来越认识到绿色供应链管理在提升市场竞争力方面的积极作用，这一管理方式正逐渐成为企业获取竞争优势的关键策略。

九、21世纪生态贸易发展框架与可持续发展政策选择

立法规划定义了生态贸易的理念，界定了行为范围，并构建了生态贸易的基本架构。作为政策框架的基础，它为生态贸易行为设定了基本的规则和准则，并对相关主体的行为进行引导和规范。作为政策框架的先导，它预设了未来生态贸易的目标与方向，为后续的政策实施提供了明确的方向和依据。立法规划对于建立和完善生态贸易发展政策框架具有决定性的影响，是生态贸易发展政策框架的重要组成部分。

目前贸易与环境许多旧的争论仍然存在，并且新的问题随着国际贸易的发展以及环境保护的深入而不断产生。首先，目前需要关注的问题之一是科学预防性原则在国际贸易中的运用问题，需要找到系统且有效的方法来解决这类问题。其次是对于标准本身的公平性问题，目前国际上还缺乏形成国际标准的行动法典。

---

① 资料来源：国际碳行动伙伴组织（International Carbon Action Partnership，ICAP）2024发布的《全球碳市场进展2024年度报告》。

再次，贸易与环境规则制定的开放性问题体现在 WTO 运作的透明度以及准入能力等方面。最后，贸易、环境与可持续发展的关系也值得探讨。

第三节　生态贸易的未来展望

生态贸易以有效保护生态环境为前提，探索如何高效开展贸易活动。短期内，处理好贸易和生态之间的关系并非易事，贸易目标和环境目标在某些层面上是存在差异的。从长远来看，协调好贸易和环境二者之间的关系需要重新审视两种体系中的相关因素，最终在一个新的体系中综合考虑贸易与环境问题。随着对绿色化发展认识的不断深入，生态贸易学会不断地完善自己的学科体系。

一、环境保护者和自由贸易者的争论

环境保护者希望贸易政策中涵盖更多关于环境保护的内容，也就是说需要有一个为世界范围内众人都认可的可持续发展原则和环境管理原则。在环境与贸易问题上，环境主义者和自由贸易支持者的争论由来已久。贸易主义和环境主义争论的根源在于对环境的哲学认识上存在差异，贸易主义遵循环境从属于人类的目的，环境主义以自然为本。但是二者之间有共同的目标，它们都希望改善社会福利。环境保护和自由贸易二者既相互依存，又存在重大的矛盾。这两者之间争论的深刻本质是功利主义和生态主义的思想分歧，贸易与环境本质上具有统一的关系，是发展与环境的关系，环境保护和自由贸易都只是达到终极目的的一种手段，而终极目的则体现在社会福利的增加上。我们需要建立一个贸易和生产体系，它的每一个环节都具有内在的可持续性和可恢复性，只有这样，才可能构建和谐社会，解决发展过程中人与人、人与自然之间的矛盾。一个能可持续发展的贸易模式才是我们真正的出路。在这样的模式中，企业“对社会负责”是自我推动的，是和市场原则中利润最大化的目标一致的，而并非道德规章约束的（陈建国等，2005）。

二、生态贸易的发展趋势

（一）多学科交叉融合的趋势

生态贸易未来的发展以现代生态科学所提供的自然科学为前提，立足生态学与环境经济学、贸易学等学科的交叉渗透融合，通过对国际贸易中的环境问题的系统分析并参照有关国家环境保护法规政策等，从生态学、环境经济学等角度对贸易涉及的环境方面问题的历史过程、基本特征、实践价值进行逻辑梳理和理论概括，重点揭示贸易中环境问题研究的必要性并探讨有关对策，既关注贸易的可

持续发展，又高度重视生态系统及自然环境的健康稳定，立足于科学发展，从整体系统观出发构建发展绿色贸易的战略对策。

（二）生态贸易学科知识体系的进一步完善

面对当前的发展形势，生态和贸易的融合发展是今后贸易学发展的大趋势，完善的理论体系是一门学科发展的基石，在未来发展中，生态贸易学将继续不断完善和发展，整合经济学、生态学等学科的理论，形成完整的学科知识体系。

（三）生态贸易理论和实践更加紧密的结合

传统国际贸易理论中最为经典的是以李嘉图为代表的比较成本理论，但它仅涉及了产品的生产成本和交易成本，没有反映生态环境的价值。而将环境成本内部化后，环境成本作为厂商成本的一部分计入产品和服务中，使产品的价格能够更加真实地反映产品的全部成本。一方面，随着环境成本的逐步内部化，现行的许多贸易限制措施将变得毫无必要，世界各国将迎来一个更加开放的国际贸易体系。另一方面，环境成本内部化是解决环境污染与生态破坏问题的根本途径，有利于资源的合理配置，提高资源的利用效率，促进环境与贸易的可持续发展。

尽管理论上可以肯定，环境成本内部化是协调贸易与环境的根本对策，但由于生态环境价值还属于理论研究的前沿问题，如何量化生态环境的价值尚未从根本上解决。同时，环境资源所有权在理论上是明确的，而实际上是模糊的，因此，还没有一个国家能够将环境成本内部化的对策很好地实际应用于国际贸易，也就是说，这还是一个尚待进一步研究的课题，也是生态贸易学未来的研究方向。

三、生态贸易面临的挑战

（一）从地缘政治的角度来看

当期国际贸易的发展受到多重因素的阻碍，尤其是政治层面较为突出。这将会对生态贸易学的发展产生一定的制约作用。以俄乌冲突为例，自 2022 年 2 月爆发以来已持续三年有余，从当前形势看短期内仍无法解决。俄乌冲突影响世界贸易的路径包括：一是直接影响俄乌双方及欧洲等国家；二是通过供应链和贸易渠道间接影响其他国家经济和贸易；三是危机引发的制裁和政治对立持续影响世界经济和供应链。俄乌冲突仍在持续，将进一步拖累全球经济和贸易的发展。

（二）从保护和发展关系的角度看

在进行生产贸易活动的过程中，还不能很好地处理好当前与长远、发展中取与舍之间的关系。恩格斯指出，我们不要过分陶醉于我们人类对自然界的胜利，对于每一次这样的胜利，自然界都对我们进行报复。自然界的变化，特别是累积人类活动造成的恶劣变化，如果任其长期持续演化，必将给人类带来灾难。我们应该坚持有取舍、守底线，控制人类向自然无度索取的不合理欲望，守住人类活动的有形边界和无形边界，限制人类过度利用自然的不合理行为，包括某些在技术和工程上可行但违背伦理和自然规律的行为，最大限度减少对自然的破坏性影响，真正构建和谐共生的人与自然关系。

（三）从人与自然关系的角度来看

全球气候变化正在导致冰川加速融化、海平面上升、极端气候事件频发，人类活动已对生物多样性构成严重威胁。人与自然和谐共生是一个共识，然而当前人类经济活动严重打破了人与自然之间的一个平衡，人与自然和谐共生的理念应该始终秉持在心。如何在贸易的过程中处理好人与自然之间的关系，是生态贸易学未来需要面临的一个挑战。

四、未来发展之路

（一）世界各国坚持走可持续发展道路的理念

贸易是世界经济增长的重要动力来源，也是连接世界各国的重要媒介，其可持续发展问题对于团结各国共同应对生态失衡、环境污染、资源短缺、削减贫困、平等发展等世界性议题有重大现实意义。可持续贸易是帮助新兴发展中国家以更加可持续的方式组织贸易并促进经济增长的重要手段，本书认为其作用在于应用可持续发展理论来解释贸易与环境问题，纠正长期以来把发展经济同环境保护对立起来的错误观点，强调贸易与环境协调发展的可行性和必要性，同时也在贸易与经济发展过程中体现对公平、人权、贫困等社会问题的人文关怀。

（二）加强国家之间的交流与合作

和平与发展是永恒的主题。当前，自然、气候和污染等多重危机交织、超越国界。全方位治理污染刻不容缓。解决全球污染问题，国际社会需勠力同心、团结合作：一是继续发挥联合国环境规划署及其所属机构的作用，通过联合国环境大会的工作和决议来采取集体和科学的行动，在全球和区域层面支持落实《2030年可持续发展议程》；二是拓展环境治理多边平台的影响力，包括2020年后化学品和废物健全管理及海洋垃圾和微塑料工作的磋商等；三是全球性环境挑战亟须加强国际合作和集体行动。政策和监管改革、充足的资金以及技术和创新手段的运用是关键因素。

（三）把握数字贸易生态化发展新趋势

目前，生态化发展已成为贸易数字化新的发展趋势。这里讲的“生态化发展”是指微观企业主体运用生态理念构建基于全球化的生态合作机制。全球化的生态合作机制不同于传统的全球价值链，全球价值链只是强调基于上下游的价值创造链条上的关系，而全球化的生态合作机制则是指在企业上下游的纵向以及企业的横向服务体系当中，寻求彼此之间的依赖和合作。

而基于数字化或网络化的相互依赖和紧密合作的生态体系尽管存在一定的变数和流动性，但是以独立的企业为核心的生态，相对是一个更稳定的、在市场上有更强竞争能力的体系。只有建立了基于自身发展的生态体系，企业才能够获得稳定的市场地位。

贸易数字化是一个复杂的过程，各种因素相互交织，相互影响，相互作用，彼此促进。对于企业而言，更应该找到推进自身贸易数字化发展的角度和切入点。尽管政府可能会出台统一的政策，但具体的企业在贸易数字化发展过程当中都有自己的业务情境和自身发展的特殊需求。每个企业都有其独特性。企业处在不同的发展阶段和发展水平，其贸易数字化的重点和方向可能都不一样。当然，统一的政策，如果能兼顾不同企业发展的特点，解决企业发展的困惑，释放企业的活力，那就是我们在现实中所期望的方向。

第一章　生态贸易的微观基础

本章首先探讨传统微观经济学中的基础概念，如效用最大化和成本最小化，并批判性地指出这些概念存在忽视环境成本等不足。其次，深入研究企业如何在生产过程中纳入生态因素，特别是在环境问题和政府政策干预下的各种可能性变化。最后，将涉及一些更为复杂的模型和理论，比如可持续消费模型，以展示生态经济学如何为微观经济分析提供更丰富、更实用的工具和视角。

第一节　经济行为的微观基础

一、消费者的行为理论

亚当·斯密曾经问过一个经典的问题：为什么像水那样对生命如此不可或缺的东西只有很低的价格、而对于生命并非必不可少的钻石却极其昂贵？这背后的经济学逻辑是，在微观经济学的舞台上，消费者扮演着一个核心角色。他们的行为和选择不仅影响自身的福祉，而且在更大范围内影响整个市场和资源分配。为了深入理解消费者行为的动机，我们首先要探讨效用和效用最大化的概念。

效用是指消费者在消费商品时所感受到的满足程度，尽管这个程度的度量通常是非常主观和难以量化的。但目前，在探讨消费者效用问题过程中，一个普遍被接受的规律是，消费者的效用满足边际报酬递减规律。这一规律是指，在一定时间内“在其他商品的消费数量保持不变的条件下，随着消费者对某种商品消费量的增加，消费者从该商品连续增加的每一消费单位中所得到的效用增量即边际效用是递减的”。

那么，在这一框架下，消费者被认为是理性的，他们会在预算约束和商品价格既定的条件下，尽可能地最大化自己的效用或满足程度。因此，我们会得到消费者效用最大化的一个重要条件：

$$\frac{\mathrm{MU}_x}{P_x} = \frac{\mathrm{MU}_y}{P_y} = \dots = \frac{\mathrm{MU}_n}{P_n} = \lambda \tag{1-1}$$

这意味着，消费者每一单位货币收入不论用于购买哪一种商品，其所得到的边际效用必须相等。这背后的经济学逻辑非常直观：假如存在使用单位货币购买某种商品 x 所得到的效用大于购买其他商品所获得的边际效用，那么消费者将会

更多地购买商品 x，并减少其他商品的购买。那么，结合边际报酬递减规律可知，在经历一段时间后，消费者对商品 x 的边际效用将会下降，而对于其他商品的边际效用将会提升。最终，当单位货币购买任意商品的边际效用都相等时，经济重新恢复到均衡——消费者增加某个商品的消费，并不能带来更大的效用，从而没有任何动机去变更现在的配置结果。

进一步地，如果消费者总是根据式（1-1）来最大化效用，并且边际效用递减规律成立，则可以得知，在给定市场稳态的前提下，购买商品 x 的价格 P 与 x 的需求量 Q 将呈反向变动。由此，我们可以得到商品 x 的需求曲线如图 1-1 所示。假设 P 降低一个单位，要想经济重新实现平衡（方程 1-1 关系重新成立），消费者需要购买更多的商品 x。

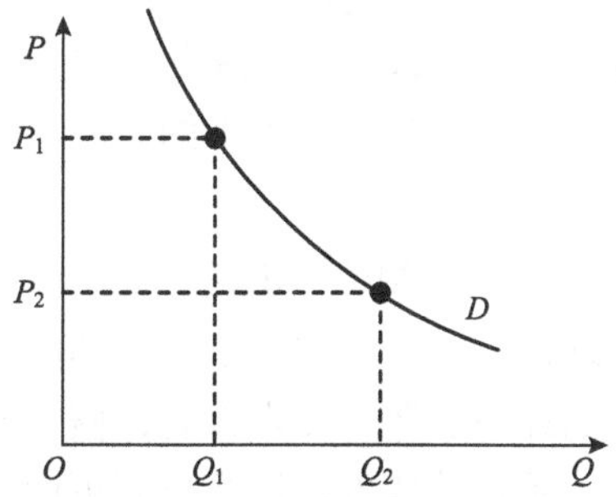

图 1-1　商品的需求曲线

当然，由于式（1-1）的存在，从单个消费者的需求曲线推导整个市场的需求曲线也非常简单；只需要累加单个消费者的需求即可。此时，在每个单价下，所对应的均衡需求量都是每个消费者的需求量。因此，市场的需求函数和单个消费者的需求函数具有一样的向下倾斜趋势。

二、生产者的行为理论

在消费者效用最大化的过程中，商品和服务的相对价格也起到了关键作用。价格不仅影响消费者对不同商品和服务的需求，还在某种程度上反映了这些商品和服务的相对稀缺性。因此，接下来，我们将补充生产者的作用，进而结合市场的供求关系讨论商品的定价问题。

在微观经济学的探索中，生产者行为与成本结构占据了一个不可或缺的地位。在简单的市场模型中，生产者是指那些将劳动、资本和其他生产要素组合在一起，以生产出供消费者购买的商品或服务的个体或企业。与消费者追求效用最大化的目标相似，生产者主要通过成本最小化或利润最大化来进行决策。

首先，我们需要明确生产者如何看待成本。在经济学中，成本被分为显性成本和隐性成本。显性成本是直接支付给因素提供者的金钱支出，隐性成本则是生产过程中放弃的下一个最好的机会。这两者合起来构成了企业的总成本。进一步地，总成本可以被划分为固定成本和可变成本。固定成本，如租金或设备折旧，在短期内无论生产多少都保持不变。而可变成本，如原材料和劳动力，会随着生产量的变化而变化。

同样地，生产过程也会存在与消费者“边际效用递减规律”相类似的约束——边际产量递减规律。这一规律是指，在技术水平不变的条件下，增加某种生产要素的投入，当该生产要素投入数量增加到一定的程度以后，增加一单位要素所带来的产量增加量是递减的。

接着，我们需要说明利润最大化是生产者最基本的目标。它是通过收入和成本之间的差额来实现的。生产者会在边际成本（marginal cost，MC）等于边际收益（marginal revenue，MR）的点上达到利润最大化。因此，我们可以得到式（1-2）的均衡关系。这个原则适用于不同市场结构下的企业，包括完全竞争、垄断、垄断竞争和寡头垄断市场。

$$\mathrm{MC}=\mathrm{MR} \tag{1-2}$$

这意味着，生产者每增加一单位的产品所增加的收益等于生产这一单位的产品所增加的成本。这背后的经济学逻辑非常直观：假设 MR>MC，每增加一单位产品所增加的收益大于这一单位的成本，厂商有利可图，必然扩大产量；而如果 MR<MC，每增加一单位产品所增加的收益小于这一单位的成本，厂商会亏损，必然减少产量。只有在 MR=MC 时，厂商既不扩大产量，也不缩小产量，而是维持产量，表明该赚的利润都赚到，即实现生产者利润最大化。

那么，如果生产者总是根据式（1-2）来最大化利润，则可以得知，在给定市场稳态的前提下，商品 x 的价格 P 与 x 的供给量 Q 将呈正向变动。由此，我们可以得到商品 x 的供给曲线如图 1-2 所示。假设 P 提高一个单位，生产者将生产更多的商品来获得超额利润。

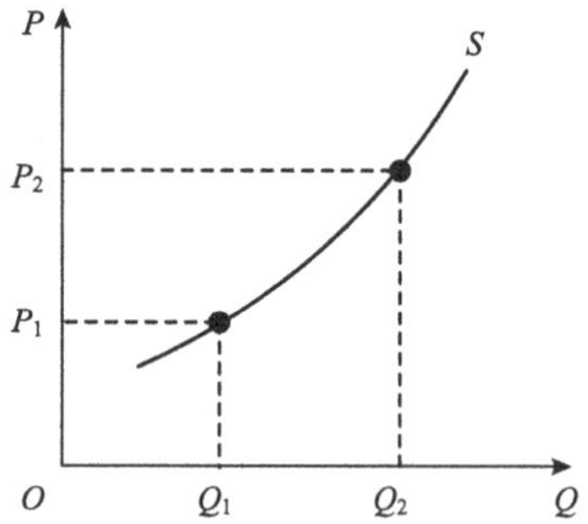

图 1-2　商品的供给曲线

综上所述，效用理论和效用最大化为我们提供了一个有力的工具，用于理解和解析消费者在面对多样选择和有限资源时如何做出决策；而生产理论和利润最大化，也有助于我们理解和解析生产者在面对市场需求和有限资源时如何做出决策。这个理论也为我们进一步探讨市场结构、价格决定机制以及资源分配提供了坚实的基础。

三、市场均衡与价格决定

均衡是指经济事物中的有关变量在一定条件的相互作用下所达到的一种相对静止的状态。均衡价格是一种商品的市场需求量等于市场供给量时的价格。在均衡价格水平下的相等的供求数量被称为均衡数量。在已知效用理论和生产者行为的前提下，假设处于完全竞争市场之中，我们可以通过图示结果分析市场均衡。

如图 1-3 所示，需求曲线和供给曲线交汇点即为市场均衡。市场均衡是需求和供给相互作用的结果。需求方面由消费者决定，供给方面则由生产者决定。这两者在价格和数量上的相互作用最终决定了市场均衡。

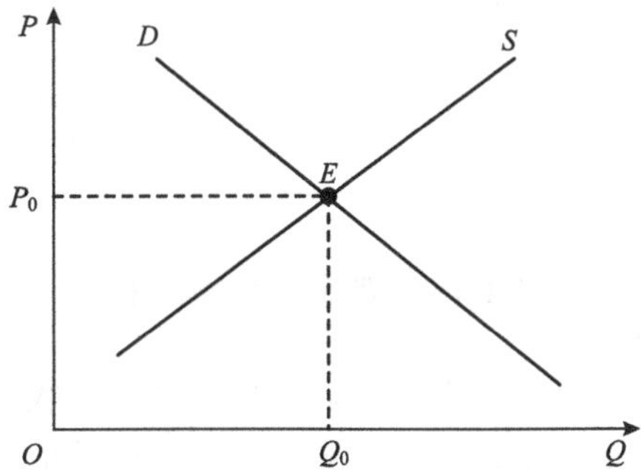

图 1-3　市场均衡状态

其中，需求增加会使均衡价格上升，均衡数量增加；需求减少则会使均衡价格下降，均衡数量减少。与之相对，供给增加会使均衡价格下降，均衡数量增加；供给减少则会使均衡价格上升，均衡数量减少。这反映的是亚当·斯密所说的“无形之手”：市场通常会通过价格调整自行回到均衡状态。

四、市场福利初步分析

在之前的讨论中，我们主要关注了消费者行为和生产者行为，以及它们如何影响市场均衡和价格。在理解这些基础概念之后，接下来我们要进一步拓宽视野，探索这些概念是如何集结起来，构成更为全面的福利分析的。特别是，我们将通过消费者剩余和生产者剩余来深化对市场效率和社会福利的认识。

消费者剩余是指消费者愿意为商品支付的总价值减去实际支付的总价值。数学上，消费者剩余可从效用函数派生而来，即通过效用函数和预算约束来找出最优选择点——市场均衡点。在该点，需求曲线下方的面积减去实际支付的总成本就是消费者剩余。

如图 1-4 所示，曲线表示的是，消费者为不同产量产品所愿意支付的最大价格；下标为 0 的参数代表市场均衡时消费者的实际支出水平和市场供给水平。阴影部分则是前文所说的消费者剩余；简单地说，如果你愿意为一杯咖啡支付 5 美元，但实际上只付了 3 美元，你的消费者剩余就是 2 美元。

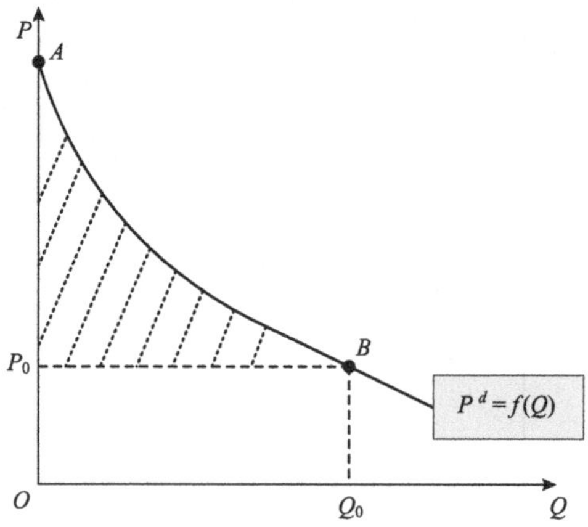

图 1-4　消费者剩余福利分析

与消费者剩余相对的是生产者剩余，是生产者实际收到的总价值减去生产商品的总成本。在微观经济学中，生产者剩余通常可以从成本函数中推导出来。在供给曲线上，价格高于成本的那部分面积就构成了生产者剩余。

如图 1-5 所示，S 曲线表示的是，在不同产量下生产者所需要支付的生产成本；供给曲线和需求曲线相交得到市场均衡，其所对应的是生产者实际获得的总价值。由此，阴影部分则是前文所说的生产者剩余；以农场主为例，如果他生产一箱苹果的成本是 20 美元，但市场上能卖到 30 美元，那么生产者剩余就是 10 美元。

最后，市场福利实际上是消费者剩余和生产者剩余的总和。在一个自由市场中，市场均衡价格就是在消费者剩余与生产者剩余相加最大的那一点。简单来说，一个有效的市场应当最大化消费者剩余和生产者剩余，从而实现整体社会福利的提升。

市场福利不仅是经济学中的基础概念，也是理解环境外部性（如污染等外部性）对社会福利影响的关键。在经济活动导致负面环境影响时，如没有适当的政府或社会干预，将会导致更多的市场福利损失。这种情况下，个体理性地追求自

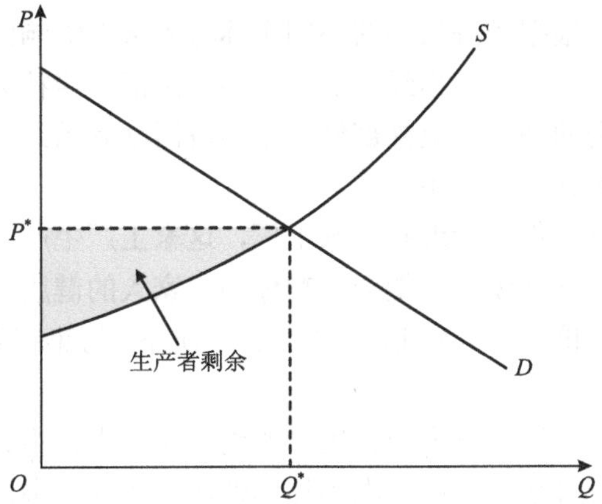

图 1-5 生产者剩余福利分析

己的最大利益，但却导致整体福利的降低。因此，在后续章节中，我们将进一步在市场均衡分析中引入生态视角，并探讨如何从生态经济学的角度来改善市场福利。

第二节 生态影响与经济决策：环境因素的不可忽视性

在经济学的传统视角中，我们通常关注的是消费者福利、生产者成本以及市场均衡等概念。然而，在一个日益全球化和资源稀缺受限的世界里，环境因素开始对经济产生重大影响。本节将解释为什么环境因素如此关键，并如何与经济决策紧密相连。

一、资源稀缺和环境压力

在地球上，不是所有的东西都有无限的供应。可能有人会觉得水是无限的，因为它总是来自自然界，但事实并非如此。水资源在很多地方都面临着极大的压力，这就是“资源稀缺”的直观体现。

根据自然资源部中国地质调查局发布的《全球矿业发展报告 2019》可知：如果按照中国地质调查局数据推算，80 亿人的地球，每年矿产资源的消耗量在 240 亿吨，随着科学技术的发展进步，人类消耗的自然资源呈指数级增长。同样，不仅仅是矿产，水、石油、天然气等自然资源也面临同样的问题。资源的稀缺性导致了价格上涨，影响了生产成本和消费者福利。

二、外部性

在市场经济中，供需关系的运行会产生一些无须支付即可以得到的结果，这种结果称为外部性。根据经济活动的不同主体将外部性影响区分为消费的外部性和生产的外部性。正外部性是指经济活动者的经济活动给社会其他成员带来的无须支付费用便可得到的利益；负外部性是指经济活动者的经济活动给社会其他成员带来的损害而不对其支付费用。

然而，想象一下，你家附近有一家工厂，这家工厂生产了大量的货物，但也排放了大量的废气。这种废气可能会影响你和你家人的健康，但是这个成本并没有反映在工厂产品的价格中。因此，在大部分情况下，污染问题是一个典型的“负外部性”问题。

在大部分情况下，污染作为一种生产的副产品，本身不具有价值属性，但其相关成本通常由消费者承担。但考虑到外部性所造成的伤害，政府会对外部性进行征税，将污染成本纳入企业生产成本之中，使其成为决定市场均衡的一部分因素。但也因为负担了更多的成本，企业在新均衡下的产出量会小于不考虑这一污染成本时的产量，因此市场的资源配置是低效率的。

如图 1-6 所示，私人成本形成的供给曲线与需求曲线决定的均衡数量是 $Q_{市场}$、均衡价格是 $P_{市场}$，社会成本（征税后）形成的供给曲线与需求曲线决定的均衡数量是 $Q_{最优}$、均衡价格是 $P_{最优}$。当出现负外部性时，市场机制的结果不再有效率，这是因为负外部性给社会带来了一个额外成本（外部成本），市场上的生产者和消费者没有明确承认这一成本，导致市场机制配置的资源偏离了社会最优而失灵。

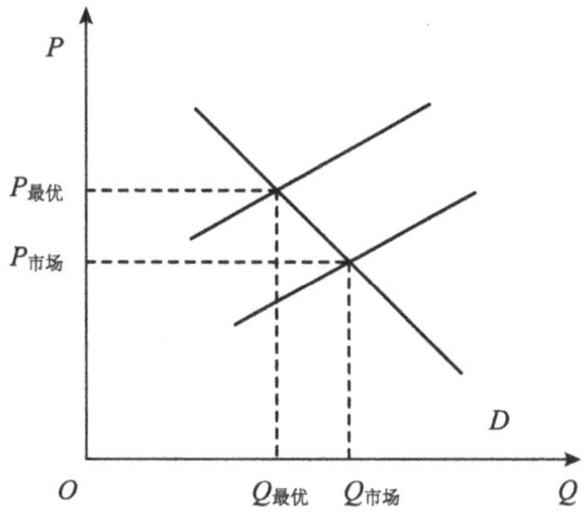

图 1-6　负外部性所造成的市场失灵

此外，其他的生态系统破坏问题也会面临类似的结果。可见，社会福利与环境可持续性是一体两面的。如果我们只考虑短期的经济增长而忽视生态环境保护，那么长期来看，我们就是在削减自己的“未来蛋糕”。因此，如何将生态因素引入到微观经济分析成为一个重要的经济学研究趋势。

三、企业环境责任

（一）企业社会责任与环境

在微观经济学中，企业的基础目的是最大化利润，这通常是通过边际成本和边际收益的比较来实现的。然而，这种传统的成本-收益分析往往忽视了环境因素的影响，就是所谓的“外部性”。

举个例子，让我们想象一家石油公司。按照传统微观经济学理论，该公司会持续提炼石油直到其边际成本等于边际收益。但这样的行为没有考虑到环境破坏的成本——这是一个负面外部性。在这里，企业社会责任（corporate social responsibility，CSR）实际上起到了“内部化外部性”的作用。通过实施 CSR 政策，如环境友好的提炼技术，公司实质上是将那些传统模型中被忽略的环境成本纳入了自己的成本-收益分析中。

企业决策还受到市场价格信号的影响。然而，价格往往无法准确反映所有生产要素的社会成本，尤其是当存在信息不对称或者外部性时。CSR 能在一定程度上通过透露更多的信息（如环境影响报告）来解决这一问题。

（二）绿色创新和可持续业务模式

绿色创新从微观经济学的角度来看可以被认为是一种“生产函数”的改变。在这里，生产函数不仅仅依赖于传统的生产要素（如劳动和资本），还依赖于绿色创新这一新的环境变量。一般而言，绿色创新可以增加企业的“生产效率”；这一过程将不仅体现在物质产品方面，还将体现在减少环境负荷方面。

考虑到生态经济学，绿色创新也是一种资源的优化配置。与传统的业务模式相比，可持续业务模型更注重在整个生产过程中实现“资源循环”，从而减少“熵增”或者说环境的无序度。

（三）企业与政府的互动：价格机制与外部性

在微观经济学中，当存在外部性或者其他市场失灵情况时，政府通常会采取干预措施，如税收、补贴或直接规制，以促使市场达到更有效或更公平的状态。

例如，政府对碳排放征税或者通过排放交易体系（emission trading system，ETS）可以促使企业减少其碳排放。这两种机制都试图通过价格机制让企业重新考虑其生产决策，以“内部化”其碳排放的外部成本。

这种政府干预是微观经济学中的“二阶条件”（second-best condition）的一个应用，即在存在市场失灵（如外部性）的情况下，通过政府干预来实现更有效的资源分配。

此外，不同的政策工具有各自的优缺点，不能单纯地认为所有政策工具都可以改善负外部性问题。例如，税收可能更容易实施，但可能给小企业造成更大的负担；排放交易体系可能推动更有效的碳减排，但可能导致收入分配不均。

第三节 生态经济学的微观理论框架

立足于生态经济学的基本理论框架，本书将进一步探讨效率与公平的双重目标，并结合可持续消费模型和贸易与环境模型，分析如何在全球化和资源约束的背景下，实现经济发展的可持续性。通过对这些理论基础的梳理，我们旨在为分析当前经济环境中的资源配置与环境可持续性，提供多样化的理论视角。

一、微观生态经济学的理论基础：效率、公平与循环

（一）生态效率和生态公平：平衡或矛盾？

生态效率（eco-efficiency）定义为单位资源或单位环境影响所产生的经济价值。数学上，它可以表示为产出（经济价值）与输入（资源消耗或环境影响）的比值。

$$\text{生态效率}=\frac{\text{经济价值}}{\text{资源消耗或环境影响}} \tag{1-3}$$

想象一下，你有一台会自动关机的电脑和一台不会自动关机的电脑。那台能自动关机的电脑就是在“生态效率”方面做得更好，因为它在你不用它的时候减少了电能消耗。这就是生态效率的精髓：用最少的资源得到最多的输出。

生态效率是一种兼顾经济目标和环境目标的衡量标准。它不仅与传统的生产效率有关，还直接影响市场的供需关系。例如，如果一个企业采用了高生态效率的生产方式，那么这个企业不仅能减少生产成本（因为资源使用更有效率），还可能会因为环保优势而提高产品需求。

从市场角度看，高生态效率可能会产生新的消费者需求和市场机会。消费者可能愿意支付更高的价格来购买对环境影响更小的产品，这反过来又会影响供应商的生产决策，进一步推动生态效率的提升。

生态公平（eco-equity）则关注环境资源或压力如何在社会各群体之间分配。它主张环境负担（如污染和废物）和环境利益（如清洁空气和水）应该公平地分配给社会的不同成员。让我们用一个简单的例子来说明。假设一个城市有两个区域，一个区域的居民都是高收入者，而另一个区域的居民都是低收入者。如果所有的垃圾处理厂都建在低收入区域，那显然是不公平的。这就是生态公平真正关心的问题：确保环境的负担和资源的好处都能公平地分配。

现在，问题来了：生态效率和生态公平总是一致的吗？答案是：不一定。在一个均衡的市场中，价格反映了供求关系，但这并不意味着资源的分配总是公平的。环境公平性涉及环境资源和压力如何在社会各群体间分配。以水资源为例，在许多地区，对清洁技术的投资可能主要集中在收入较高的地区，这可能导致低收入群体很难享受其环境利益，也即导致贫困群体面临不公平的环境风险。

（二）生态足迹与物质流：生态经济工具与微观经济的交互

生态足迹（ecological footprint）是用来量化个体或社群对自然资源和生态系统的利用压力的一个指标。通常以全球公顷（gha）为单位。通过计算生态足迹，可以更清晰地了解我们的消费行为如何影响环境。在微观层面，消费者可能通过了解产品的生态足迹来做出更加环保的选择。这些信息通常能从产品标签或在线平台找到，从而推动市场向更环保的方向发展。

物质流分析（material flow analysis）是一种评估物质和能量在一个系统（如一个经济体、城市或产品生命周期）中如何流动的方法。在微观层面，通过物质流分析，企业可以更准确地了解哪些流程需要改进，从而更有效地使用资源。例如，如果一个工厂发现它的废水排放特别高，它可以查找是否有更好的水资源回收技术或者是否可以优化现有流程以减少水的使用。

这两个工具——生态足迹和物质流分析——都可以与微观经济理论，特别是供需关系和市场均衡，产生有趣的交互。比如，如果消费者开始偏好生态足迹较小的产品，这将影响产品的需求曲线，进而可能导致价格和生产量的调整。

总结而言，生态经济学的微观理论框架不仅包括了生态效率和生态公平的概念，还与传统微观经济学中的供需关系和市场均衡有着复杂的交互作用。这些交互作用有助于我们更全面地理解经济活动如何与环境目标相互影响，从而形成更可持续和更公平的经济体制。

（三）循环经济和废物管理：市场机制与环境责任

循环经济是一种经济模式，它强调产品、材料和资源应该持续循环使用，以最小化浪费和对环境的影响。从微观经济学的视角看，这实质上是一种对“市场失灵”的修正。传统的市场经济常常无法在价格中完全体现环境成本，导致过度消费和浪费。循环经济通过内部化这些“外部性”来修正“市场失灵”。

正如供需模型中所表明的，价格是由供应和需求决定的。在循环经济中，这个机制也适用，但有所调整。以塑料瓶回收为例，如果回收塑料瓶的价格足够高，那么更多的人会选择参与回收，这样供应量就会增加。这不仅减少了对新塑料的需求（因而减少了对石油的需求和环境破坏），而且创造了一个更可持续的市场。

从微观经济学角度来看，废物管理与企业和消费者的“环境责任”紧密相连。

若采用更加环保的生产方式能降低废物处理成本或者增加产品的市场需求，企业往往会选择这么做。例如，一家制造商可能通过改进设计，使产品更易于回收，从而减少废物处理成本。

从消费者角度看，了解产品废物的最终去处可能影响其购买决策。以咖啡豆为例，一些消费者可能偏向购买那些注明“可持续种植”的咖啡豆，因为这意味着在生产过程中产生的废物得到了妥善管理。

循环经济和废物管理不仅是环境问题，还是微观经济问题。市场机制和环境责任可以相互作用，形成一个更为可持续和公平的经济体系。这为传统的供需模型和市场均衡概念提供了新的解释角度和应用范畴。

二、可持续消费模型

（一）生命周期评估：产品真实成本的全面把握

在经济学中，消费者和生产者都以成本为基础进行决策。然而，传统经济模型通常只考虑直接的金钱成本，忽视了环境成本。生命周期评估为我们提供了一个框架，用于量化和理解一个产品从摇篮到坟墓所有生命周期阶段的环境影响。

想象一下，你在超市里买一瓶矿泉水。你可能只看到价格标签上的 1 美元，但这 1 美元真的是这瓶水的全部“成本”吗？如果我们从生命周期评估的角度来分析，会发现这瓶水在生产、运输，甚至废弃处理时都有额外的环境成本，比如碳排放、水污染等。因此，通过生命周期评估，你可能会更倾向于购买那些用环保材料制成或者更接近本地生产的瓶装水。

这样做的好处是什么呢？首先，它揭示了传统成本分析中通常被忽视的“外部性”。当生产者只关注直接成本，如材料和劳动力，而忽视了生产过程中对环境的影响，这些外部性就会被忽视。生命周期评估提供的信息能帮助生产者和消费者更全面地理解哪些生产活动或消费选择可能会导致环境负担。

通过生命周期评估，我们可以更全面地了解商品或服务在整个生命周期内的环境“成本”。这使得消费者可以更加明智地做出选择，进而影响市场均衡。换句话说，当消费者开始考虑产品的环境成本时，市场需求曲线可能会发生变化，倾向于更环保的产品和服务。

（二）绿色采购和可持续供应链管理：改变生产和消费模式

在微观经济学中，生产者试图在成本结构的约束下最大化利润，而消费者试图在预算约束下最大化效用。这通常导致以金钱成本为中心的决策。但在可持续消费模型中，这一思路需要进行扩展和修正。

绿色采购就是一个很好的例子。传统上，企业在采购原材料或产品时，主要考虑价格、质量和供应商的可靠性。然而，在可持续供应链管理的框架下，企业还需要考虑供应商在环境和社会责任方面表现。为什么这样做呢？因为供应链中的每一个环节都会影响整个产品的环境成本，这一点在传统成本分析中通常被忽视了。

以咖啡为例，如果一家咖啡店决定使用以可持续农业方式种植的咖啡豆生产咖啡，它可能会面临稍高一些的成本。这些额外的成本实际上代表了避免环境破坏和社会不公的“投资”。因此，在绿色采购的推动下，生产者的成本结构和供应决策不再仅受到金钱成本的影响，而是开始纳入环境和社会因素。

这样的变化同样也会反映在消费者行为上。如果消费者了解到这种咖啡是由可持续方式生产出来的，并且更倾向于购买这样的产品，那么市场需求曲线就会向这种更加可持续的选项偏移。在这个过程中，价格机制不再仅仅只是反映商品和服务的金钱成本，而是它们真正的社会和环境成本。

（三）环境标签和认证：通向可持续消费的导航标志

如果你去超市购物，你可能会发现一些产品上有各种环境标签，比如“有机”或“公平贸易”。这些标签实际上是一种市场机制，用来解决信息不对称的问题。在微观经济学中，信息不对称通常导致市场失灵。当消费者不能准确地了解产品的真正成本（包括环境成本）时，他们无法做出最优选择。环境标签和认证就是为了解决这个问题而出现的。以有机食品为例，有机标签告诉消费者该产品是在没有使用化学肥料和农药的条件下生产的。这样，即使消费者没有时间或资源去深入研究每一个购买选项，他们也能通过这些标签快速了解产品的环境影响。当消费者开始倾向于购买有环境标签的产品时，市场需求将自然偏向更可持续的选项。通过环境标签和认证，生产者和消费者都能更清晰地了解产品或服务在整个生命周期中的真实成本，从而做出更加可持续的决策。这不仅有助于实现社会福利的最大化，还推动了环境的可持续性发展。

综上所述，从生命周期评估到绿色采购和环境标签，可持续消费模型在微观经济学的基础上加入了环境和社会因素，使得生产和消费的决策更加全面和可持续。这些机制和工具都在尝试纠正传统经济模型中的不足，以适应日益严峻的环境挑战。

第四节　贸易在微观生态经济学中的应用：理论与实践

自从 Melitz（2003）在异质企业贸易方面做出开创性贡献以来，企业角色如何塑造国际贸易的问题已经成为理论和实证贸易研究的中心议题。从 Cherniwchan（2017）的研究中可以明显看出：①企业也可能在确定贸易对环境的影响方面发挥重要作用；②在将重点转向研究企业层面方面，贸易和环境领域的文献在一定程度上滞后于贸易领域文献；③该领域的初步贡献已经揭示了贸易与环境之间存在重要的关系。在下文中，我们首先介绍贸易与环境的微观框架，接着介绍如何引入环境政策的影响，最后总结主要的理论发现。

一、贸易与环境的微观分析框架

Kreickemeier 和 Richter（2014）首先考虑了 Melitz 类型的贸易和环境设置。在他们的理论框架中，贸易自由化以两种方式影响排放：总产量的增加导致排放的增加（规模效应），生产向效率更高的企业的重新分配降低了排放，因为这些企业的污染密集程度也更低（一种再分配效应），总体影响不明确，取决于不同生产率水平的企业的确切相对污染强度。Forslid 等（2018）进一步纳入了企业的内生减排，其模型显示，由于减排投资不同，不同企业之间的排放强度也不同。Geoffrey 和 Ollivier（2018）发现，生产率更高的企业规模更大，对减排技术的投资也更多，因为它们从降低排放强度中获益更多。

在上述理论框架中，关键是生产率较高的企业排放强度较低。但是，这是模型的一种基本外生假设；而在个别模型中，这一假设被认为是企业层面减排决策的内生结果。由于这些模型同时暗示，只有生产率最高的企业才会成为出口商，这需要更多的数据去验证这一假设的可信性和正确性。

Holladay（2016）开创了这一领域的实证研究，他使用美国国家机构时间序列（National Establishment Time Series）数据库和环境保护局的风险筛选环境指标（Risk-Screening Environmental Indicators，RSEI）数据来估计出口状况如何影响工厂层面的有毒物质释放。在对行业、州和时间固定效应进行回归并控制规模差异后，他发现出口商的污染量比非出口商少 10%左右，值得注意的是不同类型的污染物之间存在相当大的异质性，尤其是在不同行业之间。此外，在具有相同固定效应的 logit 回归中考虑进口竞争，他发现高强度的竞争会将污染密集型小企业挤出市场。Cui 等（2016）进一步考虑了美国出口商污染物排放状况的微观数据，并找到了出口商生产过程更清洁的支持证据。Forslid 等（2018）利用 2004～2011 年的 1500 家瑞典制造企业的调查数据发现，出口企业的碳密集度低于非出口企业。

就全球而非局部污染而言，Antweiler 等（2001）首次从经验视角考察了出口贸易对环境绩效的影响。他们开发了一个理论模型，将贸易对污染的影响分为规模效应、技术效应和成分效应，然后使用二氧化硫浓度数据检验该理论模型，发现更自由的贸易似乎对环境有利。Richter 和 Schiersch（2017）结合四个德国行政数据集，为 2003～2011 年德国制造业创建了一个公司层面的面板数据集。他们采用 Ackerberg 等（2015）的生产率文献中的结构计量经济学方法来控制未观察到的生产率因素，并发现出口强度与二氧化碳生产率（排放强度倒数）之间存在正相关关系。由于他们的方法控制了生产率差异，这一发现支持出口商内生的更高的减排投资，而不是生产率和排放强度之间纯粹的外生联系。Barrows 和 Ollivier（2021）也考虑了出口企业的碳强度，但以发展中国家为背景。具体而言，他们使用了 1995 年至 2011 年期间近 8000 家印度企业的企业层面数据，调查这些企业如何应对外国进口需求冲击。他们发现，由于规模效应，企业的排放量增加，但由于排放强度的内生性降低（技术效应）抵消了约 40%的这种影响。

二、引入贸易政策的微观分析框架

首先，考虑到贸易自由化促使生产要素向那些生产能力足以支付固定出口成本的大型企业重新配置。Chang 等（2022）在 Melitz 和 Ottaviano（2008）之后考虑了一个具有异质企业和内生成本加成的框架，并强调贸易自由化产生的有利于竞争的效应加强了向生产率更高和污染更少的企业的转变。

在相应的实证研究中，Cherniwchan（2017）考虑了美国在一个特定的贸易自由化事件[即《北美自由贸易协定》（North American Free Trade Agreement，NAFTA）]中工厂层面的排放影响。他将美国环境保护局有毒物质排放清单中的颗粒物和二氧化硫排放数据、NETS 数据库中的就业和销售数据与行业层面的关税和贸易数据相结合。在对工厂、行业和州固定影响的回归中，他使用《北美自由贸易协定》生效引起的关税变化作为识别变量，估计了关税变化对出口和进口方面不同类型污染的影响。他发现，墨西哥关税削减以及由此带来的美国工厂出口机会增加降低了美国工厂的污染。另外，美国关税降低的影响，以及潜在导致的来自墨西哥的进口竞争增加对美国工厂排放的影响，没有明确和显著的模式。

Rodrigue 等（2022）调查了 2001 年中国加入 WTO 对中国制造企业排放的影响。Rodrigue 等（2022）利用生态与环境部的企业排放数据、年度制造业调查和海关记录，发现中国出口商的排放强度低于非出口商的证据——在加入 WTO 后，这种情况越来越明显。虽然内生减排水平在解释这一模式方面发挥了一定作用，但作者发现，产品范围、新资本投资和从国外进口减排设备方面的差异，也是导致出口商与非出口商存在排放差异的重要原因。

另一系列文献根据不同贸易协定的设计评估了这些协定的环境影响模式。环境条款被越来越多地纳入到贸易协定中，这刺激了相应的实证研究。Baghdadi 等（2013）在国家层面估计了签署包含更多环境条款的贸易协定的国家是否污染更少，并找到了条款有效性的重要证据。在双边层面上，Brandi 等（2020）调查了环境条款是否影响双边贸易流量的规模和产品模式。他们发现这些规定降低了发展中国家的污染密集型出口，同时促进了绿色出口。在协定层面上，Abman 等（2020）发现，虽然区域贸易协定的生效往往会导致更多的森林砍伐，但如果贸易协定包含关于森林保护或生物多样性的环境条款，这种影响就会被抵消。

此外，已有研究进一步强调，企业在国际贸易中的作用不仅会影响到环境政策的制定，也会改变环境政策的有效性；特别是如果企业被允许内生地选择其生产地点。具体地，Forslid 等（2017）和 Richter 等（2021）考虑了包含贸易和可移动企业的同质企业模型，发现与全球社会最优相比，企业移动性引发了降低环境税的税收竞争。Egger 等（2021）研究发现，由于受到规模效应和技术效应的双重影响，在由异质性企业构成的不对称国家环境中，监管国的排放量会因排放税的增加而降低；但在开放经济中，由于出口机会抑制了税收的市场规模缩减效应，这种排放量缩减没有那么强烈。

第二章　生态贸易的宏观基础

宏观经济学通常关注一个国家或经济体的整体经济现象，包括产出[经常以 GDP 或国民生产总值（gross domestic product，GNP）为指标]、就业、利率、货币供应和宏观政策等。这些因素在很大程度上决定了一个国家的经济福利水平，也影响了个人的生活和企业的决策。然而，传统的宏观经济模型往往忽略了环境和生态系统的价值，这在面临全球气候变化、生物多样性丧失和其他环境挑战的当下显然是不可持续的。

本章旨在弥补这一缺口，通过对主流宏观经济学理论与生态经济学理论的综合分析，我们将重新审视一些核心宏观经济指标和模型，并探讨如何在这些框架内纳入生态和环境因素。我们还将讨论储蓄和投资的生态经济学视角，进一步阐释如何在实体经济和金融部门之间建立更加可持续和公平的互动机制。

第一节　生态经济学和宏观经济学的对接

在经济学的整体框架中，宏观经济学主要负责的是分析国民收入、就业和通货膨胀等经济指标。生态经济学则专注于经济活动与环境关系的探究，如资源利用和环境负荷。但在现实世界中，这两者并不是独立的；国民收入、就业和通货膨胀等经济指标并不是一个孤立的体系，它们与自然环境紧密相连。忽视这些经济指标与生态环境的相互作用可能导致短视的政策和不全面的福利评估。

例如，如果一个国家过度开采其自然资源来推动短期的 GDP 增长，那么在没有充分考虑资源可持续性的情况下，这样的增长很可能是不持久的，并可能带来长期的生态和社会后果。同样，过度的生产和消费可能会导致环境污染和生态退化，这将对人类健康和福利产生负面影响，从而可能导致医疗费用的增加、劳动力生产率的下降和长期的经济下滑。

当然，生态经济学的建立并不是要完全取代传统的经济模型，而是要与之整合。这种整合可以从以下几个方面进行。

方法论层面：在微观经济学中，生态经济学主张将自然资本纳入生产函数中，从而更全面地解释经济活动的内在逻辑。例如，在分析生产效率时，不仅要考虑人力和资本投入，还要将资源消耗和环境损害作为重要的影响因素。这样，生态经济学可以为经济分析提供一个更为完备的框架。

政策层面：从生态经济学的视角出发，政策制定不仅要考虑经济效率，还要考虑生态可持续性。这可能涉及对现有政策工具，如税收、补贴等进行修改。

测量与评价层面：除了传统的宏观经济指标如 GDP、失业率等，还需要引入衡量环境健康和生态系统完整性的指标，如绿色 GDP、生态足迹等。这些指标有助于提供一个更全面的经济健康评估。

投资与资本分配层面的整合：生态经济学倡导的是一个更为可持续的投资模式。这意味着在投资决策中，除了传统的风险和收益评估外，还需要考虑项目对环境的影响和其生态效益。

综上所述，宏观经济学和生态经济学各自拥有独特但互补的视角。为了更全面地了解经济活动如何影响人类福利，两者的结合是不可或缺的。本章将进一步深入这一主题，探讨两者如何在具体模型和政策方案中相结合。

第二节　生态经济的福利度量

一、宏观实体部门的福利度量

（一）GNP 和总福利

在讨论生态经济学的宏观基础之前，先了解 GNP 是十分重要的。GNP 不仅是经济学界公认的衡量一个国家经济规模和活动的核心指标，还常常被用作社会福利和经济健康的代理指标。因此，理解 GNP 是如何工作的，以及它在宏观经济学和生态经济学中的地位，能够帮助我们更全面地把握两者之间的关联性。

一般而言，GNP 计算的是一个国家在一定时间内生产的所有最终商品和服务的总市场价值。这里的“最终”意味着这些商品和服务在生产过程结束后，已经准备好进入消费或投资环节。因此，GNP 的计算公式通常是

$$\mathrm{GNP}=C+I+G+(X-M)+\mathrm{NFI} \tag{2-1}$$

其中，C 表示消费支出；I 表示投资；G 表示政府支出；$X-M$ 表示净出口；NFI 表示净外国投资。GNP 被广泛用作衡量经济活动的一种方式，因为它考虑了生产、消费和投资等多个方面。然而，为什么 GNP 会被用来衡量社会福利呢？

社会福利通常被认为是一个衡量社会全体成员的整体幸福和生活质量的指标。在许多情况下，GNP 通常被视为社会福利的一个衡量指标，高 GNP 通常意味着更高的生产量、更多的就业机会和更高的收入。

不过，从生态经济学的视角来看，单纯依赖 GNP 作为福利的衡量标准是不全面的，甚至是有问题的。一方面，GNP 的计算中并没有考虑资源的消耗和环境污染，这会导致对社会福利水平的高估（在下文有关防御性支出的内容中，我们将

重点说明为什么缺乏考虑环境问题会导致 GNP 高估社会福利水平）。另一方面，GNP 也没有考虑社会不平等和福利分配问题，这进一步导致了对社会福利水平的高估。同样地，在下文关于分配的内容中，我们将重点说明为什么缺乏考虑分配问题会导致 GNP 的偏差。

这些问题表明，我们需要一个更全面、更细致的指标来衡量社会福利，特别是在生态经济学的语境下。正因如此，当前理解 GNP 的局限性以及寻找更适合的福利衡量方法，成为生态经济学和宏观经济学对接的重要任务。

（二）防御性支出和自然资本枯竭

在生态经济学的语境下，了解 GNP 的局限性是至关重要的。防御性支出和自然资本枯竭是两个有力的例子，分别揭示了 GNP 在环境和资源管理方面的不足。

首先，我们讨论防御性支出。一般而言，防御性支出是一类用于修复或减缓环境恶化的经济活动支出，如污水处理和空气净化等。在传统的 GNP 核算中，这些支出被视为经济活动的一部分，故而会使 GNP 数值得到明显的增长。然而，这一做法实际上掩盖了一个事实：这些支出并未增加社会福利，而是试图恢复或维持现有的福利水平。

然后，我们将焦点转向自然资本枯竭。自然资本，实际上包括土地、水、矿产和生物多样性等，是所有经济活动的基础。当这些自然资源被消耗或枯竭时，其对未来生产和福利的贡献也随之减少。与防御性支出一样，当自然资本被过度利用或枯竭时，GNP 并没有相应地减少，这也反映了其作为一个福利指标的局限性。

总体上，这两个方面的缺陷，即防御性支出和自然资本枯竭，均体现了 GNP 在作为一个全面的社会福利和环境健康指标方面的不足。因此，生态经济学界有必要寻找更全面、更科学的衡量标准。在这方面，生态经济学已经提出了一系列替代性的评估工具，如生态足迹和生态经济账户，它们尝试弥补传统经济指标的不足。

（三）社会不平等和福利分配

在生态经济学的宏观视野中，社会不平等和福利分配问题同样突出地显示了 GNP 作为一个全面福利指标的局限性。与环境问题和自然资本枯竭相类似，在全球化与“碳达峰和碳中和”目标实现的大背景下，社会不平等和福利分配也是当前经济体系下需要认真对待的问题。

首先，GNP 主要衡量的是一个国家所有居民在一年内生产的所有货物和服务的总值。它关注的是整体的生产活动，而不是货物和服务如何在社会成员之间分配的。换句话说，一个国家的 GNP 可能非常高，但如果大部分财富集中在少数人手中，那么大部分人的生活质量可能并不高。并且，GNP 没有考虑到收入的来源。例如，一部分收入可能来源于资源的过度开采或不可持续的生产活动，这些都可能会导致长期的社会和经济问题。

其次，福利分配的问题也同样重要。一个健康的经济体系不仅需要经济增长，还需要公平的福利分配机制，以确保所有社会成员都能共享经济成功的果实。然而，GNP 并不关注这一点。它只是一个量化的经济指标，未能体现福利如何被分配或重分配，以及这种分配是否符合社会公平和环境可持续性的原则。

因此，这两个因素——社会不平等和福利分配——明确地指出了 GNP 的局限性和不足，特别是在衡量一个复杂和多维的概念如"福利"时。因此，生态经济学强调，我们需要一个更全面和科学的福利衡量标准，一种能同时考虑社会、经济和环境因素的综合指标。

二、宏观金融部门的福利度量

在讨论了 GNP 作为福利度量的一系列局限性后，接下来，我们将集中讨论宏观金融部门的福利评价指标及其局限性。特别地，我们将分析货币在经济福利中所扮演的角色，来理解为什么它侧面说明了 GNP 作为生态与经济平衡发展理想目标的不合理性。

（一）货币的存在和使用

在现代经济体系中，货币发挥着多重功能。首先，它作为交换的媒介，极大地简化了商品和服务的流通，提升了市场效率。例如，在没有货币的经济体系中，人们常常需要通过物物交换来获取他们需要的商品或服务，这样的交换过程不仅低效，而且受到"双重巧合的需求"的限制，即你拥有的商品必须是对方需要的，同时对方拥有的商品也是你需要的。

其次，货币作为价值计量单位，提供了一个相对稳定和普遍接受的方法来比较和评价不同类型的商品和服务。这在一定程度上减少了信息不对称和交易成本。

最后，货币也是一种储藏价值的工具，允许经济主体在时间和空间上进行资源的转移。例如，人们可以通过储蓄来规划未来的消费，或者通过投资来期待未来的回报。

然而，货币和金融系统也有其局限性和风险；在追求生态和经济协同发展的目标进程中，这些局限性更为明显。其一，传统的金融评价体系往往只关注货币的名义价值，而忽略了自然资源和生态系统提供的服务的真实价值。例如，森林的存在不仅为我们提供了木材，还有助于碳的固存、土壤保护、水源涵养和生物多样性保护等。然而，当我们过度依赖货币化的福利评价体系时，往往只计算森林的木材价值，而忽视了它所提供的其他生态服务。其二，金融市场往往更注重短期的回报，这可能导致长期的生态和环境效益被忽视。例如，为了迅速获得超额利润，企业可能会选择过度开采资源，而不是实施可持续的管理策略。其三，当金融资产的价值远远超过其真实价值时，就会形成金融泡沫。当这些泡沫破灭时，不仅会带来经济上的损失，还可能导致社会和生态的不稳定，例如，土地或房地产泡沫可能导致土地的过度开发和生态破坏。因此，虽然货币在促进经济交换和评价价值方面具有不可或缺的作用，但其在金融市场波动、资源配置不均和其他社会经济问题中也暴露出其局限性。这些局限性需要我们在制定金融政策和进行宏观经济管理时给予充分考虑。

总而言之，货币在现代经济生活中起着核心的作用。它不仅简化了交易流程，还是资本积累和财富分配的工具。但正如我们在本章早些时候所讨论的，货币经济也可能导致环境问题和社会不平等，尤其是当它与自然资源和生态系统的可持续管理相冲突时。这一观点进一步提示我们，需要更为细致地研究金融市场及其更广泛的社会和生态影响。

（二）金融市场中的社会福利：货币供给、利率和流动现金余额

货币供应的扩张或收缩在很大程度上影响了投资和消费行为，这两者都与自然资源的使用紧密相关。例如，假设中央银行决定扩大货币供应以促进经济增长。这往往会降低借贷成本，进而鼓励个人和企业增加消费和投资。这种情况下，对自然资源的需求可能会增加，从而加剧环境压力。这里的关键问题是，自然资源使用量的增加是否得到了有效的环境审查和长期可持续性评估。

在低利率环境下，负债增长可能会导致对资源的过度开发和环境破坏。例如，林业或矿业公司可能会借助低利率的有利条件大举借款，以扩大生产。然而，这种扩张可能并没有充分考虑环境影响或可持续性问题。与之相反，在高利率环境下，由于借贷成本高，企业和个人在进行资源利用时可能更加审慎，需要更严格的投资回报评估。

高流动现金余额可能会鼓励企业和个人在不必要的消费和投资上进行支出，包括对资源的不可持续使用。因此，流动现金余额的管理需要考虑其对环境可持续性的影响。

金融衍生品的使用有时被认为是一种对抗自然风险和经济风险的手段。例如，农业企业可以使用期货合约来锁定未来的商品价格，减少因气候变化引发的价格波动风险。然而，金融衍生品也有可能被用于推动对环境不友好的投资和商业活动。在一些情况下，这些工具被用于对冲或抵消短期内可能导致不可持续环境影响的投资。

（三）其他福利度量及其局限性

我们讨论了如何使用 GNP 和金融部门的指标（如货币供给、利率等）来衡量社会福利。然而，也如前文所言，这些指标并非宏观经济学中唯一用于衡量或估算社会福利的指标。因此，本章将探讨其他几个重要的福利度量标准，如人类发展指数（human development index，HDI）、利润与股价比率以及失业率，并指出它们在生态经济学语境下的局限性。

HDI 是一个综合性的指标，考虑了生活水平、教育程度和预期寿命等因素。然而，在生态经济学的视角下，HDI 并未充分考虑环境可持续性和资源消耗。例如，一个国家可能具有很高的 HDI，但其高碳足迹和过度的自然资源消耗可能会导致长期的不可持续发展。

在金融市场，利润与股价比率常用于评估公司或整个股市的价值。这个比率可能反映了短期或中期的经济利益，但它往往忽视了公司活动对环境和社会的长期影响。例如，在加拿大的石油砂开采案例中，即使利润与股价比率可能很吸引人，但其环境成本却是惊人的。

失业率是另一个重要的宏观经济指标，通常用于衡量经济活力和社会福利。然而，这个指标通常未能反映出工作的质量或者是与之相关的环境成本。以孟加拉国的纺织工业为例，尽管该行业创造了大量的就业机会，降低了失业率，但由于低工资和差的工作条件，以及高环境成本，其对社会福利的实际贡献值得怀疑。

在生态经济学的框架下，以上这些指标都存在不同程度的局限性。它们往往侧重于短期经济收益，而忽视了长期环境可持续性和社会福利。因此，在评估和制定政策时，更全面和综合的福利度量标准是非常必要的。

第三节 实体部门与金融部门的互动：IS-LM 模型

在深入探讨生态经济学的宏观基础之后，我们不得不提及 IS-LM 模型。该模型不仅为经济学家提供了一个重要的框架来分析实体部门与金融部门的相互作用，而且为我们在宏观层面解析生态经济学提供了关键的理论基石。前面，我们已经详细介绍了生态经济学中的多种福利度量及其在实体和金融部门的应用。正是基于这些初步的理解，我们现在可以逐渐引入并解析 IS-LM 模型，以全面展现宏观经济运行中的核心机制。

一、IS 曲线的推导及其含义

产品市场的均衡指产品市场上总供给与总需求相等。在均衡状态下，任意参与者都没有动机去改变自己的决策。

在两部门经济中，假设投资是自主投资。由于投资决定均衡的国民收入，投资又取决于利率，因而不同的利率将决定不同的均衡收入。这意味着，在产品市场上，总供给与总需求相等的前提下并不能唯一求解得到最优的储蓄和收入。

具体地，假定两部门经济中的储蓄函数为$S=S(Y)$，投资函数为$I=I(r)$。那么，给定利率r，均衡的国民收入Y将由$I(r)=S(Y)$决定；由此得到的利率与均衡收入之间的关系就是IS曲线。

基于利率r和收入Y的关系，我们可以绘制得到图2-1。

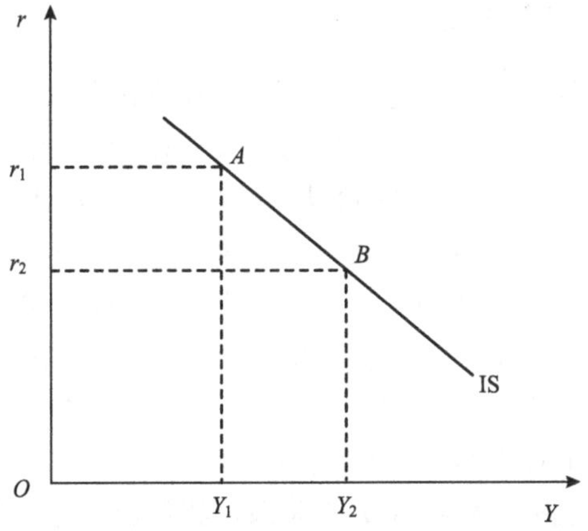

图2-1　IS曲线

在横轴表示收入Y、纵轴表示利率r的平面系统中，IS方程表现为一条向右下方倾斜的曲线，代表了满足产品市场均衡条件的利率和产出水平组合的集合。由于简单收入决定模型中将$I=S$视为产品市场均衡条件，因而把描述商品市场均衡条件的产出与利率关系组合曲线称为IS曲线。

IS曲线是一条描述商品市场达到宏观均衡时，总产出与利率之间关系的曲线。在商品市场上，总产出与利率之间存在着反向变化的关系，即利率提高时总产出水平趋于减少，利率降低时总产出水平趋于增加。处于IS曲线上的任何点位都表示$I=S$，即商品市场实现了宏观均衡。反之，偏离IS曲线的任何点位都表示$I\neq S$，即商品市场没有实现宏观均衡。如果某一点位处于IS曲线的右边，表示$I<S$，即现行的利率水平过高，从而导致投资规模小于储蓄规模。如果某一点处于IS曲线的左边，表示$I>S$，即现行的利率水平过低，从而导致投资规模大于储蓄规模。进一步地，IS曲线的斜率反映了总产出对利率变动的敏感程度。曲线越陡，总产出对利率变动的反应越迟钝。反之，曲线越平缓，总产出对利率变动的反应越敏感。

最后，需要补充的是，如果利率没有变化，外生经济变量冲击导致总产出增加，可以视作原有的 IS 曲线在水平方向上向右移动；如果总产出没有变化，居民自主储蓄增加，可以视作原有的 IS 曲线在水平方向上向左移动。

此外，除了利率和收入（投资）本身的变动之外，其他因素也会导致 IS 曲线移动，或决定 IS 曲线的位置高低。例如，在保持利率不变的情况下，增加政府支出，等于每个给定的利率水平下总需求都会增加定数量，结果表现为 IS 曲线向右上方移动。相反，如果政府支出减少，则使得投资预期收益下降，从而导致 IS 曲线向左下方移动。

二、LM 曲线的推导及其含义

与市场均衡对应的一个概念是货币均衡；在满足货币均衡时，货币的供应量等于货币的需求量。其中，货币需求指的是人们以货币形式持有流动性资产的需求；货币供给量由名义货币总量 M 除以一般物价指数 P 计算所得。

凯恩斯认为，人们持有货币主要出于三种动机：①为应付日常生活需要而持有一部分货币的交易动机；②为预防意外的支出而持有一部分货币的谨慎动机；③为抓住有利的购买生利资产的机会而持有一部分货币的投资动机。因此，一般认为货币需求函数可以表示为 $L=L_1(Y)+L_2(r)$，货币的供给等于 $m=M/P$。于是，表示货币市场均衡的 LM 曲线为：$L_1(Y)+L_2(r)=m$。

为了更好地推导利率 r 和收入 Y 的关系，我们可以绘制得到图 2-2。

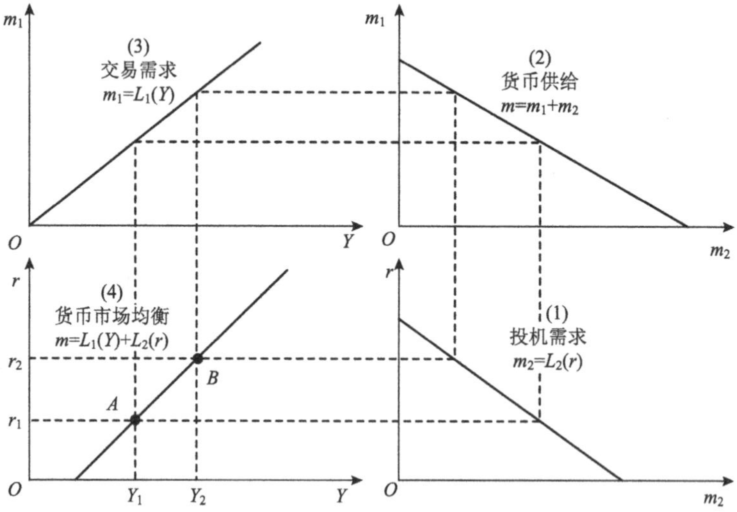

图 2-2　LM 曲线的推导过程

在图 2-2 中，首先，我们给定了收入 Y_1，那么，我们不仅可以根据交易需求函数确定 m_1 取值，还可以根据货币市场供给关系 $m=m_1+m_2$ 得到 m_2 取值，然后可以根据投机需求关系得到 r_1。接着，我们给定了收入 Y_2，然后重复上述步骤得到 r_2。最后，我们将 (Y_1,m_1) 和 (Y_2,m_2) 分别定义为 A 点和 B 点，则可以得到 LM 曲线函数图像（单独图像可见图 2-3）。

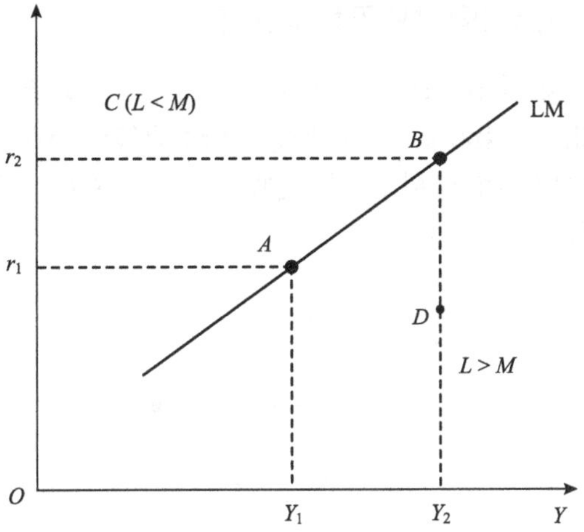

图 2-3　LM 曲线

在横轴表示收入 Y、纵轴表示利率 r 的平面系统中，LM 是向右上方倾斜的曲线，表示满足货币市场均衡条件的利率和产出组合的集合。由于代表货币需求的 Liquidity Preference（流动性偏好）第一个字母为 L，代表货币供给的 Money Supply（货币供给）第一个字母为 M，因而称为 LM 曲线。

与 IS 曲线不同，LM 曲线向右上方倾斜。这是因为，当利率提升导致货币需求下降时，为了保持货币需求与给定货币供给相等均衡，需要提高产出或收入水平，通过交易动机增加货币需求，以抵消利率提高对货币需求的抑制作用。这意味着，货币市场均衡要求的产出与利率具有正向关系，因而 LM 曲线向右上方倾斜。

与 IS 曲线类似，处于 LM 曲线上的任何点位都表示 $L=M$，即货币市场实现了宏观均衡。反之，偏离 LM 曲线的任何点位都表示 $L\neq M$，即货币市场没有实现宏观均衡。如果某一点位于 LM 曲线的右边，表示 $L>M$，即现行的利率水平过低，从而导致货币需求大于货币供应。如果某一点位于 LM 曲线的左边，表示 $L<M$，即现行的利率水平过高，从而导致货币需求小于货币供应。

进一步地，由于货币供给不随利率变动，因而 LM 曲线的斜率取决于货币的交易需求和投机需求曲线的斜率。并且，LM 曲线斜率越小，收入对利率变动的反应越敏感；反之，斜率越大，收入对利率变动的反应越迟钝。

最后，需要补充的是，货币需求的变化和货币供给量的变化都会使 LM 曲线发生相应的变动：货币投机需求变动，LM 曲线发生方向相反的变动；货币交易需求变动，LM 曲线发生方向相同的变动；货币供给量变动，LM 曲线发生方向相同的变动。

三、实体部门与金融部门同时处于均衡状态

从上述分析中不难看出，IS 曲线表示产品市场实现均衡，LM 曲线表示货币市场实现均衡。因此，如果我们把 IS 曲线与 LM 曲线结合在一起，就可以得到产品市场和货币市场同时均衡时利率与国民收入之间的关系。这就是 IS-LM 模型。具体过程如图 2-4 所示。

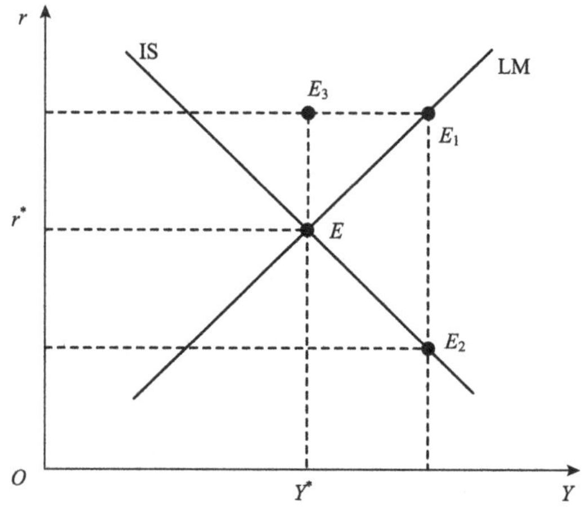

图 2-4　LM 曲线和 IS 曲线的交汇

IS-LM 模型中交点 E 代表均衡利率（r^*）与均衡产出（Y^*），它表示产品市场与货币市场同时处于均衡状态。E 点以外任何点代表的利率与产出组合，都不满足两个市场同时均衡的条件。

IS 曲线或 LM 曲线的变动对均衡收入和均衡利率的影响程度与 IS 曲线和 LM 曲线的形状有关。IS 曲线越陡，IS 曲线变动对均衡收入的影响越大，LM 曲线变动对均衡收入的影响越小；LM 曲线越陡，IS 曲线的变动对均衡收入的影响越小，LM 曲线变动对均衡收入的影响越大。

在 IS 和 LM 曲线交点处，产品市场和货币市场同时实现均衡。然而，这一均衡不一定是充分就业的均衡，在这种情况下，仅靠市场的自发调节已无法实现充分就业的均衡，这就需要依靠国家通过财政政策或货币政策进行调节。其中，如果 LM 曲线不变，IS 曲线移动，则说明政府实施了财政政策；也即当通过增加政府支出或降低税收的办法来增加总需求时，IS 曲线会向右上方移动。与之相对，

如果 IS 曲线不变，LM 曲线移动，则意味着政府实施了货币政策；也即当中央银行增加了货币供给时，LM 曲线会向右下方移动。

第四节　扩展 IS-LM 模型与生态约束

在宏观经济学中，IS-LM 模型为我们提供了一个对经济活动与货币市场的均衡态势进行分析的框架。但这一框架并没有谈到生态系统和生物增长的内容。与之相对，正如赫尔曼·E.戴利（Herman E. Daly）和乔舒亚·法利（Joshua Farley）在《生态经济学：原理和应用》一书中所言，IS-LM 模型把所有经济增长都看作一样的——没有区分政府在市场物品上的支出、在人造公共物品上的支出（或生态恢复的投资），也没有说明分配的问题。因此，为了全面地理解宏观经济与生态系统之间的关系，我们需要在 IS-LM 模型中加入生态约束，使其更符合实际情况。

但是，如何才能够使 IS-LM 模型包含生态系统的内容呢？一个最直接的做法是，在基础模型之上添加一个外生的约束。

具体而言，不妨假设生态承载力约束了市场产出供应的限度，那么，国民生产总值 Y 的实际数值就有可能小于市场均衡的 Y^*，从而造成了市场的失衡（图 2-5）。此时，对于市场而言，继续增加单位投资已经无法带来更多的预期收益，环境的承载力会减弱投资者继续投资的可能性和强度，从而导致 IS 曲线向左下方移动，使经济重新落入到一个调整后的新均衡。

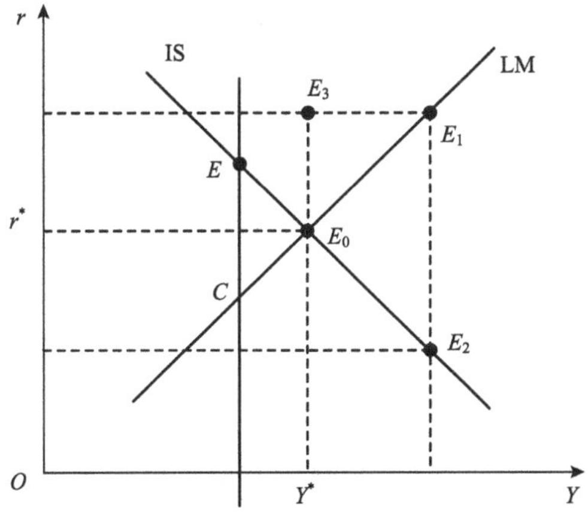

图 2-5　IS-LM 模型的简单拓展：实际产出超出生态承载力

当然，生态承载力并不一定会约束了市场产出供应的限度。假设国民生产总值 Y 的实际数值大于市场均衡的 Y^*[图 2-6（a）]，此时，对于市场而言，继续增加单位投资明显可以获得更多的预期收益，因此，政府会设法通过政策激励产出增加，推动市场均衡与生态承载力重合[图 2-6（b）]。

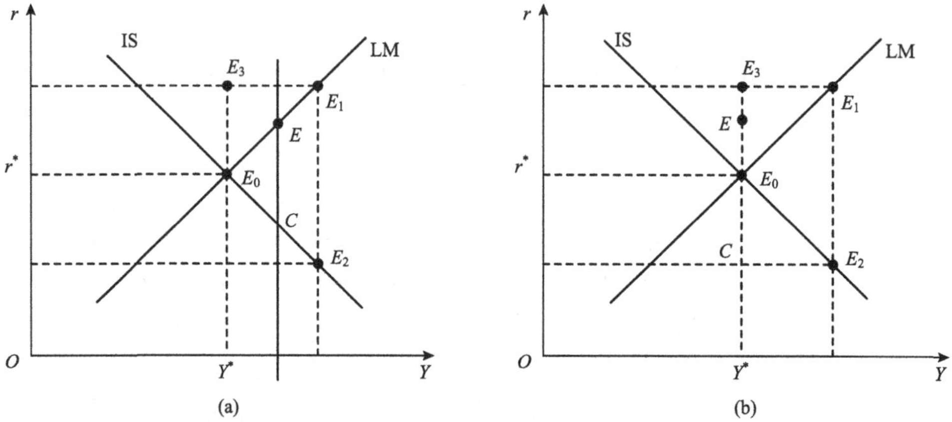

图 2-6　IS-LM 模型的简单拓展：政府激励产出增加

基于前述模型拓展，我们可以把生态承载力作为均衡分析的重要一部分，内嵌到模型之中。但问题是，上述模型假定生态承载力是一个固定的参数，这忽视了生态承载力会随着技术的变化、经济生产结构的变化而变化的事实。

第三章　生态经济系统的组成与功能

在前面章节中，我们从学理性角度深入探讨了生态贸易学的微观基础与宏观基础。微观层面，考虑了如何在生产和消费过程中实现生态效率与生态公平，分析循环经济模式，以及可持续消费模型等。宏观层面，将生态和环境因素纳入核心宏观经济指标以及经典的宏观经济分析框架，从而能够更为准确地理解经济活动与社会福利间的关系。在此基础上，还需要从应用性角度考察生态经济学在现实世界中的表达及其内涵。

本章以生态经济系统为主要研究对象。生态经济系统是由生态子系统、经济子系统以及由经济子系统衍生出的社会子系统构成的复杂的组合体，通过对其基本概念、构成要素、功能特征、调控机制等进行描述与阐释，强调理解和管理生态经济系统需要采用系统思维和方法，以此达到从学理性与应用性两方面综合理解生态经济学的要义。

第一节　生态经济系统

一、生态经济系统的概念

任何事物在一定程度上都是一个有机整体，有机整体的内部是多要素、多方面相互关联、发展、变化的。系统思维就是把研究对象视为一个整体，对其构成要素、结构、功能等进行系统认识以及研究的思路与方法。从系统的角度理解生态经济系统，其是一个复杂的组合体，由生态子系统、经济子系统以及由经济子系统衍生出的社会子系统构成，这三者之间存在相互交织、相互作用、相互混合的关系（图 3-1 展示了生态经济系统示意图）。各子系统之间进行物质、能量和信息的交换，并且通过价值流的循环与转换实现内部的运转。生态经济系统拥有独立的特征、结构和机能，其物质运转、能量转换、信息传递和价值转移等过程，与单独的生态系统和经济系统有所区别。

生态经济系统最本质的体现在于生态系统和经济系统之间的对立统一关系。经济活动的发展依赖于生态资源，然而纯粹的自然生态系统理应无人类活动痕迹。生态经济系统融合了自然力和劳动力，二者协同创造财富，实现自然和经济的再生产。生态经济系统并不是自然生态系统和人类社会经济系统的简单叠加，而是按照某种特定的生态经济关系组合而成的有机整体。更进一步地，伴随生态系统

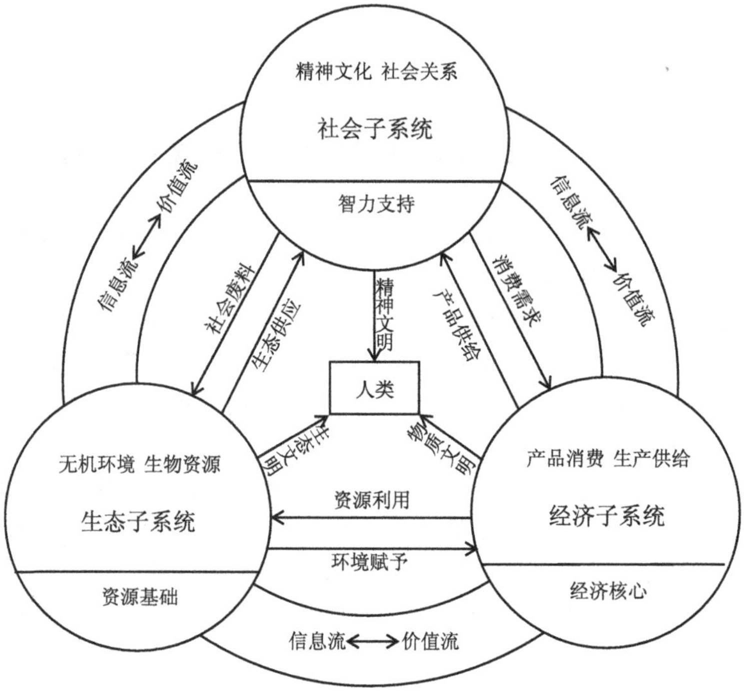

图 3-1　生态经济系统示意图

与经济系统的耦合演化发展，会形成综合复杂系统的多层面、多效益、多功能立体网格。在此过程中，尽管自然生态系统是人类社会经济系统的基础，但经济系统反过来会影响，甚至是主导自然生态系统的动态变化。

生态经济系统既具有生态特征也具有经济特征，呈现出生态与经济相互交织融合的特点。对生态经济系统状态进行特点描述，关键在于分析生态经济的矛盾与动态平衡。在生态经济系统中，物质循环和能量流动普遍存在，人类的经济系统需要依赖于自然生态系统来实现生存和发展。生态经济系统的目标是寻求一种平衡，使得经济活动在保护环境的前提下进行，以实现经济和生态的可持续发展。为实现这一目标，需要通过政策制定、科学研究、教育普及等手段，提高资源利用效率，减少污染，保护生物多样性，促进可持续发展。这种理念强调环境、经济和社会的持续健康是相互依存的，也是实现可持续发展的关键。总的来说，生态经济系统提供了一个理解和管理经济活动与生态系统之间复杂相互作用的框架，对于构建可持续发展的社会具有重要的指导意义。

目前，生态经济系统的理念正在逐渐转化为现实中的政策和实践。例如，绿色经济、循环经济和生态补偿机制等都是尝试实现生态经济系统平衡的策略。这些措施旨在提高资源利用效率，减少环境污染，保护生物多样性，同时促进经济和社会的持续健康发展。然而，生态经济系统面临诸多挑战。首先，经济增长与环境保护之间的矛盾仍然存在。虽然理论上生态经济系统主张经济发展和环境保护的共同进步，但在实际操作中，这两者往往难以做到完全平衡。其次，公平性的实现也是一个重大挑战。如何公平地分配环境负担和经济收益，如何确保不同地区、不同社群和不同代际之间的公平，都是需要解决的问题。最后，实施生态经济系统的决策通常涉及复杂的科学、经济和社会问题，需要多学科、跨部门和多利益相关者的协同合作。

二、生态经济系统的基本特征

为识别表达生态经济系统中，生态子系统、经济子系统以及由经济子系统衍生的社会子系统三者之间相互交织、相互作用、相互混合的关系，可以将生态经济系统中的五大特征归纳如下。

第一，相互依赖性特征。在生态经济系统中，经济活动与生态环境之间的相互依赖性得到了深入的体现和关注。首先是经济活动对生态环境的资源依赖性。无论是水、空气、土壤，还是矿产和生物资源，都是生态环境为经济活动提供的必要资源，它们构成了经济活动得以进行的物质基础。良好的生态环境是经济可持续发展的基础，生态环境为经济增长提供必需的资源，为高质量发展起到了资源保障功能。其次是环境容量依赖性。环境容量是指生态环境吸收和处理经济活动产生的废弃物和污染物的能力。如果环境容量的极限被突破，环境的负荷能力将会失衡，导致环境质量的恶化。再者是经济活动对生态环境的服务依赖性。生态环境提供了诸如气候调节、水源保护、土壤肥力维持等众多对人类社会有益的生态服务，它们对经济活动的正常运行起着支撑作用。最后是生态经济系统具有反馈依赖性，其意味着经济活动对生态环境的影响最终将反过来影响经济活动本身。从消极意义上讲，过度开采资源或排放污染物，不仅会破坏生态环境，更会因为降低资源和环境的质量，最终影响生态环境为经济活动提供服务的能力。从积极意义上讲，经济发展为生态环境的改善提供了物质基础。主要体现为，一是为环境保护提供了一定的资金保障，二是对生态环境的持续优化提供了技术支持与要素创新。生态经济系统中经济活动与生态环境之间的相互依赖性，揭示我们需要在经济发展过程中寻找一种平衡和协调的方式，在满足经济发展需求的同时，保护和恢复生态环境，以实现可持续发展的目标。

第二，循环性特征。生态经济系统的循环性特征，体现在生态经济系统中的物质和能量的流动和利用上。与自然生态系统类似，生态经济系统中的资源和能源流动表现出明显的循环和再利用特征。首先是物质的循环利用。在生态经济系统中，物质不被视为一次性消耗品，而是可供循环利用的资源。物质的循环利用形式多样，可以是再利用，即将已使用的物品用于新的用途；也可以是回收，即经过再处理提取出有价值的成分；还可以是堆肥，即将有机废物转化为肥料。这种物质循环的方式降低了对新资源的需求，同时减少了废物产生。其次是能量的循环利用。生态经济系统中着眼于能源使用的可持续性和高效性。使用可再生能源，如太阳能、风能和水能等，或者通过改进技术和设计提高能源使用效率，都是实现能量循环的重要方式。再者是闭环生产的循环特征。闭环生产指的是生产过程的输出被重新输入到生产过程中，构成一个闭环。闭环生产可以减少废物排放、提高资源利用效率，并降低对环境的压力。最后，生态设计的循环特征。生态设计理念着眼于产品的全生命周期，包括设计、生产、使用和处置各阶段，旨在实现资源和能量的高效利用，以及尽可能降低对环境的影响。以上这些循环性特征，可以实现生态经济系统中经济发展与环境保护的融合，使得物质和能源得以更高效和环保地利用和流通，为构建既经济高效又环境友好的生态经济系统提供了可能性和方向。

第三，内在价值特征。生态经济学主张自然和生态系统具有独特的内在价值，这不仅体现在它们的使用价值上，更在于其内在价值。内在价值与使用价值的关键区别在于，内在价值着重于生态经济系统及其组成元素自身的存在价值和无可替代性，而使用价值更侧重于这些系统对人类的直接或间接使用价值。在生态经济系统中，所有的元素，如自然资源、生态环境、经济活动、社会关系等，都拥有无可替代的内在价值。这种价值可以从以下三个方面具体展现。首先是生态价值。生态环境不只是经济活动的基础和条件，更是我们生活的底盘和条件，提供了无法用金钱衡量的生态服务。更为关键的是，生态环境为生命的存在提供了基础，具有无可替代的生态价值。其次是社会价值。在生态经济系统中，人类社会和经济活动是系统的重要组成部分。社会关系、文化传统、道德规范等社会元素为经济活动提供了基础和指导，具有深远的社会价值。同时，通过经济活动提高物质生活水平，建立社会关系，以及实现个人价值，是无法用金钱衡量的社会价值。最后是经济价值。生态经济系统中的经济活动不仅产生了物质财富，还带来了就业机会、技术创新、社会进步等经济价值，是实现社会发展和人类福祉的重要条件。因此，内在价值不仅仅体现在生态经济系统的使用价值上，更重要的是其无法被替代的价值。

第四，可持续性特征。理解可持续性概念，必须将视野延伸到经济活动对环境和社会的影响，以及环境和社会对经济活动的反馈。可持续性在生态经济系统中体现为三个核心目标的三方平衡，即经济效益、环境健康和社会公平。首先，经济效益意味着生态经济系统应当在保证高效利用资源和产出的前提下，满足人类对生活质量的期望。这包括增长和发展的持续性，以及经济活动的稳定性和韧性。其次，环境健康意味着必须保障生态系统的结构稳定性和功能多样性。这不仅包括保护生物多样性和维护生态平衡，还包括减少污染，提高资源和能源的使用效率，以及通过循环经济和绿色设计等方式减轻对环境的压力。最后，社会公平强调经济收益和环境负担应当在所有参与者之间公平地分配，这既包括当前各代之间的公平，也涵盖了未来代际间的公平，以及不同地区、国家和社区之间的公平。可持续性是生态经济系统的基本特征和目标，实现可持续性需要我们在经济可持续发展、环境可持续负荷和社会可持续发展之间找到一个平衡和协调的发展路径。

第五，复杂性与适应性特征。从内部窥探，生态经济系统是由生态系统和经济系统相互交织构成的，这两个系统又包括各种各样的子系统和组成部分，比如自然环境、生态过程、经济行为、政策决策等。此体系中所有部分都在相互作用和影响，形成一个高度复杂的网络。更进一步，这种互动往往是非线性的，意味着小的变动可能导致系统级别的巨大变化，使得预测和管理变得非常困难。同时，系统内的各个元素和过程之间存在着多种反馈机制，使得影响可以在系统内部传递和放大，从而改变系统的行为和结构。从外部观察，生态经济系统不是静止不变的，而是在不断地适应和演化。这种适应性体现在系统的自组织能力方面，即在面对内部和外部压力时，系统可以调整其结构和行为，以适应新的环境或条件。适应性也体现在系统的演化能力方面，即通过自然选择和社会学习，系统可以不断改进其结构和功能，以更好地应对环境的变化和挑战。此外，适应性还体现在系统的韧性，即在面对干扰和压力时，系统能够保持或恢复其基本功能和结构，从而保持其长期的稳定性和可持续性。生态经济系统的复杂性和适应性特征不仅对我们理解系统的运行和发展提出了挑战，也为我们提供了机会，因为它们揭示了系统的多元性、动态性和创新性，这为我们管理和利用生态经济系统提供了可能性和灵活性。

对生态经济系统的特征阐释，展示了在考虑经济活动时必须具备的系统思维。全面考虑、长期视角与动态评估是以系统思维考察生态经济特征的重要方面。全面考虑指的是，当制定经济政策或进行经济决策时，需要考虑到其对生态环境的影响，包括资源消耗、废物排放、生物多样性影响等。同样需要考虑生态环境变化对经济活动的影响，如气候变化、资源枯竭等。长期视角指的是，强调长期影响而非短期效益。动态评估则强调生态经济系统是一个动态的系统，其状态会随着经济活动和生态环境的变化而变化，强调在变化中寻找平衡，以实现经济活动和生态环境的和谐共生。

三、生态经济系统的分类

生态经济系统是一个复杂的网络，涵盖了自然生态系统和人类经济活动的相互作用。通过不同的分类维度，可以更为全面地理解这种复杂性，包括系统如何运作、各部分如何相互作用等。以下从规模大小、产业差异、历史阶段、竞争状态以及国家禀赋方面对生态经济系统进行分类阐释。

第一，以规模大小为分类标准。规模视角反映生态经济系统的空间规模，从全球到国家、地区、城市、社区等不同层面，生态经济系统都会呈现出不同的特性。①全球生态经济系统是生态经济系统中的最大规模，包括了全球所有的经济活动和生态系统。全球生态经济系统的特点在于资源的全球流动、全球范围的环境问题（如气候变化）、全球化的经济活动和政策。②国家生态经济系统。在国家层面，生态经济系统涵盖了国家内的经济活动与生态环境之间的相互关系。特定的地理位置、政策、资源和环境条件等会影响到国家生态经济系统的形态。③地区生态经济系统，通常涵盖一定的地理区域，如流域、岛屿、生态走廊等。这种类型的系统关注区域内的生态过程，如能源流动、物质循环、生物多样性保护，以及与经济活动的相互作用。④城市生态经济系统，关注城市的物质和能源流动，以及城市与其周围环境的相互关系。例如，城市如何消耗能源和资源，产生废物和排放，以及如何通过城市规划和管理来提高资源效率和环境质量。⑤社区生态经济系统，生态经济系统中的最小规模，主要关注社区范围内的经济活动与生态环境的相互作用。具体的生态经济实践，如社区花园、共享经济等，都可以在这个层面得到应用。

第二，以产业差异为分类标准。任何产业都可以形成特定的生态经济系统，同时，不同的产业可能会有不同的环境影响和管理挑战，因此需要采取不同的策略来实现经济和环境的可持续性。从产业视角看，生态经济系统可被分为以下类别。其一，农业生态经济系统。关注农业活动与环境的相互影响，包括土壤健康、水资源管理、生物多样性保护等。在农业生态经济系统中，农业的经济效益和环境可持续性被认为是同等重要的。其二，林业生态经济系统，其经济活动主要包括森林的管理、木材的生产和森林资源的利用，同时也关注森林生态系统的保护和恢复。其三，水产业生态经济系统，涉及的经济活动包括渔业、水产养殖等，而环境影响则主要包括海洋和淡水生态系统的健康。其四，能源生态经济系统，经济活动包括能源的生产、分配和消费，而环境影响则包括能源生产和使用过程中的污染排放、气候变化等。其五，制造业生态经济系统，经济活动包括各种商品的生产和销售，环境影响则包括资源消耗、废弃物管理等。

第三，以历史阶段为分类标准。生态经济系统的类型可以基于它们所处的历史阶段或未来趋势来分类。这些分类主要反映了生态经济系统的发展阶段和趋势，而每种类型的生态经济系统都有其特定的经济和环境特性、挑战和策略。传统生态经济系统主要表现在工业化之前，人类的生产和消费活动主要基于自然资源的直接利用，如狩猎、采集、农耕等，这种生态经济系统与自然环境有着紧密的联系，但也可能引起资源过度利用和环境破坏。随着工业革命的发展，工业生态经济系统逐渐形成，人类的生产和消费活动变得越来越依赖化石燃料和机械化生产，这种生态经济系统大大提高了生产效率，但也带来了严重的环境问题，如空气污染和水污染、生物多样性丧失和气候变化等。面对日益严重的环境问题，众多国家或地区正在寻求向更可持续的生态经济系统转型。可持续生态经济系统旨在满足人类的经济需求，同时保护和恢复自然环境。绿色能源、循环经济和可持续农业等都是可持续生态经济系统的组成部分。随着科技的进步和环境观念的变化，可能会看到一些全新的生态经济系统出现，称为未来生态经济系统。例如，人工智能和大数据可能会帮助更有效地管理资源和环境，生物技术可能会提供新的生产和消费方式，而气候适应和减缓措施也可能成为重要的经济活动。

第四，以竞争状态为分类标准。解析生态经济系统内部的竞争关系，可以将生态经济系统分类为以下几种类型。首先是零和生态经济系统，以资源是有限的为准条，经济主体之间的竞争导致“赢者通吃”的结果。这种情况下，经济增长往往以牺牲环境为代价，从而形成一个生态环境与经济发展相对立的情况。其次是非零和生态经济系统，强调创新的商业模式和技术，如循环经济、共享经济、绿色技术等的应用，经济主体可以实现共赢，经济增长并不一定要以牺牲环境为代价。然后是合作型生态经济系统，基于一定的制度安排和社会信任，各经济主体之间强调合作而非竞争，以提高资源利用效率和环境效益。最后是竞争型生态经济系统，即在竞争中寻求可持续性的系统，通常通过市场机制和政策激励来驱动绿色创新和环保行为，如碳排放交易。上述只是多种可能的分类方式，实际上生态经济系统可能同时包含竞争和合作的元素，而不同的生态经济系统可能需要不同的策略和政策来实现经济和环境的平衡。

第五，以国家禀赋为分类标准。生态经济系统的类型可以根据国家的资源、政策、技术和市场等因素的不同而有所不同。资源驱动型生态经济系统强调，国家拥有丰富的自然资源，因而主要以资源开采和出口为主进行经济活动，需要面对资源枯竭和环境污染等问题。技术驱动型生态经济系统强调，国家拥有先进的科技和创新能力，其生态经济系统可能更加侧重于高技术产业，如清洁能源、电动车、人工智能等。此类国家可能会面临技术更新快速、市场竞争激烈等挑战。政策驱动型生态经济系统强调，通过政策手段来引导经济活动朝着更环保的方向发展，如碳税、环保法规、绿色补贴等。市场驱动型生态经济系统强调，利用发达的市场机制，促使其生态经济系统更加依赖市场的选择和消费者的需求。这些国家可能会面临市场波动、消费者行为变化等不确定性。上述分类反映了不同国家在生态经济发展方面可能存在的优势和挑战，以及可能采取的不同策略。然而实际情况可能比这更复杂，任何一个国家的生态经济系统都可能同时受到资源、技术、政策和市场等多种因素的影响。

第二节　生态经济系统的架构

一、生态经济系统的要素与组成

生态经济系统是一个将经济活动与生态环境紧密相连的系统，这个系统的结构包含自然资源、生态环境、经济活动、社会制度、科技知识、人口六大主要要素。

第一，自然资源，生态经济系统中的一个重要组成部分，指大自然中存在的、人类可以利用的各种物质和能量，包括水、土地、生物、能源、矿产等。这些资源供应了人类的生存和发展所需的各种物质，也是经济活动的基础。水资源是指地球上的各种水体，包括河流、湖泊、水库、地下水和海洋等。水是维持生命和支持经济活动的基本要素，用于农业灌溉、工业生产、城市供水等。土地资源是指地球表面的土壤和地壳层，包括农田、林地、草地、城市用地等。土地为农业生产提供了基础同时也是动植物的栖息地，也被用于人类社会的各种建设和开发活动中。生物资源是指地球上的各种生物和生物群落，包括植物、动物、微生物等。生物资源不仅提供了食物、药物、纤维和材料等基本生活需求，还具有重要的生态功能和文化价值。能源资源是指地球上储存的能量形式，包括化石能源（石油、天然气、煤炭）、可再生能源（太阳能、风能、水能、生物能等）和核能等。能源是经济发展和人类生活所必需的。矿产资源是指地壳中的各种矿物质，包括金属矿产（如铁、铜、金）、非金属矿产（如石灰岩、石膏）和稀有矿产（如稀土元素等）。矿产资源是生产和制造的重要原材料。这些自然资源是生态经济系统的重要组成部分，它们为经济活动提供了物质基础和生态支撑，需要合理利用并对其加以保护。

第二，生态环境，是生态经济系统的背景和载体，包括各种生态系统、气候系统、水循环系统、土壤系统、生物多样性以及环境质量，为人类和其他生物提供了生存和发展的环境。生态系统是由生物群落与其所处的非生物环境相互作用而形成的系统。生态系统提供了生物多样性、食物链、气候调节、土壤保持等一系列生态服务。气候系统指地球大气、海洋、冰雪、陆地等组成的系统，其相互作用并决定了地球上的气候条件，其直接影响着生态系统的结构和功能，以及人类社会的生活和经济活动。水循环系统是维持生态系统和人类社会正常运行的关键，描述了地球上水在不同形式之间的运动和转化过程，包括水的蒸发、降水、地表径流、地下水和海洋水的循环。土壤系统是由岩石风化、有机物质分解和生物作用等过程形成的，是植物生长和生态系统中养分循环的基础，提供植物栖息地、水分储存、养分供应和有机物质分解等功能。生物多样性指地球上各种生物的多样性和物种的丰富程度，包括基因多样性、物种多样性和生态系统多样性。环境质量涉及大气、水体和土壤等自然环境的质量状况，包括空气质量、水质和土壤质量，这些要素的质量对生物生存和健康具有重要影响。上述生态环境要素相互作用和相互依赖，共同构成了生态经济系统的基础和背景。

第三，经济活动。经济活动是生态经济系统的主要动力。经济活动包括生产、消费、交换、分配等，这些活动利用自然资源，改变了生态环境，创造了物质财富和社会价值。生产活动指通过组织和运用各种生产要素生产出物品和服务的过程，涉及资源的开发、物品的制造、农业生产、工业加工、服务业等各个领域。生产活动是经济系统的核心，它创造了物质财富并促进了经济增长。消费活动是指人类为了满足物质和非物质需求而购买和使用物品和服务的过程，是经济活动的重要组成部分，它推动了市场需求、促进了产业发展，并直接关系到人们的生活质量和福利。交换活动是指人们在市场上进行的买卖、交易和合作等行为。通过交换活动，人们可以获取所需的物品和服务，同时也提供自己的产品和劳动力给他人，促进了资源的配置和经济的发展。分配活动涉及将社会资源和经济收益分配给不同的个体或群体，包括收入分配、财富分配、社会福利分配等。分配活动关系到社会公平和社会正义，它在经济活动中发挥着重要的调节作用。上述经济活动要素相互关联、相互作用，构成了经济系统的基础。

第四，社会制度。社会制度是生态经济系统的规则和框架，涉及人们在经济、政治和文化等方面所遵循的规则、机制和价值观。社会制度包括政治制度、法律制度、经济制度、文化制度、福利制度等，规定了经济活动的方式、自然资源的使用权、环境保护的责任等。政治制度是一个国家或社会组织的政治组织形式和决策机制，对于经济活动的规范和管理起着重要的作用，包括国家的政府体制、选举制度、立法机构、司法系统等。法律制度是社会中规范行为和维护公共秩序的法律体系和法规机构，包括宪法、法律、法规和法庭等，为经济活动提供了法律框架和法律保障。经济制度是规定经济组织和经济关系的制度安排，包括产权制度、市场机制、竞争规则、金融体系等，对于资源配置、市场运作和经济发展具有重要影响。文化制度是社会中传统、价值观念、道德规范等的集合，它影响着人们的行为方式和价值取向，包括宗教、教育、道德伦理等，对于社会稳定、道德规范和社会认同具有重要作用。福利制度是为了保障社会成员的福利和公平而设立的制度安排，包括社会保障、医疗保健、教育、就业保障等，对于提升社会公平和人类福祉具有重要意义。上述社会制度要素共同构成了社会的组织和规范体系，对于经济活动的开展和社会发展起着重要的引导和约束作用。

第五，科技知识。科技知识是生态经济系统的驱动力和改变力，包括科学研究、技术开发、创新实践、知识产权、教育与培训等，影响经济活动的效率、自然资源的开发利用、环境问题的解决等。科学研究是通过系统性的观察、实验和理论分析，探索自然规律和社会现象，增加了人类对自然规律和社会现象的认识，为经济活动的发展提供了基础知识。技术开发是将科学知识应用于实际生产和服务的过程，通过改进和创新技术手段和方法，提高生产效率和产品质量。创新实践是指将科学研究和技术开发转化为实际应用的过程，包括新产品的研发、业务模式的创新、新市场的开拓等。知识产权是对科技知识的独立所有权和保护机制，包括专利、商标、版权和商业秘密等形式。知识产权的保护和管理鼓励创新和技术转移，推动科技知识的应用和传播。教育与培训是培养人才和传承科技知识的重要途径，通过教育体系和培训机制，传授科学研究方法和技术开发技能，并培养人们的创新能力。在生态经济系统中，科技知识的创新和应用尤为重要，它可以引领绿色技术的发展，推动可持续发展模式的实现，提高人类社会的生活质量。

第六，人口。作为经济活动的主体，人口的数量、结构、迁移、素质、增长率等都会影响生态经济系统的运行。人口数量是指特定地区内的人口总数，通常以人口普查或统计数据来衡量。人口数量的变化对于经济活动和资源利用有重要影响，它关系到市场规模、劳动力供给、消费需求等。人口结构指人口在性别、年龄、教育程度、职业等方面的分布和组成。人口结构对经济活动的性质和需求产生影响，如年轻人口对劳动力市场和消费需求的影响，老年人口对医疗和养老服务的需求等。人口迁移是指人口从一个地区向另一个地区的流动和迁徙，可以是城市化进程中的农村-城市间的迁移、国际移民等，其对资源分配、就业市场、社会服务和文化交流等方面产生影响。人口素质是指人口的教育水平、健康状况、技能和知识水平等，对经济发展的质量和效率具有重要影响。高素质的人口能够推动技术创新、提高劳动生产率，促进经济增长和社会进步。人口增长率是指特定地区人口数量在一定时期内的变化速度，对资源利用、环境承载能力、社会保障和可持续发展等方面产生影响。人口增长率过快可能导致资源短缺和环境压力，而人口增长率过慢则可能面临劳动力不足和老龄化问题。人口是经济活动的主体，也是资源利用和环境影响的重要因素。了解人口要素的变化和特点，有助于制定适应性的经济政策和社会规划，促进人口与资源、环境的可持续发展。

上述自然资源、生态环境、经济活动、社会制度、科技知识、人口六大要素相互影响，相互制约，共同构成了生态经济系统的复杂结构。各种组成要素之间并非简单叠加，而是以相互联结、相互影响的方式构成一个复杂的链状式有机网络，如图 3-2 所示。它们通过非线性的反馈方式活跃在这个网络回路之中，同时又与系统外界环境进行质能交换，各要素之间也因此不断运动变化，并且受制于外界环境的变化。理解这些要素及其组成的结构，可以帮助更好地理解和管理生态经济系统，实现经济发展和环境保护的和谐统一。

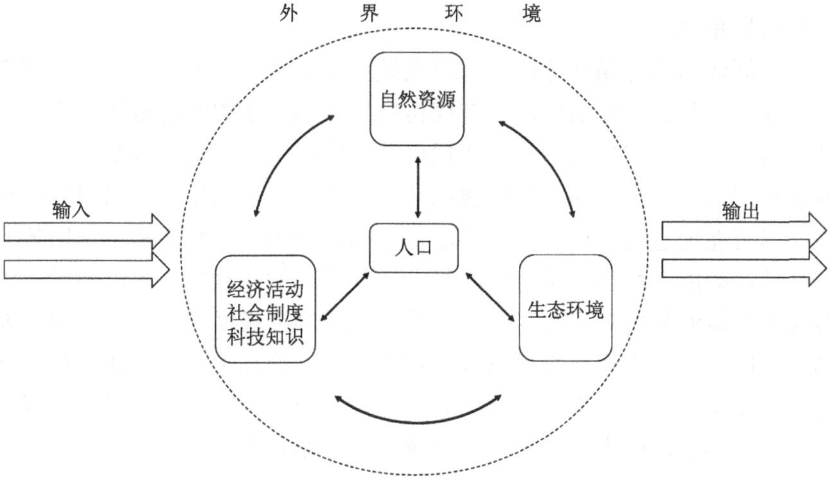

图 3-2　生态经济系统要素示意图

二、生态经济系统结构

生态经济系统的结构是指生态经济系统中各要素之间相互关联和相互作用的具体构成，描述了生态经济系统的组成部分、它们之间的关系以及系统运行的方式。基于目前发展阶段，生态经济系统具有多种结构与优化空间。

第一，网络结构。网络结构是一种综合考虑相互关联性和相互作用的组织模式，已经成为学术领域分析复杂系统的重要工具，尤其是对生态系统、社会系统、经济系统和生态经济系统的研究。在这种情境下，网络结构主要由节点和边两个核心元素构成。节点代表生态经济系统中的元素或实体，如生物种群、生态过程、经济活动、社会因素等。边则是这些节点间的相互关系或相互作用的象征，它们可能代表能量流动、物质循环、信息传递、经济交易等现象。网络结构的特性主要包括连通性、度分布、聚类系数、路径长度、中心性和社区结构。连通性度量了网络中节点间连接的密度；度分布反映了节点度数的分布情况，揭示了网络的均质性或异质性；聚类系数度量了网络中的集群化程度；路径长度度量了网络的效率和紧凑性；中心性则揭示了网络中节点的重要性；社区结构则展现了网络的子网络或群聚，反映了网络的层次性和模块化。这些网络特性不仅能够揭示生态经济系统的结构和功能，而且还能预测和管理其动态变化和演化过程。例如，可以通过调整网络连通性和路径长度来控制物质和能量的流动；可以通过识别和保护关键节点和边来保持生态经济系统的稳定性和韧性；可以通过刻画和设计网络的社区结构来促进资源和信息的共享，进而推动合作和创新的发生。这一系列的操作与实践，不仅有助于理解生态经济系统的本质，更为管理和优化这样的系统提供了新的视角和工具。

第二，循环结构。循环结构体现该系统中物质和能量流动的特性，核心理念是持续循环利用和最小化浪费，旨在模仿自然生态系统中的能量和物质循环，使经济活动与生态循环相协调，从而实现可持续发展。在生态经济系统中，循环结构主要表现在以下几个方面：①物质循环，即物质资源在生产、消费和废弃的过程中应当尽可能地进行循环利用，可能包括回收利用、再制造和再利用等方式。②能量循环，即能源应当尽可能地进行高效利用和循环利用，可以通过使用可再生能源和提高能源效率来实现。③生产过程也应当形成循环，即生产的输入和输出应当形成闭环，使得废弃物可以成为新的资源。循环生产旨在通过在产品的设计、生产、使用和处置过程中进行生态设计，减少废弃物排放，提高资源利用效率，并减轻对环境的压力。生态经济系统的循环结构有助于构建一个既经济有效又环境友好的生态经济体系，而且为理解和管理生态经济系统提供了新的视角和工具，有利于实现资源的高效利用，减少环境污染，促进社会的经济与环境的双重目标实现。

第三，分层结构。分层结构揭示了该系统的组织和功能是如何按照不同的层级进行组织和运行的，体现了生态经济系统的复杂性和动态性，以及系统内部元素之间的互动和相互影响。生态经济系统的分层结构主要体现在以下几个方面。首先是自然环境层，它是生态经济系统的基础，包括自然资源和生态环境，为经济活动提供了必要的物质和能量，同时也是经济活动的载体和环境。其次是经济活动层，包括各种生产、消费和交换的经济行为，这些经济行为是对自然资源的利用和转化，以满足人类的各种需求。最后是社会管理层，涉及经济活动的规划、管理和决策，包括政策制定、法律法规、制度设计等，社会管理行为对经济活动和自然环境的利用产生指导和影响。分层结构强调了生态经济系统中各个层级之间的相互作用和影响，这种影响可能是直接的，也可能是间接的，可能是单向的，也可能是双向的；每一层级都对整个系统的运行和状态产生影响，同时也受到其他层级的影响。深入理解这种分层结构，识别各个层级之间的相互作用和影响，有利于通过科学的决策和有效的管理，引导和调整各个层级的行为，以实现生态经济系统的可持续发展。

第四，自适应结构。自适应结构体现了该系统在面临内外环境变化时，能够进行自我调整以适应新环境的能力。此特性赋予了生态经济系统在复杂和变化的环境中持续发展的可能性。首先是系统内部的动态平衡。在生态经济系统中，自然、经济和社会等各元素之间通过复杂的相互作用形成动态的平衡状态。当环境变化时，系统能够通过调整其内部元素的行为和相互作用来实现新的平衡状态。其次是系统的演化能力。面对环境变化，生态经济系统可以通过创新和学习，引入新的元素、新的行为或新的相互作用机制，以改变其结构和功能，实现对新环境的适应。最后是系统的韧性。即使面临严重的干扰和压力，系统内部的多元性和多样性也为系统提供了丰富的适应策略和可能性，促使生态经济系统能够保持或恢复其基本功能和结构。生态经济系统的自适应结构展示了：通过科学的决策和有效的管理，可以引导和促进系统的自适应能力，以实现生态经济系统在复杂和变化的环境中的可持续发展。

上述结构模式描述了生态经济系统的基本组成和运行机制，为理解和管理生态经济系统提供了框架。不同结构反映了不同的观点和重点，可以根据具体情境和目标选择适合的模式。在实践中，常常会出现多种模式的综合运用，以满足复杂的经济、社会和环境需求。另外，具体的生态经济系统可能会因其特定的环境条件、历史背景、文化特征等因素而表现出不同的结构特征和动态过程。因此，理解和管理生态经济系统需要采用系统思维和方法，考虑其复杂性、动态性、多尺度性和适应性等特性。

三、生态经济系统模式

与生态经济系统结构分析侧重于系统的具体组成及其组合方式不同，生态经济系统模式更侧重于策略层面。基于对生态经济系统结构的理解和分析，可进一步探讨不同时空、不同类别的差别性生态经济系统模式，为理解和管理系统结构提供指导和框架。以下主要从城市群、企业集群、林农复合及农牧交错几个大类进行阐释。

一是城市群生态经济系统模式（林寿富和苏也夫，2017）。城市群生态经济系统是自然生态子系统和社会经济子系统互相交叉作用并相互耦合而成的复合异质系统和多维空间结构，城市内部要素之间互动频繁，城市之间输入输出以及整体复合错综复杂。城市群生态经济系统的演变进化是循环迭代、多重反馈的动态过程。对于某个个体环，其他的个体环既会助力其演化又对其进行制约和束缚，它们之间在外界作用下构成受迫振荡的复杂过程，使得一旦出现循环的恶性化，如果缺乏有效的规范机制加以干扰，那么该过程将难以改变。城市群生态经济系统内部各要素随着自身的进化相互影响，最终构成了一个互相作用的协同进化系统，形成了捕食协同、寄生协同、共生协同等三种协同关系模式，这些关系构成内部要素相互作用、协同演化的主因。捕食协同关系模式指的是城市群的社会经济子系统与自然生态子系统之间正是处于“捕食”与“被捕食”的捕食协同关系，以经济社会快速发展为重心，单方面过度追求经济活动效益，是单向掠夺阶段的突出特征。寄生协同关系指的是自然生态子系统的资源供给能力和环境承载能力达到阈限，并逐渐引发资源供给短缺、生态负面压力凸显以及环境破坏等状况，使得社会经济子系统独立性变得极差，对自然生态子系统存在极强的依赖性。自然生态子系统对社会经济子系统具有单向制约作用，社会经济子系统一旦离开自然生态子系统，或者自然生态子系统的恶化完全失控，前者的发展基本丧失来自后者物质基础和环境容量的支撑。共生协同关系指的是城市群发展不再局限于重视某一子系统的发展，而是将它们放在同一水平层次，这就使两个子系统从之前的单向束缚中解放出来，以致二者之间影响相互对等，双向释放。在共生协同关系中，社会经济子系统以创新为驱动、以生态原则为导向的经济模式，重视技术创新、管理创新和制度创新在推动生态经济发展和解决环境问题中的关键作用。此阶段中，城市群生态经济系统的整体存续能力强，内部要素之间彼此容纳、响应、协调，并共同应对和消化来自复杂多变的外界环境的影响，从而实现协同发展进步的目的。

二是企业集群生态经济系统模式（罗发友和刘友金，2004）。许多学者对企业集群发展进行了研究，并形成了几种比较典型的企业集群发展观，如英国经济学家马歇尔的经济外部性理论、德国经济学家韦伯的一般经济开支成本节约，以及美国哈佛大学教授迈克尔·波特的企业及集群发展三部曲，都对企业集群式发展进行了比较深入的研究和探讨。环境污染、资源枯竭、能源危机和生态破坏等问题日益突出，企业集群系统该向何演进以实现可持续发展，是其面临的重要战略选择。其一，企业集群生态化模式，是指群内一家企业产生的废物是另一家企业的生产原材料，这些企业依照上下游的顺序形成高效率生态产业链。系统中的物质、能源和信息的流动与储存不是孤立的简单叠加关系，而是可以像自然生态系统那样循环运行。在这种状态下，没有绝对意义上的废料。当今盛行的生态工业园就是模仿自然生态系统，将社会经济系统生态化的一种应用实践。它通过管理包括各种能源和材料等基本要素在内的资源与环境方面的合作来实现生态环境与经济的双重优化和协调发展，最终使该企业群落寻求一种比每个企业优化个体所实现的个体效益的总和还要大得多的群体效益。其二是企业集群虚拟合作模式，指分布在不同地区的企业群利用网络手段，为快速响应市场需求而组成的动态联盟，是组织、人力、技术、信息等资源在完善的网络结构基础上的有效集成。它能够克服空间和时间的局限性，保持集中和分散之间稳定、合理的平衡，具备系统优化组合和有效协调的优越性。参与合作的各实体可以分布于不同地域，以多重关系的网络形式组织，并具有不同的生产规模和技术组合。企业集群作为一种区域性的经济形态，其发展必定受到当地资源、环境、技术、人才等方面的制约。虚拟合作恰恰能弥补资金匮乏、人才不足、技术短缺等问题，并且这种运作模式会随着合作目标的实现而自行解体，不会影响系统固有的独立性，有利于节约资源，提高技术创新速度，降低风险，提高系统整体竞争力。

三是林农复合生态经济系统模式（程志刚，2021）。目前关于林农复合生态系统模式的定义，人们普遍接受以下的定义，该系统就是基于相同的土地经营单元，并针对经济以及生态，有机结合与二者有关的作物及植物，或者是动物，在对空间进行安排的基础上，通过各种各样的方式而配置的土地使用系统或者是制度。林农复合生态系统模式是一个具有多组分、多层次以及多功能等特点的综合性人工经济系统，其中最基本的组成要素可以归纳为土地、林业、农业以及人类经营等。目前对于该系统模式的研究，最主要目的是找出各个地区的自然环境同其社会经济发展之间的最合适的经营模式，以此获得较高的生态、社会以及经济三方面效益。农林复合经营模式在我国有着较为久远的历史，其中林粮间作形式被广泛应用，其中最常用树种有枣树以及意杨，尤其是意杨农作物间作的形式，不管是它的使用范围，还是它的研究力度都已经取得了一定的成效。伴随近些年的发展，在国际上该经营模式的定量研究以及水平都取得了很大进步，一些研究还可通过模拟的形式，来为生产活动实践提供有效指导。与此同时大部分地区的推广和培训工作都形成了较为完善的体系，尤其是林农复合的经营模式，实施一系列的措施，比如覆盖耕作、集水补灌，能够显著提升有限降水的使用率，不但对发展中国家有很大影响，对于一些发达国家也有很大的促进作用。

四是农牧交错带生态经济系统模式（李晗和郝建锋，2011）。农牧交错带生态经济系统是一个有机的整体，包括前植物生产层、动物生产层、外生物生产层。由于系统中各生产层中物种或种群的生态位或生态场存在差异，通过合理搭配不同生产层间物种或种群，可使生态经济系统中不同的物种或种群之间产生农牧交错农带生态经济系统的生态耦合，促进系统间物质、能量和信息的相互循环利用，形成新的耦合系统。前一生产层系统输出的主副产品是后一生产层系统的生产性资料来源，甚至有的后一生产层系统的主副产品还可以继续为再后一生产层系统提供生产性资源，或能为前一生产层系统循环利用。具体应用中，从垂直耦合角度，在小尺度异质性空间的“沟顶高山草地—沟腰半农半牧—沟谷灌溉农业”复合生态经济系统，通过“沟顶繁育，沟谷育肥；支沟繁殖，干沟育肥”的空间耦合，充分利用不同空间生态经济系统间的物质、能量和信息循环和转换，使饲草资源和牲畜资源优势互补，缓解空间上生态系统承载压力，提高农牧交错带生态系统的稳定性和农牧业经济系统的产出水平和社会效益（刘志颐，2013）。从水平耦合角度，在农牧交错带农区、牧区以及城乡区域之间可进行农牧耦合、种植业、旅游业与畜牧业之间的耦合以及进行庭院养殖业种养耦合等。在构建城乡生态经济系统耦合机制中，需引进和研发相关生态产业补链项目，延长和拓展城乡生态产业链条，填补农牧交错带城乡生态产业链断点，以建立生产系统产业价值链循环闭合系统，实现整个城乡生产经济系统的生态化。

第三节　生态经济系统的功能

一、生态经济系统的经济功能

生态经济系统的经济功能，核心在于实现生产、分配和消费资源和产品的过程，同时保障了经济的可持续发展。这涉及资源的生产和利用、就业和经济增长、资源的分配和市场机制、产业结构和产值创造、贸易和国际合作等多个层面，这些层面之间存在紧密的逻辑关系。

第一，资源的生产和利用是经济功能的基础。资源的生产和利用是生态经济系统经济功能的初始环节，它决定了系统内可供消费和分配的总量。生态经济系统通过对自然资源，如土地、水资源、能源等的开发和利用，满足了人类的经济需求。在这个过程中，资源的有效获取、利用和管理就显得尤为重要，需要根据自然资源的可再生性或非再生性，采取不同的获取和利用方式，以防止资源的枯竭或污染。此外，科技创新在资源利用中也起到了重要的作用，新的开采技术、清洁能源技术等可以提高资源利用效率，降低对环境的影响。第二，就业和经济增长是生态经济系统实现社会效益的重要方式，决定了系统对外部社会的贡献和价值，是生态经济系统的重要功能。经济活动的发展可以提供就业机会，增加收入来源，进而提高人们的生活质量。因此，通过提供更多的就业机会，实现人力资源的充分利用，提高劳动生产率，可以推动经济增长，从而提高生活质量和社会福利。第三，经济功能涉及资源的分配和市场机制。资源的分配和市场机制是生态经济系统内部运行的关键，决定了资源如何在系统内进行流转。通过供求关系和价格机制，市场机制在经济系统中发挥着资源的分配作用，有助于实现资源的有效配置和优化利用。第四，产业结构和产值创造是经济功能的表现和结果。不同产业部门的发展和结构布局，直接影响了经济的总体产值和经济结构的稳定性。合理的产业结构能保证生态经济系统的稳定运行，防止经济过度依赖某一产业而导致风险。同时，产业的多元化和可持续性能推动产值的持续增长，为经济发展提供动力。通过合理的产业规划和发展，经济系统可以实现多元化、可持续的产业结构，并创造更多的经济价值。第五，经济功能还包括贸易和国际合作。贸易和国际合作是生态经济系统与外部世界联系的重要方式，它们决定了系统的开放程度和外部影响力。通过国际贸易，可以实现资源和产品的跨国流动，扩大市场规模，增加经济系统的整体收益。国际合作则可以促进技术转让和经验共享，推动经济的进一步发展。

上述各个层面的逻辑关系共同构成了生态经济系统的经济功能的综合体现。其相互影响，共同推动了经济系统的持续发展和繁荣。

二、生态经济系统的社会功能

理解生态经济系统的社会功能，需要深入探讨包括公共服务提供、社会稳定性、社区发展、文化保护、教育及公众参与等领域。每个领域在社会功能的构建中都扮演着重要的角色，为人类社会的和谐与发展提供了支撑。

第一，公共服务提供。在生态经济系统中，公共服务的提供是社会功能的重要组成部分，涵盖了各种基础设施的建设和维护，如公路、桥梁、公园等，以及教育、医疗、环保等多元化的公共服务。合理有效的公共服务体系，不仅满足了公众的基本生活需求，也为社会经济的可持续发展提供了稳定的基础。第二，社会稳定性。生态经济系统通过平衡资源分配、提供就业机会、确保社会福利以及减轻社会贫困等，来确保社会稳定性。这一过程旨在维护社会的和谐与稳定，降低社会矛盾，使社会成员能享受到平等、公正的生活环境。第三，社区发展。通过激发社区经济活力、提升社区成员的收入水平以及生活质量等方式，进一步推动社区发展。这一功能对于强化社区凝聚力、保持社区活力，以及形成可持续发展的社区环境具有重要的作用。第四，文化保护。对自然环境和文化遗产的保护，以及对多元文化的尊重和鼓励，均表现了其文化保护的社会功能。这一功能对于维系社会文化多样性、传承历史文化遗产以及弘扬民族精神文化有着重要的价值。第五，教育及公众参与。通过教育与培训，能提高公众对生态经济问题的认识和理解，进而推动社会成员对可持续发展理念的认同和实践。而公众参与则是民主决策和社会公正的体现，可以提高政策的实施效果和公众的满意度。

上述五个领域相互交织，共同构成了生态经济系统的社会功能的多维度视角，为社会的可持续发展提供了全面而深入的支持。在这个过程中，不同功能的相互作用和影响，构成了生态经济系统社会功能的内在逻辑，推动着社会向着更公平、包容和可持续的方向发展。

三、生态经济系统的环境功能

生态经济系统的环境功能是其关键特性之一，主要体现在生态保护、资源回收、污染控制、生物多样性保护和气候稳定性等方面。各方面的功能通过协同作用，共同塑造生态经济系统的环境特性，并与其社会经济功能相互影响。

第一，生态保护是生态经济系统环境功能的重要体现，包括对土地、水源、森林等自然资源的保护，以防止过度开发和污染。例如，对于森林资源，生态经济系统不仅关注其作为木材供应源的价值，更重视森林对空气净化、水源保护、碳汇功能等生态服务的贡献。实践中体现为实施可持续林业管理，限制过度砍伐，甚至进行森林重建。第二，资源回收功能，通过优化资源利用和循环，减少资源浪费。例如，采用环保的设计和生产策略，产品在设计之初就注入“易回收、易分解、易再生”等元素。再如，对废物进行分类，有机废物可以用于堆肥，电子废物经过处理可以回收稀有金属等，进一步提高资源的利用效率。第三，污染控制，即降低污染排放，减小对环境的破坏。这包括采用清洁生产技术，减少废物和有害物质的排放，同时，也包括对已经产生的污染进行有效治理。例如，污水处理设施可以将工业和生活污水中的有害物质去除，减少对水源的污染。第四，生物多样性保护功能。生态经济系统认识到生物多样性对维护生态平衡、稳定性的重要性，并采取行动来保护和恢复生物多样性。第五，气候稳定性功能。通过减少温室气体排放，生态经济系统有助于减缓全球气候变化。例如，推广和应用可再生能源，替代化石燃料，这既能满足能源需求，又能减少温室气体排放，有利于减缓全球气候变化。

以上五个环节构成了生态经济系统环境功能的主体，它们之间存在着内在的逻辑关系，每个环节的作用都是相辅相成的，互为因果，共同维护和促进生态经济系统的健康和持续发展。总的来说，生态经济系统的环境功能是通过综合各个环节的作用，实现对生态环境的综合保护和管理，推动人类社会的可持续发展。为在总体上实践生态经济系统的经济功能、社会功能与环境功能，可从具体机制中考察生态经济系统功能，其主要包括资源管理功能、创新和技术发展功能以及风险管理和适应能力功能，以下为具体讨论。

四、生态经济系统的资源管理功能

生态经济系统的资源管理功能主要表现在资源获取、利用、保护和回收等几个方面。这些功能通过不断调整和优化资源的获取和使用方式，从而达到经济效益、社会效益和环境效益的平衡。在资源获取方面，生态经济系统强调的是可持续的资源开发，即通过对自然资源的合理开采和高效利用，保证资源供应的持久稳定，而不是无节制地掠夺。比如在矿产资源的开采中，不仅需要充分考虑到开采效率，还要考虑到环境保护和后期的矿山复绿。又如，对于水资源的获取，更注重于水资源的可再生性和循环使用，避免过度开采导致地下水位下降和生态破坏。在资源利用方面，生态经济系统主张高效利用和节约资源。它强调通过科技创新和生产方式的改变，提高资源的利用率，延长资源的使用寿命，减少资源浪费。例如，在工业生产中，可以通过引入先进的工艺设备，提高生产效率，降低能源消耗；在农业生产中，实施精准灌溉和施肥，减少水肥浪费。资源保护是资源管理的另一重要环节，包括保护自然资源、生物资源和遗产资源等。生态经济系统通过设置保护区、实施资源保护法律法规、开展公众教育等方式，实现对资源的长期保护。例如，通过设立自然保护区，保护生态敏感区和生物多样性热点区，防止过度开发；通过实施水土保持和森林保护等项目，保护土壤和水资源。资源回收是生态经济系统资源管理功能的最后一环，它强调的是延长资源的使用寿命和提高资源的使用效率。例如，通过建立废物回收系统和实施循环经济策略，把废物视为资源，将其再利用或再制造，从而减少新资源的开采和废物的产生。总的来说，生态经济系统的资源管理功能体现了资源的可持续性、高效性、保护性和循环性。这些管理功能不仅能够满足经济发展的需要，而且有利于保护环境，实现社会、经济、环境的和谐发展。

五、生态经济系统的创新和技术发展功能

生态经济系统的创新和技术发展功能是推动经济转型和可持续发展的重要方面。生态经济系统的创新和技术发展功能主要体现在推动技术进步、创新生产模式、促进创新经济的发展以及支持社会创新等方面。首先，生态经济系统推动技术进步，以促进生产效率和提高资源利用效率。这种技术进步可以通过应用新的科学研究成果，如使用新材料、新能源和新技术来提高生产效率和降低环境负担。例如，太阳能、风能和生物能等清洁能源的利用，大大提高了能源的利用效率，减少了对环境的污染。其次，生态经济系统倡导创新生产模式，通过优化生产流程和管理方式，提高生产效率，降低对环境的影响。这些新的生产模式通常基于新的组织理念和技术实践，如循环经济、绿色生产和可持续生产等。例如，循环经济强调“减量化、资源化和无害化”，以减少废物产生、实现废物资源化和降低废物对环境的影响。再次，生态经济系统促进创新经济的发展，包括创新经济产业、新经济形态等。这些新经济形态强调技术创新和模式创新，如数字经济、共享经济等。例如，共享经济通过共享闲置资源，提高资源利用率，减少资源浪费。最后，生态经济系统支持社会创新，包括创新的社会管理模式、社会服务模式等。这些社会创新有助于提高社会治理效率，满足社会公众需求，改善生态环境。例如，社区参与的环保活动，可以提高社区居民的环保意识，减少环境污染。总的来说，生态经济系统的创新和技术发展功能通过促进技术进步、创新生产模式、推动创新经济的发展和支持社会创新，有效地推动了经济发展，提高了生产效率，降低了对环境的影响，同时满足了社会公众的需求，提高了社会福祉。

六、生态经济系统的风险管理和适应能力功能

生态经济系统的风险管理和适应能力功能主要体现在对经济环境变化的应对能力、灾害风险的预防和管理能力、应对气候变化的适应能力以及对社会变化的适应能力等方面。首先，生态经济系统具有对经济环境变化的应对能力。这是因为生态经济系统是一个开放的、动态的系统，能够灵活适应市场变化，利用新的经济机会。例如，当能源价格上涨时，生态经济系统可以通过推广能源效率更高的技术和产品，以降低能源成本，减轻能源价格上涨的影响。其次，生态经济系统具有灾害风险的预防和管理能力。生态经济系统通过维护和恢复生态系统的健

康和稳定，可以降低自然灾害的风险。例如，通过恢复湿地、植树造林等方式，可以减少洪水和滑坡等灾害的发生。再次，生态经济系统具有应对气候变化的适应能力。生态经济系统通过促进清洁能源的发展、降低温室气体排放、提高能源效率等方式，可以降低气候变化的影响。例如，通过推广太阳能和风能等清洁能源，可以降低碳排放，减缓全球气候变暖的趋势。最后，生态经济系统具有对社会变化的适应能力。生态经济系统关注社会公正和公平，关注人民的福祉，能够适应社会需求的变化。例如，当社会对环保有更高的需求时，生态经济系统可以通过发展绿色经济、提供环保产品和服务，满足社会的环保需求。总的来说，生态经济系统的风险管理和适应能力功能，通过应对经济环境变化、灾害风险的预防和管理、应对气候变化和适应社会变化，可以提高系统的稳定性，减少系统的风险，保证经济活动的正常进行，同时提高社会福祉。

第四节　生态经济系统调控

一、生态经济系统调控的经济学内涵

生态经济系统调控指的是通过对经济行为、社会活动以及自然生态之间相互作用的理解和控制，来实现经济、环境和社会的可持续发展。这种调控旨在通过保护环境、合理利用资源、优化经济结构、促进社会公平等手段，达到人与自然和谐共生的目标。在定义中要强调的是，生态经济系统调控不仅仅是单纯的经济管理，而是涵盖了经济、社会和环境三个方面的全面管理。这需要以整体的视角来看待问题，而不仅仅关注经济增长，也要关注环境保护和社会公正。这种调控旨在建立一种平衡的关系，使得经济发展、环境保护和社会公正三者能够同时实现，从而推动可持续发展的实现。

生态经济系统调控的必要性源于我们所处的“人地关系”，即人类活动与自然环境之间的复杂关系。在过去的经济发展过程中，人们为了追求经济利益，往往过度利用和破坏自然环境，导致生态环境恶化、生物多样性减少、资源短缺等，这种状况已经威胁到人类自身的生存和发展。因此，为了在经济发展与环境保护之间找到平衡，需要对生态经济系统进行有效的调控。生态经济系统的调控具有重要的经济学含义。

一是外部性管理。生态经济系统中的许多环境问题往往具有外部性特征，即经济活动的影响超出了市场交易的范围，给社会和环境带来了成本或效益。调控的目的是通过建立适当的制度和政策措施来管理这些外部性，以确保经济活动的社会成本被正确内部化。例如，通过设立环境标准、征收排放费用或提供激励措施来引导企业减少污染排放，这是制度经济学中的外部性管理的范畴。二是信息

不对称问题的解决。生态经济系统中的决策者通常面临着信息不对称的情况，即他们在做出决策时拥有的信息比其他相关方更多或更准确。调控的目的是通过制度安排来解决这种信息不对称，提供透明的信息，使各方能够更好地评估经济活动的生态效益和环境风险。例如，建立环境信息披露制度，要求企业公开环境数据和影响评估结果，以促进信息的对称性。三是公共物品供给。生态系统提供了许多公共物品，如空气、水、森林等，这些公共物品的供给和维护需要适当的制度安排。调控的目的是确保公共物品的可持续供给和保护，防止过度利用和破坏。制度经济学提供了关于公共物品的供给机制和产权安排的理论基础，如通过建立自然资源的产权制度来促进可持续利用。四是合作与治理。生态经济系统的调控需要各利益相关方之间的合作和协调，以实现共同的目标。制度经济学强调制度安排对于合作和治理的重要性。通过建立合适的制度机制，如多方参与的决策机制、公共参与的机会和渠道、共同管理的机制等，可以促进不同利益相关方之间的合作和协调，实现生态经济系统的可持续发展。五是政府角色与监管。生态经济系统的调控需要政府在制度设计和监管方面发挥重要作用。制度经济学关注政府的角色和职能，研究政府如何通过制度安排来引导和管理经济活动。调控需要政府制定相关政策和法规，建立监管机制，确保经济活动在可持续的框架下进行。

可见，调控生态经济系统可以促进经济增长与环境的协调。传统的经济增长往往以牺牲环境为代价，导致环境恶化和资源枯竭。从制度经济学的角度来看，调控生态经济系统涉及政府的角色和制度安排。政府通过制定相关政策和法规，引导经济活动和行为，确保经济活动与生态保护的协调。此外，建立合适的市场机制和激励措施也是重要的制度设计，以实现经济增长与环境保护的双赢局面，通过绿色发展和低碳经济模式实现经济的可持续增长。

二、生态经济系统调控的规则制定

第一，规则制定原则。生态经济系统的调控涉及规则制定，这包括规则的组成和其中一些重要的原则与考虑。以下是关于生态经济系统调控规则制定的一些重要方面。其一，参与者。规则制定需要广泛的参与者，包括政府机构、学术界、产业界、非政府组织和公众等。各方的参与能够代表不同的利益和视角，确保规则的合理性和可接受性。政府机构通常在规则制定过程中发挥核心作用，但其他参与者的贡献和意见也至关重要。以德国乡村内生型发展战略为例，根据整体发展目标，各地自行确立推动内生型发展实施的形式并制定整体规划。实施形式主要有两种：一是通过跨村镇、跨部门的协作，建立合作机制或项目联盟，在联盟整体规划框架之下，各级行政单位建立跨级别、跨部门的合作组织网络，细化分工，加强管理，为辖区内生型发展提供支持；二是成立专门针对土地管理的国有企业，负责所辖范围内促进内生型发展项目的开展，并制订土地利用方案（张诗懿等，2023）。其二，科学依据。规则制定需要依据科学研究和证据，确保规则的科学性和可行性。科学研究提供了对生态经济系统的深入了解，评估不同政策和行动的影响和效果。规则制定应该依据科学知识和数据，避免凭空假设或主观判断，以确保调控措施的有效性。其三，风险管理。规则制定需要考虑风险管理的原则。生态经济系统中存在各种风险，如环境污染、资源枯竭、生物多样性丧失等。规则制定应包括对这些风险的评估和管理措施，以降低风险的发生概率和影响程度。其四，经济效益。规则制定需要考虑经济效益。调控措施对经济活动和产业的影响是重要的考虑因素。规则制定者需要评估不同规则对经济增长、就业机会、产业竞争力等的影响，确保规则在经济效益和生态效益之间达到平衡。其五，灵活性与适应性。规则制定应具备灵活性和适应性。生态经济系统的复杂性和不确定性需要规则具备适应变化的能力。规则制定者应考虑到不同情境和条件下的变化，确保规则能够适应环境变化和新的挑战。

第二，具体规则制定及其分类。生态经济系统调控规则制定可以分为政策制定与法规管理，以及市场经济手段两类。政策制定与法规管理和市场经济手段在生态经济系统调控规则制定中相互补充和协调。政府通过政策和法规的制定管理，对生态经济活动进行指导和约束；而市场经济手段通过经济激励和市场机制的引导，使经济主体在市场环境下考虑生态效益。两者相互结合，形成了一种综合的规则制定机制，促进了生态经济的可持续发展。

一是政策制定与法规管理。政府通过制定相关政策和法规来引导和管理生态经济活动。政策制定与法规管理可以按照时序分为前期、中期和后期三个阶段。

（1）前期代表性规则制定——环境规划和土地利用管理。通过环境规划和土地利用管理来合理布局和利用土地资源，确保经济活动与生态系统的协调。这包括生态保护区划、土地用途规划、生态红线的划定等措施，以保护生态系统的完整性和功能。区域被划分为不同的保护区域，以实施有效的生态保护和管理措施，包括自然保护区、野生动植物保护区、水源涵养区、湿地保护区等。生态保护区划的目的是保护重要的生态系统、关键物种和生态功能区，防止生态环境的破坏和生物多样性的丧失。土地用途规划是在特定区域内制定土地利用的方针和政策，以确保土地的合理利用和协调发展。通过土地用途规划，可以确定不同地区的土地用途，包括农业用地、城市建设用地、工业用地、自然保护用地等。土地用途规划的目的是确保土地资源的可持续利用、促进经济发展和社会福祉，并在此过程中保护和提升环境质量。生态红线是在土地利用规划中划定的重要生态功能区域，用于限制开发和保护生态系统的关键要素和生物多样性。生态红线划定的原则是根据生态系统的稳定性、关键生物多样性区域、生态功能需求等因素进行评估和确定。生态红线的划定旨在确保生态系统的完整性和功能的可持续性，防止生态环境的破坏和生物多样性的丧失。对资源的管理和利用应遵循可持续发展的原则，确保资源的合理利用和保护。这包括水资源管理、能源管理、林业资源管理等，通过科学规划、有效利用和保护资源，实现经济活动与生态系统的协调。

（2）中期代表性规则制定——环境监测和评估。建立环境监测体系，对生态环境进行监测和评估，及时掌握生态系统的状态和环境变化，为调控提供科学依据和决策支持。环境监测可以包括空气质量监测、水质监测、生物多样性监测、土壤监测等。空气质量监测是对大气中的污染物含量和空气质量指标进行监测，包括常见的污染物，如二氧化硫、氮氧化物、颗粒物等。通过空气质量监测，可以评估大气污染的程度，制定相应的减排措施，保护空气质量和人民健康。水质监测是对水体中的污染物、水质参数和生物指标进行监测，以评估水体的健康状况和水质变化趋势。水质监测可以涵盖地表水、地下水、河流、湖泊、海洋等不同水域类型，帮助判断水资源的可持续利用情况和水环境的保护成效。生物多样性监测是对生物物种和群落的变化和分布进行监测，以了解生物多样性的状况和生态系统的健康程度。生物多样性监测可以包括植物、动物、微生物等多种生物群体，通过野外调查、遥感技术和遗传分析等手段，揭示生物多样性的动态变化和影响因素。土壤监测是对土壤质量和污染状况进行监测，包括土壤理化性质、养分含量和重金属等污染物的检测。通过土壤监测，可以评估土壤的肥力和污染程度，制定土壤保护和修复措施，维护土壤资源的可持续利用。

（3）后期代表性规则制定——生态补偿机制。生态补偿机制是一种经济工具，通过向生态系统提供经济补偿来鼓励和促进生态系统的保护和恢复。在资源开发或环境破坏的情况下，通过征收相应的生态补偿费用，将这些费用用于生态系统的保护和修复，以弥补生态系统所受到的损害。第一，生态补偿机制的核心思想是对那些对生态系统造成损害或破坏的行为进行补偿。这可以是通过收取开发者、污染者或其他责任方的补偿费用来弥补生态系统受到的损失。补偿费用应该根据损害的程度和影响的范围合理确定。第二，生态补偿机制将征收的费用用于生态系统的保护和恢复。这些资金可以用于实施生态保护项目、生态修复措施、保护区的建设和管理等，以确保受损的生态系统得到有效的保护和管理。第三，生态补偿机制的实施应考虑公平性和可持续性的原则。补偿费用的征收应遵循公平原则，确保责任方承担合理的经济责任。第四，补偿机制的设计应具备可持续性，保证资金的长期可用性，以支持生态系统的持续保护和修复。第五，生态补偿机制需要建立相应的监督和治理机制，确保补偿费用的正确使用和目标的实现。监督机制可以包括监测生态补偿项目的进展和效果，审查补偿费用的使用情况，并确保其符合相关规定和要求。

二是市场经济手段。政府在生态经济系统调控中利用市场经济手段的具体方法，通过价格和市场机制的调节，推动经济活动朝着更加环保和可持续的方向发展。

（1）生态税收。生态税收是一种通过对环境资源的使用和环境污染行为征收税收的政策措施，旨在调控经济活动，促进环境保护和可持续发展。其基本原理是对经济活动中产生环境影响的行为征收税收，以内部化环境成本，激励经济主体减少对环境的负面影响。生态税收的实施可以采取污染排放税、资源利用税、能源消费税、环境损害赔偿费几种形式。污染排放税是对产生污染物排放的企业或个人征收税费，税率与排放量成正比。通过征收污染排放税，激励企业采取减排措施，减少对环境的污染。资源利用税是对过度利用自然资源的企业或个人征收税费，税率与资源使用量成正比。通过征收资源利用税，鼓励企业和个人合理使用资源，避免资源过度开发和浪费。能源消费税是对能源消费行为征收税费，税率与能源消耗量成正比。通过征收能源消费税，鼓励企业和个人节约能源，推动能源的可持续利用。环境损害赔偿费是对造成环境破坏的企业或个人征收赔偿费用，用于修复环境损害。征收环境损害赔偿费可以强化企业对环境责任的意识，减少环境破坏行为。

（2）生态补贴。生态补贴政策是一种政府通过提供经济激励，鼓励和支持企业、个人或组织采取环境友好的行动或实施生态保护项目的政策措施。这些补贴可以用来弥补环境保护成本、提供资金支持、降低环境友好技术的成本等。常见的生态补贴政策包括可再生能源补贴、能源效率补贴、农业环保补贴、绿色交通补贴、生态保护补贴等。可再生能源补贴指的是政府可以向采用可再生能源发电技术的企业或个人提供补贴。这些补贴可以降低可再生能源项目的投资成本，提高其竞争力，鼓励可再生能源的使用和发展，减少对传统化石燃料的依赖。能源效率补贴指的是政府可以向实施能源效率改进措施的企业或个人提供补贴。这些补贴可以用于推动能源节约技术和设备的应用，降低能源消耗，提高能源效率，减少对能源资源的需求。农业环保补贴指的是政府可以向农民提供农业环境保护方面的补贴，以鼓励实施环境友好的农业实践。例如，补贴农民采用有机农业方法、保护水资源、保护生物多样性和生态系统等。绿色交通补贴指的是政府可以向购买环保车辆（如电动车）或使用低碳交通方式（如骑自行车或乘坐公共交通工具）的个人或家庭提供补贴。这些补贴可以促进低碳交通方式的采用，减少交通排放和空气污染。生态保护补贴指的是政府可以向从事生态保护项目或提供生态系统服务的组织或个人提供补贴。这些补贴可以用于森林保护、湿地恢复、生物多样性保护等，鼓励采取措施保护和恢复生态系统的功能和价值。

（3）碳排放交易市场构建。碳排放交易市场是一种通过买卖碳排放配额来实现减排的市场机制。它通过建立碳排放权的交易市场，为企业和机构提供了灵活的减排手段和经济激励，以推动低碳经济的发展（詹诗渊，2023）。碳排放权交易起源于排污权交易（Dales，1970），其优点在于通过市场机制激励排放主体节能减排以获得经济利益，将碳排放的负外部性内化，最终实现优化产业结构的目的

（杜莉等，2012）。继英国最早建立碳排放权交易制度之后（Bryner，2004），欧盟、美国、新西兰等国家和地区纷纷建立碳排放权交易市场（Chiara，2016）。这些碳排放权市场的交易机制大同小异：先由本国或本地区根据环境容量对碳排放主体分配一定碳排放权额度，若排放主体实际排放量小于分配额度，则可将剩余的碳排放权出售并获得经济利益；若排放主体排放量大于分配额度，则需在市场上购买额外的碳排放权（Mortensen，2004）。中国《碳排放权交易管理暂行条例》《碳排放权交易有关会计处理暂行规定》《碳排放权交易管理办法（试行）》均沿用了此种市场模式（李素荣，2022）。除了碳配额交易，还有碳抵消机制。在碳抵消机制中，政府设立碳抵消机制，允许企业或个人通过投资或购买碳减排项目来抵消其自身的碳排放。例如，企业可以通过支持森林保护项目或清洁能源项目来抵消其碳排放量，实现碳减排和环境保护。

三、国际生态经济规则

国际生态经济规则对国内生态经济有着重要的影响。这些规则可以来自国际环境协定、贸易协定、投资协定以及其他国际合作机制。下面是一些具体的国际生态经济规则及其对国内生态经济的影响。

第一，环境标准和规范。国际环境协定和标准设定了环境保护的基准和要求。这些规定可以对国内产业的环境行为产生直接影响。国内企业需要遵守国际标准，以满足国际市场的要求，进而促使其在生产和经营中更加重视生态环境的保护。首先，这些协定和标准为国内环境保护提供了重要的参考和指导，引导着政府制定和实施相关的环境保护政策和措施。其次，国际环境协定和标准的遵守要求国内企业和产业从源头上减少环境污染和资源消耗，推动了绿色生产和可持续发展。此外，这些协定和标准也对国内企业的国际竞争力产生影响，符合国际环境标准的企业更有竞争优势，能够进入国际市场，并获得国际消费者的青睐。例如，《巴黎协定》是一个重要的国际环境协定，旨在应对气候变化问题，中国积极参与了该协定，并承诺采取行动减少温室气体排放。这对国内经济产生了重要影响。为了履行《巴黎协定》的承诺，中国采取了一系列环境保护措施，如加大对可再生能源的发展和应用，大力推广太阳能和风能等清洁能源的利用，以减少对化石燃料的依赖，降低温室气体排放。中国还加强了能源和工业部门的节能减排措施，鼓励企业实施更加环保和高效的生产方式，减少二氧化碳等温室气体的排放。此外，国际环境标准的制定和推广也推动了国内企业的环境责任意识的提升。许多大型国际企业要求其供应链企业遵守一定的环境标准，如对排放控制、废物管理和资源利用等方面的要求。为了满足这些要求，国内企业不得不加强环境管理和技术创新，改进生产工艺，提高资源利用效率，降低环境污染和生态破坏。

第二，贸易限制和贸易偏好。贸易限制是指针对环境保护的要求对进口和出口商品进行限制或制裁，以促使国内企业遵守环境标准。贸易偏好则是给予符合环境标准的产品优惠待遇，以增强其在国际市场的竞争力。这些规则影响了国内贸易格局、企业竞争力和环境保护水平。首先，贸易限制对国内产业的影响显著。举例来说，一些国家对进口商品的环境标准要求严格，如果国内企业未能满足这些标准，将面临进口限制或高额关税。这迫使国内企业提高环境管理水平，降低污染排放，改进生产工艺，以符合国际贸易规则。例如，欧盟对进口木材产品施加了一系列法律法规要求，要求提供合规证明以确保产品来源可持续且符合环境保护标准。这促使国内木材企业加强森林资源管理，采取可持续的木材采购和加工方式，以满足欧盟的要求。其次，贸易偏好给符合环境标准的产品带来竞争优势。一些国际贸易协定中设定了环境友好产品的优惠待遇，例如，降低关税、取消非关税壁垒或提供进口配额。这鼓励国内企业在生产过程中遵守环境标准，提高产品的环境性能，从而获得更有利的市场准入条件。例如，一些国家的可再生能源发电设备享受进口关税减免，这为国内可再生能源企业提供了市场竞争优势，鼓励其发展和推广清洁能源技术。贸易限制和贸易偏好的实施对国内的影响是双向的。一方面，它们促使国内企业提高环境保护水平，降低污染排放，改进生产方式，以满足国际贸易规则和标准的要求。这有助于提高国内企业的环境竞争力，增强其在国际市场的地位和品牌形象。另一方面，它们也给予符合环境标准的国内产品更好的市场准入条件，促进了环保产业的发展，推动了国内经济的转型和可持续发展。

第三，国际合作和经验共享。国际生态经济规则鼓励国际合作和经验共享，通过多边合作机制、国际研讨会和交流平台等，国内可以借鉴其他国家和国际组织在生态经济领域的先进经验和最佳实践，这有助于国内生态经济发展。首先，国际合作为国内环境保护带来了宝贵的机会和资源。通过与其他国家和国际组织的合作，国内能够共享环境保护的最佳实践、先进技术和经验。例如，国际合作项目可以提供资金、技术支持和专家培训，帮助国内改善环境管理体系、推进环境监测和治理等方面的能力提升。同时，国际合作也为国内政府和企业提供了学习和借鉴的机会，促进了环境保护理念和方法的引进和推广。其次，经验共享促进了国内环境保护技术的创新和应用。通过与国际合作伙伴的交流，国内企业可以了解国外先进的环保技术和管理模式，并将其引入到国内的生产和经营中。例如，国内企业可以学习其他国家在废弃物管理、污染治理、清洁能源等领域的成功经验，并将其应用到自身的业务中，提高环境性能和资源利用效率。这种经验共享和技术创新有助于推动国内环境保护工作的开展，提高国内企业的竞争力和可持续发展水平。国际合作和经验共享对国内的影响是全面的。一方面，它们促进了国内环境保护水平的提升和技术创新的加速。通过引进和应用先进的环保技术和管理经验，国内能够改善环境状况，减少污染排放，提高资源利用效率。另一方面，国际合作和经验共享也为国内政府和企业提供了更多的发展机遇。通过与其他国家和国际组织的合作，国内能够扩大国际合作网络、吸引更多的投资和技术支持，促进环保产业的发展和可持续经济的实现。

第四，国际认证和标志。国际生态经济规则中的国际认证和标志对国内产生了重要影响。这些认证和标志旨在识别和奖励符合一定环境标准和可持续发展要求的产品和企业，对国内的环境保护和可持续发展起到了推动和引导作用。首先，国际认证和标志的应用促使国内企业提高环境管理水平和产品质量。通过获得国际认证和标志，国内企业能够证明其产品符合国际认可的环境标准，并在市场上获得竞争优势。例如，“有机认证”是一种国际公认的标志，用于识别符合有机农业标准的农产品。国内农业企业通过获得这一认证，能够证明其产品不含化学农药和化学肥料，符合环境保护和健康要求，提高了产品的市场竞争力。其次，国际认证和标志的推广促进了国内消费者对环境友好产品的认可和需求。随着消费者对环境和健康的关注度提高，他们越来越倾向于购买符合环境标准的产品。国际认证和标志提供了一个可靠的标准，帮助消费者识别和选择符合环保要求的产品。例如，“蓝天标志”是一个国际公认的空气质量认证，它标志着产品的生产过程对空气质量的影响较小。国内企业通过获得这一标志，能够满足消费者对健康和环境友好产品的需求，增加产品的市场需求。此外，国际认证和标志的应用还有助于国内企业进一步开拓国际市场。在全球化的商业环境中，国际认证和标志成为国际贸易中的重要通行证。符合国际标准的产品更容易进入国际市场，获得国际买家的认可和信任。例如，“绿色建筑认证”是一个国际公认的标志，用于评估建筑项目的环境友好程度。国内建筑企业通过获得这一认证，能够满足国际买家对绿色建筑的需求，拓展国际市场份额。

国际生态经济规则对国内生态经济的影响体现在各个层面，从环境标准的制定到贸易和投资的规定，都在一定程度上塑造了国内生态经济的发展环境和条件。政府和企业需要积极应对国际生态经济规则的要求，提升生态经济发展的水平和能力，以适应全球生态经济的变化和挑战。

第四章　经济生态生产总值的核算

GDP 是国民经济核算体系（system of national accounts，SNA）中最重要的指标，反映了一个国家的整体经济规模、发展状况及新增财富总量，提供了有关经济状况的重要信息，是对各国宏观经济体量进行判断的重要依据。

但是传统的 GDP 核算存在各种问题，其中被诟病的是 GDP 未能考虑生产对环境造成污染所产生的负面影响。例如，如果一个国家在一年内砍伐了所有森林，短期内其 GDP 会因木材产量的增加而增长。然而，此举对该国的自然财富而言将是灾难性的，不仅会破坏森林部门的长期生存能力，还会导致不可逆转的环境破坏和巨大的长期社会成本。《2008 年国民账户体系》的 6.47 节也指出“非法生产不涉及外部效应的产生，如污染物的排放。外部效应可能产生于完全合法的生产过程。外部效应的产生并不需要得到受影响单位的同意，SNA 也不虚拟估算其价值”。生产中的污染物不仅未被剔除，相反成为生产的一部分。日本公害政治经济学的倡导者都留重人（1976），举了以下例子：“假如 A 国和 B 国拥有完全相同的人口、资源，经济活动也都一致，唯一的区别是 A 国有蚊子而 B 国没有蚊子，在有蚊子的 A 国中，由于蚊香的畅销产生了额外收入，而 B 国由于没有蚊子而导致蚊香不畅销，不能产生相关收入，因此收入规模相对较小。从健康、福利的角度来看，应该是收入较低的 B 国更受青睐，但是，显然 B 国的 GDP 低于 A 国。”当然也可以将蚊子换成污水和噪声，蚊香换成污水处理和噪声处理等，现实中类似的例子有很多。

由于传统的 GDP 核算未扣除在经济发展中因资源消耗和生态福利降低而产生的环境退化，因此部分国家或地区为了追求 GDP 增长，忽略了经济活动对自然资源造成的消耗及对环境造成的危害。当前，人类面临的各种环境污染威胁着人们的健康，更严峻的是随着碳排放的增加，全球气候变化导致全球极端天气、粮食危机日益加剧，此外，对海洋的危害远远超过对陆地的影响。传统 GDP 核算无法剔除经济增长带来的负面影响，不能完全反映人类的福利状况，因此受到各种质疑。目前，构建一个真正反映一国的社会福利的 GDP 核算体系已经成为世界各国专家的努力方向。

将环境因素纳入 GDP 核算成为未来发展的一个非常重要的趋势。GDP 等主流经济指标虽然可以反映世界各国的经济发展状况等重要信息，但忽略了自然的关键作用。通过将环境资产和服务与经济和其他人类活动数据相结合，能更加准确地反映现实的经济状况，在经济发展决策中可以将自然置于平等地位。

在 20 世纪 70 年代，国际上开始探讨如何在 GDP 统计中剔除环境污染及资源耗减等负面因素。联合国经济和社会事务部统计司于 1993 年、2003 年分别发布并修订了《环境经济核算体系》（System of Environmental-Economic Accounting，SEEA）。2014 年发布的《2012 年环境经济核算体系：中心框架》（System of Environmental-Economic Accounting 2012—Central Framework），从经济角度出发，研究了鱼类、木材和水等自然资源如何在生产和消费中使用，以及由此产生的废物、水和空气排放形式的污染，成为环境经济核算的第一个国际统计标准（被称作 SEEA-CF），并且发布了中文版本。[①]2014 年公布了《环境经济核算体系：实验性生态系统核算》（System of Environmental-Economic Accounting—Experimental Ecosystem Accounting，SEEA-EEA），为生态系统核算奠定了基础，2021 年公布了《环境经济核算体系：生态系统核算》（System of Environmental-Economic Accounting—Ecosystem Accounting，SEEA-EA），使得生态系统的核算有了国际标准。这些核算体系考虑了经济活动中环境污染的代价及消耗自然资源带来的资源耗减的成本，旨在更准确地反映一国（地区）的 GDP 水平。

王金南（2019）依据 SEEA-CF 将资源消耗、环境损害纳入社会经济发展评价体系，并加入了生态效益评价，构建经济生态生产总值（gross economic-ecological product，GEEP）指标，对我国 2017 年 GDP 去除环境负面影响并加上生态系统提供的生态福祉后的整体的生产总值进行推算，有效地反映了经济社会的真实发展状况及社会福利水平及国民生活的真实质量。

下文将对 SEEA-CF、SEEA-EA 和王金南（2019）提出的 GEEP 进行简要说明。

第一节　环境经济核算体系中心框架

SEEA-CF 是用于阐述经济与环境的相互作用，弥补了 SNA 体系忽略环境影响的不足。SEEA-CF 作为 SNA 的卫星账户，整合了经济和环境数据，因此，SEEA-CF 沿用 SNA 的基本原则，但对于 SNA 核算中未涉及的关于环境方面的相关内容及核算方法则进行了重新规定。

环境经济核算体系遵循与国民账户体系类似的会计结构，目的是与 SNA 对接，在功能方面与 SNA 一致，就是建立一套适应各国进行统计的国际标准。该框架使用符合国民账户体系的概念、定义和分类，以便利环境和经济统计的一体化。SEEA-CF 是一个灵活的系统框架，可以适应各国的优先事项和政策需要，生成各国所需要的统计数据、账户和指标，同时提供一个共同的框架、概念、术语和定

① 中文版本可以在 https://seea.un.org/sites/seea.un.org/files/seea_cf_final_ch.pdf 查阅。

义，据此生成的数据可以进行国际比较。SEEA-CF 的核心是一种编排环境和经济信息的系统方法，这种方法尽可能完整地涵盖与分析环境和经济问题有关的存量和流量（《2012 年环境经济核算体系：中心框架》的 1.3 段）。

一、SEEA-CF 与 SNA 的关联

SNA 是各国进行国民经济核算的国际标准，以账户的形式，将经济的方方面面放入一个体系中进行整体记录，正如被称为“国家总账簿”或“一国经济的会计”一样，是一种可以综合体现一国经济循环结构的统计，包括产品和劳务以及相应资金的流量和存量，以及经济部门之间交易的实际情况。1953 年联合国公布了以斯通为首创立的最初的国民经济核算体系《国民账户体系及其辅助表》，简称为旧 SNA，之后进行了全面修订，加入投入产出表、资金流量表、国民资产负债表和国民财富表，于 1968 年正式公布，被称为新 SNA。之后 SNA 经过不断改进和完善，形成了 1993SNA 和 2008SNA。但是 SNA 未考虑资源消耗及环境对经济的影响，如上文所述，从 20 世纪 70 年代开始将环境纳入考核内容，《2012 年环境经济核算体系：中心框架》被联合国统计委员会采纳，成为环境经济核算的第一个国际标准。

SEEA-CF 将国民账户体系的概念、结构和规则应用于环境核算。因此，SEEA-CF 能够将环境信息（通常以实物量核算）和经济信息（通常以价值计量）整合至单一框架中。SEEA-CF 的优势源于它从实物和价值两方面一致地列报信息的能力（《2012 年环境经济核算体系：中心框架》的 1.38 段）。

由于 SEEA-CF 是为了弥补 SNA 未考虑环境与经济之间关系的不足，因此 SEEA-CF 在 SNA 基础上进行了扩展。依据 SEEA-CF 的内容，下文对 SEEA-CF 和 SNA 之间的差异进行总结。第一，流量的记录方式不同。SNA 测算的是最终产品，并不记录企业内部中间产品的流量，仅对最终品所用货物的生产进行记录。但是由于中间品在生产过程中会产生能源或者废弃物，因此 SEEA-CF 在产品流量的记录方法上与 SNA 不同，对所有企业内部的自给性货物和服务都进行记录。第二，资产范围不同。SEEA-CF 的实物资产范围比 SNA 更宽泛，实物范围不限于拥有经济价值的资产，还包括所有自然资源和为经济活动提供所用资源和空间的经济领土。第三，对于环境资产的定义不同。SNA 将“自然资源”定义为天然生物资源（如木材和水生资源）、矿物和能源、水资源和土地，SEEA-CF 对土地的定义与 SNA 不同，将土地和土壤资源分开，土地起到提供空间方面的作用，不属于自然资源，土壤资源被列为自然资源。土壤资源和所有其他自然资源都会随着时间的推移而发生变化（提供惠益的能力下降），而土地不会随时间变化而变化。第四，对自然资源减耗的处理方法不同。SNA 将自然资源的减耗价值与灾难性损失等流量一起列示在资产账户的其他数量变化中，并未列为企业开采自然资源所

获取收入的成本。而 SEEA-CF 则将自然资源耗减当作开采自然资源而获取收入的成本，因此是从增加值、收入和储蓄测算值中减去耗减值。

二、SEEA-CF 的主要账户和表格

SEEA-CF 建立了一个衡量环境与经济关系的国际统计标准。通过不断研究改进，SEEA-CF 提出从三个主要领域进行衡量：第一，衡量自然投入、产品和残余物在环境与经济之间以及经济内部的物质和货币流动；第二，衡量环境资产在一定期间内的实物和货币方面的存量变化；第三，衡量与环境相关的经济活动的货币流动，包括环境保护和资源管理支出，以及“环境产品和服务”的生产。

在 SNA 统计上，以经济生产、消费和积累活动为中心的活动视为生产的范围，而 SEEA-CF 的范围有可能跨越生产范围，包含 SNA 统计之外的内容，如土地、矿产资源和水资源等。例如，发现矿产资源和因火灾损失木材资源被视为生产范围外的流量，因为资产本身不是经济单位（企业、住户和政府）从事的生产过程的结果，因此不在 SNA 的考虑范围。但是 SEEA-CF 包括自然资源投入（矿物、木材、鱼类、水等）和经济所吸纳的其他自然投入，如太阳能和风能以及燃烧过程使用的空气等，这些都被视为 SEEA-CF 的核算范畴。SEEA-CF 将环境存量和流量视为一个整体。从存量角度来看，环境包括构成生物物理环境的所有生物和非生物组成部分，包括所有各类自然资源和它们所处的生态系统。因此，SEEA-CF 将经济和环境存量和流量信息编排并整合在一系列表格和账户中。SEEA-CF 包括实物型和价值型供应使用表、各项环境资产的实物型和价值型资产账户、经济账户序列，凸显计入耗减后作出调整的经济总量及记录用于环境目的的交易和其他经济活动信息的功能账户。下文将对 SEEA-CF 的各种账户进行简要说明。

（一）供应使用表

由于 SEEA-CF 是 SNA 的卫星账户，因此在编制供应使用表时所采用的部门分类按照国际标准进行分类，现有的国际标准是《所有经济活动的国际标准行业分类》（简称《国际标准行业分类》），采用的是常住地概念，确定特定经济单位是否处于特定国民经济之内。SEEA-CF 的其他账户和表格大多采用《国际标准行业分类》，其他分类方式，如《能源产品国际标准分类》，也可以在特定情形下使用。

供应使用表分为价值型供应使用表和实物型供应使用表。

1. 价值型供应使用表

价值型供应使用表对于流量的记录类似于 SNA 的流量记录方式，记录所有在经济体内流动的产品。如表 4-1 所示，价值型供应使用表分为供应表和使用表。依据 SNA 的原则，产品的总供给量应当等于总使用量，就是供给使用恒等式。

表 4-1　价值型供应使用表的基本形式

	行业	住户	政府	积累	世界其他地区	合计
			供应表			
产品	产出				进口	供应量合计
			使用表			
产品	中间消耗	住户最终消费支出	政府最终消费支出	资本形成总额（包括存货变化）	出口	使用量合计
	增加值					

资料来源：联合国经济和社会事务部统计司《2012 年环境经济核算体系：中心框架》，联合国、欧盟、联合国粮食及农业组织、国际货币基金组织、经济合作与发展组织、世界银行出版，2014 年

2. 实物型供应使用表

SEEA-CF 编制实物型供应使用表是一项重要内容。实物型供应使用表是以实物量为核算单位，用于评估一个经济体的能源、水和物资供应及使用情况，并研究一定时期生产量和消费模式形态的变化情况。与价值型供应使用表的数据相结合，可以研究自然投入使用的生产率和密集度以及残余物的排放情况（《2012 年环境经济核算体系：中心框架》的 2.38 段）。

实物型供应使用表的结构是以价值型供应使用表为基础进行了一定的扩展，与价值型供应使用表不同的是列入一列用于体现环境数据和若干行用于体现自然投入与残余物数据，取消了政府这一列（参照表 4-2），将与政府单位从事的活动有关的中间消耗，计入其他相关行业，如将政府的中间消耗计入公共行政、自来水供应等行业。

表 4-2　实物型供应使用表的基本形式

	行业	住户	积累	世界其他地区	环境	合计
			供应表			
自然投入					来自自然环境的流量	自然投入供应量合计
产品	产出			进口		供应量合计
残余物	行业产生的残余物	住户最终消费产生的残余物	报废和拆除生产资产产生的残余物			残余物供应量合计
			使用表			
自然投入	自然投入开采					自然投入使用量合计
产品	中间消耗	住户最终消费支出	资本形成总额	出口		产品使用量合计
残余物	收集和处理废物及其他残余物		受控填埋地的废物积累		直接进入环境的残余物流量	残余物使用量合计

资料来源：联合国经济和社会事务部统计司《2012 年环境经济核算体系：中心框架》，联合国、欧盟、联合国粮食及农业组织、国际货币基金组织、经济合作与发展组织、世界银行出版，2014 年

实物型供应使用表中的住户列，记录住户的消费活动。SNA 并未将使用太阳能、收集薪柴等非市场活动计入供应使用表，但是在 SEEA，住户所有的和自然投入相关的活动，包括自给性消费活动品都必须进行记录，记入第一列的行业列。

实物型供应使用表与价值核算方法一致，也存在供应使用恒等式。除此之外，还纳入另外一个涉及环境和经济之间流量的恒等式——投入-产出恒等式。投入-产出恒等式是指产品在一个核算期内进入经济体或者一个企业或住户的流量，或者回归环境，或者在经济体内积累。以石油产品为例，如果石油产品进入企业，有以下几种可能：第一种可能作为企业的能源，使用之后排放到环境中，这是属于能源消耗；第二种可能作为存货储存起来，供将来使用。供应使用恒等式和投入-产出恒等式，都是 SEEA-CF 的组成部分。物质和能量守恒定律指出，在一个封闭系统内，物质和能量守恒。它对核算的意义是，从理论上讲，自然投入、产品和残余物之间的物质和能量流量必定保持平衡（《2012 年环境经济核算体系：中心框架》的 2.45～2.46 段）。

3. 资产账户和供应使用表的关系

SNA 的资本账户并未考虑环境资产所带来的资本变化，SEEA-CF 的资产账户主要核算的是环境资产，记录一个核算期期初和期末环境资产存量的变化。核算当期经济活动是否耗减了环境资产并使之退化，弥补了 SNA 不考虑生产活动所消耗环境资源的弊端，能够评估生产活动给环境带来的影响。

表 4-3 是资产账户的结构，期初存量和期末存量对比就可知这一期的环境资产的变化量。存量增加包括森林面积的增加，发现新的环境资源等。资源开采、自然耗减及灾害等都可能导致环境资产存量的减少。再考虑价格变动的因素后，对资产存量的重新估价就可得期末环境资产存量。

表 4-3　资产账户的基本格式

环境资产期初存量
存量增加量
存量增长
发现新存量
上调估值
重新分类
存量增加量合计
存量减少量
开采
存量正常损失

续表

灾害性损失
下调估值
重新分类
存量减少量合计
存量重新估价
期末环境资产存量

注：“存量重新估价”仅适用于以价值计量的资产账户。

资料来源：联合国经济和社会事务部统计司《2012 年环境经济核算体系：中心框架》，联合国、欧盟、联合国粮食及农业组织、国际货币基金组织、经济合作与发展组织、世界银行出版，2014 年

资产账户和供应使用表之间有着密切联系，表 4-4 显示了两者之间的关系。存量的某些变化也记入供应使用表。例如，资本形成总额和自然投入既纳入资产账户，也纳入供应使用表。某些存量变化未被记入供应使用表，这些存量合并起来，列入题为“资产量的其他变化”的单元格中。这些存量变化包括矿产资源发现、自然灾害事件过后的资产损失和价格变化导致的资产价值变化（重新估价）。对于残余物如何记录是 SEEA-CF 的重要内容之一。需要特别说明的是关于残余物的使用的处理。严格来说，受控填埋地点的废物积累和进入环境的残余物流量都不记录在单个环境的资产账户中。然而，从更广泛的角度来看，经济体中废物的积累确实代表着一种存量增长，进入环境的残余物流量也可能影响环境资产提供惠益的能力（《2012 年环境经济核算体系：中心框架》的 2.55～2.59 段）。

表 4-4　供应使用表与资产账户之间的联系

		行业	住户	政府	世界其他地区	资产账户（以实物和价值计量）	
						生产资产	环境资产
						期初存量	
价值型供应使用表	产品供应	产出			进口		
	产品使用	中间消耗	住户最终消费支出	政府最终消费支出	出口	资本总额	
实物型供应使用表	自然投入供应						自然资源
	自然投入使用	自然资源进口					

续表

		行业	住户	政府	世界其他地区	资产账户（以实物和价值计量）	
						生产资产	环境资产
						期初存量	
实物型供应使用表	产品供应	产出			进口		
	产品使用	中间消耗	住户最终消费		出口	资本形成总额	
	残余物供应	行业产生的残余物	住户最终消费产生的残余物		从世界其他地区接收的残余物		
	残余物使用	收集和处理废物及其他残余物			送往世界其他地区接收的残余物	受控填埋场地废物积累	进入环境的残余物*
						资产量的其他变化（如自然增长、发现和灾害性损失）	
						重新估价	
						期末存量	

*虽然这些残余物流量（如废气排放）不是环境资产流量，但它们有可能影响环境资产提供惠益的能力。环境资产的能力不断变化，也可能反映在资产数量的其他变化上。

资料来源：联合国经济和社会事务部统计司《2012 年环境经济核算体系：中心框架》，联合国、欧盟、联合国粮食及农业组织、国际货币基金组织、经济合作与发展组织、世界银行出版，2014 年

（二）经济账户序列

SEEA-CF 的宗旨在于对现有 SNA 体系进行补充，因此与 SNA 对接，SEEA-CF 的基本经济账户序列与 SNA 相同，由生产账户、收入分配和使用账户、资本账户及金融账户组成（表 4-5）。SEEA-CF 与 SNA 的不同之处就是需要计算环境的耗减。例如，SNA 的生产账户的 GDP 的计算，是将产出减去中间消耗，GDP 去除固定资本的消耗就可以得到国内生产净值，这些账户当中的平衡项中的减耗部分，SEEA-CF 中，除了固定资本损耗外，还需要减去自然资源的耗减，就是需要考虑环境成本。

表 4-5　SEEA-CF 基本经济账户序列

生产账户	
主要账项	产出、中间消耗、固定资本消耗、耗减
平衡项/总量	总增加值、国内生产总值、计入耗减后作出调整的净增加值、计入耗减后作出调整的国内生产净值

续表

收入分配和使用账户	
主要账项	雇员报酬、税收、补贴、利息、租金、最终消费支出、固定资本消耗、耗减
平衡项/总量	计入耗减后作出调整的净经营盈余、计入耗减后作出调整的净国民收入、计入耗减后作出调整的净储蓄
资本账户	
主要账项	生产资产和非生产资产的取得和处置
平衡项/总量	净贷款/借入
金融账户	
主要账项	金融资产和负债交易
平衡项/总量	净贷款/借入

资料来源：联合国经济和社会事务部统计司《2012 年环境经济核算体系：中心框架》，联合国、欧盟、联合国粮食及农业组织、国际货币基金组织、经济合作与发展组织、世界银行出版，2014 年

（三）SEEA-CF 的主要特点

SEEA-CF 采用了一些与 SNA 不同的做法，因此，在对环境进行核算的同时需要直接与现有 SNA 相结合。下文对 SEEA-CF 有别于 SNA 的一些主要特点进行说明。

第一，合并了实物型和价值型综合数据，并以一致格式列报信息。由于需要测算自然资源的开采及物质排放，实物型数据是必要的。与 SNA 对接时，价值型数据同样重要。SEEA-CF 允许“混合列报”，经济相关的数据可以采用价值型数据，环境相关的数据采用实物型数据。方便研究人员研究各国经济的总体环境表现，而且合并了实物型和价值型数据的数据集，可以直接用于开发环境经济模型。

第二，提供了记录实物型流量和存量的一般框架。SEEA-CF 以价值计量的流量和存量与 SNA 的记录方式完全一致，而关于实物流量的记录方式，主要体现在物质、水和能源的流动和使用上。实物流量常常分为三类：能源、水和物质。对物质本身进行分析，常常按照物质类别或者具体的物质分组来进行，如固体废物流量或碳排放。三类实物流量构成三种截然不同却相关的核算子体系，其中每个子体系对于相关的实物流量都有不同的视角。例如，对煤和石油的分析，可能侧重于按所含能量或者物质质量和体积计算的实物流量。因此，这些子体系之间相互关联（《2012 年环境经济核算体系：中心框架》的 2.93 段）。

第三，实物流量也被记入资产账户，它们在资产账户中表示不同时期的资产存量变化。这些流量包括已界定的自然投入、产品和残余物流量，但资产账户也记录其他实物流量。例如，从天然湖泊的蒸发量和进入天然湖泊的降水量，将改变湖泊中水资源存量，因此被记入资产账户。但是，这些自然过程被视为从环境

到环境的流量，因此不在供应使用表核算范围内（2012SEEA-CF 的 2.94 段）。

第四，非金融公司和金融公司的区分在 SNA 中很重要，但在 SEEA-CF 中无足轻重。因此，一般来说，它们在列报时构成一个部门，而且列报时将世界其他地区定义为一个单独的机构部门（《2012 年环境经济核算体系：中心框架》的 2.112～2.113 段）。

第二节 生态系统核算

众所周知，健康的生态系统和生物多样性对于社会经济及人类生存是至关重要的。然而，我们的环境正承受着压力，世界各国都意识到环境在改善生活方面的重要性。此外，人们越来越认识到，自然退化并不纯粹是环境问题，同时也影响社会和经济的发展。因此，需要衡量环境变化与经济和其他人类活动的关系，确保将生态系统和生物多样性纳入决策过程。

2014 年公布了《环境经济核算体系：实验性生态系统核算》（SEEA-EEA）之后，经过多年的积累和尝试，2021 年公布了生态系统核算的正式版本《环境经济核算体系：生态系统核算》（SEEA-EA）。为了应对一系列政策需求和挑战，SEEA-EA 提供了如何衡量生态系统的一个国际标准，帮助各国衡量生态系统与经济及其他人类活动之间的联系，显示生态系统对经济和人类福利的贡献。下文对 SEEA-EA 的概念、与 SNA 和 SEEA-CF 的关系及 SEEA-EA 的特点进行了说明。

一、SEEA-EA 的背景

生态系统核算是在联合国经济和社会事务部统计司指导下发起的环境核算工作，属于国际官方统计。SEEA 始于 20 世纪 80 年代，以响应宏观经济核算中考虑自然资源耗减的问题。1993 年联合国经济和社会事务部统计司发布了关于环境经济的第一个国际文件《国民核算手册：综合环境和经济核算》（SEEA 1993），呼吁各国开始实施生态环境核算体系。在各国实施生态环境核算的基础上，2003 年联合国统计委员会对 SEEA 1993 进行了更新，产生了 SEEA 2003。SEEA 2003 并未被正式采纳为国际标准统计框架，但其为编制各种环境经济账户提供了一套可行的方法。

2005 年成立了联合国环境经济核算专家委员会（United Nations Committee of Experts on Environmental-Economic Accounting，UNCEEA），目标是将环境经济核算作为官方统计的一部分纳入主流核算。2012 年 3 月，UNCEEA 在第四十三届会议通过了 SEEA 中心框架，将其“作为环境经济核算国际标准的初始版本”，2014 年最终通过了《2012 年环境经济核算体系：中心框架》（SEEA-CF）。在制定 SEEA-CF 的过程中，涉及一系列关于生态系统及其耗减核算的新课题，需要进一步测试。因此，UNCEEA 开发了首个关于生态系统核算的国际文件——《2012 年环境经济核算体系：实验性生态系统核算》（SEEA-EEA），以补充 SEEA-CF。SEEA-EEA 被贴上了“试验性”标签，是因为从统计角度来看，此概念框架非常新颖，但未进行相关测试，因此并未被采纳为国际标准。通过后期一系列测试后，2017 年 6 月，UNCEEA 认可了 SEEA-EEA 的技术框架，并批准修订进程，2021 年 3 月联合国经济和社会事务部统计司通过了《环境经济核算体系：生态系统核算》（SEEA-EA），将生态系统核算提升为国际标准。

二、什么是 SEEA-EA

SEEA-EA 是一个基于空间视角的综合统计框架，用于组织有关生态系统的生物物理信息、测量生态系统服务、跟踪生态系统范围和状况的变化、评估生态系统服务和资产，并将这些信息与经济和衡量人类活动的各种统计标准联系起来。SEEA-EA 补充了 SEEA-CF 关于环境与经济关系的测量。SEEA-EA 中关于生态系统的数据可与 SEEA-CF 中关于环境、单个资源存量和应对环境的支出、税收和补贴等数据相结合，以提供环境经济关系的综合图景。让人们了解大自然对经济和人类的贡献，以及更好地记录经济和其他人类活动对环境的影响。

SEEA-EA 采用了 2008SNA（System of National Accounts 2008，《国民经济账户体系 2008》）的核算原则。SNA 是衡量国民经济的统计框架，通过国民经济的核算原则，SEEA-EA 可将环境和经济数据进行独特整合，将生态系统环境数据纳入经济决策，并支持在环境决策中使用经济数据，为政府制定决策提供支持。与通常的经济核算（SNA）相比，SEEA-EA 更能够体现人类的惠益，并为评估经济和人类活动对环境的依赖及影响程度提供了一种基本方法。

三、SEEA-EA 的框架方法

SEEA-EA 的一般方法是记录生态系统存量和流量。特别值得注意的是世界银行①和联合国环境规划署②对自然资源财富的衡量，而且明确将生态系统核算扩展到衡量环境带来的效益。SEEA-CF 还扩展到对生态系统服务的测算。SEEA-CF 建立在对生态系统及其服务进行分类、测算和界定等工作基础之上，总体而言，确立了生态系统核算的基本逻辑和概念。

① World Bank，The Changing Wealth of Nations 2018: Building a Sustainable Future，https://documents.worldbank.org/en/publication/documents-reports/documentdetail/727941517825869310/the-changing-wealth-of-nations-2018-building-a-sustainable-future。

② United Nations Environment Programme，Inclusive Wealth Report 2018: Measuring Progress Toward Sustainability，https://www.unep.org/resources/inclusive-wealth-report-2018。

SEEA-EA 的本质是基于空间视角的核算，不同的空间区域代表一种特定的生态系统类型，如森林、草原、湿地、耕地、城市地区、河流、沿海沙丘、珊瑚礁和深海海底等。为便于核算，特定生态系统类型的每个空间区域都被视为生态系统资产。每种生态系统资产的核算方式类似于 SNA 对生产资产的处理方式，包括基本的资本存量和相关的服务（如自有住房服务和租金收入）。因此，在实践中，生态系统核算涉及在一个核算期内记录以下内容：①每种生态系统资产的存量和存量变化（包括生态系统增加和减损的项目）；②生态系统服务的流量。

在生态系统核算中记录存量和流量的数据可以是物量和价值的两种形式表示。对于以价值表示的项目，SEEA-EA 采用了市场价值的概念，即生态系统服务和生态系统资产按其交换的价格进行估值。这种方法有助于将生态系统的货币价值与传统经济的货币价值进行比较。

SEEA-CF 为编制各种生态系统账户提供了基础。该框架描述了五个生态系统账户：①生态系统范围账户；②生态系统状况账户；③以物量表示的生态系统服务流量账户；④以价值形式表示的生态系统服务流量账户；⑤以价值形式表示的生态系统资产账户。此外，还包括一系列相关账户、补充介绍和应用，如专题账户和指标。

SEEA-EA 完善了 SEEA-EEA 的生态系统核算原始概念框架。在某些领域，修订版引入了新的概念和说明，在生态学和生物多样性的概念以及有关生态系统服务和资产货币价值方面尤为突出。

四、SEEA-EA 与其他核算体系的连接

（一）SEEA-EA 与 SEEA-CF 的连接

SEEA-EA 和 SEEA-CF 互为补充，SEEA-CF 提供了概念、定义和分类，支持实物流量的核算（如自然投入、残余物的流量、环境，包括水、能源、气体排放和固体废物）、环境交易和转移支付（如环境税、环境补贴和环境保护支出）以及单项环境资产核算（如矿产和能源资源、木材、鱼类、土地、土壤和水），SEEA-EA 提供生态系统服务的测算。两者在遵循 SNA 的核算原则、共同为连接环境与经济之间关系提供了一个丰富而全面的核算框架。环境经济核算的一个长期目标是考虑到使用环境资产的成本后得出经过调整后的 GDP 和财富的衡量标准。SEEA-EA 通过测量生态系统退化来反映未来生态系统服务流量的损失，从而实现这一目标，是对 SEEA-CF 中定义的损耗测量的补充，后者更侧重于自然资源存量的消耗成本的测算。

（二）SEEA-EA 与 SNA 的连接

从广义上讲，SEEA-EA 与 SNA 之间的联系在于通过对国民经济核算概念和原则的调整和应用，对生态系统资产及其服务进行核算。SEEA，包括 SEEA-CF 和 SEEA-EA，由于采用了与 SNA 相同的核算原则，得到的与环境相关的物量及价值的核算数据可以与 SNA 数据进行比较，也是对 SNA 体系的补充。

与 SNA 相比，SEEA-EA 包括的资产边界更加广泛，反映在 SEEA-CF 中对环境资产的定义，即“环境资产是地球上自然发生的生物和非生物组成部分，共同构成生物物理环境，可为人类带来好处”（《2012 年环境经济核算体系：中心框架》的 2.17 段）。此外，SEEA-EA 与 SNA 的一个关键区别在于生态系统服务的测量。SNA 中，上述流量属于生产边界之外。生态系统核算以实物和货币形式对生态系统服务进行核算，扩大了 SNA 的生产边界的定义。

此外，SEEA-EA 提供了一种与 SNA 概念和原则相一致的生态系统贡献估值方法，衡量 GDP 和国民财富时纳入生态系统服务供给因素，考虑生态系统退化和增强的影响，从而对 SNA 核算进行调整补充。

五、SEEA-EA 的核算原则

（一）SEEA-EA 的核算视角

生态系统是植物、动物和微生物群落及非生物环境作为一个功能单元相互作用的动态复合体。生态系统的变化源于自然过程（如演替和自然干扰）、更广泛的环境动态（如气候变化），也源于人类蓄意管理或干扰的直接行为，如将生态系统转变为其他用途、开采自然资源以及恢复和保护活动。虽然生态系统核算的目的是明确的，但可从多个不同视角来看待生态系统，SEEA-EA 从五个视角对生态系统进行衡量。

（1）空间视角：生态系统的概念是用来确定在一个特定的区域内出现的生态系统的数量，这些生态系统可以以相互独立的方式进行分类。这样就形成了基于统计单位的全面的评价基础。

（2）生态视角：生态系统的概念以衡量生态系统的完整性、健康性及提供服务的状况作为焦点，如对生态系统复原力和生态阈值的评估等。

（3）社会效益视角：生态系统被视为人类利益来源，和经济社会存在一种潜在关系，从某种经济意义上来看，为社会提供服务和福利。

（4）资产价值视角：根据生态系统的状况和社会对生态系统服务的需求，生态系统可被视为为未来提供服务和收益的一种资产。生态系统的退化和增强问题都是在这一视角下考虑的。

（5）机构所有权视角：这里考虑的是与现有经济和法律实体相关的生态系统。主要考虑的是退化成本的管理和分配问题。

以上的各个视角都有着不同的考量因素，但是因为都是对生态系统的测量，从本质上来说彼此是相互关联的。SEEA-EA 将以上五种视角的衡量统一用“生态系统资产”（ecosystem asset）来指代。生态系统核算的一个独特之处在于，它以空间视角建立的测量为基础，在所有账户中使用相同的统计单位。对于任何单一视角而言，这可能是一种折中方式，但它有一个显著的优势，即有利于协调和整合数据。

由于空间视角将核算框架的各个组成部分联系起来，而生态系统资产的定义与这一视角直接相关。因此，生态系统资产是特定生态系统类型所占据的连续空间，这种生态系统类型以特有的一系列生物和非生物及其相互作用为特征。该定义是对《生物多样性公约》中所述生态系统科学概念的统计表述。此概念与生物物理环境紧密相关，而与生态状况、效益或所有权等经济概念无直接关联。

（二）生态系统核算框架的逻辑

生态系统核算框架的核心逻辑建立在生态系统资产的定义之上。一组（套）生态系统账户将包括定义的生态系统核算区内的生态系统资产。生态系统核算区（ecosystem accounting area，EAA）是指编制生态系统账户的地理区域。例如，EAA 可定义为一个国家的边界、一个国家的某个行政区域、一个集水区或一个自然保护区。在 EAA 内生态系统资产将反映不同的生态系统类型，每种类型的生态系统都有自己的结构、功能和组成以及相关的生态过程。

有关生态系统类型的信息将反映在生态系统范围和生态系统状况的测量中。生态系统范围是指生态系统资产的大小。它通常以空间面积来衡量。生态系统状况是指生态系统的质量，以其非生物和生物的特征来衡量。

生态系统资产提供一系列生态系统服务，生态系统服务是在经济和其他人类活动中生态系统所贡献的惠益。在此定义中，生态系统使用包括直接实际消费、被动享受和间接使用。此外，经济和其他人类活动还包括生态系统与人类之间的所有互动形式，包括原地和远程互动。惠益是人类和社会享用的商品和服务（最终使用）。生态系统服务所带来的惠益可能包含在当前的生产中（如食物、水、能源、娱乐），也可能不包含在其中（如清洁的水、清洁的空气、洪水防护）。

生态系统服务的流量是指经济单位、人类和生态系统之间可观察到的交换。虽然其中许多交换不会以货币形式进行，但部分交换的价值可以用货币形式表示。

图 4-1 展示了该框架的存量与流量部分之间的联系。从广义上讲，生态系统资产的能力是指生态系统在未来提供服务的能力。

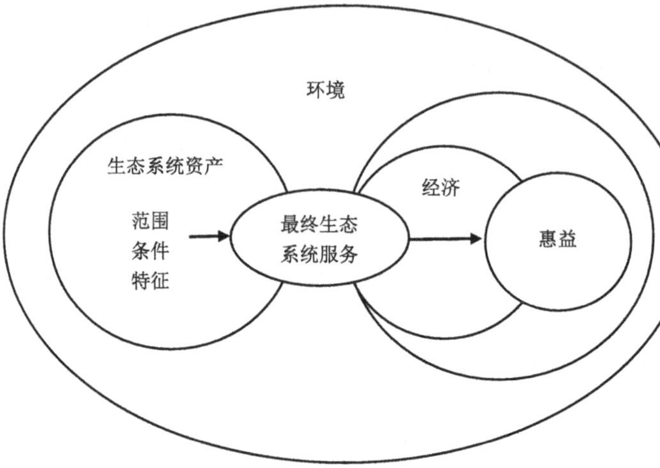

图 4-1　一般生态系统核算框架

资料来源：System of Environmental-Economic Accounting—Ecosystem Accounting, https://seea.un.org/ecosystem-accounting

（三）关于生态系统核算框架的生态因素

生态系统通常被视为或多或少受人类影响的“自然”系统。然而，有必要对生态系统进行更广泛的解释，因为人类活动影响着世界各地的生态系统。例如，在自然雨林或湿地中，人类活动对生态系统的影响非常小，而在耕地或水产养殖的池塘，生态系统受人类影响非常大；靠近人类居住区或在人类居住区内的生态系统可能会受到人类活动的干扰(如污染),但仍保留了功能生态系统的某些特征。根据 SEEA-CF 所定义的环境资产的范围，生态系统核算包括所有这些生态系统类型。

生态系统评估应考虑生态系统的位置及其功能。生态系统所处位置的关键空间属性包括其范围、大小或面积、空间结构（生态系统内各组成部分的排列和组织方式）、生态系统所处的地貌或海域形态（如山区和沿海地区）以及气候和相关的季节性规律。生态系统功能的关键属性包括非生物成分（如矿质土壤、空气、阳光和水）、生物成分（如植物群、动物群和微生物）、结构特征（如生态系统内的营养层）、生态过程（如热合成、分解）和功能表现（如养分循环和初级生产力）。

生态系统可以在不同的空间尺度上确定，例如，一个小池塘可以被视为一个生态系统，绵延数百万公顷的苔原也可以被视为一个生态系统。此外，生态系统相互关联，通常相互嵌套和重叠，并受不同时间尺度生态过程的影响。因此，分析的尺度将取决于是侧重于生态系统内部的相互作用，还是更广泛地侧重于生态系统类型。

人们普遍认为，生态系统具有复杂的动态变化。生态系统抵御变化压力或在受到自然或人为影响后恢复初始状态的能力被称为生态系统恢复力。生态系统的恢复力并非固定不变，它可能会随着时间的推移而改变，例如，由于生态系统退化（如从森林中移除木材）、生态系统功能增强（如恢复湿地）等，或者受外部影响（如气候变化）而发生改变。生态系统的复杂动态性还体现在其存在阈值、临界点和不可逆转性等特征——当生态系统过程崩溃时，阈值、临界点和不可逆转性就会被打破。

这些复杂的动态变化和相关的非线性关系在不同生态系统特征之间有着多重交叉关系，尽管现阶段对这些动态变化的理解已经有了很大的进步，但是在人类的行为及自然界的影响下，生态系统的动态变化仍然难以预测。通过生态系统范围和生态系统状况的时间序列账户可以揭示这些动态变化和相关关系。此外，生态系统服务流量账户将从生态系统服务的供给和使用变化的角度，记录生态系统随时间变化而产生的影响。生态系统服务的预期流量将受到生态系统的预期动态变化的影响，而生态系统的预期动态变化又将影响生态系统容量和生态系统资产货币价值的评估。

了解生物多样性是评估生态系统的组成、结构和功能不可或缺的一部分。根据《生物多样性公约》，生物多样性是指所有来源的生物体之间的变异性，包括陆地、海洋和其他水生生态系统及其所属的生态复合体；这包括物种内、物种间和生态系统的多样性。SEEA-EA 包含生态系统多样性和物种间多样性（通常称为物种多样性）的相关数据。物种内多样性（通常称为遗传多样性）的水平和变化并非单独确定，隐含在生态系统账户中。

尽管影响生物多样性变化的因素复杂多样，但仍可归纳出生态系统和物种层面导致此类变化的共性机制。在生态系统层面，生物多样性丧失主要源于三类过程：①生态系统转化（如土地用途变更）；②生态系统规模缩减（如自然栖息地面积减少）；③生态系统退化（如环境质量下降）。当人类对生态系统的开发利用强度超过临界阈值时，通常会导致：①生物多样性丧失加剧；②生态系统功能维持能力衰减。反之，生物多样性提升（如通过栖息地修复或自然演替实现）则能增强生态系统功能稳定性，提高系统恢复力。

在物种层面，生物多样性丧失的特征是某一特定地区的许多特有物种的数量减少，而与此同时，某一些适应环境变化的物种的数量会增加。特有物种的灭绝往往是物种数量逐渐减少这一漫长过程的最后一步。在许多情况下，地方或国家的物种丰富度（即物种总数，无论其起源或丰富度如何）最初会因为人类引进或偏爱外来物种而增加。然而，由于这些变化，生态系统失去了本地区特有的物种，变得越来越相似——这一过程被称为“同质化”。

（四）关于生态系统核算框架的经济因素

生态系统资产通过单一生态系统资产或多个生态系统资产的集体运作提供生态系统服务。在此框架下，生态系统资产可被视为生产单位。为便于核算，假定可将每种生态系统服务的供给归属于单一生态系统类型（如湖泊的野生鱼类供给），或在服务供给涉及不同生态系统类型的多个生态系统资产时（如整个集水区的防洪服务），估算每个相关生态系统类型对总供给的贡献。

生态系统服务包括的范围广泛，可分为供给服务（即与食物、纤维、燃料和水的供给有关的服务），调节和维护服务（即与空气、水、土壤、生境和气候的过滤、净化、调节和维护活动有关的服务），以及文化服务（即与感知或实现的生态系统品质有关的体验服务和非物质服务，其存在和功能使个人获得一系列文化惠益）。

在许多情况下，经济单位获得收益涉及一个联合生产过程，其中包括来自生态系统的投入（即生态系统服务）和人力投入，包括劳动力、生产资产、中间投入（如燃料、肥料）和个人闲暇时间。例如，必须将生态系统对野生鱼类生长的贡献（反映为由生态系统，如湖泊提供并由经济单位，如渔民使用）与收益区分开来，在此示例中，收益是渔民出售给其他经济单位的鱼。此外，投入的组合不同，生态系统核算也不同。举例来说，如果鱼类来自水产养殖设施，生态系统的贡献将大大降低，因为生态系统的大部分贡献已被生产投入所替代。

所有生态系统服务都反映了生态系统的基本特征和过程，如养分循环、光合作用或树冠覆盖，但 SEEA-EA 并不要求系统地记录这些特征和过程。相反，生态系统核算的重点是生态系统向经济单位（包括企业和家庭）提供的最终服务。这些服务被记录为生态系统资产（供给方）与经济单位（使用方）之间的交易，并被视为最终生态系统服务，因为它们代表了生态系统在与经济系统互动之前的最终产出。例如，当地公园向家庭提供的娱乐相关服务。需要注意的是，只有当经济单位实际使用了某项服务时，该最终生态系统服务的供给才会被纳入核算范围。

此外，生态系统核算框架还支持记录中间服务的流量，它们是生态系统资产之间和内部服务流量，也反映了生态系统的基本特征和过程。但记录这些流量有助于了解生态系统资产之间的依赖关系，如在集水区内各生态要素的相互作用。

生态系统服务的定义及其记录方法旨在支持将生态系统核算数据与目前 SNA 中记录的商品和服务的数据相结合。实际上，生态系统核算存在一系列未在 SNA 生产范围内记录的流量，所采用的方法为编制更广泛的产出、收入和消费的衡量标准提供了机会。

生态系统还可能在未来产生经济价值，生态系统核算包含了生态系统的预期未来产生的服务所蕴含的价值。首先，生态系统资产可能为未来及子孙后代提供服务和相关收益，可体现在生态系统能力及生态系统提供的保险价值中；其次，投资和管理生态系统资产可以保障未来生态系统所提供的服务。对生态系统资产进行投资的动机可能多种多样，核算账户可通过多种方式提供数据，以显示生态系统资产与进行该投资的经济单位之间的联系。

（五）生态系统账户

SEEA-EA 由一个综合生态系统账户系统组成，构成了生态系统核算体系的核心。表 4-6 列出了 5 个生态系统账户，这五个账户构成生态系统账户体系，各账户之间相互联系紧密，每个账户都有其自身存在的价值。

表 4-6　生态系统账户

序号	生态系统账户
1	生态系统范围账户（ecosystem extent account）——实物
2	生态系统状况账户（ecosystem condition account）——实物
3	生态系统服务流量账户（ecosystem services flow account）——实物
4	生态系统服务流量账户（ecosystem services flow account）——货币
5	货币生态系统资产账户（monetary ecosystem asset account）——货币

资料来源：System of Environmental-Economic Accounting—Ecosystem Accounting, https://seea.un.org/ecosystem-accounting

图 4-2 阐明了各种生态系统账户之间的联系：①生态系统范围账户和生态系统状况账户重点描述生态系统的特征；②这两个账户和以实物形式表示的生态系统服务流量账户，因为生态系统的特征直接影响生态系统服务的供应；③通过利用生态系统服务的价格数据，编制实物和货币形式的生态系统服务流量账户；④生态系统服务流量账户（货币账户），通过对生态系统服务未来流量的估算形成货币生态系统资产账户。上述账户间的关系支持各种生态与经济数据的一致性，也是生态系统核算的核心特征。

1. 生态系统范围账户

生态系统范围账户是指对不同生态系统类型的范围或面积进行测度得到的数据。生态系统范围账户中的数据能够明晰各生态系统类型的组成，通过时间序列的数据可揭示生态系统组成的变化及变化程度，反映一个国家内不同生态系统类型之间的转换。表 4-7 是生态系统范围账户的结构示例。

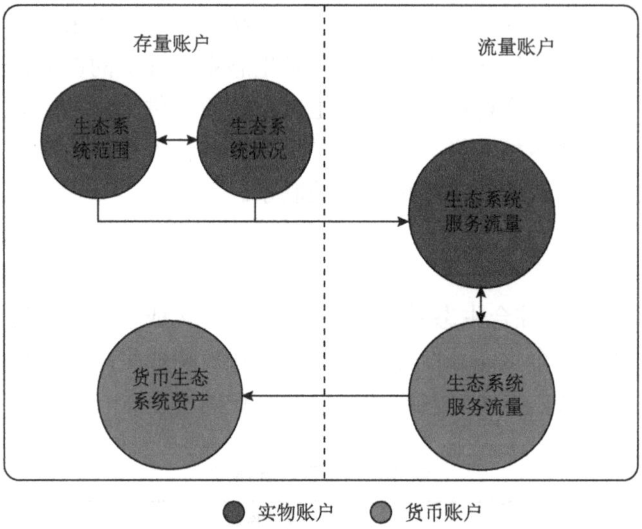

图 4-2　一般生态系统核算框架

资料来源：System of Environmental-Economic Accounting—Ecosystem Accounting, https://seea.un.org/ecosystem-accounting

表 4-7　生态系统范围账户（区域）

账户类型	生态系统类型						合计
	森林	湖泊	农田	城市	湿地	海草床	
期初范围							
范围增加							
范围缩减							
期末范围							

资料来源：System of Environmental-Economic Accounting — Ecosystem Accounting, https://seea.un.org/ecosystem-accounting

期初范围和期末范围指的是某一特定生态系统类型在会计期（通常为一年）开始和结束时的生态系统资产总面积。范围增加代表该生态系统类型面积的增加，通常分为有管理的增加和无管理的增加。范围缩减代表该生态系统类型面积的减少，分为有管理的减少和无管理的减少。范围的增加和减少区分为有管理和无管理的目的是帮助了解面积增减的性质，可以采取有效的应对措施。

2. 生态系统状况账户

生态系统状况反映了生态系统质量。在生态系统核算中，一个核心特点是反映有关不同生态系统的物理信息。生态系统状况账户整理了有关生态系统特征的数据以及变化状况，不仅可以深入了解生态系统的保护、维持及恢复情况，还可以测量生态系统提供不同生态系统服务能力的相关数据。表 4-8 是生态系统状况账户的结构示例，记录了不同生态系统类型的期初和期末状况指数，以及按状况特征类型划分的状况指数变化。

表 4-8　生态系统状况账户

账户分类	生态系统类型					
	森林	湖泊	农田	城市	湿地	海草床
期初价值						
生态系统非生物特征（物理和化学状态）的变化						
生态系统生物特征（组成、结构和功能）的变化						
景观特征的变化						
状况的净变化						
期末价值						

资料来源：System of Environmental-Economic Accounting — Ecosystem Accounting, https://seea.un.org/ecosystem-accounting

3. 生态系统服务流量账户——实物账户

生态系统资产提供的最终生态系统服务与经济单位（包括家庭、企业和政府）对这些服务的使用，共同构成了生态系统核算的核心特征。生态系统服务的流量账户采用供应使用表结构，记录了在一个核算期内生态系统资产提供的最终生态系统服务流量和经济单位使用最终生态系统服务的流量，同时还可记录生态系统资产之间的中间服务流量。

4. 生态系统服务流量账户——货币账户

通常，以货币形式对生态系统服务进行估算是基于对单项生态系统服务价格的估算，并乘以以物理形式记录在生态系统服务流量账户中的物理量。表 4-9 是生态系统服务流量账户的基本结构。

5. 货币生态系统资产账户

资产账户旨在记录资产存量和存量变化（增加和减少）的信息。货币生态系统资产账户以生态系统服务的货币估值为基础，采用净现值法获得每个核算期开始和结束时生态系统资产的货币价值，以货币形式记录这些信息。由生态系统增强、生态系统退化和生态系统转换等原因造成的资产价值变化也包括在此账户中。表 4-10 是货币生态系统资产账户的基本结构。

表 4-9 生态系统服务流量账户（实物或货币单位）

账户类型	经济单位的类型				生态系统的典型类型						总计
	工厂	政府	居民	世界其他地区	森林	湖泊	农田	城市	湿地	海草床	
生态系统服务的供给											
调配服务											
调节和维护服务											
文化服务											
生态系统服务的使用	最终生态系统服务（由经济单位使用）				中间服务（由生态系统资产使用）						
调配服务											
调节和维护服务											
文化服务											

资料来源：System of Environmental-Economic Accounting—Ecosystem Accounting, https://seea.un.org/ecosystem-accounting

表 4-10 货币生态系统资产账户

账户类型	生态系统类型						总计
	森林	湖泊	农田	城市	湿地	海草床	
期初价值							
生态系统的改善							
生态系统的退化							
生态系统的改造							
期初价值							
其他变化							
价值净变动							
期末价值							

资料来源：System of Environmental-Economic Accounting—Ecosystem Accounting, https://seea.un.org/ecosystem-accounting

六、SEEA-EA 的主要特点

SEEA-EA 是一个综合的、内部一致的系列账户系统。同时，它的设计使其同样可以分部分实施，即实施可以是灵活的和模块化的。事实上，分阶段逐步发展生态系统账户是一种可行的实施策略。鉴于各国具体的环境和经济背景差异，一个国家可选择只实施部分账户或选定区域编制账户。例如，各国可决定只编制实物账户，而不编制货币账户，尤其是在按货币计算的账户编制方面，可能由于数据未达到标准要求，无法成为官方统计的一部分。

SEEA-EA 全面覆盖所有陆地、淡水、海洋和地下生态系统，包括森林、草原、湿地、耕地、城市地区、河流、沿海沙丘、珊瑚礁和深海海底等。SEEA-EA 核算的主要特点是：第一，从实物和货币两个方面进行核算；第二，采用了 2008SNA 的核算原则，有助于将生态系统账户中的数据与国民经济账户中的数据进行比较。具体有以下四个特点。

（1）与 SNA 的整合。生态系统核算旨在与 SNA 的经济数据进行比较和整合，这就需要采用与 SNA 一致的测量边界及价值概念。

（2）生态系统核算包括从生态系统产品以及生态系统服务两方面对生态系统资产进行核算。通常，生态系统产品的测量与生态系统服务的测量是分开进行的。

（3）生态系统核算从物量和价值两种形式对生态系统的流量和存量进行核算。生态系统核算的各种指标应当支持综合的环境经济分析。

（4）生态系统核算是长期数据的记录。通过长期记录生态系统的流量及生态系统存量变化与生态系统服务之间关系的信息，可提供如草原、湖泊等各种生态系统的指标及发展趋势的数据。

尽管 SEEA-EA 并未包含所有环境与经济和人类活动之间关系相关的数据，但它提供了一种考量环境对经济影响的方法，相对于传统的国民经济核算来说是一种巨大的进步。

第五章　生态产品及贸易生态足迹的核算

我国早在2010年，在国务院印发的《全国主体功能区规划》中首次提出“生态产品”的概念，并且国家发展和改革委员会（简称国家发展改革委）、国家统计局印发了《生态产品总值核算规范（试行）》，各地陆续开展生态产品总值（gross ecosystem product，GEP）核算。生态产品的概念与SEEA-EA中的“生态系统最终服务”的概念比较类似。我国提出的GEP核算中包含了为人类生存提供的各种生态系统服务，考量了GDP中所包含的资源环境成本，避免以资源环境转移价值作为经济产出价值，从而体现出人类所获得的福利总量对GDP具有补充修正的作用。

中国科学院生态环境研究中心的欧阳志云、郑华、徐卫华等研究员长期致力于GEP核算方法和GEP管理应用研究。欧阳志云带领的中国科学院团队在生态补偿前提下致力于生态系统生产总值的指标开发，并在省域、县域层面开展了试点测算工作；生态环境保护部规划院马国霞等（2017）针对全国陆地GEP进行了试算。在2021年4月中共中央办公厅、国务院办公厅印发的《关于建立健全生态产品价值实现机制的意见》中，“建立生态产品价值评价机制”成为六大机制之一。

现有的生态贸易核算主要是将生态足迹模型用于国际贸易当中，也就是对一个国家或地区的进出口贸易产品的生态足迹进行核算。生态足迹法于1999年引入中国后，经过不断地修正、完善与发展，在国际贸易研究领域也取得了一定的进展。下文将对生态产品和贸易生态足迹的核算进行说明。

第一节　生态产品核算

一、生态产品的基本内涵和定义及核算范围

“生态产品”是我国的独创性概念，《全国主体功能区规划》中，生态产品指维系生态安全、保障生态调节功能、提供良好人居环境的自然要素，包括清新的空气、清洁的水源和宜人的气候等。生态功能区提供生态产品的主体功能主要体现在：吸收二氧化碳、制造氧气、涵养水源、保持水土、净化水质、防风固沙、调节气候、清洁空气、减少噪声、吸附粉尘、保护生物多样性、减轻自然灾害等。《全国主体功能区规划》中的“生态产品”更接近于调节服务，与生态系统服务本质无异，虽然提到清洁的水源，但其侧重点仍然不包括生态系统的供给服务和文化服务。

学者对“生态产品”进行了各种定义，例如，高晓龙等（2020）将生态系统的调节服务视为狭义上的生态产品，而广义上的生态产品是指能提供良好生态环境且生态资源再生产能力强的生态系统服务，如生态有机产品、调节服务、文化服务等；生态产品是良好的生态系统以可持续的方式提供的满足人类直接物质消费和非物质消费的各类产出；张林波等（2021）则将生态产品定义为生态系统通过生物生产和与人类生产共同作用为人类福祉提供的最终产品或服务；周伟等（2021）将生态产品定义为能给人类带来收益，自然和人类共同作用但更倾向人类生产的最终服务；贺义雄（2021）将生态产品定义为由人类生产的各种具有生态特性的产品及生态系统服务所构成的集合，既包括人类生产的各种具有生态特性的产品，又包括看似与人类劳动无关的自然要素，如清新的空气、清洁的水源。可见，随着对生态产品的认识不断深化，将供给服务和文化服务纳入生态产品范畴已成为主流共识。国际上与“生态产品”最接近的一个概念是联合国等国际组织在 2021 年制定的国际标准 SEEA-EA 中提出的“生态系统最终服务”概念，后者是指生态系统为经济活动和其他人类活动提供的最终产品。

GEP 是一定行政区域内各类生态系统在核算期内提供的所有生态产品的货币价值之和。其中，生态产品是指生态系统为经济活动和其他人类活动提供且被使用的货物与服务贡献，包括物质供给、调节服务和文化服务三类。物质供给包括生态系统为人类提供并被使用的物质产品，如农业产品、林业产品、畜牧业产品、渔业产品、水资源、生态能源等。调节服务是生态系统为维持或改善人类生存环境提供的惠益，如水源涵养、洪水调蓄、空气净化、水质净化、固碳、局部气候调节、噪声消减等。文化服务是生态系统为提高人类生活质量提供的非物质惠益，如精神享受、灵感激发、旅游观光、休闲娱乐和美学体验等。

GEP 是借鉴 GDP 概念而提出的，用于评价与分析生态系统对人类经济社会发展的支撑作用。生态系统对经济体系、人类福利提供的物品和服务被视为“最终”产出，纳入 GEP 核算范围，生态系统内部和不同生态系统之间的流量被视为中间产品，不包括在核算范围之内。

GEP 也借鉴了 SEEA 对于生态系统服务的核算规则，GEP 对生态系统服务的相关界定采用了 SEEA 的规定，具体表现在：①支持性服务作为中间性服务处理，不计入 GEP；②生物多样性作为生态系统资产的特征但不视为生态系统服务，因此不纳入 GEP 核算范围；③具有“最终产出”性质的生态系统服务包括供给服务、调节服务、文化服务三个类别，构成 GEP 的基本内容。

二、生态产品的核算对象和核算原则

（一）生态产品核算的对象

生态产品核算是在对一定时间、一定区域内的生态产品真实统计和合理评估的基础上，以实物量和价值量的方式对生态产品进行整合和量化来反映其总量、构成、供需等情况，目的是评估生态保护成效以及对人类福祉的贡献。对生态系统进行评估，对经济社会的发展也起着支撑的作用。

生态产品核算的对象是生态系统提供的最终产品，即只核算有人受益的、以最终产品形态提供的那部分生态系统服务流量。此外，在合并各种投入的联合生产情形下，生态产品的价值是联合生产的最终产品价值扣除其中劳动和生产资产等人类投入的贡献的差额，而不是联合生产的最终成果的全部价值，即只核算生态系统的贡献部分，这样可以避免价值重复计算问题。生态产品核算区域范围可以是行政区域，如省、市或县级行政区，也可以是功能相对完整的生态地理单元，如一片森林、一个湖泊、一片沼泽或不同尺度的流域，或由不同生态系统类型组合而成的地域单元，既可以对某一地区生态系统所提供的某一类型或全部的生态产品进行核算，也可以对区域内某一生态系统类型所提供的生态产品进行核算。

（二）生态产品核算的原则

生态产品核算就是分析与评价一个地区生态系统所提供的生态系统物质产品、生态系统调节服务产品与生态系统文化服务产品的功能量及其经济价值，包括：核算生态系统的最终产品与服务即生态物质产品、生态调节服务产品与生态文化服务产品，不核算中间产品与生态支持服务产品；核算生态系统产品与服务的使用价值（包括直接使用价值和间接受益价值），不核算遗产价值和存在价值；在明确一个地区生态产品的基础上，核算每一种生态产品与生态服务的功能量；确定拟核算的生态产品与服务的价格，将生态产品与服务的价格与相应的生态产品与服务功能相结合计算每种生态产品与服务经济价值量。

将各种生态产品与服务的价值量加总，可以计算一个国家或地区的生态产品与服务价值的总和。

三、GEP 核算的基本框架

在 GDP 核算中供应使用表起着非常重要的作用，供应表显示生产者生产的产品是什么，使用表则显示各种产品的用途。GEP 核算可以借鉴供应使用表来表示，显示生态系统提供产品的基本结构以及产出的基本内容。

（一）生态系统的供应表和使用表

1. 供应表

生态系统提供的产品和服务就是生态系统的产出，包括有形的物质和无形的服务。按照生态系统对人类提供的效用，生态产品和服务可以分为三个类别：①生态物质产品，指生态系统为经济系统所提供的各种物质和能量，如水、自然植物和动物、农作物、肥料、植物和动物纤维等；②调节服务，指生态系统调节气候、水文和生物化学循环、地表进程和各种生物过程的能力，如大气调节、生物降解、水流调节、生命循环维护等；③文化服务，指人类从生态系统获得的各种知识以及愉悦感和满足感等福利，其本源是生态系统的物理环境和位置，通过人类的娱乐、知识开发、消遣与精神思考而生成，如通过实地游览或观影、阅读等获取的娱乐、信息和知识等。除此之外，在生态系统内部以及不同生态系统之间也会产生各种流量，这些流量不直接体现为人类服务，但为上述三种最终产出提供支持，相当于生态系统“生产”过程中的中间产出。

表 5-1 是生态物质产品和服务的供应表的基本形式。横向表示各种生态物质产品和服务的总量及其来源——来自各种生态系统以及其他区域；纵向显示由不同生态系统（以及区域外）提供的不同生态物质产品和服务的总量。在实物核算层面，该表行向可以加总但列向可能难以加总；在价值核算层面，则可以按照行和列分别作合计，显示各类生态物质产品和服务生产总量、各类生态系统提供的生态物质产品和服务总量。

表 5-1　生态系统供应表（实物或货币单位）

账户类型	生态系统类型					来自区域外	总计
	森林	农田	城镇	湿地	……		
生态物质产品	×	×	×	×		×	×
调节服务	×	×	×	×		×	×
文化服务	×	×	×	×		×	×
支持服务	×	×	×	×		×	×
总计	×	×	×	×		×	×

资料来源：高敏雪. 2020. 生态系统生产总值的内涵、核算框架与实施条件——统计视角下的设计与论证. 生态学报，40（2）：402-415

×代表具体数字

表 5-1 描述了一区域的生态系统提供的生态物质产品及服务的基本结构性特征。纵向显示了不同生态系统的不同的生态产出，横向显示了不同生态物质产品

和服务可能来自的不同生态系统。从区域角度看，每个区域有不同的自然禀赋，导致其生态系统具有不同特征，从而会生产不同类别的生态物质产品和服务，与相邻区域之间的生态物质产品和服务关联程度也不同。针对特定区域编制生态物质产品和服务供应表，即可显示该区域在生态系统提供生态物质产品和服务生产方面的优势和劣势。

2. 使用表

表 5-2 是生态系统的使用表，表示生态物质产品和服务的用途。横向按照生态物质产品和服务类别列示，纵向则分为中间使用和最终使用，分别表示生态物质产品和服务的不同使用方式。横向生态物质产品和服务类别分为生态物质产品、调节服务、文化服务、支持服务等四个类别；纵向分为中间使用和最终使用的两个大类。

表 5-2　生态系统使用表（实物或货币单位）

账户类型	中间使用					最终使用			未直接利用	总计
	森林	农田	城镇	湿地	……	经济生产	其他人类活动	其他区域		
生态物质产品						×	×	×	×	×
调节服务						×	×	×	×	×
文化服务						×	×	×	×	×
支持服务	×	×	×	×						×
总计	×	×	×	×		×	×	×	×	×

资料来源：高敏雪. 2020. 生态系统生产总值的内涵、核算框架与实施条件——统计视角下的设计与论证. 生态学报，40（2）：402-415

×代表具体数字

中间使用是指在生态系统生产范围内的使用，具体按照生态系统类型列示，与横行生态物质产品和服务交叉的部分，就是第一象限。通过第一象限，横向反映各类生态物质产品和服务被生态系统“生产”所消耗使用的情况，纵列则显示各类生态系统“生产”过程中所消耗的生态物质产品和服务。

由于生态物质产品和服务类别包含了最终使用的特征，因此，不难理解只有支持服务出现在第一象限，与各生态系统类型相交。从横行可以观察各种支持服务在不同生态系统生产中的使用分布，从纵列看不同生态系统在其生产中使用各类支持性服务的基本分布特征。

最终使用是指在生态系统生产范围之外发生的生态物质产品和服务使用，与横行生态物质产品和服务类别交叉，形成第二象限。最终使用的具体项目包括：

（1）被经济生产使用的生态物质产品和服务。具体是指在各类经济生产过程中所消耗使用的生态物质产品和服务，涉及生态物质产品、调节服务、文化服务各个类别。例如生态系统提供给经济生产所用的林木、畜禽、水，供旅游产业开发的自然文化景观。这是最终使用中数量最大的项目，也是整个使用表的核心部分，可以在经济体系之下按照产业分类进一步细分。

（2）直接被其他人类活动所使用的生态物质产品和服务，如水、洁净的空气、自然景观等，体现生态系统在经济体系之外直接为人类福利做出的贡献。

（3）提供给其他区域使用的生态物质产品和服务。具体是指提供给其他区域的生态物质产品和调节服务，如对下游提供的水、为周边区域提供的洁净空气等。

（4）当期未直接利用的生态物质产品和服务。具体是指当期无法纳入上述三个项目之中的生态物质产品和服务。一区域生态系统当期提供的生态物质产品和服务，有些可能有明确的使用者、可以体现为当期的使用，还有相当部分可能没有明确的使用者，或者无法被直接使用，或者是积存起来留待后续时期使用，这部分放入未直接利用的部分。

生态物质产品和服务使用表同样可以从实物和价值两个方面进行核算。实物核算表的横向可以直接加总，但纵列无法合计。价值核算表可以横行、纵列分别作合计。

生态系统使用表描述一区域生态物质产品和服务的结构性特征。从特定区域来看，不同生态物质产品和服务可能有不同的利用强度、不同的使用分布特征（行向观察），不同使用方式下可能对各种生态物质产品和服务有不同的利用强度和利用结构（纵列观察）。利用程度和分布特征与该地区的生态系统自然特征有关，同时与该区域经济体系的开发程度以及所形成的经济结构也密切相关。如果该地区处于生态系统链条的上游，可能会对其他区域形成较大的支持；如果相关生态物质产品和服务被经济体系利用程度较低，则大体说明该地区经济发展尚处于初级阶段。

（二）GEP 的核算框架

国民经济核算的基本原则是供给与使用相等，GEP 核算同样遵循此原则。根据总供给和总使用相等的原则，可以得到生态物质产品和服务总供给等于生态物质产品和服务总使用，那么，根据生态系统的供应使用表，可以得出：

本地生态系统生产量+由其他区域流入量=生态系统中间使用量+经济生产使用量+其他人类活动使用量+对其他区域流出量+未利用量 （5-1）

基于 GEP 核算的是立足本区域生态系统对经济生产和其他人类活动提供的生态物质产品和服务，因此，对式（5-1）进行移项处理，可得

本地生态系统生产量－生态系统中间使用量=（经济生产使用量+其他人类活

动使用量）+（对其他区域流出量－由其他区域流入量）+未利用量 （5-2）

本地生态系统生产量－生态系统中间使用量－未利用量=（经济生产使用量+其他人类活动使用量）+（对其他区域流出量－由其他区域流入量） （5-3）

式（5-3）显示出 GEP 核算的基本结构，与 GDP 的三种核算方法类似，等式左边是生产法核算思路，等式右边体现了支出法（最终使用法）的核算思路。理论上两种方法都可以用于 GEP 核算，但右侧的支出法更具可操作性。即使只采用支出法，生态系统生产量和中间使用量两个项目的存在对于 GEP 核算而言也至关重要，它可以将不同生态系统的所有生态物质产品和服务都纳入核算项目的识别过程，避免重复和遗漏发生，同时也有利于区分不同生态物质产品和服务类别以确定不同核算方法。

四、生态产品核算的流程和方法

（一）生态产品核算的流程

开展生态产品核算的本质是评估生态产品对人类产生的惠益所对应的货币价值。具体核算步骤包括：

1. 本地生态系统精细化分类

精细的生态系统分类有利于明确管理主体，有利于实现核算结果的地图化表达，有利于利用核算结果开展国土空间管理。

2. 编制本地生态产品清单

详细的生态产品清单能反映当地生态产品供给特色，有利于形成生态产品价值管理抓手，有利于提升核算结果在生态产品价值实现工作中的应用深度。

3. 编制本地技术规范

衔接国家和上级技术规范内容，根据本地实践情况进一步细化技术规范和数据要求，进一步提升技术规范的实操落地性。

4. 编制本地统计报表制度并采集数据

通过建立核算时数据统计报表制度来规范数据来源、质量和格式，有利于提升核算结果的准确度、权威性和政府管理应用效力。

5. 开展生态产品实物量核算

利用技术规范中的实物量核算方法完成实物量核算，能够准确反映生态产品的内容和数量。

6. 开展生态产品价值量核算

利用技术规范中给出的生态产品定价方法和价值量核算方法，能够进一步表征这些生态产品的货币价值，并计算出生态产品总值。

（二）生态产品核算的方法

GEP 是在生态系统产品与服务的功能量的基础上进行的核算。生态产品与服务的功能量是指人类从生态系统中直接或间接得到的最终产品的实物量或功能量，如木材产量、水源涵养量、污染净化量、水土保持量、防风固沙量、固碳量，以及自然景观吸引的旅游人数等。其优点是直观，可以给人明确具体的生态产品数量，但由于计量单位的不同，不同生态产品与服务功能量不能加总。因此，生态产品的核算借助价格，将不同生态产品和服务功能量转化为货币单位表示产出，然后将生态物质产品、生态调节服务产品与生态文化服务产品的价值加总为生态产品生产总值。生态产品生产总值的核算公式如下所示：

$$\mathrm{GEP}=\mathrm{EMV}+\mathrm{ERV}+\mathrm{ECV} \tag{5-4}$$

其中，GEP 为生态系统生产总值；EMV 为生态物质产品价值；ERV 为生态调节服务产品价值；ECV 为生态文化服务产品价值。

将式（5-4）右边展开，那么

$$\mathrm{GEP}=\sum_{i=1}^{n}\mathrm{EM}_i\times\mathrm{PM}_i+\sum_{i=1}^{n}\mathrm{ER}_j\times\mathrm{PR}_j+\sum_{i=1}^{n}\mathrm{EC}_k\times\mathrm{PC}_k \tag{5-5}$$

其中，EM_i 为第 i 类生态物质产品功能量；PM_i 为第 i 类生态物质产品的价格；ER_j 为第 j 类生态调节服务产品功能量；PR_j 为第 j 类生态调节服务产品的价格；EC_k 为第 k 类生态文化服务产品功能量；PC_k 为第 k 类生态文化服务产品的价格。

式（5-5）生态系统物质产品和服务功能量核算主要从功能角度对生态系统提供的各项服务进行定量评价。具体来看，就是统计人类从生态系统中直接或间接得到的最终产品功能量，如生态系统提供的粮食产量、木材产量、水土保持量、污染物净化量、固碳量，以及自然景观吸引的旅游人数等。大多数生态系统产品产量可以通过现有的经济核算体系获得，部分生态系统调节服务功能量可以通过现有水文、环境、气象、森林、草地、湿地监测体系获得，部分生态系统服务功能量可以通过生态系统模型估算，生态系统及其要素的监测体系、生态系统长期监测、水文监测、气象台站、环境监测网络等可以为生态系统最终产品和服务功能量的核算提供数据和参数。

生态系统的价值量是在生态系统的物质产品和服务的功能量核算的基础上与

各类生态系统最终产品与服务的价格相乘，得到总经济价值量。不同类别的生态产品总值核算的价值量的核算模型在表 5-3 中进行了概述。

表 5-3　生态产品总值的核算模型

类别	核算指标	实物量核算方法	价值量核算方法
生态物质产品	生物质供给	统计调查	土地租金法、市场价值法、残值法
调节服务	水源涵养	水量平衡法或水量供给法	替代成本法
	土壤保持	修正通用土壤流失方程	替代成本法
	防风固沙	修正风力侵蚀模型	替代成本法
	海岸带防护	统计调查	替代成本法
	洪水调蓄	水量平衡法，湖泊、水库、沼泽调蓄模型	替代成本法
	空气净化	污染物净化及平衡模型	替代成本法
	水质净化	污染物净化及平衡模型	替代成本法
	固碳	固碳机理模型	市场价值法
	气候调节	蒸散模型	替代成本法
	噪声削减	噪声削减模型	替代成本法
文化服务	旅游康养	统计调查	旅行费用法
	休闲游憩	统计调查	替代成本法
	景观增值	统计调查	市场价值法

资料来源：韩宝龙，肖燚，欧阳志云. 2023. 生态产品总值（GEP）统计调查实务. 北京：中国财经出版传媒集团，中国财政经济出版社

各类生态系统最终产品与服务的定价方法包括直接市场法、替代市场法、假想市场法、价值转移法及能值货币法（参照表 5-4），不同定价方法具有不同的特点和适用范围。

表 5-4　生态产品价值量核算的主要定价方法

定价方法	定价机制	特点
直接市场法	用实际市场交易费用表示生态产品价值，多用于物质供给、生态旅游及少部分实现市场交易的调节服务	定价锚点受主观人为选择的影响，同一核算科目在采用替代市场法进行价值量核算时，有多个定价锚点可供选择，核算过程中更倾向于选择较高的价格来源
替代市场法	用替代市场价格间接表征没有实际费用支出的生态产品价值，如替代成本、影子工程等，多用于调节服务	

续表

定价方法	定价机制	特点
假想市场法	用调查问卷构建虚拟市场调查人们的主观支付意愿，包括条件价值法和选择实验法等，常用于文化服务的评估	定价来源于受访人群的主观意愿，支付意愿与受访人的年龄、职业、受教育程度、收入水平密切相关。基于条件价值法调查出的受访人群对环境改善支付意愿与接受环境损害赔偿意愿也不一致
价值转移法	将已发表文献中的数据直接转移到其他待核算地区，包括 Meta 分析法、文献分析法等，常用于大尺度的区域核算	由于此方法本质上是对已发表数据的整理和统计分析，该类方法的研究结果受可获得的实证研究的文献数量和质量影响
能值货币法	根据生态经济复合系统的年能值总利用量与当年 GDP 的比值对纯自然生态产品和服务价值进行货币化，常见于物种保育核算	

资料来源：张林波，陈鑫，梁田，等. 2023. 我国生态产品价值核算的研究进展、问题与展望. 环境科学研究，36（4）：743-756

五、GEP 核算框架与 SEEA-EA 核算框架的差异

GEP 和 SEEA-EA 都是核算生态系统所提供的服务，具有类似的框架概念，但是两者之间存在一定的差异。

首先，SEEA-EA 的目的是对生态系统自身情况的核算，因此，对生态系统资产范围和状况的核算是生态系统服务核算的基础，也是生态系统核算的重要组成部分。GEP 是核算生态产品总值，对生态系统的资产的考察是为了量化生态产品，是核算的过程。

其次，SEEA-EA 考察的是生态系统所带来的贡献，因此核算生态系统所产生的效益。GEP 是以生态产品为核算对象，因此核算的是生态产品的总量。

最后，SEEA-EA 的理论框架的构建是以 SNA 为基础，在核算原则、账户结构等方面保持一致，可以说是 SNA 体系的扩展。而 GEP 与 SNA 没有密切的关联性，GEP 核算仅提供了生态产品价值的总量。

第二节　贸易生态足迹的核算

现有的生态贸易核算主要是对一个国家或地区的对外贸易的生态足迹进行核算，主要采用的是贸易足迹模型。贸易足迹是指在国际贸易的各类进出口商品中所包含的生态足迹。贸易足迹分为进口足迹和出口足迹两部分。若一国出口足迹大于进口足迹，其贸易足迹为负，称为贸易生态赤字；若一国出口足迹小于进口足迹，其贸易足迹为正，称为贸易生态盈余。生态足迹理论能够较好地反映人类活动所需要的生态足迹和自然生态系统所能提供的承载力状态，贸易足迹是生态

足迹理论在贸易领域的应用。

一、生态足迹的概念

生态足迹（ecological footprint），又称生态占用，是指在一定区域，在特定的人口数量和消费水平下，一国所消费商品的生态生产性土地、吸纳这些消费所产生的废弃物的用地以及提供基础设施的生态生产性用地面积之和。生态足迹是使用生态生产性土地面积来评价生态系统能够支持与满足人类需求量与区域生物生产性土地的可得量，其核算对象主要包括生物资源产品和能源产品，并将消费的资源和能源转化为生态生产性土地。

生态生产性土地指的是具有生态生产能力的土地或水体，它是生态足迹分析法为各类自然资本提供的统一度量基础。生态生产也称生物生产，是指生态系统中的生物从外界环境中吸收生命过程所必需的物质和能量转化为新的物质，从而实现物质和能量的积累。生态生产是自然资本产生自然收入的原因。自然资本产生自然收入的能力由生态生产力（ecological productivity）衡量。生态生产力越大，说明某种自然资本的生命支持能力越强。由于自然资本总是与一定的地球表面相联系，因此生态足迹分析用生态生产性土地的概念来代表自然资本。这种替换的一个可能好处是极大地简化了对自然资本的统计，并且各类土地之间总比各种繁杂的自然资本项目之间容易建立等价关系，从而便于计算自然资本的总量。

生态足迹将商品所含有的自然资本分为六类生态生产性用地：建筑用地、水域、牧草地、林地、耕地和化石能源用地。其中，前五种用地为实际用地，化石能源用地为吸收该商品生产的排放所需用地，是虚拟用地。人类全部的消费与可持续状态由此六项地球表面所提供的生态生产能力所维持。

由于这六类生态系统的生产力是不同的，为了将不同类型的生态系统的生态生产力进行汇总，需要将各种类型的生态系统的生态生产力转化为统一的生态生产性土地面积，因此对各类生态系统的生态生产性土地面积乘以一个均衡因子。

某类生态生产性土地的均衡因子就是全球该类生态生产性土地的平均生态生产力与全球所有各类生态生产性土地的平均生态生产力的比值。根据 Wackernagel（2009）的计算结果，建筑用地的均衡因子为 2.8、水域为 0.2、牧草地为 0.5、耕地为 2.8、林地为 1.1、化石能源用地为 1.1，不同的研究机构提供的各类生态生产性土地的均衡因子会存在差异，而且区域之间也存在差异。

生态足迹理论的一个基本假设是：各类土地在空间上是互斥的。例如，一块地当它被用来修建公路时，它就不可能同时是林地、耕地、牧草地等。这条“空间互斥性”使得各类生态生产性土地能够进行加总。

自加拿大生态经济学家 Wackernagel 和 Rees（1996）提出生态足迹的理论后，该理论已被广泛应用于农业、旅游业、城市交通、建筑工程环境评价、水资源、物质流、餐桌行为、城市总体规划及国际贸易等领域。

二、进出口贸易的生态足迹核算

生态足迹理论引入国际贸易领域研究后，形成了基于综合法、能值法和投入产出法的基本评估方法体系，其中综合法的使用最为广泛。各种方法都是将进出口产品转换为一个共同的单位，综合法和投入产出法都转换为生态生产性土地面积，能值法转换为太阳能之后再转换为生态生产性土地面积，最终计算进口和出口产品占用的生态生产性土地面积来核算贸易中生态足迹的盈余和赤字。当一国生态足迹的净进口为负时，表示该国进口商品蕴含的生态足迹低于出口商品中蕴含的生态足迹，因此在对外贸易中处于生态劣势。反之，生态足迹的净进口为正时，表示该国在对外贸易中处于生态优势。

（一）综合法

综合法是通过区域或全球平均产量将消费量转化为相应的生物生产性土地面积，再结合均衡因子估算出具体的生态足迹值。基于综合法的国际贸易生态足迹的计算，是通过“全球公顷”，常用的单位是“gha”（global hectare），将不同种类、不同数量的进出口商品中所包含的生态生产性土地面积测算出来，据此核算某一国家贸易导致的生态足迹的转移量。

贸易生态足迹的计算，分为以下步骤。

1. 产品分类

将一个国家或地区一定时期内的进出口商品划分为生物资源账户和能源账户。生物资源的生产，直接占用耕地、牧地、林地、水域等生态生产性用地，能源产品中煤、焦炭（含半焦炭）、原油和成品油主要占用化石能源地，电力占用建筑用地。

2. 生态足迹的折算

将各个账户下不同类别、不同数量的进出口商品分别折算为生产该商品所需的生态生产性土地类型的生态足迹，从而计算得到不同商品各自的进口足迹和出口足迹。

生物资源账户商品：

$$\mathrm{EF} = \sum a_k \times S_k \tag{5-6}$$

$$S_k = \sum_{i=1}^{n} \frac{C_i}{Y_i} \tag{5-7}$$

其中，EF 为总的生态足迹（gha）；S_k为进出口生物资源商品占有 k 类生态生产性土地面积（hm^2）；a_k 为 k 类土地的均衡因子；C_i 为进口或出口生物资源商品 i 的数量（kg）；Y_i为生产商品相应的各类生态生产性土地（耕地、牧地、建筑用地、林地、水域、化石燃料地）的年平均生产力（kg/hm^2）。

能源账户商品：

$$\mathrm{EF} = \sum a_k \times \mathrm{ef}_k \tag{5-8}$$

$$\mathrm{ef}_k = \sum_{i=1}^{n} \frac{C_i \times t_i}{P_i} \tag{5-9}$$

其中，ef_k 为进出口能源商品占有 k 类生态生产性土地面积（hm^2）；C_i 为进口或出口能源商品 i 的数量（kg）；t_i 为进口或出口能源商品 i 的折算系数（GJ/kg）；P_i 为单位面积相应的各类生态生产性土地吸收能源账户商品 i 燃烧产生 CO_2 时的热量（GJ/hm^2）。

3. 贸易生态盈余或赤字的计算

将一地区所有进口商品的生态足迹减去出口商品的生态足迹，进而计算相应的进出口生态赤字（出口足迹>进口足迹）或生态盈余（出口足迹<进口足迹）。与贸易顺差或贸易逆差不同，进出口生态赤字意味着占用本国生态生产性土地面积生产的产品输出至其他国家，本国居民未进行消费，但是产生了对本国资源的耗减，处于生态劣势，与此同时他国居民消费本国出口的商品时，污染也转嫁至其他国家，主要是生活垃圾排放等。反之，生态盈余意味着占用其他国家生态生产性土地面积所生产的产品流入本国，处于生态优势，减少了本国资源耗减，但同时把污染引入了本国。

传统的综合法计算“全球平均生态生产性土地面积”作为单位，便于国家和地区之间各类生态生产性土地的可加性和可比性，但是各国的生产力水平存在较大差异，因此同一产品（尤其是生物性产品）的平均产量的差距很大，用简单的“全球平均生态生产性土地面积”将进出口商品量转换成对应的生态生产性土地面积存在较大误差。2004 年 Erb 用“特定国别产量”替代了“全球平均产量”，提出了改进模型。2010 年，Kissinger 和 Gottlieb 提出了定向分析法，不仅区分各进口来源国的生产力差异，也将商品嵌入能耗和跨国运输能耗纳入贸易足迹计算，并分为农地足迹和能源足迹两部分进行估算。农地足迹估算使用特定国别产量；能源足迹包括依据各国标准估算的谷物生产所用机械耗油、肥料及海运耗能。2012 年 Kissinger 和 Gottlieb 又提出了定向全球公顷分析法。

（二）能值法

霍华德·托马斯·奥德姆（Howard Thomas Odum）于20世纪80年代后期和90年代初提出了“能值”（emergy）概念和理论，以能值为基准，把生态系统或生态经济系统中不同种类、不可比较的能量转换成同一标准的能值来衡量和分析。能值理论作为一种新的环境-经济价值论和系统分析方法，把能量流、物质流、货币流及其他生态流（人口流、信息流等）进行流量综合换算，定量分析人类生活和生产所需的资源。由于任何形式的能量均源于太阳能，即任何资源、产品或劳务形成过程中直接或间接消耗的太阳能之量，因此，可以把生态足迹中的进出口商品转换为能量，然后再统一为太阳能值，单位为太阳能焦耳（solar energy Joules，缩写为 sej）。能值分析就是以能值为基准把生态系统中不同种类、不可比较的能量转换成同一标准的能值来分析，以评价其在系统中的作用与功能。

2005 年，Zhao 等首次提出能值足迹法，把各种不同类型、不同等级的能量流通过能值转换率换算成可加减的太阳能值，利用能值密度将各种消费项目的能值换算成相应的生物生产性土地面积，是结合能值理论对生态足迹评估过程分析法的一种改进。

基于能值理论的国际贸易生态足迹测算模型的基本理念是：首先把贸易流通过能量折算系数转换成能量流，其次把生态经济系统中各种不同类型、不同等级的能量流通过能值转换率换算成可以直接进行加减的太阳能值，然后引入能值密度，将各贸易项目的太阳能值换算成相对应的生物生产性土地面积，从而计算出对外贸易内含的生态足迹，最后换算成对应的生态生产性土地面积，测算贸易生态盈余或赤字。

传统生态足迹计算账户主要分为生物资源账户和能源资源账户，核算的对象主要是初级产品和能源类产品，在利用能值核算生态足迹时，增加了其他资源项目账户。能值生态足迹法与传统的生态足迹法相比，可以把传统生态足迹中未包含的融入进去，如苔原、荒漠、冰川冻土等，而且用能值单位表征净初级生产力的价值，并以此作为均衡因子核算的基础。Nguyen 和 Yamamoto（2007）运用热力学方法改进了传统的生态足迹模型，使其不仅包括生物资源，还包括非生物资源。Siche 等（2008）提出将能值净初级生产力作为生态足迹核算的基础，能够获得一个更好的可持续发展指标。

1. 划分贸易项目

按生态足迹生态生产性土地分类（耕地、林地、牧草地、水域、化石能源用地等）将进出口商品划分为不同的项目。其中，耕地反映进出口商品中的绝大部分农产品，包括粮食、豆类、蔬菜、棉花及棉花制品、麻及麻制品等；林地反映木材、水果等商品所需的林地面积；牧草地反映进出口商品中的肉类、羊毛、羊绒、蛋类等产品所需牧草地面积；水域反映进出口商品中的水产品，包括淡水产品和海产品；化石能源土地反映贸易中的煤、焦炭、原油、成品油的能值面积；传统计算方法不包括的项目，如水泥、生铁、钢材、铜材、农药等可以单独列为“其他资源”项。

计算各项目的能量，通过能量折算系数将各贸易项目折算成相应的能量。

$$E_i = W_i \times e_i \tag{5-10}$$

其中，i 表示进口或出口商品项目，如粮食、棉花等；E_i 为某个项目商品能量（单位焦耳，J）；W_i 为该项目商品数量（kg）；e_i 为该项目相应的能量折算系数（J/kg）。

2. 贸易项目太阳能值的计算

利用太阳能值转换率，将某项目商品能量乘以相应的能值转化率，该项目商品的能量就换算为太阳能值（sej）。

$$\mathrm{SE}_i = E_i \times \mathrm{se}_i \tag{5-11}$$

其中，SE_i 为太阳能值（sej）；E_i 为第 i 类进出口商品所含能量（J）；se_i 为相应的能值转化率（sej/J）。计算得到的各项目商品能值，表示的是生产某项目商品需要的太阳能量，因此商品的能值作为统一的指标可以进行比较或加减。将各进出口商品对应的太阳能值按其生态足迹对应的土地类别进行汇总得到各类生物生产性土地占用的太阳能值。

3. 能值密度的计算

能值密度是一个国家或地区能值总利用量与该国家或地区面积之比。能值密度反映了被评价对象的两个特性：经济发展强度和经济发展的等级。能值密度越大，说明经济越发达，在经济发展等级中的地位越高。

$$\rho = \frac{\sum \mathrm{SE}_i}{S} \tag{5-12}$$

其中，ρ 为一国或区域能值密度，单位是 sej/hm^2；$\sum \mathrm{SE}_i$ 为一国或地区的能值的加总；S 为区域土地面积（hm^2）。

4. 贸易生态足迹的计算

将计算出的各贸易项目的太阳能换算成对应的生态生产性土地面积，得到贸易足迹。

$$\mathrm{EF}=\sum_{i=1}^{n}\frac{\mathrm{SE}_i}{\rho} \tag{5-13}$$

其中，EF 为贸易生态足迹，也就是进口或出口商品占用的生态生产性土地面积（hm^2）；n 表示某类土地共有 n 类贸易商品；将各项进出口商品的太阳能值除以能值密度，即计算出耕地、林地、牧草地、水域、化石能源地以及其他用地的生态足迹，然后加总得到进口或出口的贸易生态足迹。

5. 贸易生态盈余或赤字的计算

将进口中每个项目的贸易足迹加总起来就得到总进口贸易足迹，同理可以计算总出口的贸易足迹。

$$\mathrm{NEF}=\sum_{j=1}^{6}\left(\mathrm{EF}_m-\mathrm{EF}_x\right),\ j=1,2,\cdots,6 \tag{5-14}$$

其中，NEF 表示区域净进口足迹；EF_m 是进口商品总的生态足迹；EF_x 是出口商品总的生态足迹；j 表示第 j 类土地类型（$j=1,2,\cdots,6$，即耕地、林地、牧草地、水域、化石能源用地、其他用地）。NEF 为正时表示贸易生态盈余，NEF 为负值时，就是贸易生态赤字。

能值足迹法融入了传统生态足迹中未包含的苔原、荒漠、冰川冻土等，而且用能值单位表征净初级生产力并作为均衡因子核算的基础，能够较为系统和准确地反映产品间的自然资源关系，但是存在能值密度测算不够精确的缺点。

（三）投入产出法

能值生态足迹法与传统的生态足迹法相比，虽然有了改进，但仍存在数据精确性不足等问题。1998 年 Bricknell 等注意到生态足迹综合评估模型所需数据种类与来源多样，实际应用中很难保证数据的齐全与准确，结合列昂惕夫（Leontief）的投入产出模型，设计了投入产出生态足迹评估模型，所用数据来自国家的投入产出表，数据不仅具有可靠性，而且各国能够定期进行更新。

投入产出模型由经济学家列昂惕夫于 20 世纪 30 年代提出，可以用于探讨和分析某个国家或地区的产业间相互关系，即当某一部门最终需求量变动时，可以估算各产业部门的产值的变动量。随着产业活动所造成的环境污染问题日益严重，20 世纪 60 年代起，许多学者开始以投入产出模型为分析架构，探讨产业活动与污染量间的关系。近年来，投入产出分析被进一步应用于估算一个地区的生态足迹。通过分析土地、化石能源的投入与国民经济产出的关系，可以定量揭示土地资源的利用现状及其环境压力状况。该方法的大致思路是：先列出所研究经济系统的投入产出简表，包括各产业部门的投入用地面积及能源使用量的数据，计算部门关联系数，接着用各部门土地面积与产出价值所得的比率相乘，该结果（即土地乘数）乘以最终需求对角矩阵，便得到维持一定消费水平所需要的土地量。估算能源消费间接占用土地，方法类似，即先计算能源投入系数，再估算能源乘数，然后分别求得为满足研究地区居民最终消费、进口和出口所需能源总量。如根据此方法，用各部门产品进、出口量替代国内“最终需求”，就可计算特定国家的贸易生态足迹。

贸易生态足迹测算的具体步骤如下所示。

1. 构建投入产出简表

利用投入产出法计算生态足迹，需要各部门的土地利用数据、能源消费数据和进出口贸易额。由于缺乏详细的土地利用数据，现有利用投入产出法进行的生态足迹的测算，通常采用三部门投入产出简表进行测算。

我国投入产出表的编制起步较晚，1965 年鞍钢编制的企业投入产出表是我国第一张投入产出表。1974 年中国科学院的数学研究所和国家计划委员会计算中心共同编制的 1973 年 61 部门全国实物型投入产出表是我国第一张全国投入产出表。1987 年 3 月国务院办公厅发出通知，明确规定从 1987 年起每逢 7 和 2 的年份进行全国投入产出调查，编制投入产出表的基本流量表，逢 0 和 5 的年份编制延长投入产出表。自 1987 年开始，我国已经编制了 1987 年、1992 年、1997 年、2002 年、2007 年、2012 年、2017 年和 2018 年的投入产出表的基本流量表，2005 年、2010 年、2015 年、2020 年编制了投入产出表的延长表，各省份也在相应的年份编制了省一级的投入产出表。计算生态足迹时，可以根据所能够获取的各部门土地投入及能源消费数据，依据已公布投入产出表构建投入产出简表，用于生态足迹的测算。

2. 计算直接消耗系数矩阵

直接消耗系数由中间需求的各列部门 j 的各行的中间投入 x_{ij} 除以总产出 X_j 得到，如以下公式所示：

$$a_{ij} = \frac{x_{ij}}{X_j} \tag{5-15}$$

直接消耗矩阵 A 表示为

$$A = \begin{bmatrix} a_{11} & \cdots & a_{1j} & \cdots & a_{1n} \\ \vdots & \ddots & \vdots & \ddots & \vdots \\ a_{i1} & \cdots & a_{ij} & \cdots & a_{in} \\ \vdots & \ddots & \vdots & \ddots & \vdots \\ a_{n1} & \cdots & a_{nj} & \cdots & a_{nn} \end{bmatrix} \tag{5-16}$$

3. 计算 Leontief 逆矩阵

Leontief 逆矩阵为单位矩阵减去直接消耗系数矩阵的逆矩阵，公式表示为

$$B=(I-A)^{-1} \tag{5-17}$$

4. 计算土地投入系数和间接土地投入系数

第 j 部门的土地投入系数 φ_j 是第 j 部门的土地总投入 L_j 除以该部门的总产出 X_j，第 j 部门的间接土地投入系数（也称能源投入系数）τ_j 是第 j 部门的能源总投入 K_j 除以该部门的总产出 X_j，如下所示：

$$\varphi_j=\frac{L_j}{X_j} \tag{5-18}$$

$$\tau_j=\frac{K_j}{X_j} \tag{5-19}$$

5. 计算直接和间接土地投入系数矩阵

计算各部门的直接土地投入系数矩阵 R 和间接土地投入系数矩阵（能源投入系数矩阵）S，用直接土地投入系数的对角矩阵 $\hat{\varphi}$ 与间接土地投入系数对角矩阵 $\hat{\tau}$ 分别乘 Leontief 矩阵 B，如下所示：

$$R=\hat{\varphi}\cdot B \tag{5-20}$$

$$S=\hat{\tau}\cdot B \tag{5-21}$$

6. 计算进出口贸易的直接生态足迹

由于难以完全获取进口产品提供国的投入产出表、土地利用与生产力、能源投入格局与效率等核算数据，通常可以假设进口产品提供国的平均生产技术水平、一次能源完全需求系数及结构与进口国类似，另外，进口产品均为最终制成品只用于最终消费使用，而且进口产品提供国基于全球平均生物生产力表达的土地投入系数的平均水平与测算国的实际土地投入系数近似。以上述假设为基础，计算进出口贸易的直接生态足迹。

$$\mathrm{EF_{IMD}}=R\cdot diag\mathrm{IM}\cdot I \tag{5-22}$$

$$\mathrm{EF_{EXD}}=R\cdot diag\mathrm{EX}\cdot I \tag{5-23}$$

其中，R 表示直接土地投入系数矩阵；$\mathrm{EF_{IMD}}$ 表示进口贸易的直接生态足迹；$\mathrm{EF_{EXD}}$ 表示出口贸易的直接生态足迹；IM 表示进口量；EX 表示出口量；I 表示 1 的列矩阵。

7. 计算进出口贸易的间接生态足迹

进口贸易的间接生态足迹$\mathrm{EF_{IMF}}$是利用能源投入系数矩阵 S 与进口对角矩阵 $diag\mathrm{IM}$ 相乘后通过能量土地因子γ转换为土地面积得到；出口贸易的间接生态足迹$\mathrm{EF_{EXF}}$同样利用能源投入系数与出口对角矩阵 $diag\mathrm{EX}$ 相乘后再利用能量土地因子γ转换为土地面积。

$$\mathrm{EF_{IMF}} = S \cdot diag\mathrm{IM} \cdot I / \gamma \tag{5-24}$$

$$\mathrm{EF_{EXF}} = S \cdot diag\mathrm{EX} \cdot I / \gamma \tag{5-25}$$

8. 贸易生态盈余或赤字的计算

分别计算出进口和出口的生态足迹之后，可以对各年份及各部门的进出口贸易是净进口还是净出口进行判断，也可以对总的进出口贸易生态足迹属于贸易生态赤字还是贸易生态盈余进行判断，具体公式如式（5-26）所示：

$$\mathrm{EF}_t = \left(\mathrm{EF_{IMD}} - \mathrm{EF_{EXD}}\right) + \left(\mathrm{EF_{IMF}} - \mathrm{EF_{EXF}}\right) \tag{5-26}$$

也可以将进口贸易的直接生态足迹与间接生态足迹加总计算总的进口贸易的生态足迹M_F，同样将出口贸易的直接生态足迹与间接生态足迹加总计算总的出口贸易的生态足迹E_F，如下面公式所示：

$$M_F = \mathrm{EF_{IMD}} + \mathrm{EF_{IMF}} \tag{5-27}$$

$$E_F = \mathrm{EF_{EXD}} + \mathrm{EF_{EXF}} \tag{5-28}$$

运用投入产出分析法来计算生态足迹，优势在于能够上溯环境影响，扩大以及精确计算环境影响的范围，特别是对于关于生态承载力分配的政策制定上，投入产出方法有着很好的应用，其中国际贸易的生态足迹核算及其结构分析问题，都可以采用投入产出方法，特别是多地区投入产出模型被认为是处理国际贸易以及多边贸易的理想模型，能够被用来评价国家进出口以及区域进出口的生态足迹，进而追根溯源。

生态足迹理论方法 20 多年来在不断改进和发展，贸易足迹评估也取得了一定进展。尽管当前对于生态足迹的争议仍然存在，但是其作为可持续性评价的主要工具，还是得到了广泛认可。生态足迹的优点主要体现于能将不同耗费转换为一个简单的指数，便于进行测算。生态足迹分析方法首先通过引入生态生产性土地概念实现了对各种自然资源的统一描述，其次通过引入等价因子和生产力系数进一步实现了各国各地区各类生态生产性土地的可加性和可比性。这使得生态足迹分析具有广泛的应用范围，既可以计算个人、家庭、城市、地区、国家乃至整个世界这些不同对象的生态足迹，对它们的足迹进行纵向的、横向的比较分析，也可以就不同行动方案计算生态足迹，总之，生态足迹分析指标为度量可持续性程度提供了一杆“公平秤”，它能够对时、空二维的可持续性程度做出客观量度和比较，使得我们能明确知晓现实距离可持续性目标尚有多远，从而有助于监测可持续方案实施的效果。另外，生态足迹计算具有很强的可复制性。这使得将生态足迹计算过程制作成一个软件包成为可能，从而可以推动该指标及方法的普及化。

但是生态足迹的测算存在以下弊端。

第一，生态足迹方法的前提之一，土地功能的空间互斥性只是一种简化了的理想状态，实际中土地的作用大多为多重性质，从而造成了生态足迹的计算误差。

第二，模型的预测功能不足：只考虑现有的土地生产力，未考虑现有土地生产方式的可持续性；未包括生态风险，如物种消失、生态功能丧失等；未反映资源的稀缺性；没有对管理因素作出评价，因而对决策的指导作用较为有限。

第三，现有的生态足迹模型未包括地区生物多样性评价指标，因而无法衡量人类活动对其他生物的影响。

第四，不能全面反映地区的环境压力。例如，发展中国家人口众多、经济相对落后、环境污染的压力远远大于发达国家，但目前的计算方法多侧重消费，对环境系统的消纳功能评价不足，导致发展中国家的人均生态足迹低于发达国家。

第五，因子的确定值得进一步探讨。因子的不同对测算结果有着非常大的影响。

从核算方法来看：生态足迹也不能完全反映外部事实，当其作为一系列指标的一部分，与其他方法联用时，作用最大。

比较生态足迹的核算方法，投入产出法被证明是较理想的测算方法。生态足迹同投入产出方法的结合，能够增加生态足迹指标的稳健性，促进其与 SEEA-EA 账户体系的对接并且拓宽其相关的应用领域，能够解决足迹分配的公平性问题，特别对于国家间贸易以及区域间足迹分配来说，MRIOA（multiregional input-output analysis，多区域投入产出分析）方法被证明是一个非常好的方法。基于能值的生态足迹法，没有给生态足迹带来根本改变，但是在具体的案例应用中有一定优势。

从应用来看，目前无论是在国家尺度还是在区域尺度，甚至个人还是企业尺度，生态足迹都未能在决策中起到决定作用。由于不同区域空间上的核算转换因子不同，生态足迹比较适合进行特定区域的分析。

第六章　生态贸易的国际法律及公约

国际贸易所带来的正向影响要求全球更加合理地利用与配置有限的资源，在此过程中，必然占用出口国的生态资源。贸易自由化所希冀的是取消所有贸易障碍，生态保护则是希望控制某些国际贸易。二者将贸易与生态间的关系推进到了一个历史新阶段，催生了贸易自由化与生态保护问题。该部分将分析国际社会协调生态贸易问题的基本原则、主要经济体的生态贸易法规政策、国际公认的生态贸易法律公约与中国的生态贸易法律条款及取得的进展。

第一节　国际社会协调生态贸易问题的基本原则

在关于生态法和政策的法律学说中，人们越来越多地关注生态法基本原则的重要性，包括源头预防原则、可持续发展原则、尊重国家主权原则、共同但有区别的责任原则、国际合作原则、和平解决国际环境争端原则等基本原则。值得注意的是，生态法基本原则不应与标准制定原则相混淆。与标准制定原则相比，生态法基本原则尽管在特定情形中有法律地位，但其效力相对较弱，是制定生态政策的更加一般的指导原则。

一、源头预防原则

预防原则要求在损害实际上产生之前的早期阶段就采取行动。1972 年《联合国人类环境会议宣言》（又称《斯德哥尔摩宣言》）和 1992 年《里约宣言》的原则 11 中均有预防的观念,《里约宣言》的原则 11 要求各国制定“有效果的环境立法”。《建立欧洲经济共同体条约》（又称《罗马条约》）在第 174 条规定，共同体环境政策的原则之一是，采取预防行动，优先从源头上制止环境损害。同其他原则一样，源头预防原则只是一般的政策指导原则，没有法律上的约束力，但在条款或职能解释中是非常重要的。事实上,《欧共体条约》第 174 至少包含两个原则：采取预防行动原则和从源头上制止环境损害原则，后者称为“源头原则”。

预防原则意味着应当在污染、损害或环境影响发生之前采取行动。所有污染或损害活动都要获得执照，除非经过行政当局允许，否则，一律禁止，这个思想体现了预防行动原则。与此相关的原则是在源头上制止损害，意思是，为了避免污染的扩大，应该尽可能在其源头避免环境影响。在国际环境法中，预防行动原则的目标是力图将环境损害最小化，要求在早期阶段保护环境，禁止或控制可能对环境造成损害的活动，其基本思想是避免在损害已经发生后才进行修补。实际上，事前管制的全部思想是，在一些情况下，由于事后责任可能没有足够的威慑效应，所以需要采取事前措施。因此，采取预防行动的成本——通常意味着减排技术的投资——往往远低于环境损害发生后的治理成本。

二、可持续发展原则

《联合国人类环境会议宣言》指出："为了这一代和将来的世世代代的利益，地球上的自然资源，其中包括空气、水、土地、植物和动物，特别是自然生态类中具有代表性的标本，必须通过周密计划或适当管理加以保护。"《里约宣言》进一步明确可持续发展原则，其第1条指出："人类处在关注持续发展的中心。他们有权同大自然协调一致从事健康的、创造财富的生活。"第4条指出："为了达到持续发展，环境保护应成为发展进程中的一个组成部分，不能同发展进程孤立开看待。""可持续发展"指的是在寻求满足当代人需要和发展的同时，为后代的需要保护和尊重环境。这已经成为国际生态保护领域的一项基础原则。

三、尊重国家主权原则

1972年的《联合国人类环境会议宣言》明确提出了尊重国家主权原则，声明"按照《联合国宪章》和国际法原则，各国有按自己的环境政策开发自己资源的主权；并且有责任保证在他们管辖或控制之内的活动，不致损害其他国家的或在国家管辖范围以外地区的环境"。1992年的《里约宣言》第2条再一次强调：根据《联合国宪章》和国际法原则，各国拥有按照其本国的环境与发展政策开发本国自然资源的主权权利，并负有确保在其管辖范围内或在其控制下的活动不致损害其他国家或在各国管辖范围以外地区的环境的责任。《联合国气候变化框架公约》等文件皆强调各国拥有按照本国的环境与发展政策开发本国自然资源的主权权利。1992年的《生物多样性公约》则重申"各国对它自己的生物资源拥有主权权利"。可见，关于生态保护必须尊重国家主权的规定，早已见诸国际法律文件。

四、共同但有区别的责任原则

全球生态系统的整体性要求各国不能只关注自己国内的环境问题，全球环境的污染和破坏威胁着全人类的生命健康，对发达国家和发展中国家均有不利影响。无论是发达国家还是发展中国家，都要清楚地认识到"生态无国界"，要在生态规律的指导下共同行动，努力解决全球性环境问题。因此，保护和改善全球环境是着眼于全人类共同利益的共同责任，即要求无论是发达国家还是发展中国家，对保护和改善全球环境负有共同的责任。但是由于各国的经济发展水平存在差异等，各国的责任是不同的。鉴于发达国家对全球环境的污染和破坏程度较发展中国家严重，以及其技术先进、经济资源丰富，在环境保护和实现可持续发展进程中应负主要责任。该原则在《里约宣言》第7条中首倡，被纳入以后通过的所有全球环境公约中。

五、国际合作原则

《人类环境宣言》中多次提到国际合作问题，并特别指出："有关保护和改善环境的国际问题应当由所有的国家，不论其大小，在平等的基础上本着合作精神来加以处理，必须通过多边或双边的安排或其他合适途径的合作，在正当地考虑所有国家的主权和利益的情况下，防止、消灭或减少和有效地控制各方面的行动所造成的对环境的有害影响。"《里约宣言》第27条指出："各国和人民应真诚地本着伙伴关系的精神进行合作，贯彻执行本宣言中所体现的原则，进一步制订持续发展领域内的国际法。"任何一个国家不可能单独解决国际环境问题，必须依靠国际援助与合作。

六、和平解决国际环境争端原则

《里约宣言》第24条指出："战争本来就是破坏持续发展的。因此各国应遵守规定在武装冲突时期保护环境的国际法，并在必要时为进一步制订国际法而进行合作。"第25条指出："和平、发展和环境保护是相互依存的和不可分割的。"第26条指出："各国应根据《联合国宪章》通过适当的办法和平地解决它们所有的环境争端。"

关于贸易与环境的协调问题，《里约宣言》第12条指出："各国应进行合作以促进一个支持性的和开放的国际经济体系，这个体系将促进所有国家的经济增长和持续发展，更好地处理环境退化的问题。为环境目的采取的贸易政策措施不应成为一种任意的或不合理的歧视的手段，或成为一种对国际贸易的社会科学限制。应避免采取单方面行动去处理进口国管辖范围以外的环境挑战。处理跨国界的或全球的环境问题的环境措施，应该尽可能建立在国际一致的基础上。"针对废弃物转移和跨境污染问题，《里约宣言》第14条规定："各国应有效地进行合作，以阻止或防止把任何会造成严重环境退化或查明对人健康有害的活动和物质迁移和转移到其他国家去。"第19条规定："各国应事先和及时地向可能受影响的国家提供关于可能会产生重大的跨边界有害环境影响的活动的通知和信息，并在初期真诚地与那些国家磋商。"第16条提出："国家当局考虑到造成污染者在原则上应承担污染的费用并适当考虑公共利益而不打乱国际贸易和投资的方针，应努力倡导环境费用内在化和使用经济手段。"

第二节　主要经济体的生态贸易法规政策

第二次世界大战之后，随着生态环境问题的重要性日益凸显，各种各样的制度和法规政策得以确立，用来规范、协调各国的生态环境行为，共同解决国际生态环境问题。发达国家在推动生态与贸易的协调发展方面积累了丰富的经验，通过分析欧盟和美国等发达经济体在生态与贸易方面的实践，可以为发展中国家生态与贸易的协调提供借鉴。

一、欧盟生态贸易政策协调的实践

（一）欧盟环境政策法规体系的演变过程

根据1958年生效的《罗马条约》（包括建立欧洲经济共同体与欧洲原子能共同体的两个条约）和1967年生效的《布鲁塞尔条约》（决定将欧洲煤钢共同体、欧洲原子能共同体和欧洲经济共同体统一起来，统称欧洲共同体，简称欧共体），建立共同市场是欧共体最初也是最重要的目标之一（为方便识别，以下将《罗马条约》简称《欧共体条约》）。共同市场的建立，意味着消除欧共体内部边界，即取消成员国之间的关税、对贸易的数量限制以及其他具有同等效果的措施（《欧共体条约》第30～34条）。按照条约的规定，为建立共同市场，欧共体必须实现商品、人员、服务和资本在成员国之间的自由流通、保障公平正当的竞争，同时使成员国有关的国内法彼此接近（《欧共体条约》第3条）。因此，欧共体成员国通过条约主动限制了它们在贸易领域的权力，将这一权力转交给欧共体来行使。然而，1958年生效的《欧共体条约》中没有任何条款涉及环境保护。当时，环境保护完全是成员国国内法调整的内容。随着欧共体共同市场的扩大，特别是1993年欧洲单一市场的启动，为欧盟国家带来了巨大的经济利益。通过逐步减少和取消贸易、投资壁垒，不仅降低了交易成本，而且使欧盟企业能够在更广阔的市场开展竞争，从而获得规模经济利益，这一举措还刺激了技术创新，提高了经济效率，使工业集中度上升。但是，日益开放的市场在促进经济增长的同时也带来了许多环境问题，欧盟逐步认识到了环境保护对其经济一体化的重要影响，因此，欧盟逐步将其环境政策纳入一体化政策并体现在相关立法中。在欧共体法律体系内，贸易与环境的关系是一个十分重要却又非常复杂的问题，它不仅关系到如何在法律上协调共同体的经济利益与环境利益，而且涉及共同体与成员国之间、共同体各机构之间的权力分配。要理解欧共体内贸易与环境的关系，必须了解《欧共体条约》发展的历史过程，因为在欧共体的法律体系中，《欧共体条约》的地位相当于宪法，《欧共体条约》的发展所体现的是欧洲一体化进程。因此，也可以说，欧共体内贸易与生态的关系问题是与欧洲一体化进程紧密相连的。

欧盟环境政策法规体系的完善经历了四个阶段。第一个阶段是从 1958～1972 年，这是环境政策法规体系形成的初期；第二个阶段则是从 1973 年到 20 世纪 80 年代中期，这是环境政策与法律体系建立时期；第三个阶段则是从单一欧洲法令生效到《欧洲联盟条约》缔结，这是环境政策与法律体系完善时期；第四个阶段则是从《欧洲联盟条约》缔结至今，这是环境政策法规体系日臻成熟时期。

（二）欧盟协调环境贸易关系的内容

一般来说，可能对贸易产生影响的环境法规有两类：一类规范产品的特性，即所谓产品标准，如禁止或限制含有某种危险物质、必须使用可回收的包装等；另一类则规范生产或加工方法，即所谓工艺标准，如要求安装净化设备、采取某些安全措施等。这两类规范从不同的方面对贸易产生影响。产品标准高的国家会将不符合其标准的其他国家产品排除在本国市场之外，在欧共体内则会直接影响商品的自由流通。一般而言，经济发达国家的工艺标准往往比较严格，而经济落后国家大多不愿在污染控制方面增加生产成本，因而工艺标准一般较宽松，其产品因为环境保护成本低而价格便宜，从而使工艺标准高的国家的企业因其生产成本高而在市场竞争中处于不利地位，这显然有违公平竞争原则。近年来，在环境法规之外，欧共体的成员国还通过自愿环境协议和环境补贴等措施来加强对环境的保护。这些措施与欧共体的竞争规则也并非完全并行不悖。于是，在环境贸易关系方面有两对突出的矛盾，即环境保护与商品自由流通、环境保护与公平竞争。欧共体正是从商品自由流通与环境保护、公平竞争与环境保护两个方面，通过司法和立法手段来实现环境与贸易关系的协调。

1. 欧共体内商品自由流通与环境保护的协调

商品自由流通是《欧共体条约》的基本原则之一。《欧共体条约》第 30～34 条规定：禁止对成员国之间的进出口贸易采取数量限制以及所有具有同等效果的措施。所谓与数量限制具有同等效果的措施，是指“可能直接或间接、实际或潜在地阻碍共同体内成员国贸易的任何规定”，如关于进出口许可证、动植物卫生检疫、商品标志等的规定。这类“措施”的形式包括法律、条例、行政法规以及一切由公共机关颁布的文件，甚至包括没有法律约束力的建议（1969 年 12 月 22 日欧共体委员会关于消除具有相同效果的第 70/50 号指令）。

《欧共体条约》禁止成员国彼此采取数量限制和具有同等效果的措施，目的是保障欧共体内的商品自由流通。但对于这一原则性规定，也允许有一定例外。《欧共体条约》第 36 条规定：“第 30～34 条不应妨碍为保障人类和动物的健康和生命或为保存植物而禁止或限制的进出口或过境。”若仅从这一条款的字面上看，环境保护当初显然没有被列入在限制商品自由流通的正当理由中。但是，随着欧共体内环境保护的重要性愈加突出，公众要求加强环境保护的呼声日渐高涨，欧洲共同体法院（简称欧洲法院）的司法实践也逐渐向强调环境利益方面倾斜。在好几个重要案件的判决中，欧洲法院都明确表示，贸易自由化不应阻碍成员国制定正当的环境措施。欧洲法院在欧共体法律体系中的地位可谓举足轻重，其司法实践对于平衡自由贸易与环境保护的关系具有极其重要的意义。

1）欧洲法院通过司法手段协调环境贸易关系

欧洲法院是在商品自由流通与环境保护发生具体冲突时介入进行环境贸易关系的协调。作为解决冲突的仲裁者，欧洲法院所持的立场是环境保护是欧共体的基本目标之一，可以成为限制商品自由流通的正当理由；但是，成员国所采取的限制措施必须是环境保护所必需的，不得在成员国之间造成任何歧视，而且必须符合比例原则，即采取的措施与追求的目标相比，必须是适当的。

2）欧共体通过使成员国产品标准趋于一致来协调环境贸易关系

欧共体协调商品自由流通与环境保护的另一策略则是通过立法使成员国的产品标准趋于一致。欧共体建立共同市场的一个重要手段是使成员国的国内法彼此接近，这就是欧共体立法中常使用的方法——协调。在处理贸易与环境的关系问题上，欧共体同样广泛使用这个方法，其法律根据是经《单一欧洲法案》修订后的《欧共体条约》第100A条。《欧共体条约》第100A条要求欧共体为共同市场的建立和运作采取措施，使成员国的法律、条例和行政法规彼此接近。欧共体协调成员国之间产品标准具有双重目的，既要避免存在于这些标准之间的差异阻碍商品自由流通，又要在整个共同体范围内实现高水平的环境保护。不过，采取什么样的协调方式则取决于具体的产品。

（1）制定统一标准是欧共体协调成员国产品标准最重要的方式。在成员国之间使用统一的产品标准，消除成员国原有标准之间的差异，无疑可以最有效地保障商品的自由流通。欧共体已经通过指令对一系列产品制定了统一标准。例如，对汽车发动机规定统一的废气排放标准，对某些化学物质、杀虫剂、电池和蓄电池中危险物质的含量作出统一规定。使用统一产品标准的代价是不能顾及成员国不同的客观条件。因此，尽管统一产品标准简单有效，但在某些情况下，仍必须采用其他的协调方式。

（2）规定最高标准是欧共体采取的另一种协调成员国产品标准的方式。例如，对某些发出噪声的设备如起重机、压气机等规定允许发出的声音的最高音量。成员国不得制定超过最高标准的标准，却可以根据本国的具体情况规定较低的标准。

（3）协调产品标准“新方法”是欧共体使用的另一种协调产品标准的方式，它的含义是，以欧洲标准化委员会规定的某些产品标准作为欧共体认可的“基本要求”，成员国的产品只要符合这个“基本要求”，就可以在欧共体范围内自由流通，成员国一般不应再予以限制。

（4）统一环保标志是欧共体采用的协调方式之一。1992年，欧共体理事会采纳了“环境标志奖励计划”的法案（EEC880/92），这也是欧盟第五个环境行动计划中市场运作计划的一部分。由成员国代表组成的欧盟委员会负责制定许多产品的生态标准，允许符合和高于标准的成员国产品贴上统一的环保标志，以鼓励企业采用较高的环境标准，引导企业自觉调整产品结构，采用清洁工艺，减少产品在设计、生产、市场流通和使用等全寿命过程中对环境的不良影响，积极开发环境友好产品参与市场竞争。环境标志相当于在欧盟区内的自由流动的绿色通行证。该计划还有利于为消费者提供产品对环境影响程度的信息，引导消费者建立环保消费理念。欧共体有自己统一的环境标志，即“欧盟之花”，但它并没有取代一些成员国各自正在使用的环保标志。欧盟的环境标志与成员国的环境标志并存，其最终目的就是要建立一个明确的欧洲环境标志战略，消除成员国之间因环境标志差异而形成的贸易障碍，以促进环境友好产品在欧盟区内的自由贸易和可持续消费的目标。环境标志可以在欧盟任一国申请，实行公开、自愿的原则，平等地面向国内外厂商，但其标准也非常苛刻，申请的难度也很大，产品在欧盟获得环境标志的原则是：对产品从“摇篮”到“坟墓”进行环保终生评估，即对其原材料、生产过程、产品流通、消费直到最后废弃物处理各个阶段进行评价。因此，到目前为止，能申请到欧盟环境标志的厂商和产品并不多，统一环保标志这个协调方式对保障商品自由流通所起的作用还是相对有限的。

2. 欧共体内公平竞争与环境保护的协调

1）协调成员国之间的工艺标准

起初，欧共体致力于降低与环境有关的产品标准对贸易的影响，后来，欧共体主要致力于消除贸易与环境之间的紧张关系。各成员国都认识到，欧洲经济一体化的深入要求其他领域也实现一定程度的一体化，包括在环境保护方面。而成员国之间在与环境有关的工艺标准上的差异深深影响着欧共体内的贸易，并引起人们越来越多的关注。由于各成员国对污染的控制要求有严格与宽松之分，这种差异会扭曲竞争，从而破坏共同市场的运作。这种认识在欧共体的立法和司法实践中都有所反映。欧洲法院在判决中也曾指出，出于环境和健康考虑而作出的必要规定会成为企业的一种负担，如果不将各成员国的有关规定予以协调，竞争就会被明显扭曲。

与对待产品标准一样，欧共体通过立法来协调各成员国之间不同的工艺标准。颁发一些指令规定最低工艺标准。这样做可以维持基本的公平竞争条件，削弱生产者以低环境成本取得的竞争优势，但最低工艺标准并不禁止成员国规定更严格的标准。由于成员国的经济发展水平不同，各自生态系统的吸收能力也存在着差异，欧共体还采取一种灵活的协调方式，即将成员国划分为几类，对不同类型的成员国规定不同的生产工艺标准。

到目前为止，通过协调生产工艺来确保欧共体内公平的竞争条件并不十分有效。这是因为，即使欧共体的环境指令规定了一定的工艺标准，成员国之间在指令的实施上却存在很大的差异。一些成员国，如德国、丹麦和荷兰制定了复杂的实施机制，提高了企业的环境成本；而另一些成员国，如希腊、意大利、葡萄牙和西班牙执行环境指令的情况欠佳。

2）协调欧共体竞争规则与环境保护

欧共体确保公平正当竞争的机制是共同市场的另一主要支柱。《欧共体条约》第 85～90 条规定了欧共体内私人企业之间的竞争规则以及成员国政府对本国私人企业提供支持或帮助的规则。但随着各成员国环境意识的加强，它们所采取的一些环境措施与欧共体竞争规则中的部分内容发生了冲突，主要体现在环境协议与环境补贴两个方面。

（1）环境措施与欧共体竞争规则的冲突体现在环境协议上。自愿环境协议已经成为欧共体许多成员国的环境保护政策中越来越重要的内容。自愿环境协议是指私人企业之间或私人企业与公共机构之间签订的、旨在主动减少危害环境的行为在环境保护方面进行合作的协议。例如，企业之间为促进废弃产品的回收利用而签订的协议；政府的环境部门与某个行业的企业就垃圾处理、废物排放等问题签订的协议。有的协议明确规定企业采取环境措施的进度以及企业未遵守期限或存在违反协议的行为时应接受的处罚等。这类环境协议没有强制约束力，主要靠道德劝说和自律来影响污染企业的行为。一般说来，签订环境协议比通过一项法律更容易、更迅速，能给有关企业更多的自由，因而具有较大的灵活性。而且，环境协议使企业主动承担环境保护责任，鼓励企业更好地将环境保护的理念融入企业经营管理中。但是，这样的环境协议却可能在某种程度上与《欧共体条约》第 85 条第 1 款相抵触，该条款规定：禁止所有那些可能影响成员国之间贸易的旨在阻碍、限制或歪曲共同市场内的竞争或具有这样效果的企业间协议、企业联合决定和协调行动，这些协议、决定和行动是与共同市场不相符的，尤其是：a.以直接或间接的方式规定买卖价格或其他交易条件；b.限制或控制生产、销售、技术发展或投资；c.划分市场或原材料来源；d.对贸易伙伴相当的给付适用不平等的条件从而造成竞争上的不利；e.使贸易伙伴接受额外的给付作为缔结合同的条件，额外的给付在本质上或根据贸易惯例与合同标的没有关系。

对于成员国内越来越受青睐的自愿环境协议与欧共体竞争规则之间的关系，欧共体委员会的立场非常明确，它认为，可以适用《欧共体条约》第 85 条第 3 款规定的例外条件来对二者予以协调。根据该条款，欧共体竞争规则并不排除那些可以改善生产或销售、促进技术和经济进步、有利于使用者的企业间协议。在

1995 年关于欧共体竞争政策的一份报告中，欧共体委员会清楚地指出，“将根据欧共体条约第 85 条第 3 款，适用比例原则，权衡环境协议对竞争的限制与协议要实现的环境目标之间的关系。尤其是环境保护被视为有利于改善生产或销售并促进技术进步的因素”。

（2）环境措施与欧共体竞争规则的冲突体现在环境补贴上。为了支持或帮助企业保护环境，欧共体成员国都在不同程度上给予企业补贴，例如，资助企业购买净化设备或生态产品，对重视环境保护的企业给予减免税费的鼓励政策等。环境补贴已经成为成员国普遍使用的重要的环境保护手段，但它却可能与《欧共体条约》第 92 条第 1 款有所冲突。该条款规定：“……凡歪曲或威胁歪曲竞争、有利于某些企业或某些生产的国家补贴或以某种形式的国家资源提供的帮助，影响成员国之间的贸易，是与共同市场不相容的。”

考虑到维护共同市场与环境保护双重需要，欧共体努力在环境补贴问题上平衡贸易与环境的关系。欧共体的具体做法是，并不全面禁止环境补贴，而是援引《欧共体条约》第 92 条第 3 款中关于国家补贴的例外规定，对成员国实行的环境补贴进行“个案审查”。根据第 92 条第 3 款 b、c 段的规定，可以被援引的国家补贴的例外主要是：旨在促进具有欧洲共同利益的重要项目的补贴；旨在促进某些活动或某些地区经济发展的补贴等。根据该款的规定，成员国应在适当的时间内将其实施环境补贴的计划通知欧共体委员会，欧共体委员会则对每一项补贴是否符合《欧共体条约》的有关规定作出裁定。欧共体委员会对成员国发放环境补贴的行为规定了四条基本原则，当然，它们也就是欧共体委员会审查成员国的环境补贴是否符合共同体法的标准。这四条基本原则是：①国家环境补贴例外只能是便于适应新的、难于负担的环境义务；②这样的补贴只能发给那些至少在新的、更严格的环境标准生效两年前已经安装了环境保护设备的企业；③发放的补贴最多不应超过增加投资的 50%；④成员国须向委员会提供关于所发放补贴和必要的环境规划投资的详细资料。

欧共体内贸易与环境最初发生冲突，本质上是共同体利益与成员国利益之间的冲突：为了实现共同市场必须在成员国之间推行自由贸易，而成员国为了保护本国的生态环境所采取的一些措施却可能影响共同体内的自由贸易。然而，随着经济一体化的深入，环境保护也成为共同体的基本目标之一，并被明确载入欧共体的条约中，保护环境与维护共同市场在共同体政策的制定与实施中具有同等重要的地位。一方面，成员国的环境措施不应阻碍共同体内的商品自由流通、影响公平竞争；另一方面，共同市场的建立与运作应同时实现高水平的环境保护。因此，为了共同体的整体利益，欧共体必须协调贸易与环境的关系。它允许成员国根据本国的情况采取必要的环境措施，但要求这些措施不得在成员国之间造成歧视，而且必须符合比例原则。与此同时，欧共体积极通过立法，确立适用于共同体范围的环境标准，减少成员国国内环境法规之间的差异对共同市场的影响。由于《欧共体条约》允许成员国制定比共同体标准更严格的环境标准，尽管欧共体已经通过立法和司法手段作出许多协调的努力，贸易与环境生态在欧共体内发生冲突的可能性仍然存在。因此，协调贸易与环境的关系将是欧共体的一项长期任务。

（三）欧盟生态保护条款的更新迭代

在进行环境立法的同时，欧盟的环境行动计划也在加速实施。1993 年欧盟通过了名为“迈向可持续发展”的第五个环境行动计划，标志着欧盟环境政策国际化的真正开始。该计划也是欧盟可持续发展的起点，特别强调要在五个政策领域——工业制造、能源、交通、农业、旅游领域优先提出环境要求，同时对气候变化、城市环境、废物管理等七个方面进行了总结。2000 年欧盟通过了题为“环境 2010：我们的未来、我们的选择”的第六个环境行动计划。该计划指出，要在考虑辅助性原则和地区差异性的基础上实现高水平的保护，使经济发展脱离环境的压力。该计划优先关注以下四个领域：气候变化、生物多样性、环境与健康、资源和废物的可持续管理。

2011 年底，欧盟还推出了“生态创新行动计划”（EcoAP），旨在加速各成员国生态创新（eco-innovation）进程，并推动各项创新技术进入市场，从而实现提升资源利用效率和保护环境的目标。生态创新行动计划从需求、供给政策，以及行业政策和金融工具应用上作出了具体规划。最值得关注的就是其环境技术认证（Environmental Technology Verification，ETV）试点方案，它通过第三方专业认证机构对当前生态创新领域各种新技术进行性能测试和评估，并向包括技术购买者在内的社会公众出具评估和认证报告，不仅保护了技术开发者的合法权益，同时还降低了技术购买者的风险，以此促进该项技术推向市场，实现技术与市场的有效结合，进而推动生态创新技术的市场应用。

2012 年 12 月，欧盟出台了题为“在地球资源的限度内追求美好生活”的第七个环境行动计划（2013～2020 年），就一些全新的全球性问题如人口动态变化、城市化、传染病、日渐加速的技术改革以及非持续的经济发展等提出了 2020 年以前欧盟环境政策的九个具体目标。可持续发展战略与环境行动计划为欧盟及其成员国提出了总体的原则和目标，为了实现这些目标，欧盟环境政策同时还配合了同工业政策、农业政策、能源政策、交通政策、贸易政策等方面的协调。

2016 年签署的欧盟—加拿大《综合经济与贸易协定》设置了环境与贸易的“双保险”章节，堪称新一代区域贸易协定（regional trade agreement，RTA）环境章节的集大成者。其第 22 章“贸易与可持续发展”章节包括内容与目标、透明度、支持可持续发展的贸易合作与促进等，第 24 章“环境与贸易”章节涉及渔业养护、濒危物种、森林管理、环境产品贸易和企业社会责任等。其中一些环境承诺比多边环境协定更精细，更是可执行性。

二、美国生态贸易合作的实践

（一）《国家环境政策法》的出台

20 世纪 60 年代末，在美国制定一部国家环境政策根本大法的时机已经成熟。1968 年，林顿·考德威尔起草了《国家环境政策决议草案》，该草案考察了国家环境政策的宪法基础，陈述了国会的意图和目的。1969 年 1 月，民主党参议员亨利·杰克逊会同众议员约翰·丁格尔向国会提交了《国家环境政策法》立法草案。1969 年 4 月，参议院举行了立法听证会，考德威尔在会议上提出了关于环境影响说明的建议，杰克逊要求在该法中增加强制性条款。1969 年 12 月，美国第 91 届国会以压倒性多数通过了《国家环境政策法》。1970 年 1 月 1 日，尼克松签署了《国家环境政策法》。

从形式上看，《国家环境政策法》的结构比较简单，它仅包括《国家环境政策宣言》和《环境质量委员会》两篇。从内容上看，《国家环境政策法》包含三个相互联系相互依存的组成部分：第一，国家环境政策和目标宣言；第二，要求联邦机构贯彻这些政策的强制实施条款；第三，在总统行政办公室内设立环境质量委员会（Council on Environmental Quality）。

1. 国家环境政策和目标宣言

《国家环境政策法》第 2 款规定，本法“宣布一项旨在鼓励人与环境之间形成一种生机勃勃、快意盎然的和谐关系的国家政策：促进预防和消除对环境和生物圈的损害以及提高人类健康和福利的努力；丰富人类关于生态系统和自然资源对于国家所具有的重要性的理解和认识。”

该法第一篇 101 款（a）项宣称：由于“意识到人类活动对自然环境所有构成部分之间相互关系的深刻影响，特别是人口增长、高密度城市化、工业扩张、资源开发以及新的不断扩展的技术进步的深刻影响，进一步认识到恢复和保持环境质量对于整个人类福利和发展的极端重要性”，国会宣布联邦政府将“与各州和地方政府、其他有关公共和私人组织合作，利用一切可行的方法和措施，包括财政和技术支持，促进公共福利，创造和保持人与自然和谐共存、同时满足当代及后代美国人社会、经济和其他需求的条件。”

该法第一篇 101 款（b）项列出了国家所要达到的六项环境目标：即“履行每一代人作为后代环境托管人的责任；确保所有美国人享有安全、健康、丰富、充满美感和文化品位的令人愉快的环境；在不造成环境退化，对健康和安全无风险，或其他不希望或无意看到的结果的前提下，达到对环境最大范围的有益利用；保护国家重要的历史、文化和自然遗产，尽可能保存一个支持个人选择多样化和多元化的环境；在人口和资源利用之间达成某种平衡，使高水平生活和广泛共享便利生活成为可能；提高可再生资源的质量，最大限度地循环利用不可再生资源”。

第一篇 101（c）项承认：每个人都拥有享受健康环境的权利，同时也有保护和提高环境质量的责任或义务。

《国家环境政策法》以简明的语言描述了美国环境政策的目标、原则和方向，从而为所有联邦机构和各级政府提供了一个保护环境的根本性的法律依据，从这个意义上，《国家环境政策法》获得了美国“环境大宪章”之称。长期以来，环境保护在美国一直没有统一、持续的战略目标，环境保护带有很大的不确定性。由于没有一部最高的环境政策大法，各级政府、工商界和公私团体就环境问题发生纷争时往往出现适用法律原则混乱的现象，这大大降低了环境保护的实际效果。《国家环境政策法》的出台不但确立了全国统一明确的环境保护战略目标，而且为各级政府和司法机构实施环境政策和解决环境争讼提供了原则性的法律依据。

2. 国家环境政策的实施机制

为保证国家环境政策目标的实现，《国家环境政策法》第一篇 102 款“授权和要求美国的政策、法规和公法应该尽最大可能依据本法设定的政策精神做出解释和执行”。同时详细规定了联邦机构的八个方面的职责和义务。《国家环境政策法》的这一部分被称为“强制实施”机制。其中最重要、也最具有可操作性的是第三条规定——“环境影响报告”（Environmental Impact Statement，EIS）。该项规定要求：“每一项为立法提案准备的建议或报告中，以及对人类环境质量有重大影响的其他重要联邦行为，负责部门必须准备一份详细的环境影响报告。”环境影响报告不但要陈述和说明被建议的行为可能造成的环境影响和后果，还要提出减小不利影响的可供选择的替代方案。在做出详细报告之前，联邦负责部门应该与任何依照法律有管辖权的联邦或专门机构磋商并征询它们的意见。在采取行动之前，相关机构必须及时将报告草案送交所有受到影响的部门、公众和环境质量委员会，以便广泛征询意见。第 103 款规定：所有联邦政府机构应审查它们当前的管理职能、行政规章、政策和程序是否与《国家环境政策法》的目标和条款不一致或有缺陷之处，并于 1971 年 7 月 1 日前将建议报告提交总统，这项规定的目的是确保联邦机构的职能与政策符合《国家环境政策法》的意图、目标和程序。

由于《国家环境政策法》并非实体法，从实践意义上讲其重要性几乎全部源于环境影响报告书。《国家环境政策法》的这一规定把环境考量附加到每一项新的联邦重大项目中，通过严格的程序保证公众的广泛知晓和参与，从而避免政府和企业的行为对环境和公共健康造成不可逆转的影响。在《国家环境政策法》通过之前，联邦机构没有法律责任考虑其行为的后果或替代方案，其唯一的标准就是成本和完成其任务，它们维护的是有权势的利益集团而非将会受其行为影响的民众的利益。而现在，联邦机构必须遵照环保法律并据此履行责任，接受公众的监督和审查，这不仅有助于遏制那些对环境有重大不利影响的行为，有效地达到保护环境维护公众利益的目的，也从根本上改变了政府管理的程序，促进了管理和决策的公开化和民主化。

《国家环境政策法》生效后，每年都有大量环境影响报告书被提交，也不断有机构团体和个人对其所关注的报告提出疑问甚至诉诸法律。据统计，在《国家环境政策法》签署后最初 9 年时间里，各机构共提交了 1.1 万多份环境影响报告，有 1000 多份遭起诉，大约 20%的机构被法院勒令停止计划中的工程项目。《国家环境政策法》中有关环境影响的规定对许多传统的联邦项目比如水资源工程、核电站、高速公路、公共土地的利用等带来了巨大挑战，因为这些项目对生态环境都有不可忽视的影响。《国家环境政策法》的出台标志着大规模联邦公共工程和开发项目时代的结束。

3. 环境质量委员会及其职权

《国家环境政策法》第二篇 202 款规定，在总统行政办公室内设立环境质量委员会，委员会由三名专家组成，由总统任命，经参议院批准。《国家环境政策法》对环境质量委员会的人选设定了很高的标准和要求，他们应具有“良好的训练、经验和成就背景，擅长阐述和分析环境发展趋势和各种信息，依据本法第一款设定的政策来评估联邦政府的项目和行为，对国家科学、经济、社会、美学和文化需要及利益具有清醒的认识，规划和推荐提高环境质量的国家政策”。204 款规定了环境质量委员会有八个方面的职责：协助总统准备环境质量报告；收集环境质量状况和趋势的相关信息；审查和评估联邦政府的各种项目和行为；制定并向总统提出促进环境质量改善以满足社会、经济、健康和其他国家目标的政策建议；调查、研究和分析生态系统和环境质量；每年至少向总统报告一次环境状况等。

由于作为总统环境方面的首要顾问这一特殊地位，环境质量委员会获得了《国家环境政策法》的解释权和发布指南的权力。1978 年，卡特总统以行政命令的方式颁布了《环境质量委员会关于〈国家环境政策法〉实施条例》，要求所有联邦机构接受该条例的约束。这在一定程度上减少了文书工作和决策过程中的拖沓和延误现象，提高了《国家环境政策法》的实施效果。

设立环境质量委员会是美国在环保体制建设上的重大创新。环境质量委员会实际上具有双重职能：向总统提出政策建议和提供信息咨询，阐发《国家环境政策法》及监督环保法律的贯彻和执行。由于人员构成及其职能特征，环境质量委员会在提高国家环境政策及环保实践的科学性方面发挥了不小的作用。作为国家环境议程和环境政策的顶级咨询机构，环境质量委员会确实曾做出过重要贡献，特别是在环境问题的科学研究方面。20 世纪 70 年代，环境质量委员会曾发起了针对许多新出现的环境问题的研究，主要是在它的推动下，这些问题逐渐被纳入国家环境议程中。1980 年，环境质量委员会发表了《2000 年的地球》，对全球环境趋势进行了全面的展望，曾引起了广泛关注。

《国家环境政策法》是美国历史上最重要的环境立法，它的制定和通过是环境政策新时代来临的重要标志之一。在最初的几年里，许多人对《国家环境政策法》的重要性缺乏足够的估计，但是随着时间的推移，人们越发认识到它在国家环境议程中的不可替代的作用，特别是由它引起的大量环境诉讼案在行政和司法领域掀起了一场空前的环境革命。由它引起的诉讼案件比其他所有环境法律所引起的加在一起还要多，结果形成了大量判例法，这就给《国家环境政策法》的一般条款增添了特殊力量。《国家环境政策法》是框架立法，是一种制度创新。截至 1997 年，《国家环境政策法》的模式已为美国半数以上的州，甚至被世界上包括中国在内的 80 多个国家政府，地区性组织如欧盟，国际信贷机构如亚洲开发银行等，所借鉴和效仿。

（二）美国的主要环境立法

1. 清洁空气立法

20 世纪 60 年代，美国一些地区的空气质量状况已经在改善。根据来自环保署的数据，1960 年至 1970 年间，室外环境中总悬浮颗粒物平均浓度下降约 22%（从美国 95 个监测点得到的数据）。1966 年至 1971 年间，室外年均二氧化硫浓度下降了 50%（从 31 个监测点获得的数据）。20 世纪 50、60 年代联邦空气污染立法及一些州和地方政府的治理工作对改善空气质量可能发挥了一定的作用（其他因素如气候、能源和产业结构的变化等也应该纳入考虑之内）。不过，当时，美国整体空气质量并不乐观，空气污染治理力度和空气质量状况在不同地区存在很大差异。一些地方（州县和城市）采取了较为科学和严厉的方法和措施，而另外一些地方则不尽然。由于空气质量直接关系到人们的生命和健康，要求联邦政府承担全面的污染控制责任的呼声日益高涨。1970 年，在给国会的立法建议中，尼克松谈到了现存空气污染控制法案的缺陷，大力强调建立国家周围空气质量标准的必要性。在广泛听取意见和经过辩论之后，国会承认有必要全面修订旧的空气法案，彻底改革联邦政府在空气污染问题上的职能。1970 年底，国会通过并由尼克松总统签署了对《清洁空气法》的修正案。

1970 年的《清洁空气法》包括空气质量目标和达标手段两个方面。首先，该法授权环保署为六种主要空气污染物设定国家环境空气质量标准（National Ambient Air Quality Standards，NAAQS）[①]。国家环境空气质量标准又分为两个层级——一级标准和二级标准。一级标准应能够提供足够的安全边际来保护公众健康。为了保护公众的生命健康，一级标准的设定应不计成本并具有可行性；各州可以把标准定得比国家标准高，但不允许低于国家标准。二级标准除了保护人体健康外，还要考虑更为广泛的环境要求。其次，该法授权环保署为新污染源（新建和改建工厂）设定排放标准，新标准必须以最佳现行可得技术为基础制定，并且这一标准必须是受影响各方所能承受的。再次，为严格控制车辆污染源，该法直接规定了车辆（包括轿车、卡车和公共汽车）的排放削减量和完成期限。规定到 1975 年，碳氢化合物和一氧化碳平均排放量要降低 90%，汽车氧化氮排放量降低 82%。最后，根据该法，各州必须制定实施国家环境空气质量标准的州实施计划。州实施计划要说明达到国家空气质量目标的程序和方法，州实施计划必须报送环保署批准方可执行。州实施计划通过后，各州应在三年内最迟不晚于 1975 年 5 月 31 日达到初级标准。

《清洁空气法》是美国空气污染政策史上的一次重要变革。首先，《清洁空气法》将提高国家空气质量的主要责任由各州和地方政府转归联邦政府，联邦政府取得了空气污染控制的主导权。其次，《清洁空气法》强调国家空气质量和污染物排放标准的设定及实施两个方面，国家标准由环保署根据充分可靠的科学数据制定，国家空气质量一级标准以保护人类健康为主要依据，这体现了对生命的珍视。再次，《清洁空气法》把管理空气污染的主要职能由健康、教育和福利部转归新成立的环保署，由环保署统一制定具体的空气质量量化标准，领导和协调全面的空气质量管理工作，这既体现了提升空气质量在国家议程中的重要地位，也有助于提高空气质量管理工作的效率。最后，《清洁空气法》将法律手段（比如罚款、诉讼、禁令和刑罚等）更多地运用到环境执法程序中来，公众也可以通过行政和司法途径对污染者提出指控，这极大地提高了《清洁空气法》的权威和效力。

1970 年的《清洁空气法》也存在许多缺陷：它忽略了污染治理成本和可行性，不计成本的污染控制要求加重了企业负担，不现实的达标时限也缺乏实际意义——事实上，大多数空气质量控制区没有在规定期限内达标；它强调最佳现有控制技术的采用，结果抑制了企业开发更具创新性和更有效的控制手段的可能性和积极性；它设定了环境空气质量标准，但是没有规定达到该标准所要求的排放物的总量限制等。尽管如此，《清洁空气法》在美国环境立法史上仍然具有重大

① 六种主要空气污染物是一氧化碳（carbon monoxide）、氧化硫（sulfur oxides）、氮氧化合物（nitrogen oxide）、颗粒物（particulates）、铅（lead）和臭氧（ozone）。国家环境空气质量标准指的是室外（建筑物之外）空气中污染物的最大允许浓度或含量，室内空气质量在此后的立法中也纳入考虑中。

意义。

1970年的《清洁空气法》在1977年和1990年又经两次修正。1977年修正案主要针对三个问题——未达标问题、汽车尾气排放问题和防止空气质量好转地区再度恶化问题，前两个问题主要依靠延长期限和增加处罚来处理。1977年修正案把已清洁地区分为三类并设定了不同要求：一类地区（包括国家公园、森林和荒野区等）不允许任何轻微的空气质量恶化；二类地区（一类之外的大部分清洁地区）允许少量污染；三类地区的污染不得超过国家二级标准。除此以外，该修正案还建立了空气污染控制政策的另一个目标，即国家公园与联邦荒野区能见度的保护与提高。

国会于1990年通过了新的修正案。1990年修正案对有毒空气污染、未达标地区和机动车排放标准设定了更为严格的要求。为应对酸雨和臭氧层耗损等新的环境问题，修正案要求在2000年前大幅度减少二氧化硫和氮氧化物排放量，逐渐停止制造和使用氟氯碳、二氢氯氟碳和甲基氯仿等化学物质。在一些经济学家的积极倡导下，1990年的《清洁空气法》规定在全国范围内实施二氧化硫排污权交易制度，这项规定标志着环境政策的重大转型。

2. 清洁水质立法

20世纪70年代以前，美国许多州都制定了水质标准，不过其地区差异很大。与空气质量状况相比，20世纪60年代末70年代初，美国水体污染问题更为严峻。1969年的一项联邦调查发现，在四分之三的美国饮用水公共供水系统中，有一半低于水质标准。1971年，拉尔夫·纳德特别小组报告《被污水废弃的土地》发表，这篇报告陈述了美国的水体污染局势，引起了媒体和公众的广泛关注，也推动着国会着手制定新的水质污染控制法案。

1972年修正之后的《水污染控制法》同样由水质目标和达标手段两个方面组成。第一，该法规定的水污染治理宗旨是：“恢复和保持国家水资源的化学、物理和生物上的完整性。”具体目标为：到1985年以前实现“零污染排放”，即彻底消除所有河流航道的污染物排放；到1983年达到过渡性目标，即使水体达到适合钓鱼和游泳的标准。第二，为实现上述目标，该法规定由环保署制定以技术为基础的污染物排放标准体系。基于技术标准也分两个阶段来实现：1977年7月1日以前，要普遍达到当前可得最佳实用控制技术的污染排放水平；到1983年7月1日之前，排放限制将建立在经济上可行的最佳现有技术基础之上。相关技术标准属强制性措施，所有污染源必须从环保署那里领取许可证方能向指定水域排放污物。第三，《水污染控制法》加强了对城镇污水处理的项目资助，联邦政府分担的污水处理厂建设费用比例提高到了75%，3年内计划拨款总额180亿美元。20世纪90年代，城镇污水处理成为有史以来最大的联邦公共工程项目。第四，该法的水质目标虽由国家设定，但达标责任仍在各州，各州必须按照新制定的国家污染物排放消减系统（National Pollutant Discharge Elimination System，NPDES）操作。第五，《水污染控制法》所有条款均未考虑实现水质目标所需付出的成本，也没有设定具体的国家水质标准，它只要求每一个排放者都要从环保署那里获得排污许可证，这些许可标准均建立在最佳可行和最佳可得技术基础上，这在更大程度上减少了企业逃避减排的机会。

事实上，1972 年的《水污染控制法》实施效果并不理想，许多目标没能如期实现，因此 1977 年的《清洁水法》（Clean Water Act）延迟了几项排放标准达标期限。由于认识到了有毒污染物对公共健康带来的严重威胁，也由于 1972 年《水污染控制法》没有对此规定非常有效的控制措施，1977 年的《清洁水法》加强了对有毒水污染物质的管理，在传统污染物和有毒物质之间进行了更为清楚的区分。20 世纪 80 年代，有关市政污水处理的联邦资助项目引起了不少争论。1981 年通过的《市政污水处理建设基金修正案》改变了优先分配条款，将联邦资助份额减至 55%。在随后的 4 年时间里，财政拨款减至每年 24 亿美元。1987 年的《清洁水法修正案》主要包括以下几个方面的内容：再一次延迟了排污达标期限；从 1990 年开始废止项目资助计划，改为州级信贷支持；特别重视对有毒物质的管理，要求环保署对下水道污泥中的有毒物质进行鉴别并制定控制标准；重视解决非点源污染问题，要求各州严格执行非点源污染控制项目。

1974 年的《安全饮用水法》（Safe Drinking Water Act）是一部有关水质的重要联邦立法。早在 1914 年，公共卫生服务局就颁布了专门针对生活饮用水质的标准，不过此标准仅适用于州级交通工具上的饮用水质，其范围非常有限。在 1925 年、1946 年和 1962 年，公共卫生服务局曾经先后三次修订饮用水质标准，这些工作为 1974 年的《安全饮用水法》的制定奠定了基础。20 世纪 60 年代以后，由于大量有毒和化学物质通过各种途径渗入到公共饮水供水系统并引发大量健康问题，公众普遍对生活饮用水质状况产生警觉和担忧，这也推动了相关的科学研究和调查。1969 年，公共卫生服务局对公共供水系统进行了一次调查，结果显示有 40%饮水系统不符合该局制定的标准。20 世纪 70 代初，制定一部全国统一的专门性的《安全饮用水法》已显得十分必要，在经过多次讨论之后，国会最终于 1974 年通过了《安全饮用水法》。《安全饮用水法》规定：联邦有权设定国家饮用水质标准，各州必须执行不低于该标准的水质标准。该法授权环保署对可能影响人类健康的污染物、水处理过程中产生的化合物、化合物分类和处理技术等进行管理。1986 年，国会对《安全饮用水法》进行了修正，鉴于环保署在制定饮用水安全标准方面的缓慢进展，国会为环保署设定了严格的时限表。1996 年，国会再一次修订《安全饮用水法》，此次修订有两项重要内容：一是扩大了水源保护范围，二是要求环保署在制定水质标准时要进行成本-收益分析，将经济因素纳入考虑。

从环境法的角度来看，美国联邦水污染控制政策的演化呈现出三个明显的趋向：第一，把设定水污染控制目标、监督实施和强制执行水污染控制政策等主要责任逐渐由各州和地方政府转归联邦政府，这一转变始于 1948 年的《水污染控制法》，终于 1972 年的《水污染控制法》；第二，城市污水处理厂建设的主要财政负担逐渐由各州和地方政府转归联邦，这一过程始于 1956 年修正的《水污染控制法》，终于 1972 年的《水污染控制法》；第三，在水污染控制政策目标逐渐转向保护水体并使之可用于游泳、钓鱼等生态价值，这一转变开始于 1965 年的《水质法》，完成于 1972 年的《水污染控制法》。水污染控制政策的三个发展趋向具有典型意义，体现了生态价值和环境政策国家化的重要性和必然性。水污染控制政策在 20 世纪 70 年代发生了转折性的变革，这一变革无论从广度和深度而言都是前所未有的，对此后美国的水污染控制与水质管理政策的影响也颇为深远。

3. 固体废物、杀虫剂和有毒物质管理立法

固体废弃物是一个十分宽泛的概念①，按其对生物和环境的作用，可分为有害（危险或有毒）废弃物和无害废弃物两类。在美国，固体废弃物作为一个环境问题出现于 19 世纪下半叶，它是工业化和城市化的一个副产品。第二次世界大战后，伴随着生产规模和消费总量的急剧膨胀，固体废弃物也以几何级数快速增长，以至最终酿成了一种社会公害。20 世纪 70 年代以前，经济和方便是处理固体废弃物的主要原则，处置方式包括：露天堆积或焚烧，无防渗措施的地下掩埋或直接倾入湖泊、江河或湿地中。并且，工业废弃物与生活垃圾往往不加区分地混在一起，大部分有毒或危险物质未加甄别而处理或处理不当。由于上述诸多原因，固体废弃物中的各种有毒成分通过多种途径进入生态系统和环境中，从而对空气、土壤和水体造成污染并对人类健康造成严重威胁。20 世纪 70 年代，无论是美国公众还是国会，都已充分认识到加强对固体废弃物管理的必要性，也正是在这样的背景下，1976 年，国会参众两院通过了《资源保护与回收法》（Resource Conservation and Recovery Act），从而使固体废弃物的管理工作被纳入法治化轨道。

1976 年的《资源保护与回收法》是根据 1965 年的《固体废弃物处置法》（Solid Waste Disposal Act）修订而成的。1965 年的《固体废弃物处置法》主要是为了改善固体废物处置方法而制定的，此法在 1970 年和 1973 年历经两次修订。1970 年的《资源回收法》（Resources Recovery Act）最重要的措施是增加了用于废弃物回收和循环利用项目的联邦资金支持。1976 年通过的《资源保护与回收法》重建和

① 根据 1976 年的《资源保护与回收法》，固体废弃物系指“从废弃物处理厂、供水处理厂或者空气污染控制设备中排放出来的任何废物、垃圾、污泥……”以及“从工业、商业、采矿业和农业活动，从社区生活中排放出来的其他物质，包括固体、液体、半固体，或其含有气体的物质。”参见《美国环境法手册》，第 228 页。

改进了固体废弃物管理体系，授权环保署制定综合性的管理法规和具体的实施办法。该法的核心部分是关于“危险废弃物”的管理规定，要求工业排污者必须按照环保署的标准来储存和处理那些被认为具有易燃、剧毒、强腐蚀性和高化学活性的废弃物，以及由于其他原因而被特别列出的废弃物，危险废弃物排放量较大的公司必须将所有储运信息记录在案。《资源保护与回收法》后来又修订了多次，这些修订法案完善了固体废弃物管理的技术和法律体系。该法的实施取得了一定成效，在短短的五年内，固体废弃物的海洋倾倒和露天焚烧这两种处理模式结束了，数千家不符合标准的处理厂被关闭了。废弃物总量减少了，回收利用率也有很大程度的提高。

杀虫剂滥用在第二次世界大战后也引发了十分严重的环境问题，相关立法同样经历了很长的历史过程。1906 年的《纯净食品和药品法》(Pure Food and Drug Act) 和 1910 年的《杀虫剂法》是杀虫剂管制的早期立法。不过这两项法案主要是为了防止假冒伪劣商品和盗用商标行为，对于杀虫剂的登记和安全标准并未作任何规定。1947 年的《杀虫剂、杀菌剂和灭鼠剂法》(Insecticide，Fungicide，and Rodenticide Act) 对杀虫剂的登记做了规定，但该法并未提供控制杀虫剂使用的管理机制和授予相关部门禁止危险杀虫剂使用的权力。1964 年的修正案授权农业部拒绝或取消产品的登记，并把证明产品安全和效能的责任推给了厂家。由于当时的农业部无意限制杀虫剂的使用，因此该项规定形同虚设。

由于管理上的原因，不加选择地滥用杀虫剂现象越发严重，相关的污染事件频繁发生。1970 年环保署成立后，其从农业部与健康、教育和福利部接管了杀虫剂登记和管理的职能，因受到高涨的环保运动和一些司法判例的影响，新成立的环保署采取了一些强硬措施控制杀虫剂的使用。1971 年，环保署长拉克尔肖斯发布一项指令，表示要严格杀虫剂的科学审查制度。1972 年，《杀虫剂、杀菌剂和灭鼠剂法》修正案获得国会通过。

《杀虫剂、杀菌剂和灭鼠剂法》是对杀虫剂进行综合管理的一部联邦法案。该法将杀虫剂登记和使用的管理权全部授予环保署，要求环保署在杀虫剂登记前必须确保产品“具有其设计的功能，并且对环境没有不合理的负面影响”，不合理的负面影响是指“通过综合考虑使用杀虫剂所产生的经济、社会和环境方面的成本与收益，估价出对人类和环境的任何不合理影响”。《杀虫剂、杀菌剂和灭鼠剂法》要求所有新杀虫剂必须经过环保署批准方能生产，厂商必须提交有关此种产品的化学结构和毒性的数据报告，所有正在使用的化学杀虫剂必须重新注册。通过注册和审核，环保署可以禁止、允许普通性使用或限制性使用某种杀虫剂。杀虫剂通过注册后，仍需接受环保署的监督检查，如果发现某种杀虫剂没有遵守《杀虫剂、杀菌剂和灭鼠剂法》，或普遍引起负面环境影响，环保署有权取消某个注册。1972 年的《杀虫剂、杀菌剂和灭鼠剂法》修正案通过后，曾历经多次修订，在一定程度上反映了该法案所涉及的复杂的利益关系。

有毒物质在20世纪60、70年代引起了人们的普遍关注。第二次世界大战后，随着现代科技的迅猛发展，每年新问世的化学制品数量较多，其中很多含有有毒物质（如多氯联苯、聚乙烯、氟利昂、亚硝胺、铅和石棉等），这些物质被应用于生产和生活中，会对人的生命和健康构成潜在的威胁。20世纪60年代，科学的发展使人们越来越清楚地认识到有毒物质与疾病之间的密切联系，不断增加的污染事件和日益上升的疾病发生率又为这种认识提供了佐证。20世纪70年代初，为加强对有毒物质的管理而制订一部专门立法已显得十分必要。1970年，环境质量委员会建议授权环保署长采取措施，"限制使用或销售他认为对人体健康或环境有害的任何物质"。1971年，环境质量委员会提交了一份关于有毒物质的研究报告，该报告提到了几种对环境和健康有显著负面影响但未加控制的物质，建议制定一部综合性的法律来管制有毒物质。从1971年开始，国会就有毒物质管理立法展开辩论，1976年，国会参众两院通过了《有毒物质控制法》（Toxic Substances Control Act）。《有毒物质控制法》要求所有新化学物质在投入生产之前必须进行毒性检测，授权环保署禁止任何对健康和环境有不合理风险的化学物质的制造和使用，规定逐渐淘汰并最终停止多氯联苯等剧毒产品的使用，设立应对突发环境事件的紧急应变机制等。该法的通过使有毒物质的管理最终有了法律依据和保障。

4. 资源保护立法

土地管理局是公共土地的主要管理部门，但该机构是依据1946年行政改组命令、而不是议会立法设立的，因此，它缺乏管理公共土地的明确法律授权。这不但影响了该机构本身的稳定性，也没有足够的权威来实施土地管理计划。土地管理局承担着管理规模庞大的公共土地（超林业局管辖土地面积的好几倍）的重大责任，但由于预算资金和职员严重不足等原因，它无法有效地履行管理公共土地的职责。在这种情况下，土地管理局一直致力于推动国会通过一项专门立法，以获得充分必要的权力来实现对公共土地的持久管理。1964年，依据《公共土地法审查委员会法》成立的土地法审查委员会开始就有关土地管理问题展开调研。该委员会在1970年提交了报告。历经几年的论辩之后，国会最终于1976年通过了《联邦土地政策与管理法》（Federal Land Policy and Management Act）。《联邦土地政策与管理法》授权土地管理局基于多重利用与可持续产出原则来管理公共土地，要求就所辖土地内哪些部分可被划作荒野区提出建议。由于《联邦土地政策与管理法》没有确定土地资源管理目标的优先次序，也由于涉及众多公共土地使用者的利益，因此，土地资源保护工作在该法通过后仍面临重重阻力。

为了保护土地资源和景观免遭露天采矿的破坏，美国国会于1977年通过了《露天采矿控制与恢复法》（Surface Mining Control and Reclamation Act），这是一部保护土地资源的行业立法。此法对露天采矿进行环境管制，授权内政部对所有露天采矿行为执行国家环境标准。该法禁止在西部主要农业用地上采矿，要求在矿源开发结束后恢复原初地貌，防止水污染和土壤被侵蚀。《联邦土地政策与管理法》的另一重大胜利是 1980 年《阿拉斯加国家利益土地保护法》（Alaska National Interest Lands Conservation Act）的通过。1959 年，当阿拉斯加成为美国第 49 个州以后，环保主义者、国会参众两院、阿拉斯加州和主张开发土地资源的利益集团之间曾就有关该州公共土地划拨和保护问题展开了激烈争辩。经过反复较量，环保主义者和国会参众两院最终达成妥协，于 1980 年通过了《阿拉斯加国家利益土地保护法》。据此，4210 万公顷土地被列为国家公益土地，1800 万公顷土地被划归国家公园系统，2230 万公顷土地被划归鱼类与野生动物庇护地系统，120 万公顷土地被划归国家森林系统，2300 万公顷土地被作为荒野。新增公园 11 个，野生动物保护区 12 个，国家天然风景河流系统 26 处。阿拉斯加州成了美国最大的保护区新增州。

森林是传统的资源保护对象，在历史上的相关保护立法已有许多。第二次世界大战后，国家森林和私有林地上迅速扩大的林木采伐引起了环保主义者的不满和抵制。20 世纪 60、70 年代，木材工业与环保主义者之间的矛盾日渐激化。一方面，木材工业集团以稳定木材供应为借口要求增加采伐量，另一方面，环保主义者为了维护国家森林的原生形态要实施严格限制。20 世纪 70 年代初，来自明尼苏达州的参议员休伯特 • 汉弗莱提出了一个长期资源规划，这一方案为相关各方（包括环保主义者、木材工业集团和林业局）所接受。1974 年，《森林与草原可再生资源规划法》（Forest and Rangeland Renewable Resources Planning Act）获国会通过。该法主要内容是建立一套规划程序，即对国家森林和牧场资源进行清查评估，在此基础上制定一个资源开发利用规划。该法规定评估每 10 年举行一次，规划每 5 年发布一次，这些工作要由多学科人士组成的工作组实施，并且应保证广泛的公众参与。由于该法仅仅是一部规划法，对森林的采伐管辖权没有特别申明，因此有关森林采伐的争论仍在继续。国会在 1976 年通过了《国家森林管理法》（National Forest Management Act），授权林业局基于多重利用与持续产出原则对国家森林的采伐进行管理，林业局可均衡各种因素独立做出政策选择。

20 世纪 60 年代中期以后，濒危物种也被纳入法律保护范围内。保护濒危物种主要基于两个方面的原因：一是认识到濒危物种对于维持生态平衡和科学研究具有重要价值（其中也有美学和保护生物多样性方面的考虑）；二是一些激进派环保组织所坚持的动物权力论的影响，它们认为野生动物同人类一样具有生存的权利。1964 年，内政部的鱼类和野生动物管理局成立了一个稀有和濒危野生物种委员会，负责调查和识别美国本土的濒危物种。1966 年，美国国会通过了第一个《濒危物种保护法》，该法颁布了一个濒危脊椎动物清单，规定禁止对这些物种进行捕猎。但该法所保护的范围仅限于国家野生动物庇护区。1969年，新的《濒危物种保护法》又获通过，这部法案扩大了被保护物种的范围，禁止非法贸易濒危物种。在此基础上国会在1973年制定了一部比较全面的《濒危物种保护法》，使濒危物种保护工作大为加强。该法要求采取“一切必要的方法和步骤，使任何濒危和受到威胁的物种都达到无须依法保护的水平”，授权内政部识别“濒危”和“受到威胁”的植物或动物并采取保护措施。该法不但强调保护濒危物种本身，也强调保护其栖息地。关于保护濒危物种栖息地的规定对一些联邦项目和工程有很大的遏制作用，因为许多联邦工程具有破坏濒危物种栖息地的负面效果。因此，该法在实施过程中遇到的阻力也很大。

（三）美国环境政策的主要进展和发展趋势

1. 环境立法的新发展

20世纪80年代，美国环境立法的数量较20世纪70年代大为减少，并且这些环保法案大都是在1986年以后通过的。20世纪80年代的环保法案大体可分为两类：一类是修订法案，另一类是新制定的法案，前者占了不小比重。20世纪70年代的一些重要立法，如《清洁空气法》和《水污染控制法》等虽然也以修正案的形式颁布，但其内容已远非修订或补充意义了。20世纪80年代的环境法修正案大多依据政治、技术和环境变化的新情况做了局部的调整。重要的环境立法和环境法修正案有：《安全饮用水法》（1986年）、《清洁水法》（1987年）、《资源保护与回收法》（1984年）、《能源保护法》（1987年）、《杀虫剂、杀菌剂和灭鼠剂法》（1988年）、《濒危物种法》（1982年）等。

1986年《安全饮用水法》修正案提出了一项3年内必须得到控制的83种化学物质的时间表，责令环保署每隔3年为25种附加饮用水污染物设定标准。要求各州识别那些现有技术无法充分控制的水污染热点地区，3年内达到规定的水质标准。经过修订，20世纪70年代以来的水质立法体系更趋完善。1984年《资源保护与回收法》修正案扩展了危险废弃物报告制度的适用范围，要求置换因陈旧而泄漏或被腐蚀的数千个地下废弃物储存罐。《杀虫剂、杀菌剂和灭鼠剂法》要求环保署重新登记注册或取消依据1972年以前安全检测标准仍在使用的大约5万种老产品。该法反映了在杀虫剂管理问题上农业及化学界利益集团强大的政治影响力。

新颁布的环境法规除加强一些领域的保护工作外，还根据形势的变化扩大了管制范围。依据所要解决的问题和保护对象的不同，可把环境立法分为以下几类：保护荒野和湿地立法、食品安全立法、能源节约和保护立法、危险物处理立法、应对全球环境问题和保护海洋免遭污染立法等。1984年，国会通过了一系列荒野保护议案。这些议案强化了毗邻各州的荒野保护。1986 年通过的《紧急湿地资源法》（Emergency Wetlands Resources Act）授予土地与水资源保护基金购买湿地的权利，要求建立国家湿地优先保护计划，加强对国家湿地的保护。

能源问题自 20 世纪 70 年代以来一直困扰着美国，也影响着环境政策的改革与发展。1987 年颁布的《国家应用能源保护法》（National Appliance Energy Conservation Act）为新建房屋的暖气供应、制冷系统及冰箱与冷藏库设定了最低效率标准。1988 年通过的《机动车替代燃料法》（Alternative Motor Fuels Act）鼓励机动车生产厂家设计、制造可用替代能源的汽车。美国同样高度重视对危险废弃物的管理，除超级基金项目外，核废料、医疗废弃物和石棉等危险物质都有相应的处理计划。1982 年通过的《核废料政策法》（Nuclear Waste Polity Act）要求能源部在 1998 年前开发一个永久性的高辐射核废料储藏场所。1988 年通过的《卫生医疗废弃物跟踪法》（Medical Waste Tracking Act）要求与危险废弃物一样，详细记录医药运输过程，建立医药废弃物全程跟踪体系。1986 年国会专门制定了针对石棉的《石棉危险紧急应变法》（Asbestos Hazardous Emergency Response Act），此法要求所有地方学校提交石棉检测和管理计划，对可能存在的风险要及时告知学生及家长。

海洋污染受到联邦政府越来越多的重视，全球环境问题也成为美国环境政策的新领域。1987 年通过的《海洋塑料污染研究及控制法》（Marine Plastic Pollution Research and Control Act）规定禁止向海洋倾倒塑料，严格限制其他船舶垃圾在公海或美国水域倾倒，要求所有港口必须为入港船舶准备足够的垃圾处理设施。1988 年通过的《海洋倾倒法》（Ocean Dumping Act）要求截至 1991 年 12 月 31 日结束所有污物和工业废弃物的海洋处理，建立收费、许可证制度并对违反者施以民事处罚。1983 年通过的《国际环境保护法》（International Environmental Protection Act）授权总统协助其他国家保护野生动植物以维持生物多样性。1987 年通过的《全球气候保护法》（Global Climate Protection Act）提出了应对全球气候变化特别是温室效应的战略目标和解决办法。

2. 美国环境政策的重大变革和发展趋势

1989 年以后，美国环境政策变革的步伐明显加快，环境政策发展的趋势也愈发明朗。概括而言，这种变革和趋势主要表现在以下几方面：第一，环保工作的重心从末端治理转向源头控制，环保实践中更加重视污染的预防而非事后处理；第二，基于市场的环境政策工具得到更多运用，环境政策手段愈发灵活；第三，可持续发展成为环保战略的一项重要原则，环境政策更加注意在社会、经济和环境等多重因素之间寻求平衡；第四，顺应公开化和民主化的时代潮流，环境信息披露和公民知情权条款被附加到更多环保法规中，环境权利和义务的公平分配也被纳入环境政策改革的议程中；第五，环境政策的制定和实施日益强调合作而非对抗，倡导企业自愿遵守环保法规和政策，充分发挥环境政策相关各方的积极主动性；第六，克林顿政府尤其强调通过技术创新和技术变革来实现控制污染保护环境的目标，全球环境问题成为美国政府难以回避的环境政策新领域。

长期以来，美国环保工作的重心一直放在污染末端和事后处理上，这种做法的代价高昂且效果不佳。20 世纪 80 年代末，环保署开始探索从源头控制污染。依据 1986 年的《危险废弃物最小化》和技术评价办公室的后续研究报告，环保署确定了预防污染的四种主要方法：改变制造业体系、更新设备、设计替代产品和改善工业管理。研究表明，采纳这些方法不仅能有效控制污染获得更清洁的环境，还能节约很多成本和开支。在环保署充分调研的基础上，国会于 1990 年通过了《污染预防法》。《污染预防法》主要包括以下内容：资助各州制定和建立污染预防计划；由环保署帮助工商界开发污染预防技术；设立一个从源头控制污染的信息交换所，负责搜集和传播从源头控制污染的相关信息；创建污染预防问题咨询委员会；奖励在源头控制污染方面做出杰出贡献的单位等。《污染预防法》是预防污染的一项专门立法，目的是通过信息搜集、技术转让和资金支持等方式建立一套国家污染预防制度，尽可能从源头减少和控制污染。为有效实施该法案，环保署还设立了一个专门办公室来推行和管理污染预防计划和项目。

环境政策一般由政策目标和实施手段两部分组成，后者包括行政、法律和经济手段等。20 世纪 70 年代至 90 年代的 30 年间，美国环境政策立法发展的总趋势是基于市场的政策工具日益受到关注和重视。不过有两点需要注意：一是所谓命令-控制模式在美国的环保法规和政策实践中始终居于重要地位；二是环境政策的行政和经济手段在不同时期并非处于非此即彼的绝对化地位，市场化的政策工具早在以命令-控制模式为主导的 20 世纪 70 年代初期就已得到局部应用，而行政手段在环境政策市场化趋势日益浓厚的 20 世纪 90 年代仍被广泛采用。

总体来看，以 1990 年的《清洁空气法》修正为界标，美国环境政策的市场化趋势开始强化，环境政策的经济手段得到更多运用①。以市场为导向的环境政策工具可分为四个主要类别：排污收费制度、可交易许可证制度、市场壁垒削减制度和降低政府补贴制度。20 世纪 80 年代末直至 90 年代，上述市场导向的环境政策工具获得不同程度的发展，其中，可交易许可证制度成为美国最常用的基于市场的环境政策工具。与基于市场的政策工具相联系的大量行动也在各州和地方发生。在市场导向的环境政策工具不断扩展的同时，环境保护的行政与法律手段并没有被完全弱化。在环保实践中，联邦政府和机构往往根据具体问题灵活地选择

① 基于市场的政策工具可被分为三个阶段：即 20 世纪 70 年代的萌发和个别利用阶段，20 世纪 80 年代的初步发展阶段和 20 世纪 90 年代的充分发展阶段。

不同的政策工具，环境保护的行政和经济手段实际上发挥着“大棒”（强制）与“胡萝卜”（激励）的作用。环境政策的上述趋势既是相关利益集团影响的结果，也是联邦环境政策理性化发展的表现。

在环保运动高涨的20世纪60年代末70年代初，保护环境成为一些环保法规与政策优先追求的价值目标，而在经济“滞胀”和保守主义回潮的20世纪70年代末80年代初，形势又走向了另一面。这种局面其深层根源在于人们对保护环境与发展经济之间关系的认识，即认为两者彼此对立且难以兼顾。20世纪80年代末，国际社会就如何解决环境与经济的矛盾展开探索和研究，结果催生了“可持续发展”这一理念①。1996年，可持续发展委员会发布了一项名为《可持续发展的美国——争取未来的繁荣、机会和健康环境的新共识》的报告。1999年5月，该委员会提交了报告——《迈向可持续发展的美国》（Towards A Sustainable America），报告系统地构想与构建了可持续发展的环境政策框架。在总结过去环境管理模式及实践经验教训基础上，《迈向可持续发展的美国》提出了新的环保理念和政策建议：采纳更为灵活的、更加注重成本与效益的环境管理体制；充分利用市场机制；加强与联邦、州和自治体的合作，调动社会各界的积极性；注重从整个生态系统的角度管理自然资源等。以可持续发展理念将保护环境与发展经济整合起来，注重均衡环境与经济、短期与长期目标是美国环境政策最重要的发展趋势和特征之一。

三、其他发达国家协调生态与贸易关系的实践

（一）日本生态贸易实践

自20世纪70年代开始，日本在普及环保意识、推进环境保护的同时不断地进行开拓创新，使得一系列的环保法规及制度逐渐成形。目前从世界范围来看，环境保护法规最完善的国家当属日本和德国。1967年日本颁布了《公害对策基本法》，到2000年又推行了《推进建立循环型社会基本法》和《有效利用资源促进法》等，接着颁布了《推进有机农业法》和《关于有机农业推进的基本方针》。除了各种法律法规的相继出台，日本的环境标准、环境达标检验等措施也都在不断加强。

日本环境市场上的技术法规和标准名目繁多，而且其中大部分与国际标准有

① 可持续发展是1987年世界环境与发展委员会在《我们共同的未来》（Our Common Future）中率先阐释的概念，意为既要满足当代人的需要又不以牺牲后代人满足他们需要的能力为代价。1992年联合国在巴西里约热内卢举行的地球高峰会议（Earth Summit）上通过了《21世纪议程》（Agenda 21），提出了可持续发展的具体行动方案。联合国的可持续发展理念和行动对包括美国在内的世界各国都产生了重要影响。

很大区别，有些甚至比国际标准更严格。外国产品要进入日本市场，除了要符合国际标准，还要满足日本的进口条件和标准。日本严格的技术标准法规及评定程序促进了企业提高产品质量，保护了消费者的合法权益，也从一定程度上阻止了外国商品的进口。日本依据各种法规，如《消费生活用品安全法》《电器使用与材料控制法》以及检验检疫要求等对进口商品进行严格的管制，并且对很多商品的技术标准进行强制性要求，通常要求在合同中体现进口货物入境时全部要求被检验是否符合各种技术性标准。

（二）韩国生态贸易实践

韩国属于工业制造型经济增长模式，以电子、汽车、服务业为支柱，经济发展严重依赖进口化石能源。从1990年到2005年，韩国温室气体排放量增长86.8%，碳排放量位居世界第九，减少二氧化碳排放量迫在眉睫。为此，2008年李明博政府提出“低碳绿色增长”国家战略，成立绿色增长总统委员会负责制定韩国绿色增长政策。2010年1月，哥本哈根气候变化峰会前夕，韩国政府向联合国递交了减排目标，要在2020年实现温室气体排放量比基准排放量减少30%。

为实现上述减排目标，推动韩国实现绿色低碳发展，2010年韩国制定了《低碳绿色增长基本法》，其中第46条规定：“在市场机制的调节下，为顺利实现国家减排目标，政府特建立温室气体排放交易体系。”2012年5月韩国国会通过了《温室气体排放配额分配与交易法》（Act on the Allocation and Trading of Greenhouse-Gas Emission Permits），并于同年11月制定了《温室气体排放配额分配与交易法实施法令》。2015年1月，韩国碳排放交易市场正式启动，成为亚洲首个全国性碳排放交易市场。

根据2016年5月颁布的《碳排放配额分配与交易法实施法令》的规定，韩国碳排放交易市场的监管权限从韩国环境部转移给韩国企划财政部（Ministry of Strategy and Finance Republic of Korea）。按照《温室气体排放配额分配与交易法》的规定，在韩国企划财政部下设温室气体排放配额分配委员会，负责审议和解决与温室气体排放配额“国家分配计划”相关的事项、与碳排放交易市场稳定性措施相关的事项、与温室气体排放核查和碳抵消信用相关的政策的协调及其他协助工作、与国际碳排放交易市场连接和其他国际合作相关的事项等①。

① 韩国《温室气体排放配额分配与交易法》第6条。

四、区域经济体生态贸易协调与合作的实践

（一）经济合作与发展组织实践

经济合作与发展组织（Organization for Economic Co-operation and Development，OECD）前身是欧洲经济合作组织，成立于1960年，现有38个成员国。因为OECD的成员国大都是发达国家，其经济发展水平高，对生态环境问题关注得比较早，1970年OECD设立了环境政策委员会，在保护环境方面开展了相当广泛的工作，它提出的“污染者负担原则”已被各国国内环境法和国际环境法普遍接受和应用。在贸易与环境方面，也进行了大量的研究。1972年5月，OECD委员会采纳了“关于国际环境政策经济方面的指导原则”。指导原则有双重目的：提高国家环境政策实施的效率以及在国际水平上减少可能的贸易负面影响。当时的讨论强调环境政策不但要包括特定问题的解决方案，还应该是个与基本原则相协调的体系。并建议OECD寻找一种综合的、长期的环境政策方案，并确定一些基本原则以解决和避免以后在国家间或国际之间可能发生的冲突。

尽管OECD就生态贸易问题解决方面已取得一定进展，但OECD合作的实践仍存在一定的不足。OECD指导原则侧重环境政策的国际性方面，尤其是它们的经济和贸易影响，而不涉及“原则实施初期可能引起的特殊问题；污染者付费原则的实施手段，该原则的例外情况；越境污染；与发展中国家有关的可能的问题”。在现有贸易和环境情况下，OECD指导原则所疏漏的主要问题包括三方面。一是多边环境协定中的贸易政策工具。OECD指导原则只提到了在国家层面使用与贸易有关的环境措施，因为当时的多边环境协定中贸易条款还不多。现在为实现环境目标，已越来越多地在多边环境协定中使用贸易条款。例如，在《濒危野生动植物种国际贸易公约》和《关于消耗臭氧层物质的蒙特利尔议定书》中，就包括贸易限制措施。这就引起了如下问题：这种贸易限制措施从生态保护角度来说是否有效？是否构成了不必要的贸易壁垒？总的来说，还需要进一步讨论如何增加环境政策和协定的贸易灵敏度，并保证充分考虑它们对贸易的影响。二是贸易政策对生态的影响。OECD指导方针主要谈到了生态环境政策对贸易的影响，但是贸易及其相关政策对生态环境也会产生一定的影响。为解决生态环境问题，必须更好地了解贸易政策对生态环境的影响。如果国内或国际市场没有充分考虑到可能的生态环境负面影响，如污染、资源消耗等，那么国内、国际生产和消费活动可能对生态环境造成意料之外的影响。贸易政策，如关税和非关税壁垒、生产和出口补贴等，会扭曲全球范围内的生产模式和方式，从而带来很高的生态环境成本。贸易自由化对环境的正、负影响尚未得到充分认识，还需要进一步讨论如何提高贸易政策和协议的环境灵敏度，并保证充分考虑它们的生态环境影响。三是

在发展中国家的运用。OECD 对贸易与生态环境问题的指导原则有意忽略了发展中国家问题，因为它是针对 OECD 成员国的。现在的问题是，这些原则以及新的提案，在何种程度上可以适用于发展中国家（包括转变中的欧洲国家）以帮助它们实现环境成本内在化，解决可能的贸易问题。另外，还需要进一步研究污染者付费等其他原则在促进发展中国家可持续发展中的作用，以及怎样使这些原则适用于面临不同生态挑战、有着更多财政制约的发展中国家，虽然处于不同的生态环境和经济状况，OECD 国家和发展中国家在制定国际法规保证生态环境和贸易政策相互支持上是有着共同利益的。

（二）亚太经济合作组织实践

亚太经济合作组织（Asia-Pacific Economic Cooperation，APEC）是新型经济一体化组织，1989 年创立，现有 21 个成员，是亚太地区最具影响力的经济合作官方论坛。从 APEC 建立初就将贸易与生态环境的合作问题纳入经济一体化的合作建议中。推动 APEC 合作的主要机制可分为三个层次：APEC 领导人非正式会议、部长级会议和高级官员会议；不定期召开的各种类型委员会和工作组会议；APEC 中的非政府组织和企业界。

APEC 领导人非正式会议、部长级会议和高级官员会议是 APEC 环境合作的高层次的官方常规机制，是 APEC 环境合作的最高决策机构。APEC 自创立伊始就开始讨论环境合作问题。1993 年，APEC 领导人开展“可持续发展”的对话，使环境问题真正纳入 APEC 合作框架中。1994 年 11 月，APEC 环境部长级会议通过了《APEC 环境展望声明》和《APEC 经济与环境结合原则框架》。《APEC 环境展望声明》确认了 1992 年联合国环境与发展大会《里约宣言》的精神，表示应注意防止环境恶化影响本区域经济持续增长，强调既要实现可持续性发展，又要利用市场经济的活力，鼓励把环境技术等作为区域环境合作的优先领域。《APEC 经济与环境结合原则框架》则重申了环境与发展之间密不可分的关系，提出了可持续发展、将环境计入经济成本、技术转让、预防措施、贸易与环境、环境教育与信息、为可持续发展筹资以及 APEC 作用等九项原则。1995 年 APEC 高级官员会议召集 APEC 工作组及委员会将环境议题纳入每年的报告议程中。除了处理横向的环境问题以外，APEC 倡导的环境合作开始从提高各国环境目标转向界定区域优先领域工作计划。1996 年 7 月，APEC 在菲律宾举行了可持续发展环境部长级会议，会议通过了《APEC 可持续发展行动计划》及《可持续发展部长宣言》。其中，《APEC 可持续发展行动计划》包括可持续城市及城市管理清洁生产和清洁技术及海洋环境的可持续性等方面，其目的主要是促进 APEC 各经济体在该领域开展合作。《可持续发展部长宣言》则重申了各经济体共同关心的可持续发展问题，提出要把环境保护和可持续发展融入贸易投资自由化、贸易投资便利化及经济技术合作中去。1996 年 11 月的马尼拉会议把环境作为经济技术合作的六个优先领域之一，强调通过合作，使经济增长有益于环境，保障居民的生活质量。1997 年在加拿大举行的 APEC 可持续发展部长级会议，通过了《APEC 可持续发展部长级会议联合声明》《APEC 可持续发展城市行动计划》《APEC 清洁生产战略》，号召各经济体加强协调，将 APEC 众多的可持续发展协议联系和结合起来，并重申 1992 年里约首脑会议的承诺，推动全球可持续发展的进程。目前，最高层的环境合作机制面临的重要问题是“横向机制”的协调问题。由于 APEC 缺乏一个专门管理环境问题的高级宏观机构，这就使得处理环境问题的各微观机构难以协调并缺乏可靠性和透明度。

不定期召开的各种类型委员会和工作组会议是推动 APEC 环境合作的官方非常规机制。1994 年以来，与环境有关的议题在 APEC 工作组研究工作中得到了有效加强，分别成立了旅游工作组、人力资源发展工作组、海洋生物资源保护组、产业科技工作组、能源工作组等以进行各自领域的研究。目前，工作组从事的与环境有关的工作还存在很多问题。一是缺乏技术专家，使工作组的工作进展缓慢，且其成果缺乏可靠性。其次与环境有关的议题也只是工作组工作的一小部分。工作组从事的其他领域工作可能会对环境合作产生负面影响。最后，工作组的整个工作导向仍以促进本部门贸易投资自由化与便利化为主导目标。APEC 中非政府组织和企业界在促进环境合作上的努力组成了 APEC 环境合作第三层次非官方非常规机制，在推进 APEC 环境合作方面发挥了重要作用。1993 年以来，非政府组织与企业界开始广泛参与 APEC 环境工作。由专家和公众参与组成的智囊团和非政府组织倡导的“可持续发展之路”，强调在贸易与投资领域中应将环境与社会目标考虑在内。APEC 环境目标不再从属于经济目标，而是经济贸易政策的重要部分。1994～1996 年，非政府组织召开各种研讨会，讨论并制定区域环境合作的领域及议程。APEC 提供的公众参与机制，使非政府组织及企业界有机会提出富有创意的建设性意见，加快了区域环境建设的进程，促进了 APEC 环境合作的进一步发展。

然而，APEC 在贸易与环境合作上仍有缺陷。存在的主要问题有：①缺乏有效的资源、专门知识；②政治体制方面的原因影响了多边协议完全转化为国内立法；③由于多边协议执行机构多设在原有政府部门之内，因而影响其执行效率；④在亚太地区，处理环境问题的方法多为命令-控制型，因而影响经济激励机制作用的发挥，且公众参与的水平也较低。上述问题的存在，影响了该地区一些多边环境合作协定的顺利实施。

（三）东盟实践

东南亚国家联盟（Association of Southeast Asian Nations，简称东盟），其前身

是马来亚（现马来西亚）、菲律宾和泰国于 1961 年 7 月 31 日在曼谷成立的东南亚联盟。于 1967 年 8 月 8 日在泰国曼谷成立，截至 2024 年，东盟有 11 个成员国，是亚洲第三大经济体和世界第六大经济体。起初，为了应对东南亚地区木材的出口和加工加剧了热带雨林的退化、原始的生产方式引发的跨境烟雾污染、繁忙的国际航运导致海洋污染和近海洋生物资源的枯竭等环境问题，东盟于 2007 年签署了《东盟环境可持续性宣言》和《东盟关于气候变化的宣言》，其目的在于协调贸易与环境可持续发展，但两宣言均没有设立类似于环境合作委员会的机构处理环境问题，更没有签署相关环境协议来协调贸易与环境的冲突问题。《东盟环境可持续性宣言》和《东盟关于气候变化的宣言》没有强调污染国的生态责任意识，导致其协调原则和处理方式缺乏相应的约束力。

迄今为止，东盟国家还没有建立明确的生态环境合作与协调机制有其内在的原因，东盟自由贸易区是由经济发展层次较低的国家组成的，其中包括新兴工业化国家、发展中国家和世界最不发达的落后国家。对于东盟落后国家而言，摆脱贫困、解决生存问题才是当前发展的第一要务，而保护环境、谋求发展问题则是相对次要的问题；同时东盟新兴工业化国家相对有限的经济实力无力应对日益严重的区域环境污染问题。

第三节　国际公认的生态贸易法律公约

事实上，生态问题需要整个国际社会的共同努力，尤其需要国家间的通力合作。可以断定，在生态保护已经成为一个全球性问题的情况下，没有各国政府的协作，要使这一问题得到最终解决是不可能的。与 WTO 的贸易谈判一样，一些国际机构在全球或地区一级就环境问题达成协议。

一、《联合国气候变化框架公约》

（一）目的和生效

《联合国气候变化框架公约》（United Nations Framework Convention on Climate Change，UNFCCC）于 1992 年 5 月 9 日在纽约通过，并在一个月后的里约热内卢环境与发展大会上开放签署，于 1994 年 3 月 21 日正式生效。这是第一个全面控制导致全球气候变暖的二氧化碳等温室气体排放、以便应对全球气候变暖给人类经济和社会带来不利影响的国际公约。公约的主要内容包括：抑制温室气体排放；强调应对气候变化是世界各国责任，但因各国发展状况不同，允许各国负有不同的责任。

公约认为地球气候的变化及其不利影响是人类共同关心的问题；认识到人类

活动已大量增加了大气中温室气体的浓度，从而增强了自然温室效应，导致地球表面和大气进一步增温，并可能对自然生态系统和人类产生不利影响。公约所针对的是人类改变全球大气构成的活动直接或间接造成的气候变化（第一条第 2 款）。其目标是："根据公约的有关规定，将大气中温室气体的浓度稳定在防止气候系统受到危险的人为干扰的水平上"（第二条）。公约注意到在气候变化的预测中，特别是在其时间、幅度和区域格局方面，有许多不确定性。这与联合国政府间气候变化专门委员会在 1990 年提出的第一次评估报告的内容是一致的。报告认为，这种不确定性源于对温室气体源、汇和库之间相互作用的不适当理解。所谓的"源"是指向大气释放温室气体、气溶胶或温室气体前体的任何过程或活动；"汇"是指从大气中清除温室气体、气溶胶或温室气体前体的任何自然或人工的过程、活动或机制；"库"指气候系统中储存温室气体或其前体的一个或多个组成部分。

（二）五项原则

公约第三条列出了缔约方为实现公约的目标和履行公约的各项规定而采取行动时应予以遵守的五项原则。

第一，缔约方当代和后代责任的原则。各缔约方应在公平的基础上，并根据它们共同但有区别的责任和各自的能力，为人类当代和后代的利益保护气候系统，因此发达国家缔约方应率先应对气候变化及其不利影响。

第二，特别考虑发展中国家的原则。应当充分考虑到发展中国家缔约方，尤其是特别易受气候变化不利影响的那些发展中国家缔约方的具体需要和特殊情况，也应当充分考虑到那些按本公约必须承担不成比例或不正常负担的缔约方，特别是发展中国家缔约方的具体需要和特殊情况。

第三，预防原则。各缔约方应当采取预防措施，预测、防止或尽量减少引起气候变化的原因，并缓解其不利影响。当存在造成严重或不可逆转的损害的威胁时，不应当以科学上没有完全的确定性为理由推迟采取这类措施，同时考虑到应对气候变化的政策和措施应当讲求成本效益，确保以尽可能最低的费用获得全球效益。为此，这种政策和措施应当考虑到不同的社会经济情况，并且应当具有全面性，包括所有有关的温室气体源、汇和库及适应措施，并涵盖所有经济部门。应付气候变化的努力可由有关的缔约方合作进行。

第四，发展与保护气候相结合的原则。各缔约方有权并且应当促进可持续的发展。保护气候系统免遭人为变化影响的政策和措施应当适合每个缔约方的具体情况，并应当融合到国家的发展计划中去，同时考虑到经济发展对于采取措施应对气候变化是至关重要的。

第五，缔约方合作的原则。各缔约方应当促进有利的和开放的国际经济体系。

这种体系将促成所有缔约方，特别是发展中国家缔约方的可持续经济增长和发展，从而使它们有能力更好地应对气候变化的问题。为对付气候变化而采取的措施，包括单方面措施，不应当成为国际贸易上的任意或无理的歧视手段或者隐蔽的限制。

（三）特点

首先，表现为它的框架性。它确立了关于控制温室气体排放的原则，为发展中国家和发达国家规定了有关控制温室气体的不同义务，但是，对于那些关键性的义务，如限制和削减二氧化碳的排放量，公约没有规定具体的指标和时间表，而将此类具体措施留给各国在未来另行议定。

其次，公约是第一个由国际社会的全体成员参与谈判的国际环境条约，具有广泛的国际社会基础。公约的全面实施对人类生活的影响将比任何其他国际文件都更加重大。

再次，公约的影响范围非常广泛。公约试图采取综合措施，在经济发展中考虑环境因素，并为国际社会的不同成员确定可持续发展的权利和义务，保护全球气候。

最后，公约与各国的经济、社会和环境利益之间的关系，在谈判中各利益集团的态度上得到了充分的反映。

二、《京都议定书》

（一）目的和生效

《〈联合国气候变化框架公约〉京都议定书》（又称《京都议定书》，Kyoto Protocol）于 1997 年 12 月 11 日在日本京都召开的《联合国气候变化框架公约》第三次缔约方大会上通过，自 1998 年 3 月 16 日至 1999 年 3 月 15 日在纽约联合国总部开放供签署。

2002 年 3 月，欧盟环境部长会议批准了《京都议定书》，2002 年 6 月，日本政府也批准了《京都议定书》。1998 年 5 月 29 日，中国政府在联合国秘书处签署了《京都议定书》，并于 2002 年 8 月 30 日向联合国秘书长交存了中国政府核准《京都议定书》的核准书。在经历了极其坎坷极其激烈的纷争后[①]，2004 年 10 月 22 日和 27 日，俄罗斯国家杜马（议会下院）和联邦委员会（议会上院）分别批准了《京都议定书》，2004 年 11 月 5 日，俄罗斯总统签署了《京都议定书》，11 月 18

① 美国在克林顿政府时期，曾签署了《京都议定书》，但布什上台后，在 2001 年退出了该议定书。美国妄想以损人利己的行为拖延、阻碍《京都议定书》的生效。

日俄罗斯向联合国递交了《〈京都议定书〉加入书》。按照《京都议定书》规定的生效条件①，《京都议定书》于 2005 年 2 月 16 日生效，成为具有约束力的国际法律文件。这标志着人类对生态环境的保护又迈进了一大步。

（二）主要内容

《京都议定书》规定了附件一缔约方排放的二氧化碳等六种温室气体②的数量，在 2008～2012 年的减排承诺期内这些气体的全部排放量从 1990 年水平至少减少 5%，发展中国家没有减排义务③。对各发达国家来说，从 2008 年到 2012 年必须完成的削减目标是：与 1990 年相比，欧盟削减 8%、美国削减 7%、日本削减 6%、加拿大削减 6%、东欧各国削减 5%～8%，新西兰、俄罗斯和乌克兰可将排放量稳定在 1990 年的水平上。议定书同时允许冰岛、澳大利亚和挪威的排放量分别比 1990 年增加 10%、8%、1%。发达国家或地区在《京都议定书》中承诺的减排目标（1990 年为基准年）见表 6-1。

表 6-1　发达国家/地区在《京都议定书》中承诺的减排目标（1990 年为基准年）

国家/地区	目标（2008～2012 年）	国家/地区	目标（2008～2012 年）
澳大利亚	+8	丹麦	−8
奥地利	−8	爱沙尼亚	−8
比利时	−8	欧盟	−8
保加利亚	−8	芬兰	−8
加拿大	−6	法国	−8
克罗地亚	−5	德国	−8
捷克共和国	−8	希腊	−8
匈牙利	−6	葡萄牙	−8
冰岛	+10	罗马尼亚	−8
爱尔兰	−8	俄罗斯	0

① 《京都议定书》第二十四条第 1 款：议定书应开放供属于《联合国气候变化框架公约》缔约方的各国和区域经济一体化组织签署并须经其批准、接受或核准。本议定书应自 1998 年 3 月 16 日至 1999 年 3 月 15 日在纽约联合国总部开放供签署。本议定书应自其签署截止日之次日起开放供加入。批准、接受、核准或加入的文书应交存于保存人。第二十五条第 1 款：本议定书应在不少于 55 个《联合国气候变化框架公约》缔约方，包括其合计的二氧化碳排放量至少占附件一所列缔约方 1990 年二氧化碳排放总量的 55%的附件一所列缔约方已经交存其批准、接受、核准或加入的文书之日后第 90 天起生效。

② 《京都议定书》中规定削减排放的六种气体是二氧化碳、甲烷、氮氧化物以及其他三种用于取代含氯氟烃的卤烃。

③ 《京都议定书》要求包括中国和印度在内的发展中国家依照共同但有区别的责任原则，制定自愿削减温室气体排放目标。

续表

国家/地区	目标（2008～2012年）	国家/地区	目标（2008～2012年）
意大利	−8	斯洛伐克	−8
日本	−6	斯洛文尼亚	−8
拉脱维亚	−8	西班牙	−8
列支敦士登	−8	瑞典	−8
立陶宛	−8	瑞士	−8
卢森堡	−8	乌克兰	0
摩纳哥	−8	英国	−8
荷兰	−8	美国	−7
新西兰	0		
挪威	+1		

资料来源：《〈联合国气候变化框架公约〉京都议定书》，https://unfccc.int/resource/docs/convkp/kpchinese.pdf

为了促进各国完成温室气体减排目标，议定书允许采取下列四种减排方式：①两个发达国家之间可以进行排放额度买卖的“排放权交易”，即难以完成削减任务的国家，可以花钱从超额完成任务的国家买进超出的额度；②以“净排放量”计算温室气体排放量，即从本国实际排放量中扣除森林所吸收的二氧化碳的数量；③可以采用清洁发展机制，促使发达国家和发展中国家共同减排温室气体；④可以采用“集团方式”，即欧盟内部的许多国家可视为一个整体，采取有的国家削减、有的国家增加的方法，在总体上完成减排任务。它主要规定了三个灵活机制：第十七条排放权交易、第六条共同履行、第十二条清洁发展机制。在排放权交易中，公约所列缔约方可以向任何其他这类缔约方转让或从它们获得由旨在削减“源”的人为排放和增加“汇”的人为清除的项目中产生的任何排放削减单位，包括分配数量单位、清除单位、排放削减单位、经证明的排放削减；共同履行是建立在具体项目基础上的，公约附件1所列的缔约方在其他这类缔约方资助了一个使排放量实际减少的项目就可以获得排放削减单位；清洁发展机制不同于排放权交易和联合履约，它使发展中国家也参与其中，公约附件1所列的缔约方可从发展中国家进行的旨在减少和避免温室气体排放的可持续发展项目活动中取得经证明的排放削减来协助其遵守排放削减的承诺，同时也帮助发展中国家实现可持续发展，并增进公约的最终目标的实现。缔约方利用灵活机制来履行减排的承诺必须是国内行动的补充。对于发展中国家特别关注的清洁发展机制，议定书规定了三个条件：首先是建立在自愿参加的基础上，其次须证明有与减缓气候变化相关的实际、可衡量的长期效益，最后排放削减是对在未经证明的项目活动的情况下会发生的任何排放减少的额外补助（第十二条第5款）。

由此可见，议定书的主要特点包括以下几个方面：①附件A中列举了温室气体；②工业化国家同意减少排放的目标，并不抵消发展中国家应减少的排放；③承认温室气体的“汇”和“库”的作用，并将它们纳入目标中；④为了减少排放，可以将公约附件一所列发达国家的排放予以总量化，并在缔约方之间或国家与私人之间实行“减排量交易制度”。此外，在机构方面，《京都议定书》规定由公约的缔约方大会作为议定书的缔约方会议来行事。

（三）实施情况

欧盟为实施《京都议定书》确立的减排目标，积极建立碳排放交易机制，颁布欧盟内的相关指令，并确立了欧盟的总体减排目标。然而，作为温室气体排放大国的美国拒绝批准《京都议定书》，理由为加入《京都议定书》会加重美国的经济负担，使美国成为全球最大的输家。2011 年，加拿大也宣布退出《京都议定书》，加拿大认为“只有在中国、美国等大国和工业发达国家共同积极参与的情况下，全球温室气体减排目标才能实现，否则加拿大无法完成目标任务”。同样，加拿大认为，根据《京都议定书》的规定，“2008 年至 2012 年间成员国温室气体排放比 1990 年下降 6%”，为实现此减排目标，加拿大必须投入约 140 亿美元的资金。对于加拿大而言，参与《京都议定书》的减排成本过高。大国的纷纷退出，使《京都议定书》一度陷入困境。

三、《巴黎协定》

（一）目的和生效

2015 年 12 月 11 日《联合国气候变化框架公约》第 21 次缔约方大会在巴黎举行，大会通过了《巴黎协定》，将应对气候变化的焦点问题从“国家如何作出承诺”转为“国家如何实现承诺”。《巴黎协定》形成了 2020 年后的全球气候治理格局，打破了气候变化谈判的僵局，被称为“一次不朽的胜利”。依据《巴黎协定》，各缔约方将努力把全球平均气温较工业化前水平升高控制在 2℃之内，并努力将气温升幅控制在工业化前水平以上 1.5℃之内。

《巴黎协定》参加主体的范围非常广泛，强调应对气候变化的紧迫性，并同时意识到要实现气候大会的目标，需要将不同的利益相关方联合起来，促进多方合作。《巴黎协定》第二十一条规定，应在不少于 55 个《联合国气候变化框架公约》缔约方，包括其合计共占全球温室气体总排放量的至少约 55%的《联合国气候变化框架公约》缔约方交存其批准、接受、核准或加入文书之日后第三十天起生效。《巴黎协定》2015 年 12 月 12 日通过，于 2016 年 11 月 4 日生效。中国于 2016 年 4 月 22 日签署、于 2016 年 9 月 3 日批准加入该协定。截至 2024 年 10 月，《巴黎协定》共有 195 个签署方和缔约方。同时《巴黎协定》还强调社会资金的注入和企业的参与。

（二）主要内容

《巴黎协定》共二十九条，包括目标、减缓、适应、损失损害、资金、技术、能力建设、透明度、全球盘点等内容，这是一份针对气候变化问题达成的具有法律效力且适用于所有国家的协议。与《京都议定书》以固定明确的方式确定各缔约方的减排目标的做法不同，《巴黎协定》创新地提出“国家自主贡献”的减排模式，以自下而上的方式促进各国按照实际国情和经济发展的需要，确立自主减排目标。国家自主贡献的模式虽然依旧秉承共同但有区别的责任原则，其同时明确了发展中国家也附有与之能力相适应的减排义务。《巴黎协定》第四条第四款规定：“发达国家缔约方应当继续带头，努力实现全经济范围绝对减排目标。发展中国家缔约方应当继续加强它们的减缓努力，鼓励它们根据不同的国情，逐渐转向全经济范围减排或限排目标。”

《巴黎协定》第十四条建立了评估机制，以求能够及时评估《巴黎协定》的宗旨、长期目标与阶段性成果是否相一致。第十四条第二款指出“缔约方会议应在2023 年进行第一次全球盘点，此后每五年进行一次”，该机制也确保缔约方可以根据实际情况，及时调整相应的减排计划。此外，《巴黎协定》还创设了增强行动和资助的透明度框架，以加强对“发达国家向发展中国家提供技术转让、能力建设支助等方面的审评”，从而为发展中国家缔约方提供更为透明有效的支持。

（三）发展现状

除通过有关决定外，联合国马拉喀什气候大会还通过了《马拉喀什行动宣言》，强调全球合作应对气候变化的趋势不可逆转，重申支持《巴黎协定》，强调各方应当做出最大政治承诺，并付诸行动来落实《巴黎协定》。《马拉喀什行动宣言》呼吁各方强化 2020 年应对气候变化行动的支持力度，加快批准《京都议定书》的第二个承诺期。这份宣言体现了各国在应对气候变化并推动可持续发展方面的强烈政治意愿。然而，随着气候变化影响的不断加深，将政治意愿转化为行动是当务之急。

尽管联合国马拉喀什气候大会取得了积极进展，但各方在谈判中的分歧依然明显，尤其是在历史责任承担、发达国家如何兑现资金支持承诺、如何让《巴黎协定》的细则安排平衡体现各方诉求等方面。气候资金承诺的落实、增加，以及减缓与适应的平衡，一直是气候谈判中的重点议题和难题。但作为《巴黎协定》生效后的首次缔约方大会，“落实”代表着马拉喀什气候大会的核心关切点。从巴黎到马拉喀什，表现出全球应对气候变化从顶层设计走向行动落实。特朗普政府宣布美国退出《巴黎协定》后，全球气候治理再次面临不确定性。在多大的范围之内，《巴黎协定》能发挥其效用，为各国所担忧。美国的退出，是否会在世界范围内引起连锁反应，也是国际社会所担心的问题。

四、《生物多样性公约》

（一）《生物多样性公约》的目标

《生物多样性公约》是全球第一个关于保护和可持续利用生物多样性的公约。《生物多样性公约》是一项保护地球生物资源的国际性公约，于 1992 年 6 月 1 日在内罗毕，由联合国环境规划署发起的政府间谈判委员会第七次会议通过，1992 年 6 月 5 日，由签约国在巴西里约热内卢举行的联合国环境与发展大会上签署，并于 1993 年 12 月 29 日正式生效。该公约提出了三项主要目标：保护生物多样性、可持续利用生物多样性和以公平对等的方式分享因基因资源的商业性利用及其他利用所获得的利益[①]。

公约的目标是全面的，旨在解决关系到人类未来的重大问题，在国际法上是一个里程碑。公约具有法律约束力，公约缔约国必须履行应尽的义务。

（二）《生物多样性公约》的主要议题

1. 生物多样性的保护和可持续利用

该公约认识到，为了人类的利益，生态系统、物种和基因必须得到利用。然而，这种利用的方式和速度不应导致生物多样性的长期减少。

该公约也基于预防性原则向决策者提供指南，即在生物多样性存在显著下降和消失威胁的地方，科学上的不确定性不应成为推迟采取避免或减小威胁措施的理由。

该公约承认，保护生物多样性需要可观的投资，但同时强调，作为回报，保护生物多样性将给我们带来显著的环境、经济和社会效益。该公约规定每个国家可以通过不同的方式进行生物多样性保护，为此该公约规定了关于保护和持续利用生物资源和生物多样性的基本措施。

2. 遗传资源的获取和惠益分享

遗传资源是指具有实际或潜在价值的遗传材料，而遗传材料是指来自植物、动物、微生物或其他来源的任何含有遗传功能单位的材料。基因是遗传的基本单

---

① 《生物多样性公约》第 1 条“目标”：本公约的目标是按照本公约有关条款从事保护生物多样性、持续利用其组成部分以及公平合理分享由利用遗传资源而产生的惠益；实施手段包括遗传资源的适当取得及有关技术的适当转让，但需顾及对这些资源和技术的一切权利，以及提供适当资金。

位，由一个生物体传递给后代，它由核酸组成，存在于生命体的染色体以及细菌的质粒和其他超染色体中。

随着现代生物技术的迅速发展，人类对遗传资源的开发利用程度也在不断深入，拥有丰富遗传资源的发展中国家与拥有发达生物技术的发达国家之间的利益冲突也日渐尖锐。如何通过适当的机制获取遗传资源并且公平分享其惠益，已经成为世界各国普遍关心的问题。《生物多样性公约》争论的一个重要内容，就是关于如何获得和分享产生于商业或其他用途的基因材料和利益，如药品。

公约承认国家对所有的基因资源拥有主权①，认为获取有价值的生物资源必须在互相同意的基础上进行，并且必须得到资源原有国家事先同意②。当某种微生物、植物或动物在商业活动中被使用时，这些物种的原有国有权从中受益，这种利益可以是现金，收集的样品，研究人员参与工作或接受培训，转让生物技术设备和技能以及分享使用该资源所获得的其他任何好处。

3. 生物安全

生物安全是《生物多样性公约》所阐述的主要问题之一。这一概念所指的是承认现代生物科技在提高人类生活质量方面具有极大的潜力，特别是在满足食物、农业及卫生保健这些必不可少的需要方面的同时，强调各国必须保护人类卫生和环境免受现代生物科技产品对其可能造成的有害影响。

4. 履约机制

《生物多样性公约》作为一种国际协定，它明确共同的问题，确定总的目标、政策和一般性义务，并组织技术和资金方面的协作。但是，实现公约目标的责任主要由各国承担。

在该公约的指导之下，各国政府承担保护和可持续利用生物多样性的工作。政府需制定国家生物多样性战略和行动计划，并将其纳入更广泛的国家环境和发展计划中。加入该公约的各国政府必须报告其履约工作，以及这些工作对实现公约目标所起的作用③。报告提交给缔约方会议——一个所有批准公约的国家参与的

---

① 《生物多样性公约》第 3 条“原则”：依照联合国宪章和国际法原则，各国具有按照其环境政策开发其资源的主权权利，同时亦负有责任，确保在它管辖或控制范围内的活动，不致于对其他国家的环境或国家管辖范围以外地区的环境造成损害。第 15 条第 1 款：确认各国对其自然资源拥有的主权权利，因而可否取得遗传资源的决定权属于国家政府，并依照国家法律行使。

② 《生物多样性公约》第 15 条第 5 款：遗传资源的取得须经提供这种资源的缔约方事先知情同意，除非该缔约方另有决定。

③ 《生物多样性公约》第 26 条“报告”：每一缔约方应按缔约方会议决定的间隔时间，向缔约方会议提交关于该国为执行本公约条款已采取的措施以及这些措施在实现本公约目标方面的功效的报告。

管理机构。所有国家的公民均可看到这些报告。

该公约的最高权力机构是缔约方会议，由已经批准公约的所有政府（区域经济一体化组织）构成。该管理机构评审履约的进展，确定新的优先事项和领域，为缔约国制订工作计划。缔约方会议也可对公约做出修正，建立专家咨询机构，审议缔约国的进展报告，并与其他国际组织和条约开展合作①。另外，缔约方会议还可根据情况设立特设委员会或特设机制。

此外，财政资助机制也必须良好运转，必须采取措施政策，通过战略规划和方案重点设定等决策手段来完成管理任务②。在通过该公约时，发展中国家强调，它们为保护全球生物多样性所采取国家行动的能力，将取决于资金和技术方面的支持。这样，双边和多边的能力建设和投资项目的支持，对帮助发展中国家实现公约的目标是至关重要的。最后，在国家和国际水平上，非政府组织在《生物多样性公约》的履行中起着重要作用。

（三）《生物多样性公约》的特点

该公约是环境与发展领域中的里程碑，因为它第一次综合地提出了地球生物多样性的保护和生物资源的可持续利用。

公约明确接受，出于道德、经济利益，更确切地说出于人类生存等原因，生物多样性和生物资源应当得到保护。对我们的后代来说，我们这个时代最大的遗憾或许就是生物多样性丧失所带来的环境压力，因为大多数生物多样性的丧失如物种的灭绝是不可挽回的。

《生物多样性公约》从两个意义上来说是具有框架性的文件。

第一，大部分条款的履行方式由各缔约国来决定，因为它的规定大多以总体目标和方针的形式体现，而不像有些公约如《濒危野生动植物种国际贸易公约》那样具体。《生物多样性公约》也未规定制定目标的方式，它把主要的决策权放在国家水平，有别于与其他生物多样性保护有关的条约，不列名录，没有承认地点或应保护物种的附录。

有关保护和可持续利用的条款，《生物多样性公约》着重强调国家级的行动，公约第1条规定了公约要达到的目标，包括生物多样性的保护及可持续利用的目

---

① 《生物多样性公约》第22条“与其他国际公约的关系”：a.本公约的规定不得影响任何缔约方在任何现有国际协定下的权利和义务，除非行使这些权利和义务将严重破坏或威胁生物多样性；b.缔约方在海洋环境方面实施本公约不得抵触各国在海洋法下的权利和义务。

② 《生物多样性公约》第21条第2款：依据本公约目标，缔约方会议应在其第1次会议上确定政策、战略和方案重点，以及详细的资格标准和准则，用于资金的获取和利用，包括对此种利用的定期监测和评价。缔约方会议应在同受托负责财务机制运行的体制机构协商后，就实行以上第1款的安排做出决定。

标；第 6 条要求每个缔约国都要制定本国生物多样性保护和生物资源可持续利用的战略、计划或方案。这样各缔约国为实现第 1 条中的总目标，就不得不充分履行各自的承诺和义务。

关于执行的政策，公约第 8 条提出了有效实施生物多样性就地保护的主要政策，并向各缔约国提出了一系列的目标，以便与各国的法律和政策相匹配。有关移地保护的第 9 条、生物多样性组成部分的可持续利用的第 10 条以及影响评估和尽量减少不利影响的第 14 条都提出了类似的要求。此外，还包括研究和培训（第 12 条）、公众教育和意识（第 13 条）等。

由于有关遗传资源的取得（第 15 条）及技术的取得和转让（第 16 条）规定较为模糊，各缔约国在执行时便有了许多余地。有关财政的条款（第 20、21、39 条）在某种程度上有意留出含糊的地方让缔约国大会去澄清。《生物多样性公约》仅仅给出了有关标准，使得该公约在 1992 年 6 月里约热内卢举行的环境与发展大会上的签字最后期限到来之际得以按时完成。

第二，《生物多样性公约》是个框架性公约也是很明显的，因为它强调的是缔约国大会的进一步协商以制定附录和议定书。如考虑通过起草议定书以进一步协商某些设计的必要性等。公约第 19 条第 3 款要求考虑起草由生物技术改变的活有机体的安全转让、处理和利用的议定书，因为这些生物技术可能对生物多样性的保护和持续利用产生相反的影响①。

该公约认识到外来物种作为全球性问题的重要性，并号召签约各方阻止引进、控制或根除这些威胁生态系统、栖息地和本地物种的外来物种。对 1996 年公约建议的反应是促成建立了全球外来物种计划（global invasive species programe）。通过与世界自然保护联盟、国际应用生物科学中心和联合国环境规划署合作，国际科学联合会环境问题科学委员会对该计划进行协调。该计划将综述目前有关外来物种方面的知识并形成新的工具和方法来处理当地和全球性问题。这最后导致 2000 年公约议定书《卡塔赫纳生物安全议定书》的颁布。

五、《关于森林问题的原则声明》

正如标题所显示的那样，这个协议比最初预期的环境发展会议的《森林公约》（Forest Conversation）更没有约束力。森林问题被列入地球峰会，是因为与生物多样性类似，发达国家对全球森林覆盖率下降，特别是热带地区森林覆盖率降低的担忧。协议没能就问题的双重标准达成共识。发展中国家强烈反对限制它们对

① 《生物多样性公约》第 19 条第 3 款：缔约方应考虑是否需要一项议定书，规定适当程序，特别包括事先知情协议，适用于可能对生物多样性的保护和持续利用产生不利影响的由生物技术改变的任何活生物体的安全转让、处理和使用，并考虑该议定书的形式。

自己国家境内的自然资源的使用，并指出欧洲大部分地区已经消耗光了当地的树木，因为它们是工业化进程的重要组成部分，而北美和欧洲仍存在不可持续的林业行为。因为美国、加拿大和斯堪的纳维亚半岛的国家不愿意做出必要的财政牺牲来确保温带森林的可持续管理，所以很难期望贫穷的热带国家采取必要的行动。

虽然该原则声明十分合理且意义深远，也涉及森林的社会、经济和环境价值，并认识到当地居民参与管理决策的必要性，但该原则声明并没有采纳任何执行计划。这一倡议现已被纳入《生物多样性公约》森林多样性工作项目中了。

六、约翰内斯堡（Johannesburg）首脑会议及其他

1997 年，地球峰会在纽约召开，此次会议被称为“地球峰会Ⅱ”，但除了注意到发展中国家和环境组织在环保方面缺乏进展和令人感到失望之外，没有取得任何有效进展。2002 年，可持续发展世界首脑会议在约翰内斯堡举行。此次会议的起点是，自从里约会议召开后，重要的协议已经推行了 10 年之久，但不公平现象持续加剧，环境仍在恶化。此次会议所需要的是把重点放在实施战略以确保可持续发展上。

2002 年可持续发展世界首脑会议制定了一些新目标，比如：①截至 2010 年，生物多样性减少的情况得到显著改善；②截至 2015 年，将无法获得基础卫生设施的人口比例减半；③尽可能在 2015 年实现维持或恢复已枯竭的鱼类资源，使其达到能产生最大可持续产量的水平；④截至 2020 年，生产和使用化学品的方式不会对人类健康和环境造成重大不利影响。

这些目标不仅由与会各国政府通过，还被峰会上的非政府组织和企业所采用。为了开展项目和传播成功的当地实践，会上建立了 300 多个自愿合作伙伴关系，希望发达国家和发展中国家及世界组织能够直接参与首脑会议进程，消除政策和实施之间的一些障碍。但是，本次峰会未能获得全球环境基金会的额外资金，也未能向发展中国家转让可再生能源技术。

第四节　中国的生态贸易法律条款及取得的进展

近年来，中国在生态环境发展领域积极参加了《关于消耗臭氧层物质的蒙特利尔议定书》修订工作，参加了《控制危险废物越境转移及其处置的巴塞尔公约》的谈判及起草，参加了“南极条约协商会”的一系列会议，参加了 1991 年《关于保护环境的南极条约议定书》的谈判和起草，以及《生物多样性公约》等的谈判和起草工作。

一、《濒危野生动植物种国际贸易公约》

1972 年 6 月，在瑞典首都斯德哥尔摩召开的联合国人类与环境大会提议，由各国签署一项旨在保护濒危野生动植物物种的国际贸易公约，这标志着联合国开始全面介入世界环境与发展事务，被誉为世界环境史上的一座里程碑。1973 年 3 月 3 日，有 21 个国家和地区的全权代表受命在华盛顿签署了《濒危野生动植物种国际贸易公约》（Convention on International Trade in Endangered Species，CITES），又称《华盛顿公约》。1975 年 7 月 1 日公约正式生效。公约的宗旨是通过各缔约国政府间采取有效措施，加强贸易控制来切实保护濒危野生动植物物种，确保野生动植物物种的持续利用不会因国际贸易而受到影响。公约制定了一个濒危物种名录，通过许可证制度控制这些物种及其产品的国际贸易，因而公约成为打击非法贸易、限制过度利用的有效手段。公约在保护野生动植物资源方面取得的成就及享有的权威和影响举世公认，已成为当今世界上最具影响力、最有成效的环境保护公约之一。截至 2022 年 12 月底，已有 184 个国家和地区加入该公约。

中国于 1981 年正式加入该公约。国务院授权林业部①建立了 CITES 公约中国管理机构——“中华人民共和国濒危物种进出口管理办公室”，授权中国科学院设立 CITES 公约中国科学机构——“中华人民共和国濒危物种科学委员会”。这些年来，在国务院的领导下，濒危物种进出口管理办公室与濒危物种科学委员会紧密配合，并在国家林业局②、农业部③、海关总署、中国科学院、外交部、国家经贸委④、国家工商总局⑤、国家中医药管理局等有关部门的积极努力下，中国的履约工作取得了令人瞩目的成就。

二、《保护臭氧层维也纳公约》与《关于消耗臭氧层物质的蒙特利尔议定书》

为了保护臭氧层，国际上已多次召开会议，要求各国尽快减少或者停止使用氟利昂和哈龙，改用无氟制冷剂和其他替代产品生产冰箱、空调和灭火剂等。联合国把每年的 9 月 16 日定为“国际臭氧层保护日”，反映了国际社会对这一问题的重视程度。1985 年 3 月，《保护臭氧层维也纳公约》正式通过，标志着国际社会将舆论转为全球行动。1987 年 9 月，又通过了《关于消耗臭氧层物质的蒙特利尔议定书》，并于 1989 年 1 月正式生效。随后，在 1990 年和 1992 年分别通过了

---

① 1998 年 3 月 10 日，第九届全国人大一次会议通过国务院机构改革方案，林业部改为国家林业局。

② 根据 2018 年的国务院机构改革方案，国家林业局的职责被整合，组建了国家林业和草原局。

③ 根据 2018 年的国务院机构改革方案，农业部已与其他部门合并，组建了农业农村部。

④ 国家经贸委在 2003 年的国务院机构改革中被撤销。

⑤ 根据 2018 年的国务院机构改革方案，国家工商行政管理总局的职责被整合，组建了国家市场监督管理总局。

《伦敦修正案》和《哥本哈根修正案》。

中国已成为发展中国家淘汰消耗臭氧层物质（ozone depleting substances，ODS）最多的国家，于1989年和1991年分别签署加入《保护臭氧层维也纳公约》和《关于消耗臭氧层物质的蒙特利尔议定书》以来，认真履行国际公约规定的义务，积极采取一系列措施保护大气臭氧层。1993年批准了《中国逐步淘汰消耗臭氧层物质国家方案》，并先后制定、发布了控制ODS生产、消费以及进出口管理的政策和行政规章50多项。2000年4月修订通过的《中华人民共和国大气污染防治法》中增加了对ODS生产和进口实施配额许可证的制度，从而使ODS淘汰有了法律保障。中国还采取了以行业整体淘汰方式为主的ODS淘汰机制，这些行业涉及化工、汽车空调、烟草、泡沫等行业的上万家企业。自1998年以来，哈龙、化工等行业的整体淘汰计划相继得到批准。

三、《控制危险废物越境转移及其处置的巴塞尔公约》

随着全球经济一体化的不断深入，国际贸易呈现出空前繁荣的景象，这也为危险物和其他废物的越境转移污染埋下了伏笔，各国政府也逐渐认识到这将严重威胁国家安全、社会经济发展、人民健康和生存环境。在国际社会的一致努力下，1989年3月《控制危险废物越境转移及其处置的巴塞尔公约》在瑞士签订。公约签订的目的是控制并把隶属公约管辖的废弃物越境转移减少到最小限度，把有害废弃物的生成量减少到最低限度，包括尽可能对废弃物产生源进行处置和回收；帮助发展中国家和经济转轨国家对它们产生的有害废弃物和其他废弃物进行有利于环境的管理。

中国在1990年签署了该公约，1992年8月20日起，该公约在中国正式生效。中国政府高度重视该公约，严格履行公约的各项规定，采取了一系列相关措施。1995年，中国立法机关通过了《固体废物环境污染防治法》。在国际上，中国在公约的缔约国会议及有关会议上，同广大发展中国家一道，坚持全面禁止发达国家向发展中国家转移危险废物。中国对相关的决定、修正案及《责任与赔偿议定书》均持积极态度。中国政府还反对发达国家限制议定书适用范围的企图，主张对于危险废物越境转移及其处置，生产者和有关国家应承担赔偿责任。

四、《联合国气候变化框架公约》与《京都议定书》

《联合国气候变化框架公约》只是一个概括的纲领性公约，缺乏具体的可操作性，而《京都议定书》则是一个具体和具有法律效力的实施计划，它具体规定了减少温室气体的排放量和进度。《京都议定书》强调了共同而有区别的原则，在承认各国都有减少排放义务的同时，又针对不同国家有所区别。中国在1998年5月签署并于2002年8月核准了该议定书。

我国政府十分重视气候变化问题，早在1990年就专门成立了由国务院各有关部门参加的“国家气候变化协调小组”，负责协调与气候变化相关的政策和行动。1995年成立了国家气候中心，专门从事气候与气候变化的研究与预测。1998年，又调整成立了“国家气候变化对策协调小组”。与此同时，中国积极参加了联合国政府间气候变化专门委员会的各项活动，组织并派出了许多专家、学者作为主要作者和撰稿者参与专门委员会报告的编写和评审工作。我国于1992年11月7日批准加入《联合国气候变化框架公约》，1994年3月21日《联合国气候变化框架公约》开始生效时即对我国生效。中国作为发展中国家，根据《联合国气候变化框架公约》和《京都议定书》的规定，没有义务减少或限制温室气体排放，但本着对全球环境负责的精神和推进可持续发展战略的要求，在过去的20多年里，中国已经通过实施可持续发展战略，提高能源效率，开发利用水能、风能、生物质能等可再生能源，以及植树造林等多方面的努力，为减缓全球温室气体排放的增长速度作出了巨大贡献。

五、《生物多样性公约》

生物多样性是人类赖以生存与发展的物质基础，保护生物多样性是我们迈向人与自然和谐统一，构建和谐社会的重要一步。公约规定，发达国家将以赠送或转让的方式向发展中国家提供新的补充资金以补偿它们为保护生物资源而增加的费用，应以更实惠的方式向发展中国家转让技术，从而为保护世界上的生物资源提供便利；签约国应为本国境内的植物和野生动物编目造册，制定计划保护濒危的动植物；建立金融机构以帮助发展中国家实施清点和保护动植物的计划；使用他国自然资源的国家要与那个国家分享研究成果、盈利和技术。截至2022年12月，该公约的签约国家和地区有196个。

中国于1992年6月11日签署该公约，1992年11月7日批准，1993年1月5日交存加入书。30多年来，中国的《生物多样性公约》履约工作取得了很大进展，先后完成了《中国生物多样性保护行动计划》《中国生物多样性国情研究报告》《中国国家生物安全框架》《中国履行〈生物多样性公约〉国家报告》的制定和实施工作；制定和完善了一系列保护、管理和持续利用生物多样性的政策、法规和规划；加强了生物多样性的科学研究和宣传教育工作；将生物物种资源作为国家重要的战略资源加以保护；出席联合国《生物多样性公约》缔约方大会以及一系列专题会议等。尽管中国在履行《生物多样性公约》方面取得了较大的进展，但也面临着严峻的挑战。中国生物多样性丧失同全球形势一样仍在加剧，且随着履约工作的深入，物种多样性的保护面临着许多新的困难和问题，包括转基因生物安全、外来物种入侵、生物物种资源丧失、濒危物种贸易等新的热点问题。此外，履约领域的拓展也面对一系列新的、更难应对的挑战，如生态贸易如何实现遗传资源获取和惠益共享等。这些与国际贸易相关的生态经济问题在今后将会越来越受到政府和公众的关注。

六、《关于在国际贸易中对某些危险化学品和农药采用事先知情同意程序的鹿特丹公约》

《关于在国际贸易中对某些危险化学品和农药采用事先知情同意程序的鹿特丹公约》于 1998 年 9 月 10 日在荷兰鹿特丹举行的全权代表会议上获得通过，并于 2004 年 2 月 24 日正式生效。该公约的核心内容是要求各缔约方对公约管制的化学品未来是否同意进口做出决定，并要求各缔约方通报本国因人类健康和环境的原因而禁止或严格限制使用的化学品，在出口这些化学品前要通知进口方，出口时附带相关健康安全和环境的最新数据资料。缔结公约的目标是控制某些危险化学品和农药在国际贸易中可能带来的健康和环境影响，加强各国在国际贸易中对危险化学品的技术、经济和法律等信息进行交流，促进缔约方在此类化学品的国际贸易中分担责任和开展合作。

中国是化学品生产、使用和贸易大国，非常重视《关于在国际贸易中对某些危险化学品和农药采用事先知情同意程序的鹿特丹公约》的谈判和履约工作。在公约谈判期间，中国派出由国家环保总局①牵头，外交部、财政部、农业部、商务部、海关总署和化学工业部②等部门组成的中国政府代表团，并被推举为《关于在国际贸易中对某些危险化学品和农药采用事先知情同意程序的鹿特丹公约》政府间谈判委员会的副主席和亚洲区域主席。实施该公约，可以有效限制或禁止某些对我国人民身体健康和生态环境危害严重的化学品进入国门，通过多边机制解决可能出现的双边贸易问题，规范化学品进出口秩序，维护我国在国际贸易中的利益。利用公约建立的资料交流机制，可以及时了解其他国家禁限用化学品/农药的科学、技术经济等方面信息，弥补基础研究和管理能力的不足，降低科研和管理成本。2004 年 12 月 29 日，全国人大常委会作出批准加入《关于在国际贸易中对某些危险化学品和农药采用事先知情同意程序的鹿特丹公约》的决定，并于 2005 年 3 月 22 日递交联合国总部。该公约于 2005 年 6 月 20 日正式对中国生效。

七、《卡塔赫纳生物安全议定书》

为了预防和控制转基因生物可能产生的不利影响，根据 1992 年召开的联合国

---

① 2008 年 3 月，第十一届全国人民代表大会第一次会议批准了《国务院机构改革方案》，组建环境保护部，不再保留国家环境保护总局。2018 年 3 月，第十三届全国人民代表大会第一次会议批准了《国务院机构改革方案》，组建生态环境部，不再保留环境保护部。

② 1998 年 3 月 10 日，根据《关于国务院机构改革方案的决定》，撤销化学工业部。

环境与发展大会通过的《里约宣言》中的“预先防范”原则和联合国《21世纪议程》中对生物技术的无害环境管理的要求，联合国环境规划署和《生物多样性公约》秘书处从1994年开始组织制定《生物安全议定书》，并经过10轮工作组会议和紧张激烈的谈判，终于在2000年1月24～28日在加拿大蒙特利尔召开的《生物多样性公约》缔约方大会特别会议上通过了《卡塔赫纳生物安全议定书》。《卡塔赫纳生物安全议定书》是一项关于转基因产品国际贸易和环境保护的国际协定，它允许议定书批准国家和地区以预防为由，禁止进口转基因产品，同时也要求这些国家和地区互相通报出口到对方的转基因产品的情况。《卡塔赫纳生物安全议定书》的核心内容包括提前知情程序、同意进口程序、风险评估、运输包装和标识、赔偿责任和补救措施等。中国已于2005年4月27日核准《卡塔赫纳生物安全议定书》，成为《卡塔赫纳生物安全议定书》的第120个缔约方，表明中国切实履行国际公约、加强生物安全管理重大承诺的决心。

八、《关于持久性有机污染物的斯德哥尔摩公约》

持久性有机污染物（persistent organic pollutants，POPs）是指具有毒性和持久性，易于在生物体内聚集和长距离迁移和沉积，对源头附近或远处的环境和人体产生损害的有机化合物，已成为国际社会化学品管制的焦点。2001年5月23日，包括中国在内的90个国家和地区共同签署了《关于持久性有机污染物的斯德哥尔摩公约》（简称《斯德哥尔摩公约》），决定在全世界范围内禁用或严格限用12种POPs（艾氏剂、狄氏剂、异狄氏剂、滴滴涕、七氯、氯丹、灭蚁灵、毒杀芬、六氯苯、二噁英、呋喃和多氯联苯）。该公约于2004年5月17日正式生效，截至2023年10月，共有186个国家和地区以及区域经济一体化组织签署了该公约。

POPs既是一个环境安全问题，又是一个关系到人体健康、产业发展与贸易的问题。中国的POPs削减和处置工作取得了一系列进展。2005年，在乌拉圭举行的《斯德哥尔摩公约》缔约方大会第一届会议上，中国代表在涉及发展中国家利益的大多数重要议题的讨论中发挥了重要和关键的作用。大会审议通过了一系列重要的决定，涉及资金机制、技术援助、POPs审查委员会、最佳可行技术、最佳环境实践、滴滴涕使用评估、特定豁免等近20项议题所包括的30余个决定。2005年5月，国务院同意以先期开展履约国家实施计划编制工作的领导小组为基础，成立由国家环保总局牵头的国家履行《斯德哥尔摩公约》工作协调组，负责审议国家POPs管理和控制的方针、政策、法规、标准和指南，协调国家POPs管理和国际POPs公约履约重大事项。

第七章　多边及双边贸易体制下的生态贸易规则

随着国际经济合作深化，生态环境问题日益突出，协调贸易自由化与生态环境保护成为当前各国可持续发展面临的重要议题。生态贸易规则成为自由贸易协定的重要内容，在自由贸易协定中加入生态贸易规则有利于保护全球生态系统。该部分将从贸易自由化与生态环境矛盾出发，探讨生态贸易规则的主要内容及演进新趋势。

第一节　多边贸易体制下生态贸易的发展

一、多边贸易体制的建立

第二次世界大战后，以《关税及贸易总协定》（GATT）、国际货币基金组织以及世界银行等为核心构建的法律规则体系，奠定了国际经济体系的基本框架。该框架植根于贸易自由化的经济思想，通过最惠国待遇、国民待遇、透明度等法律基本原则促进国际贸易事务发展，多边贸易体制由此应运而生。多边贸易体制主要由 1947 年临时生效的 GATT 所演变而来，是美国奉行多边主义对外经贸政策的产物。

20 世纪 30 年代资本主义经济危机爆发，西方各国采取“以邻为壑”的贸易保护政策，要求保护本国产业，大幅度提高外国商品关税，各国之间竞相发生贸易战和关税战。1930 年下半年到 1932 年下半年美国有效关税税率提高了 30.8%，世界主要国家的国际关税水平平均值由 1928 年的 14.0%上升至 1932 年的 98.1%（孙玉琴，2012），国际贸易几乎接近瘫痪。1933 年美国总统罗斯福上台，其一改过往高关税的单边主义，采取刺激性的国际贸易政策，与拉美国家签订“互惠贸易协定”，截至 1939 年底，美国与 11 个拉美国家签订贸易互惠协定，这些贸易协定为日后达成 GATT 奠定了基础。同时，美国还积极与英国、法国开展经济领域的合作，分别在 1936 年和 1941 年签订美英法《三方货币稳定协议》以及美英《大西洋宪章》，初步体现了美国倡导的多边贸易体制规则。1947 年底，由美国、英国、法国等 23 个国家签署了 GATT《临时协定书》，承诺今后在国际贸易中履行 GATT 的权利与义务，该协定书于 1948 年 1 月 1 日正式生效，标志着全球贸易治理体系构建的开始。经过《反倾销协定》、东京回合、乌拉圭回合等，GATT 由临时生效措施逐渐演变为正式的国际贸易组织，使得诸边协定规则谈判与制定更为成熟。

这种以非歧视原则为基石的多边贸易谈判机制给予了发展中国家参与全球贸易治理体系的渠道。20 世纪 80 年代以来，发展中国家放松贸易与跨国资本的管制，纷纷主动加入全球价值链分工体系，以此提升了自身在全球经济中的地位。但由于先前所建立的国际经济法律体系主要以美国为代表的发达国家利益为主，对发展中国家的利益保护不足，亟须一套更加公平、更加包容、更能反映发展中国家利益的多边贸易体制。1994 年在摩洛哥的马拉喀什市举行的 GATT 乌拉圭回合部长级会议中提出成立 WTO。1995 年 1 月 1 日 WTO 正式成立，这标志着全球多边贸易体制构建完成。全球各国通过让渡部分主权建立 WTO，以更好地实现全球资源的合理配置。WTO 也为多边贸易体制提供了法律框架和组织基础，其 GATT、《服务贸易总协定》以及《与贸易有关的知识产权协定》等三个协议为后面双边、区域自由贸易协定提供了一系列规则和机制作为参考样本。伴随着贸易自由化的发展，全球贸易带来的环境问题也呈现出全球化的趋势，表现为对自然资源的过度损耗，因此，越来越多国家开始重视本国生态系统的保护。

二、贸易自由化与生态环境保护的冲突

（一）贸易发展与环境保护的矛盾

贸易规则旨在产业比较优势的前提下，通过贸易自由化推动各国经济增长。全球气候变化与生态环境问题日趋严重，世界贸易与投资深刻影响着全球环境质量（王俊等，2020）。世界各国对保护本国生态环境愈加重视，但其对自然资源的需求并未减少。特别是对于发展中国家而言，随着技术进步、产业升级、国民生活水平的提高，对自然资源的需求增大。表 7-1 列出了主要发展中国家能源消费量情况。可以看出，发展中国家在 2000～2020 年的能源消费量基本有增无减。其中，中国能源消费总量增幅最大，由 2000 年的 781.19 百万吨标准油，增至 2020 年的 2181.91 百万吨标准油，约占世界增幅比重 55%。与此同时，发展中国家的能源利用效率也有所提升。2000 年，中国单位 GDP 能源消费量为 6.45 吨标准油/亿美元，2020 年降至 1.49 吨标准油/亿美元。俄罗斯能源利用效率提升最快，由 2000 年的 16.09 吨标准油/亿美元降至 3.40 吨标准油/亿美元。但总体来看，发展中国家的能源效率低于世界平均水平。

表 7-1　主要发展中国家能源消费量情况

国家和地区	能源消费总量/百万吨标准油			单位 GDP 能源消费量/（吨标准油/亿美元）		
	2000 年	2010 年	2020 年	2000 年	2010 年	2020 年
中国	781.19	1645.01	2181.91	6.45	2.70	1.49
印度	290.03	443.72	596.49	6.19	2.65	2.24

续表

国家和地区	能源消费总量/百万吨标准油			单位 GDP 能源消费量/（吨标准油/亿美元）		
	2000 年	2010 年	2020 年	2000 年	2010 年	2020 年
巴西	153.84	211.66	223.03	2.35	0.96	1.54
俄罗斯	417.89	446.65	506.05	16.09	2.93	3.40
印度尼西亚	120.13	148.36	151.54	7.28	1.96	1.43
伊朗	94.79	157.56	194.58	8.65	3.24	8.12
泰国	51.06	84.42	96.67	4.04	2.47	1.93
南非	54.69	61.22	59.65	3.60	1.47	1.77
埃及	31.58	52.95	56.58	3.16	2.42	1.55
阿根廷	42.58	53.47	51.36	1.50	1.26	1.33
世界	7013.92	8820.04	9573.41	2.07	1.32	1.12

资料来源：2022 年《中国能源统计年鉴》与世界银行数据库，并经由作者计算得出

发展中国家能源消费量大除了自身发展需要外，另一个重要原因是承接了发达国家资源密集型产业，进而加重了本国生态承载压力。发达国家将高污染、能耗大的产业转移到发展中国家，以低廉价格进口产成品，相当于间接消耗了产业承接国的环境资源。长此以往，进而形成这么一个局面，发展中国家对发达国家可能是贸易顺差，但在生态环境上却是贸易逆差，在贸易内涵中的自然资本是不等价的。在 2021 年以前，我国对固体废物进口并无管制。2019 年，联合国贸易数据库（UN Comtrade）数据统计显示，我国出口额为 2.5 万亿美元，进口额 2.08 万亿美元，贸易顺差超过 4000 亿美元。但是，同年我国固体废物实际进口量为 1348 万吨①。

由环境保护引起的贸易摩擦集中表现为进口国以污染环境、危害人类健康以及违反有关国际环境公约或国内环境法律、规章为由而采用的限制进口外国产品的措施。迄今为止，WTO 已受理了多起与环境有关的贸易争议案，如典型的 1995 年的委内瑞拉、巴西诉美国汽油案；1998 年的印度、马来西亚、巴基斯坦、泰国诉美国海虾出口案（也称海虾-海龟之诉）。这几个案例都是典型的美国为了实施贸易保护而使用的绿色环保措施，最终争端解决机构判定美国败诉。我国是遭遇经贸摩擦最多的国家，面临着多种与环境有关的贸易壁垒。图 7-1 描绘了 2021 年中国遭遇美国卫生与植物检疫措施通报数量。中国被通报及召回的农产品主要涉及食品安全，包括农药残留以及黄曲霉毒素、沙门氏菌超标等。

① 资料来源于 2019 年《中国生态环境状况公报》。

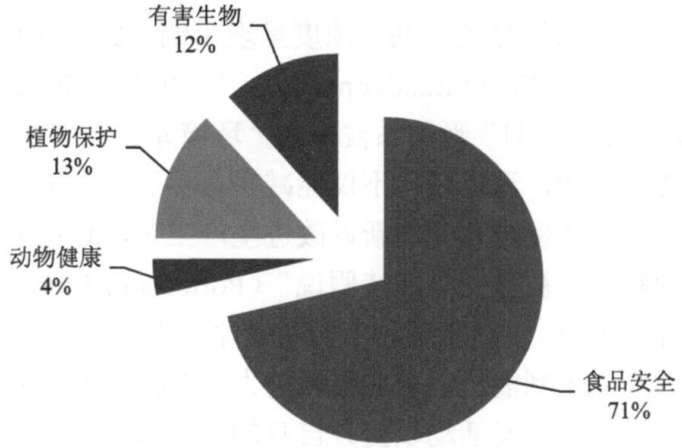

图 7-1　中国遭遇美国卫生与植物检疫措施通报数量（2021 年）

（二）关于经济发展与环境保护的理论

贸易自由化较少关注生产或者交易过程的环境可持续性，更多关注贸易往来中形成的环境法规可能构成的贸易壁垒。贸易与环境的关系交叉在政府、非政府组织、公司以及其他组织机构之间，这都进一步加剧了贸易与环境之间的冲突。多边贸易体制强调自由贸易，在产业比较优势的基础上，减少政府干预和管制，维护市场经济。环境法律则维护生态系统，追求可持续发展，政府及其相关组织需要给予一定的管制与干预。为协调贸易自由化与环境保护问题，在 1972 年召开的联合国人类环境会议（也称斯德哥尔摩人类环境会议）中，会议参与国对环境问题进行了讨论，将环境问题视为一个综合问题。20 世纪 90 年代以来，国际贸易自由化与环境保护全球化趋势日趋增强，生态环境保护成为国际贸易往来一个重要的考量因素。因此，经济学界也对此进行了深入研究，提出了一系列理论，代表理论有“污染天堂假说”“环境库兹涅茨曲线”“波特假说”等。“污染天堂假说”认为贸易自由化可能会过度消耗能源，加剧环境规制低的发展中国家的环境污染，而发达国家的环境规制水平较高，在贸易与环境规则的双重作用下，使发展中国家成为发达国家的环境污染避难所（Copeland and Taylor，1994）。但这种说法并不总是成立，Dietzenbacher 与 Mukhopadhyay 两位学者在 2007 年考察了印度“污染天堂假说”的有效性，研究发现印度的对外贸易不仅提高了国民收入，还提高了印度的环境质量，印度贸易自由化程度越高，其环境质量越好，他们把这种与“污染天堂假说”相悖的现象称为“绿色里昂惕夫之谜”（赵忠秀等，2013）。“环境库兹涅茨曲线”思想来源于“库兹涅茨曲线”，“库兹涅茨曲线”由美国经济学家西蒙·史密斯·库兹涅茨所提出，他认为经济发展与收入差距存在倒“U”形关系，即收入差距随着经济增长而扩大，但达到一定峰值后会有所下降。1991 年，Grossman 与 Kruehger 两位学者对美洲 32 个国家空气质量进行分析发现，人均收入增长与大气中的二氧化硫和烟尘浓度呈现出倒“U”形关系，与“库兹涅茨曲线”相似。之后，Shafik 和 Bandyopadhyay（1992）与 Panayotou（1993）证实，收入与环境污染的倒“U”形关系被称为“环境库兹涅茨曲线”。“波特假说”认为污染是一种资源浪费，污染减排不仅能减轻自然资源负担，还可以提高生产效率，严格的环境规制能促进企业创新以改进生产工艺，这种为避免高额的环境规制成本形成的创新补偿被称为“波特假说”（Porter and Linde，1995）。根据环境规制对企业的作用不同，“波特假说”分为“弱波特假说”与“强波特假说”，“弱波特假说”认为环境规制能提高企业创新能力，重污染企业通过改进生产流程，淘汰落后产能，积极开展研发活动以提升自身的创新水平，减少能源消耗与污染排放量，避免违规受罚。“强波特假说”认为环境规制不仅能促进企业创新，优化资源配置，形成超出其环境规制范围的“创新补偿”效应，从而提高企业的生产效率与企业竞争力。

“污染天堂假说”说明在国家比较优势框架下，污染企业在不同环境约束国家的污染成本存在差异。“环境库兹涅茨曲线”则说明随着国民收入水平的提高，人们对环境质量日益重视。“波特假说”则说明设计恰当的环境规制可以激发企业创新，改善环境质量。可见，自由贸易对环境保护并不总是负面影响，实际上，参与国际分工产业链，通过贸易往来吸收发达国家的先进技术也是发展中国家获取技术进步的有效途径，从而推动环保技术的传播。

三、多边贸易体制下生态贸易目标的确立

全球化进程的加深，强化了国内与国际事务的联系，国际社会的各个领域相互连接，使得国内议题具有国际公共性。贸易体制是实现、促进国际经贸合作的重要保障，它是指国际贸易的组织形式、机构设置、管理权限、经营分工和利益分配等方面的制度，包括 WTO 多边贸易体制、双边和区域争端裁决（郑玲丽，2021，p93）。因此，在环境问题上，可以调整贸易体制，修改经贸规则以适应环境保护的需要，为实现环境保护目标而不断发展完善。1947 年的 GATT 并未预见贸易自由化带来环境污染自由化问题。由于贸易和国际分工带来的环境污染问题日趋严重，越来越多的国家尤其是发达国家制定了严格的环境法规与环境标准，对高污染产品实行严格的进口管制，这种单边环境保护措施成为新的贸易壁垒，达到贸易保护目的。在斯德哥尔摩人类环境会议筹备阶段，GATT 秘书处准备了一项题为《工业污染控制与国际贸易》的研究报告，用以分析环境保护政策对国际贸易的影响，报告中提到环境保护政策有可能形成绿色贸易保护主义。1971 年 11 月，GATT 理事会成立“环境措施与国际贸易工作组”，以分析环境保护政策对 GATT 规则执行的影响、环境措施对国际贸易的影响、多边贸易规则与国际上达成的 200 多个多边环境协定（multilateral environmental agreements，MEAs）中

的贸易条款之间的关系、对贸易产生影响的国家环境规则的透明度等问题（易寒洲，2002）。GATT 试图建立一种机制以便考察环境政策与贸易壁垒的关系，但直到 1991 年，该工作组的工作并未获得实际性的进展。1971～1991 年，与环境有关的贸易纠纷数量不断上升，环境政策对贸易产生的影响日趋增强。

在此期间，GATT 理事会也通过修订经贸规则缓解环境措施对贸易的冲击。在东京回合期间，部分 GATT 缔约方认为各国实施的技术法规和标准不同有可能形成贸易壁垒，给生产者和进口商造成困难。关于技术贸易壁垒的东京回合协定，即《标准法典》（The Standards Code）由此拉开谈判序幕。东京回合谈判期间，缔约方强调技术法规的起草、采纳和适用中坚持非歧视原则以及透明度原则，经过反复讨论、协商，最终就技术法规、标准和合格评定程序的制定与实施，以及解决争端等问题达成一致。1979 年 4 月签署了 GATT《技术性贸易壁垒协定》（Agreement on Technical Barriers to Trade，TBT）（GATT/TBT 协定），并于 1980 年 1 月 1 日起正式实施。而后在乌拉圭回合谈判期间，与贸易有关的环境事项再次被提及，对东京回合达成的 TBT 内容做出调整和修改，并于 1994 年在马拉喀什会议上作为“多边协定”正式签署生效，改称 WTO《技术性贸易壁垒协定》（WTO/TBT 协定）。我国也在该会议上签署了 WTO/TBT 协定，表示遵守这些国际规则，这是我国与国际接轨的一个重要表现。在乌拉圭回合谈判期间，另一个重要成果是达成了《实施卫生与植物检疫措施协定》（Agreement on the Application of Sanitary and Phytosanitary Measures，SPS 协定），并于 1994 年 4 月 15 日签署，成为构建 WTO 的基本协定之一。相较 TBT 协定，SPS 协定的标准更为灵活，允许政府采用不同的标准。TBT 协定所指的国际标准是指 ISO 和国际电工委员会制定的标准，而 SPS 协定为国际食品法典委员会、国际植物保护公约和世界动物卫生组织制定的标准等。可以看出，TBT 协定面向所有的工业产品和农产品，适用范围相当广泛，且界定不清晰，而 SPS 协定仅作用于农产品和食品领域，其范围相对狭小且范围界定明确。

在发展中国家向发达国家出口方面，1982 年 GATT 发展中成员国对它们的产品可能因环境与健康问题而被禁止向发达国家出口表示担忧，GATT 部长会议对此做出回应，做出了 GATT 应考察给予对人类、动植物等生命及健康有害的理由或者环境保护理由而被国内禁止的产品出口置于控制之下所必需的措施的决定，并于 1989 年成立“关于国内禁止产品和其他有害物质出口工作小组”。1987 年，联合国环境与发展委员会发布题为《我们共同的未来》的报告（又称《布伦特兰报告》），该报告首次提出“可持续发展”一词，认为贫困是导致环境恶化的重要原因之一，不断增长的贸易将导致各国对必需资源的竞争，引发“贫困的污染”（刘敬东，2014，p33）。

可以说，经济增长、社会发展与环境污染之间关系的探讨贯穿了 20 世纪 70

年代到90年代。直至1991年墨西哥诉美国金枪鱼案发生，该案中，美国认为墨西哥用现代化拖网捕鱼技术会将喜欢同金枪鱼结伴而行的海豚一同捕杀，造成海豚意外死亡，美国依其《保护海生哺乳动物法》禁止国内进口墨西哥的金枪鱼及其相关制品。墨西哥由此上诉至GATT争端解决机构，声称美国实施的该禁止行为与GATT第十一条禁止数量限制的规定不符，美国则援引GATT第二十条（b）项和（g）项进行辩护，该案件成为保护生态环境措施与多边贸易体制之间冲突的典型案件。最后，GATT做出了对墨西哥有利的裁决，但裁决组却受到国际环境组织的强烈批评，这说明贸易规则主张的贸易自由成为环境保护的障碍。为应对和处理环境污染问题，推动贸易自由与环境保护的协调发展，1991年欧洲自由贸易联盟要求GATT尽快重启"环境措施与国际贸易工作组"，并提出GATT需在即将召开的1992年联合国环境与发展会议有所作为。对此，"环境措施与国际贸易工作组"集中研究环境措施对国际贸易的影响与影响贸易的国内环境法规的透明度问题。1992年联合国环境与发展会议通过了《里约宣言》，提出的"可持续发展"概念在环境保护与发展构建了联系，为国际贸易的健康发展提供了依据，会议达成的各项原则也成为各国处理贸易自由与生态环境冲突问题的通用准则。

第二节　生态贸易规则演进及发展新趋势

一、国际经贸规则的国际公共产品理论

（一）国际公共产品理论的提出

环境污染已经影响到经济、政治、科技以及生活等社会方方面面，生态环境问题不是一国或地区问题，是全人类需要面临的共同问题。因此，需要各国通过国际合作来共同应对生态环境问题。一直以来，由于环境保护界限以及相关概念（如可用竭的自然资源）难以确定，环境保护等非经济因素在多边贸易制度下难以推行，使得多边贸易体制出现失衡，给各国经贸合作的可持续发展带来隐患。国际政治经济学认为，贸易规则是由政治市场决定的。在政治市场上，选民和利益集团是需求者，政治家和官员是提供者，他们之间交易的对象是公共产品——贸易规则。全球化进程的深化使得国家间的竞争与冲突日益频繁，催生出贸易摩擦与政治联盟，加剧了国际社会的不稳定。新自由制度主义认为，只要国际社会结构不变，国家间的竞争、合作以及冲突等行为就不会停止，国际关系结构将从权利结构为中心转向制度为中心。全球经济治理体系以多边贸易体制和国际货币金融体制为核心，用以促进全球或区域经济贸易发展，本质上属于国际公共产品，是实现和促进国际合作的重要保障，集中体现为一系列的规则、原则以及决策程

序等。公共产品属于公共经济学的概念，是指由于使用上的非排他性以及受益上的非竞争性特征，一国政府为全社会提供的产品和服务的总称，具体表现为国防、基础设施、公共福利以及义务教育等。美国经济学家查尔斯·金德尔伯格提出的"霸权稳定论"将公共产品概念运用到国际问题分析中，他认为国际社会需要霸权国家以维护国际经济体系的稳定性，因为只有霸权国家能够建立且承担维护国际行为规则的"公共成本"，平衡全球经济与政治问题（Kindleberger，1986）。国际公共产品是指具有跨国界外部性的物品、资源、服务、规则系统或政策体系，包括国际规则、主权经济体为国际规则的执行所提供的运行载体、平台或其成本以及企业和私人机构对优化国际经济治理所承担的社会责任或服务等三方面的内容（裴长洪，2014；田萃等，2018）。查尔斯·金德尔伯格在分析大萧条时代各国行为时指出，经济危机出现的主要原因是国际领导者的缺失。罗伯特·吉尔平等"霸权稳定论"支持者对这种霸权供给模式进行了合理化解释，他们认为美国通过设计与构建一系列国际经济治理体系提供国际公共产品，提高了其国际影响力。1944年美国领导各国建立了布雷顿森林体系，构建以美元为中心的资本主义世界货币体系，《国际货币基金协定》《国际复兴开发银行协定》以及GATT等搭建了国际制度基本框架，在此基础上衍生出的国际货币基金组织、世界银行以及WTO保障了成员国参与全球化进程的公共利益诉求。以美国为核心的霸权体系对第二次世界大战后西方国家经济恢复、贸易发展以及政治稳定发挥了举足轻重的作用。

（二）国际公共产品的挑战与重塑

欧洲作为第二次世界大战的主战场，英国经济在战争中受到重创，德国、意大利以及日本作为战败国，国内经济结构破坏殆尽。美国在二战中经济得到飞跃式发展，在资本主义世界中，美国工业占54.8%，黄金储备占48.5%，出口额占50%（曹广伟，2012），是世界上最大的债权国，这奠定了建立战后世界经济秩序这一国际公共产品的经济基础。英法等国历经大萧条与第二次世界大战，已无力维持国际经济霸主地位，美国建立战后国际经济秩序的初始成本并不高，布雷顿森林体系的各国货币与美元挂钩，美元与黄金挂钩的"双挂钩"更是奠定了美元霸权地位，给美国带来了可观的经济、政治以及安全收益。但国际经济秩序，特别是多边贸易体制的发展，越来越多的国家加入多边贸易体制，国际公共产品消费者增多，国际公共产品涉及领域也愈加广泛，霸权国需要承担高额的交易成本。1947年签订GATT时，仅为23个成员，截至2024年8月，WTO共有166个成员以及23个观察员①。交易数量与交易规模的扩大使得全球化下国际公共产品供给难度增大，而金融危机与疫情的冲击更是使得美国陷入财政赤字与债券违约风

① 资料来源：https://www.wto.org/english/thewto_e/whatis_e/tif_e/org6_e.htm。

险，美国霸权内部衰败。

进入 21 世纪以来，新型经济体与发达经济体在经济增长方面的利益出现分化，世界经济权力不再围绕西方发达国家，而是呈现中心扩散的多极化发展。美国霸权式国际公共产品供给难以为继，不仅维护不了世界稳定，还会干扰其他国际公共产品供给模式发挥作用。2016 年特朗普上台后，先后退出《跨太平洋伙伴关系协定》（Trans-Pacific Partnership Agreement，TPP）、《巴黎协定》以及联合国人权理事会，干扰 WTO 争端解决机制，否决了 WTO 关于启动上诉机构新法官遴选程序的提案。这源于美国对国际公共产品的“私物化”倾向，即霸权国将应尽的义务转化为获取自身利益，运用权力使国际公共产品朝着有利于自身结果方向发展，国际公共产品体现出“私”属性。2017 年，美国智库学者约瑟夫·奈提出“金德尔伯格陷阱”，认为曾经具有世界领袖地位的大国衰落之际，由于新兴大国无力提供必要的全球公共产品，从而造成世界治理的领导力真空的局面，而金德尔伯格认为正是美国取代英国成为世界霸权，但未能跟进发挥英国提供全球公共产品的作用，才导致 20 世纪 30 年代经济危机的发生（蔡昉，2017），国际经济秩序面临重塑。其中，贸易体制协调生态环境保护与贸易自由是当前国际贸易规则重塑所探讨的重要议题。为应对贸易引起的污染转移问题，各国与国际社会应制定有关环境保护规则，实施各类环境保护措施。一系列的国际公约与国际环境习惯法的出现，使得环保措施与传统的自由贸易规则发生冲突，环境保护对自由贸易规则提出挑战。

二、从国际公约到多贸易体制生态贸易条款

（一）国际公约有关环境保护的内容梳理

1947 年签订的 GATT 并无环境保护条款，但在 1947 年到 1994 年期间，随着各国贸易联系日益紧密，环境问题由区域性问题发展成全球性问题。由于发达国家与发展中国家的发展差异，不同利益的国家集团在自身利益基础上，对环境问题的意见产生不同的分歧。发展中国家主张发展本国经济为第一要务，并认为消除贫困是实现可持续发展的必要条件，反对发达国家以环境保护为由，限制发展中国家经济发展、维护旧的不平等国际经贸秩序等行为。发达国家则纷纷制定严格的环境法规和环境标准，限制不符合环境标准的产品进口，利用环境措施设置贸易壁垒，以达到贸易保护的目的，使得有关环境措施的国际贸易争端愈演愈烈。为平衡经济发展与环境保护的关系，各国纷纷展开环境外交活动，在此期间，诞生了一系列的国际环境法与公约。1954 年的《国际防止海洋油污公约》是第一个关于防治环境污染的国际条约。特别是 1972 年召开的联合国人类环境会议到 1992

年的里约热内卢环境与发展大会期间通过的一系列环境保护宣言与条约，使得国际环境法律体系日臻完善。关于防治环境污染和自然保护的国际环境条约得到全面发展，主要涉及防止环境污染、损害和破坏以及保护自然资源并保障其合理开发利用等两大方面内容。代表性国际公约有《防止倾倒废物及其他物质污染海洋的公约》（1972 年）、《国际防止船舶造成污染公约》（1973 年）、《濒危野生动植物种国际贸易公约》（1973 年）、《保护臭氧层维也纳公约》（1985 年）、《联合国气候变化框架公约》（1992 年）、《生物多样性公约》（1992 年）等（表 7-2）。国际公约所确立的规则以及权利和义务对缔约方具有法律约束力，是国际司法机关在判决生态环境案件首先适用的法律依据。迄今为止，仅联合国环境规划署公布的环境方面的多边国际公约及其相关协定达到数百项，创立了诸多有关国际环境保护的国际法一般规则，极大影响了多边及双边贸易体制生态贸易规则的制定。

表 7-2　关于环境保护的主要国际宣言/公约内容梳理

序号	国际宣言/公约	主要维度	主要具体表现
1	1972 年《联合国人类环境会议宣言》（《斯德哥尔摩宣言》）	在经济与科技发展的过程中，注重保护和改善人类环境	1.1 呼吁各国享有平等的发展条件，并对保护和改善环境负有责任 1.2 针对地球上的自然资源要制订周密计划进行管理并加以保护 1.3 保护濒危野生动植物与防范不可再生资源耗尽危险 1.4 进行环境保护时，需要考虑发展中国经济因素，维持其初级产品与原材料收入 1.5 环境政策力度应有所提高，并实施不损害基本人权的人口政策，以提高环境质量 1.6 各国可开展环境合作，国际组织在其中起到协调和能动作用
2	1992 年《里约宣言》	尝试建立新的公平环境合作伙伴关系	2.1 提出环境保护作为发展的一部分，并注重持续发展，享有发展权利的同时注重环境保护 2.2 对发展中国家以及最不发达国家的环境政策给予特别考虑 2.3 呼吁各国利用新技术进行生产，为持续发展提供内生动力 2.4 促进并构建一个支持性和开放性的国际经济合作体系，并在环境保护与环境治理中展开合作 2.5 提出妇女在环境管理中起到重要作用，鼓励妇女参与环境保护工作
3	《联合国气候变化框架公约》《京都议定书》	形成排放权交易机制、共同履行机制以及清洁发展机制，对减排产品和能源使用进行规定，并明确具体国家的温室气体排放目标	3.1 充分发挥市场功效，建立以市场为基础的排放权交易机制、履行机制以及清洁发展机制等三个灵活机制，利用市场机制提高环境治理水平 3.2 根据公约国发展程度的不同，实施符合本国国情的减排方式和目标 3.3 鼓励研究可再生能源与新能源等有利于环境改善的新技术 3.4 确立一种自上而下的减排机制，以“议定书”方式形成具有国际法律约束力的遵约机制

续表

序号	国际宣言/公约	主要维度	主要具体表现
4	《巴黎协定》	除制定减排目标（把全球平均气温较工业化前水平升高控制在 2℃之内，并努力把升温幅度控制在工业化前水平 1.5℃之内），细则更多体现互惠共赢精神，推动缔约方以“自主贡献”方式参与全球气候治理中，并通过技术转让与支持帮助发展中国家参与环境治理和适应气候变化	4.1 制定长期气温目标，缔约方尽快实现温室气体碳达峰目标，并给予发展中国家更宽裕优惠 4.2 各国应根据自身实际情况以“自主贡献”方式制定减排目标，并鼓励发达国家在气候治理问题上起带头作用 4.3 通过技术和财力支持帮助发展中国家减缓和适应气候变化，并通过市场和非市场双重机制开展国际气候治理合作，带动绿色经济和环境治理投资发展

（二）WTO 多边贸易体制下环境保护条款

1987 年的《布伦特兰报告》将可持续发展作为一项原则与战略提出，并在国际环境法中成为一项新兴和处于形成和发展中的原则，在一些重要的国际组织决议和宣言等文件得到反映。1992 年的《联合国气候变化框架公约》提出“各缔约方有权并且应当促进可持续发展”。1992 年的《21 世纪议程》为各国实行里约热内卢环境与发展大会通过的《里约宣言》提到的各项原则和实现可持续发展提供了具体计划。可持续发展原则加快了 WTO 将贸易发展问题、资源问题、环境问题作为一个有机整体引入法律约束框架的步伐。WTO 成立之时便提出国际贸易“绿色化”发展，《关于建立世界贸易组织的协定》序言中明确提出：坚持可持续发展之路，各成员方应促进对世界资源的最优利用，保护和维护环境，并以符合不同水平下各成员需要的方式，加强采取各种相应的措施。可持续发展与环境保护成为 WTO 重要宗旨之一，为促进可持续发展目标的实现以及扩大对自然资源的充分利用，保护生态环境，WTO 在其相关法律文件中制定了一系列环保例外条款，用以解决国际贸易产生的环境问题争端，促进自由贸易与环境保护之间的平衡。

在 WTO 法律框架中，关于环境保护的贸易条款主要分散在《关税及贸易总协定》《实施卫生与植物检疫措施协定》《技术性贸易壁垒协定》《补贴与反补贴措施协定》《服务贸易总协定》《与贸易有关的知识产权协定》以及《农业协定》等附属协定。

1.《关税及贸易总协定》

与环境保护有关的例外条款主要集中在第二十条的一般例外条款，规定了WTO 成员可以背离其在多边贸易体制所承诺的义务采取贸易限制措施的特定事由，其中的（b）项与（g）项与环境保护有关。本条规定："本协定的规定不得解释为阻止缔约国采用或实施以下措施，但对情况相同的各国，实施的措施不得构成武断的或不合理的差别待遇，或构成对国际贸易的变相限制：……（b）为保障人民、动植物的生命或健康所必需的措施……（g）与国内限制生产与消费的措施相配合，为有效保护可能用竭的天然资源的有关措施……"。

2.《实施卫生与植物检疫措施协定》

该协定规定各成员方有权采取卫生和动植物检疫措施，但需适用保护人类、动植物的生命或健康方面，不得违反非歧视原则。在该协定的第 5 条第 7 款引入了"预防原则"，在成员方当时找不到充分的"科学依据"以判断所采取的保护措施是"必要程度"，成员方可以根据获得的相关资料，采取临时的预防措施。

3.《技术性贸易壁垒协定》

该协定规定："为了保护人类、动物或植物的生命或健康，各成员方有权制定、实施有关环境保护的技术法规或标准，只要这些措施不致在情况相同的国家之间构成不合理的歧视，或者构成对国际贸易的变相限制。"

4.《补贴与反补贴措施协定》

该协定将补贴分为禁用与非禁用两类，其中，非禁用补贴又分为可申诉补贴和不可申诉补贴两类，第 8 条第 2 款将环境保护有关的补贴列为"不可申诉的补贴"，在该款下的（c）项中规定"对为促进现有设施适应由法律和/或条例所施加的给企业带来更大限制和更重财政压力的新的环境要求的资助，条件是该项资助：（i）一次性的临时措施；且（ii）限于适应所需费用的 20%；且（iii）不包括替代和实施受援投资的费用，这些费用应全部由公司负担；且（iv）与公司计划减少废弃物和污染有直接联系且成比例，不包括任何可实现的对制造成本的节省；且（v）能够适应新设备和/或生产工艺的公司均可获得"。

5.《服务贸易总协定》

其第 14 条的"一般例外条款"与《关税及贸易总协定》的第二十条规定相似，"只要这类措施的实施不在情况相同的国家间构成武断的、或不公正的歧视，或构成对服务贸易的变相限制，则本协定的规定不得解释为阻止任何成员采用或实施以下措施：……（b）为保护人类、动物或植物的生命或健康而必需的……”。

6.《与贸易有关的知识产权协定》

第 27 条规定，“各成员可拒绝对某些发明授予专利权，如在其领土内阻止对这些发明的商业利用是维护公共秩序或道德，包括保护人类、动物或植物的生命或健康或避免对环境造成严重损害所必需的，只要此种拒绝授予并非仅因为此种利用为其法律所禁止”。

7.《农业协定》

附件 2 中规定了“绿箱政策”，即其中涉及与环境规划项目有关的国内支持措施不在削减之列。附件 2 第 3 条提到“涉及积累和保持构成国内立法所确认的粮食安全计划组成部分的产品库存的支出（或放弃的税收）。可包括作为该计划一部分的对私营产品储备提供的政府援助”，第 12 条是环境计划下的支付内容，包括（a）获得此类支付的资格应确定为明确规定的政府环境或保护计划的一部分，并应取决于对该政府计划下特定条件的满足，包括与生产方法或投入有关的条件。（b）此类支付的数量应限于为遵守政府计划而所涉及的额外费用或收入损失。

总体来说，WTO 附属协定中有关环境保护条款主要借鉴 GATT 1994 的第二十条的例外条款，具有援引条件限制性，其目的主要是协调自由贸易与环境保护之间的冲突，促进两者之间的平衡，实现可持续发展。一方面，WTO 承认各成员方具有保护人类，维护动植物生命健康安全的义务，为达到自己的环境保护目标制定和采取自己的环境政策、法规以及标准。另一方面，实施这些例外条款的限制性要求环境政策、法规以及标准不得成为多边贸易体制的绿色贸易壁垒。从一定程度上，WTO 在维护和改善全球环境，促进国际贸易生态发展起到一定作用。但由于发达国家和发展中国家存在发展差异，WTO 环保条款主要向发达国家倾斜，“例外条款”的“情况相同”“不合理”等表述没有精确的衡量标准，什么是“必要措施”，什么是“有效配合”的内涵过于笼统，有可能导致“环保例外权”的滥用。在贸易体制的演进中，环保义务逐渐从 GATT/WTO 协定下贸易义务的“例外”，演变为区域自由贸易协定下的环境义务。

（三）贸易与环保的“多边”向“双边”转变

在 WTO 的多边贸易体制框架下，多哈回合谈判自 2001 年启动以来并无实际进展，在此背景下，以双边贸易体制为特征的区域贸易协定应运而生，以弥补现行贸易体系的缺陷。建立在非歧视原则基础上的多边贸易体制最初是将区域贸易协定作为例外条款来处理，主要约束在 GATT 1994 的第二十四条下，其主要内容包括：①区域贸易协定对区域外国家需无歧视实施；②区域贸易协定对外贸易壁垒“总体上”不得高于未建时实施的一般限制水平；③GATT 成员应知悉此类安排的详细情况和进展报告；④区域成员需对所有贸易取消关税或其他贸易限制；⑤GATT 全体成员有权不维持“不合理”的区域安排实施，或批准“不完全相符”的区域贸易协定的建议。当前，区域贸易协定规则逐渐由边境外规则转向边境内规则，包括竞争政策、知识产权保护、资本流动、环境法律、研究和技术、区域合作、教育培训等多个国内管制措施，远远超过了 WTO 贸易协议所涵盖的范围，呈现出明显的深度化趋势，也反映出缔约各国加强国内政策协调的倾向。与此同时，关于多边贸易体制的环境保护条款以及相关国际公约来看，WTO 被寄予超越权能的期望，但由于绿色贸易壁垒经常披着保护环境的外衣，使得 WTO 的多边贸易体制并未能有效处理环境与贸易的问题。1991 年的墨西哥诉美国金枪鱼案中，开创了 GATT 对其缔约方的环境贸易措施合规性审查先河，认定美国旨在防止商业捕捞金枪鱼中偶然杀害海豚的贸易禁令是违法的，体现了 WTO 成员环境贸易措施与 WTO 的冲突（刘敬东，2014，p51~p73）。

但国际贸易中的环境保护规则，以及环境与贸易议程主要由具有相对严格的环境规制的发达国家所推动，与欠发达国家相比，发达国家具备更高的环境标准与法规。发展差异使得发达国家需要区域层次的环境保护与贸易自由议题解决方案。因此，随着贸易国之间往来日益密切，贸易自由化的广泛深入，强大的环境友好国希望建立一个区域环境友好型的贸易发展-环境规则网。这种权利为导向的国际规则领导力，成为区域贸易协定的环境规则创新与出台的原动力，使得环境规则在区域贸易协定中日益流行。根据贸易与环境数据库（Trade and Environment Database，TREND）统计，自由贸易协定中包含环境条款的区域贸易协定占区域贸易协定总数量的 85%以上（许统生等，2023），区域贸易协定中纳入生态贸易条款成为流行趋势。表 7-3 为中国自由贸易协定环境条款一览表，资料来源于贸易与环境数据库，该数据库收录各国 1945～2018 年自由贸易协定环境条款，并将这些条款分为八个子类。分别为：①一致性，环境监管与其他政策领域的一致性；②发展，涉及承认缔约方发展水平不同并确定支持能力建设；③实施，如何通过合作机制实施该协定；④环境保护，包括与环境保护有关的一般性原则（如自然资源的可持续性和保护）；⑤执行，规范贸易协定中规定的环境法规与国内环境措施的执行；⑥公平的竞争环境，主要包括协调和不降低环境标准的义务；⑦多边环境协定，责成缔约方批准或执行某一项多边环境协定；⑧监管空间，包括自由化承诺的一般和更具体的例外，排除特定问题领域以及采取环境措施的主权权利。从效力来看，多边环境协定、实施、执行等三个环境条款子类相较其他子类对贸易的影响更大。可以看出，中国与发达国家签订的自由贸易协定达成的环境条款相较发展中国家多。但在强调法律执行方面，中国签订的自由贸易协定环保执行力度较低，但多边环境协定和环境保护监管空间覆盖力度较大，达到自由贸易协定全覆盖。

表 7-3 中国自由贸易协定环境条款内容

自由贸易协定名称	一致性	发展	实施	环境保护	执行	公平的竞争环境	多边环境协定	监管空间
《中国—韩国自由贸易协定》	√	√	√	√	√	√	√	√
《中国—新西兰自由贸易协定》	√	√	√	√	√		√	√
《中国—瑞士自由贸易协定》	√	√	√	√	√	√	√	√
《中国—哥斯达黎加自由贸易协定》	√	√	√	√			√	√
《中国—秘鲁自由贸易协定》	√	√	√	√			√	√
《中国—格鲁吉亚自由贸易协定》	√	√	√	√	√	√	√	√
《中国—智利自由贸易协定》	√		√	√	√		√	√
《中国—冰岛自由贸易协定》	√		√	√			√	√
《中国—澳大利亚自由贸易协定》	√	√	√	√	√		√	√
《中国—新加坡自由贸易协定》	√		√	√			√	√
《中国—巴基斯坦自由贸易协定》	√	√	√	√			√	√
《中国—东盟全面经济合作框架协议》							√	√

（四）自由贸易协定生态贸易条款内容

截至 2024 年 11 月，全球生效的自由贸易协定共有 373 份，其中 15.48%的自由贸易协定均含有环境保护章节，以 1992 年美国、墨西哥以及加拿大签订的《北美自由贸易协定》以及 1993 年三国签订的《北美自由贸易协定》的附属协定——《北美环境合作协定》为节点，自由贸易协定开始在技术性贸易壁垒、投资，以及卫生与植物检疫措施等章节中加入生态环境保护内容。由于各式各样的 MEAs 仅能处理某一类特定环境问题，再加上 WTO 争端解决机制固有的缺陷无法很好地协调贸易自由与环境保护问题，当前自由贸易协定纷纷加入具有法律约束力的、具有争端解决机制的环境保护条款。自由贸易协定的环境章节能根据缔约方需求磋商更加具体的环境议题，建立一个满足缔约方需求的合作框架，从而在自由贸易协定中加入有针对性的生态贸易条款。具体而言，当前自由贸易协定生态贸易条款主要包括以下内容。

1. 环境保护国际合作

缔约方就环境管理、环境政策、环境标准、环境监管等方面加强政策协同，往往会在自由贸易协定环境保护条款中加入环境合作内容。在《美国—韩国自由贸易协定》《美墨加协定》（The United States-Mexico-Canada Agreement，USMCA）中都包含了环境合作内容。环境合作可分为纯粹的环境合作以及环境与贸易合作条款。前者主要包括缔约方就跨界环境污染、生物多样性保护、全球气候变化等环境问题加强合作；后者主要表现在缔约方致力于推动贸易与环境关系的长期跟踪与评价。比如《中国—新西兰自由贸易协定》规定了双方有关环境合作的原则、目标及合作的具体领域以及与多边环境协定之间的协调问题。该协定表达了缔约方对环境问题的共同关注和合作愿望。

2. 环境可持续发展目标

环境的可持续发展是贸易自由的前提，自《布伦特兰报告》将可持续发展原则作为贸易自由的基础后，各国努力协调贸易与环境领域的政策，将生态环境保护理念置于自由贸易协定中。《北美自由贸易协定》依据可持续发展原则协调自由贸易协定与 MEAs 以及国内环境法的关系，制定环境绩效机制，建立公众参与机制，成立专门组织和争端解决机制。欧盟则强调环境标准的可持续发展，在许多贸易协定中加入贸易与可持续发展章节，将劳工和环境问题联系起来，涉及可持续性影响评估、预防原则和代际公平问题，并包含气候变化问题。《美墨加协定》中明确提出缔约双方认识到加强合作以保护和养护环境以及自然资源的可持续利用和管理带来的好处可以促进可持续发展，加强环境治理，并将生物多样性的保护和可持续发展结合起来，鼓励渔业、森林等资源的可持续利用。

3. 环境标准与措施

自由贸易协定中的环境标准，对缔约国干扰生态环境设置了一个不能突破的限度，主要包括了产品标准、排放标准以及生产工序标准等。产品标准规定了产品设计中的环境参数和在产品制造和使用过程中对环境的影响程度。其目的就是规定产品的物理或化学特性，或者产品包装、陈列规则等。排放标准规定设施或运输工具污染物排放的限度，包括污染物排放数量、浓度或强度等。比如，汽车发动机废气排放标准包括了产品测试、包装、标志等方面的环境保护要求。生产工序标准主要指的是生产设施的设计标准和操作标准。比如，在 1989 年的《禁止在南太平洋使用长漂网捕鱼公约》对工序（拖网）进行了限制。此外，规范各国企业的环境管理，各国还应遵守国际标准化组织在 1995 年颁布的 ISO 4000 系列环境管理标准，主要包括企业从事生产经营活动的环境方面程序、企业环境管理项目、企业及员工的环境意识，建立环境监测、纠正以及管理程序等。

4. 环境争端解决机制

当自由贸易协定中出现环境纠纷时，将依据争端解决机制进行申诉和裁决。

从目前情况来看，环境纠纷涉及降低环境标准吸引外资引发的环境问题。如果缔约方签署了多个双边或多边自由贸易协定，加入的贸易协定越多，环境保护条款类型就可能越多。如果缔约方在制定环境政策时，没有严格遵守非歧视性原则，使外资企业或者国外产品在竞争中处于不利地位，就可能引发环境纠纷；缔约方没有对环境法律和法规进行明确界定，在实施中就意味着各国需遵守全部的环境法律和法规。法律条款越多，越容易引发环境纠纷。争端解决机制和程序因自由贸易协定不同而有所差异。以《北美环境合作协定》为例，主要包括了协商、仲裁。一方对其他国家的执行环境保护条款做法有争议，以书面方式请求磋商，由理事会或专门委员会进行仲裁。

5. 环境公众参与

随着社会公众环境保护理念和环境维权意识的增强，社会公众通过多个渠道表达环境利益诉求，参与环境治理，对约束企业环境违规行为起到了积极的作用。《世界自然宪章》《21 世纪议程》等都强调，公众广泛参与环境决策对于可持续发展是必不可少的。相关国际环境法还规定，在一些情况下，社会公众可以向不履行国际环境义务的国家提出建议，包括建议暂停或取消对该国的经济援助等。社会公众还可以就某个国家违反国际环境条约提出申诉，由条约的秘书处负责资料收集和申诉的受理，并将申诉提交给缔约国组成的委员会进行讨论。在一些国际公约中对社会公众参与给出了明确规定。比如，1991 年的《跨界环境影响评估公约》就规定了当一个国家活动给另一个国家可能造成重大影响时，应允许社会公众有机会参与对该活动的环境影响评价，并保证这个机会与本国公众享有的机会是相当的。

（五）全球自由贸易协定生态贸易条款新趋势

美国提出并主导的《跨太平洋伙伴关系协定》试图将贸易与劳工、贸易与环境、贸易与竞争政策等长期受到关注而难以实施的问题放置于自由贸易协定的谈判之中，在《跨太平洋伙伴关系协定》中加入了劳工标准、环境保护、竞争政策等“边境内”规则，也《使跨太平洋伙伴关系协定》成为广泛的、高标准的巨型自由贸易协定。特朗普上台后，美国宣布退出《跨太平洋伙伴关系协定》。以日本为首的 11 个《跨太平洋伙伴关系协定》参与国于 2018 年 3 月 8 日在智利首都圣地亚哥签署了《全面与进步跨太平洋伙伴关系协定》。在《全面与进步跨太平洋伙伴关系协定》中也设置了环境保护专门章节。2018 年 11 月美国、墨西哥和加拿大三国领导人在阿根廷首都布宜诺斯艾利斯签署《美墨加协定》取代原先的《北美自由贸易协定》，并采用了高标准的环境保护规则。全球主要自由贸易协定中生态贸易规则的内容变动呈现出以下规律。

1. 由零散环境保护条款向独立环境章节转变

《北美自由贸易协定》开创了自由贸易协定中加入边境内规则的新做法，并首次将环境保护问题纳入到自由贸易协定中。但是，《北美自由贸易协定》没有专门的环境章节，关于环境保护相关问题散见于前言和5个条款当中，涉及的环境问题也相对较少。而此后签署的巨型自由贸易协定如《美墨加协定》《全面与进步跨太平洋伙伴关系协定》《美国—韩国自由贸易协定》均设置了独立的环境章节。可见，自由贸易协定环境保护条款逐步由零散的文件转向相对完整的规则。

2. 内容更加全面

通报给 WTO 的区域自由贸易协定中的环境保护条款类型主要包括以下几种：①序言部分；②基于 GATT 第二十条或《服务贸易总协定》第十四条中保护人类、动植物的生命或健康规定的一般和具体环境例外条款；③环境法律的支持；④环境合作；⑤争端解决；⑥具体环境事项的覆盖；⑦加入多边环境协定的具体条款；⑧公共参与；⑨执行机制；⑩相关事前影响评估。第4类至第9类属于较为实质性的条款。美国签订的自由贸易协定中涵盖了所有类型的环境保护条款（表7-4），而发展中国家之间签订的自由贸易协定却只含一两项，有的甚至没有。在强调法律实施方面，自由贸易协定环境保护条款确保了国内和国际环保法律的实施。任何成员都不得不有效地实行环境法，以及履行相关协定下为实现这一目的所规定义务。不能以削弱、损害环境保护法律的方式来鼓励贸易和投资，不应偏离和减免自己应遵守的环保义务。强有力的环境保护条款通过公众参与及监管等多个渠道，确保了环境保护规定的落实。一些环境保护条款还明确规定了纠纷处理程序，一般通过设立环境事务委员会，负责沟通、协商、裁决环境纠纷问题。

表7-4　美国自由贸易协定环境章节条款内容

协定名称	保护水平	环境法律	机构安排	环境合作	环境磋商	公众参与机会
《美国—智利自由贸易协定》	√	√		√	√	
《美国—新加坡自由贸易协定》	√	√	√	√	√	√
《美国—澳大利亚自由贸易协定》	√	√	√	√	√	√
《美国—摩洛哥自由贸易协定》	√	√	√	√	√	√
《美国—秘鲁自由贸易协定》	√	√		√	√	√
《美国—哥伦比亚自由贸易协定》	√	√	√	√	√	√
《美国—韩国自由贸易协定》	√	√	√	√		√

3. 承担更多环境义务

当前，在生物多样性、海洋渔业捕捞、环境货物与服务等方面，各国应承担更多的环境义务。比如，在《跨太平洋伙伴关系协定》中，首先明确了成员对生物多样性重要作用的认识。在承认各成员对自然资源的主权权利的基础上，各成员可以公平地分享从生物资源利用中获得的利益。各成员都有符合当地生活模式、富有当地特色的保持生物多样性的知识、创新和实践，各成员应鼓励公平地分享从这些知识、创新和实践中所获得的利益，应认识到应对过度渔业捕捞的重要性，应该加强对海洋资源的有效管理和利用。要继续履行相关公约下的义务，明确要求各成员必须控制、减少和逐步废除造成过度捕捞的所有补贴。在贸易和气候变化议题上，重视和加强履行各成员在《联合国气候变化框架公约》中的义务。明确提出要提高能源效率、发展低碳技术和可再生能源资源、促进可持续交通和城市基础设施建设、应对森林砍伐和退化、减少国际海上航行和航空运输产生的排放、改进温室气体排放的监测和报告制度等事项。另外，还强调各成员应逐步停止对化石能源的补贴。

4. 加强成员国之间的环境合作

各国开始重视环境合作在纠纷解决中所起的作用，包括环境政策、环境标准、环境治理以及环境技术等方面，使自由贸易区产品有一个共同的或者互认的标准，一定程度上缓解了“绿色贸易壁垒”纠纷。例如，美墨加三国签署《北美环境合作协定》后成立了环境合作委员会，通过加强三国的政府、专家顾问、学术界以及关心环境的公众之间的联系与合作来推进环境改善，强化三国在经济、贸易以及社会领域的联系。在保护生物多样性方面，《全面与进步跨太平洋伙伴关系协定》要求每个国家采取措施阻止非法贸易和禁止非法产品通过其领土转运，并要求每个国家采取措施防止野生动植物的非法贸易。在环境技术合作方面，《中国—韩国自由贸易协定》强调双方在卫生与植物卫生领域开展技术合作，并在卫生与植物相关议题进行合作。

第三节　全球代表性自由贸易协定生态贸易条款主要内容梳理

一、美式 FTA 生态贸易条款

（一）初次加入环境条款的《北美自由贸易协定》（NAFTA）

在 NAFTA 之前，保护环境的普遍做法是缔结大批的多边贸易协定（MEAs），MEAs 通常以限制性贸易措施实现其目标。这种国际环境公约与国际贸易协定的

"条约冲突"成为多边贸易体制面临的重大问题。对此，NAFTA 试图着眼于国际贸易、国际投资对环境的影响，将环境与贸易问题纳入协调一致的政策制定框架中，把可行的环境规定提交到 GATT 的贸易谈判中进行讨论。1992 年美国、加拿大以及墨西哥达成 NAFTA，标志着美国开启在 FTA 中纳入环境条款的先河，改变了在 FTA 领域仅针对贸易问题的传统思维方式。NAFTA 生态环境条款主要记载在第 104 条和第 1114 条，第 7 章（农业、卫生和植物卫生措施）、第 9 章（标准-相关措施）以及第 20 章（机构设置和争端解决机制）中，在序言部分也有可持续发展与加强环境保护的相关表述。NAFTA 的第 104 条清楚规定，有关濒危物种、消耗臭氧物质以及有害废物的具体国际环境协定中的贸易条款，优先于本协定，在一定程度上解决了 NAFTA 与国际环境协定的法律冲突问题，且不会削弱缔约方在这些国际环境协定的权利与义务。NAFTA 保留了《关于消耗臭氧层物质的蒙特利尔议定书》《控制危险废物越境转移及其处置的巴塞尔公约》《濒危野生动植物种国际贸易公约》等国际环境条约，明确授权一个缔约方在追求"安全或保护……的合法目标时"，建立自己的环境保护水平，协调了各缔约方国内和国际标准。在第 2101 条一般例外中，允许各缔约国采取与影响货物贸易有关规定不相一致的措施以保护如公德、人类/动植物生命或健康、国家财富等利益，保护可用竭的自然资源，或对欺诈行为及竞争性行为等采取强制措施，但是，这些措施不得构成武断性的歧视或对国际贸易的变相限制。在环境争端解决机制方面，NAFTA 也突破了以往国际贸易法律实践中由被告国来承担举证责任的做法，而是由控告国证明被告国实施的环境或健康措施不符合 NAFTA 的规定，这有助于避免一国不受另一国的环境政策干扰。

（二）《美墨加协定》（USMCA）

2018 年美墨加三国就对 NAFTA 升级与更新成《美墨加协定》达成一致，《美墨加协定》的环境条款相较以往的 FTA 更多，但更多的是 FTA 中复制或"样板化"环境条款的做法。一方面，《美墨加协定》从 NAFTA 取消了诸多环境条款，但仍保留了 72%的 NAFTA 环境条款，包括防止缔约方为吸引投资而减损执行其环境条款的规定等。另一方面，《美墨加协定》包含了 30 项 NAFTA 未涉及的环境议题，并参照欧式 FTA 的做法，将具体问题的条款纳入其 FTA 环境条款中，包括环保产品及服务、海洋及渔业事务以及企业社会责任等（郑玲丽，2021，p159~p164）。《美墨加协定》生态贸易条款主要包括以下内容。

第一，设置环境标准。《美墨加协定》为了应对全球和区域环境问题，维护公众健康、生态系统完整性，制定了大气、海洋两方面的环境标准。在大气环境保护方面，《美墨加协定》分别对臭氧层和空气质量作出了相应规定。关于臭氧层的保护，协定缔约方认识到某些物质的排放会显著消耗臭氧层或以其他方式改变臭氧层，从而可能对人类健康和环境造成不利影响。因此，该协定要求缔约方根据《关于消耗臭氧层物质的蒙特利尔议定书》控制物质的生产、消费和贸易。同时，协定要求缔约方公开有关臭氧层保护的合作计划和活动的相关信息。另外，《美墨加协定》就空气质量问题达成了共识。缔约方认识到减少国内和跨境空气污染的重要性，并且合作有助于实现空气质量目标。协定还要求缔约方认识到统一空气质量监测方法的重要性。协定要求缔约方公开其相关计划和活动的空气质量数据和信息，并应努力确保这些数据和信息易于公众获取和理解。

在海洋环境保护方面，《美墨加协定》首先针对船舶污染问题进行了规定，提出缔约方应根据各自的法律或政策，采取措施防止船舶污染海洋环境。并且缔约方应公开其与防止船舶污染海洋环境有关的计划和活动，包括合作计划的适当信息。其次，《美墨加协定》还对海洋垃圾问题达成了共识，认识到采取行动预防和减少海洋垃圾（包括塑料垃圾和微塑料）的重要性，以保护人类健康和海洋及沿海生态系统，防止生物多样性丧失，并减轻海洋垃圾的影响。因为海洋垃圾问题的全球性，所以各国应采取措施预防和减少海洋垃圾。

第二，加强环境合作。《美墨加协定》致力于扩大缔约方在环境事务上的合作关系，并且根据三国签署的《美墨加环境合作协定》开展环境合作活动。缔约方在环境保护、实践和技术等方面开展合作，同时环境合作活动由环境合作委员会按照《美墨加环境合作协定》的规定进行协调和审查。协定在臭氧层保护、空气质量、船舶污染、海洋垃圾等问题的上都详细列举出了缔约方的合作领域。

首先，缔约方在臭氧层保护问题上的合作，包括：①消耗臭氧层的物质环保替代品；②制冷剂管理做法、政策和方案；③平流层臭氧测量方法；④打击消耗臭氧层物质的非法贸易。其次，空气质量方面的合作。缔约方在以下相关领域交流信息和经验：①环境空气质量规划；②建模和监测，包括主要来源及其排放的空间分布；③空气质量和排放的清单和测量方法；④减少、控制和预防技术和做法。另外，为了保护海洋环境免受船舶污染，缔约方在以下领域开展合作：①来自船舶的意外污染；②船舶日常作业造成的污染；③船舶故意污染；④开发技术以尽量减少船舶产生的废物；⑤船舶排放；⑥港口废物接收设施是否充足；⑦加强对特殊地理区域的保护；⑧执法措施，包括通知船旗国和酌情通知港口国。最后，缔约方为了打击海洋垃圾问题，合作解决陆地和海洋问题，促进废物管理基础设施建设，并推进与废弃、丢失或以其他方式丢弃的渔具有关的工作。

第三，环境争端解决。《美墨加协定》规定，如果缔约方存在环境争端问题，争端解决的程序包括环境协商、高级代表协商、部长级协商、争端解决四个步骤。在出现环境争端时，首先尝试进行环境协商。一方（请求方）可以要求就协定规定的环境事务的任何事项与任何另一方（协商方）进行磋商。协商方应尽一切努力就该事项达成相互满意的解决方案，其中可能包括适当的合作活动。如果协商方未能通过环境协商解决环境争端，则进行高级代表协商。要求协商方的环境委员会代表召开会议审议该事项，在适当情况下从政府或非政府专家那里收集相关科学和技术信息，并且与该事项有重大利益关系的任何其他缔约方的环境委员会代表均可参加协商。如果高级代表磋商未能解决协商方的问题，则进行部长级协商。协商方可将此事提交协商方相关部长寻求解决，并规定协商应保密，不得损害任何一方在未来任何程序中的权利。但如果缔约方的环境争议问题并没能通过环境协商、高级代表协商、部长级协商这三种方式解决，便可以由请求方发起申请设立专家组。专家组为了解决特定的环境争议问题，会酌情寻求技术咨询或援助，并根据得到的解释性指导意见作出调查结果和决定。

第四，组织设置。《美墨加协定》为便利缔约方在环境事务实施中沟通，设置了环境委员会和联络点。其中，环境委员会由负责实施环境事务的缔约各方的中央级政府部门高级代表或其指定人员组成。环境委员会的设立是为了监督协定中环境事务的实施，职能主要包括：讨论和审查环境事务实施情况、定期向委员会和根据《美墨加环境合作协定》设立的环境合作委员会理事会通报环境事务的实施情况、环境争端解决情况等。协定规定环境委员会应每两年召开一次，其所有决定和报告均应以协商一致方式作出，并向公众公开。

第五，环境立法。《美墨加协定》在协定中给出了环境法的定义，环境法是指缔约方的法规或条例或其规定，包括履行该缔约方在多边环境协定下的义务的任何法规或规定，其主要目的是保护环境，或防止对人类生命或健康造成危险，通过：①防止、减少或控制污染物的释放或排放；②控制对环境有害或有毒的化学品、物质、材料或废物，以及相关信息的传播；③保护野生动植物，包括濒危物种、它们的栖息地和特别受保护的自然区域。

关于环境法的执行，《美墨加协定》规定任何一方均不得在本协定生效之日后以影响双方贸易或投资的方式，因为持续或反复的不作为而未能有效地执行其环境法。缔约方都保留就以下事项作出决定的权利：①调查、起诉、监管和合规事项；②与确定具有更高优先级的其他环境法律相关的环境执法资源分配。同时规定协定内容均不得解释为赋予一方当局在另一方领土内开展环境执法活动的权力。

（三）其他美式 FTA 代表——《美国—韩国自由贸易协定》

目前，美国生效的 FTA 共 14 个，设置环境条款的贸易协定 13 个（除美国—以色列 FTA 外）。美式 FTA 环境条款被定义成青铜级、白银级以及黄金级三类。其中，TPP 与《美墨加协定》因其具有更大的环境权利、更严格的执法和对违规者更严厉的惩罚，被定义为黄金级。青铜级的 FTA 包括与约旦（2001 年）、智利（2004 年）、新加坡（2004 年）、澳大利亚（2005 年）、巴林（2006 年）、中美洲（2006～

2009 年）、摩洛哥（2006 年）和阿曼（2009 年）签订的自由贸易协定。这些 FTA 虽有环境保护条款，但可执行的条款较为单一，即缔约国不能以影响贸易的方式放松环境法的执行，对违规者的处罚是罚款，并没有任何贸易利益的暂停。白银级的 FTA 包括与秘鲁（2009 年）、哥伦比亚（2012 年）、韩国（2012 年）和巴拿马（2012 年）签订的 FTA，这类 FTA 加入环境法律的执行条款，并规定使用贸易制裁以及争端解决机制（郑玲丽，2021，p173~p174）。其中，《美国—韩国自由贸易协定》为后面的 TPP 环境专章规则提供了相关范本。

美韩两国自 2006 年 12 月启动自由贸易协定谈判，2007 年 6 月正式签署协定，包括了农业、原产地规则、技术性贸易壁垒、投资、跨境服务贸易、金融服务、电子商务、知识产权保护、环境、劳工、透明度等 24 章，其中多个属于高标准的边境内规则，而且还规定 3 年内两国逐步取消 95%的商品关税。第 20 章是关于环境保护的独立章节。生态贸易条款的主要包括以下方面。

第一，加强环境保护绩效管理机制。该机制包括了促进各国采取自发性行动保护和改善环境的机制，比如，分享与实现高水平环境保护的方法、自发性环境审计和报告，更有效地利用资源或减少环境影响的方法，环境监控以及基线数据收集的有关信息。《美国—韩国自由贸易协定》的第 20 章还包括了激励性措施，主要涉及基于市场的鼓励，保护自然资源的激励措施，各国鼓励维持、发展和优化绩效目标和用于衡量环境保护绩效的标准，采取灵活手段实现环境保护目标以及标准等。

第二，公众参与机会。①提高社会公众对环境保护的意识，确保与环境保护相关的法律、与环境保护相关的法律实施程序、合规程序能够为公众获取。②尽量设法满足各国人员获取环境信息的请求，并收集各国对环境保护条款实施的意见。③各缔约方设法满足各方人员获得环境信息的请求、各方对各方人员提出的环境保护条款执行情况的书面意见的请求，作出回应并让公众容易获知上述回应内容。④要求各缔约方成立全国性的咨询委员会来征集对本协定的意见。

第三，环境合作。缔约各方已充分认识到环境合作有助于促进环境改善、提升环保实践水平和推动环保技术发展。同时，各缔约方承诺建立并拓展在环境事务上的合作关系。各国依据《美利坚合众国与大韩民国环境合作协定》开展环境合作，并建立起环境合作的实施机构，进行协调和评估。各国承诺以适当方式同其他国家及社会公众分享和评估该环境保护条款的潜在影响。

第四，环境磋商与争端解决机制。①各国均可以通过向另一国指定的联络点递交书面请求就环境保护条款事宜进行磋商，另一方收到请求后应作出回应。各国应尽量就环境保护条款事宜实现双方满意的解决方案，也可以向任何个人或机构寻求建议或帮助。倘若涉及缔约国承担的环境相关义务时，各国应尽量根据本协定启动双方同意的磋商程序。②如果磋商未能达成一致或没有解决环境相关事宜，任一方均可以通过指定的联络点递交书面请求召开理事会。理事会应通过咨询政府或其他专家，斡旋、调停或调解等程序来处理相关事宜。③如果各国没有能够在递交磋商请求的60天内解决问题，申诉方可以申请按照本协定第22章（制度性条款与争端解决）进行磋商或向联合委员会提交磋商解决的申请。④根据第22章（制度性条款与争端解决）进行磋商时，应通过环境事务理事会建立相应的工作机制，与申诉方进行磋商。倘若协定允许对争端问题有一个以上的解释，并且被诉方依赖其中的一个解释时，可以接受该解释进行磋商和裁决。

创新层面上说，《美国—韩国自由贸易协定》环境专章中不仅对透明度和正当程度进行了明确的规定，在涉及人类健康和环境保护方面，权利人可以提起诉讼来请求损害赔偿，并根据实际情况采取诸如禁止令、罚款、要求当事人采取适当行为来履行环境法律等救济行为，同时也鼓励公民参与环保事业。《美国—韩国自由贸易协定》第20章规定“各方应通过确保公众获取关于环境法律、环境法律执行和遵守情况等信息，提升公众对环境法律的意识，感兴趣的个人可以要求各方当局调查违反环境法律的行为”，将公众参与和信息公开作为环境专章的重要内容。这类规定增强了环境专章的公开透明程序以及公众参与等机制，提高了第三方监督职能，使得生态贸易条款更具有可操作性与执行性。

二、欧式 FTA 生态贸易条款

截至2024年11月，欧盟生效FTA为54份，1958年生效的《罗马条约》是欧共体第一个纳入环境问题的FTA，里面规定动植物生命和健康可以作为禁止或限制货物进出口的理由。欧盟对外缔结FTA更倾向于采用可持续发展条款，环境条款覆盖率高达90%以上。

（一）《综合性经济贸易协定》

2008年10月，欧盟和加拿大展开合作研究，对建立一个更亲密的欧盟加拿大经济合作关系的成本和效益进行评估。2009年5月欧盟与加拿大启动《综合性经济贸易协定》谈判，历经7年，谈判内容相当广泛，不仅包括产品贸易、服务业准入、法律协同等问题，还包括环境、劳动力和可持续发展事项的双边合作问题。2016年10月欧盟与加拿大签署《综合性经济贸易协定》，于2017年9月21日临时生效。《综合性经济贸易协定》生态贸易条款主要包括以下内容。

第一，环境合作。一方面，《综合性经济贸易协定》中的环境合作强调缔约双方对卫生和植物卫生检疫措施信息进行通知和交流，并保持紧密的技术咨询联系，如果一方对另一方提议或实施的食品安全、植物健康或动物健康或卫生和植物检疫措施有重大关切，该方可要求与另一方进行技术磋商。另一方面，对于可能对环境产生影响的经济行动，双方可以联合对该经济行动进行评估，支持可持续发展的贸易合作。双方决心努力促进和推动环境商品和服务的贸易和投资，包括解决减少与这些商品和服务相关的非关税壁垒问题。

第二，环境争端解决。《综合性经济贸易协定》建立了一个有效沟通机制，用以解决缔约双方的环境问题争端。一方通过另一方的联络点提交书面请求，对产生的环境争端进行磋商，提请诉讼方还可以请求召开贸易和可持续发展委员会会议审议该事项。对于因环境问题产生的任何争议，应诉方收到设立专家小组的请求后，10 个工作日内就专家小组达成协议。专家小组应向各方发布一份临时报告和一份最终报告，列出事实调查结果、其对该事项的决定，包括应诉方是否遵守了环境章节。专家组应在选出最后一名专家组成员后 120 天内向各方提交中期报告，或由各方另行决定。各方可在中期报告提交后 45 天内向专家小组提供评论意见。在审议这些意见后，专家小组可重新审议其报告，或进行它认为适当的任何进一步审查。专家组应在提交中期报告后 60 天内向各方提交最终报告。每一缔约方应在提交最终报告后 30 天内公布该报告。

第三，公众参与机会。首先，《综合性经济贸易协定》强调透明度作为促进公众参与贸易可持续发展活动的关键，要求在必要时候公开环境争端信息。其次，设立民间社会论坛。鼓励每一缔约方与非国家行为者进行公开辩论，讨论公共当局在环境法领域的政策等。其次，每个缔约方应接受并适当考虑公众就与环境问题有关的事项提交的材料，包括关于相关问题的信息通报。最后，每个缔约方应利用现有的或建立新的磋商机制，如国内咨询小组向各自的民间社会组织通报这些信息。

第四，组织设置。缔约双方成立卫生和植物检疫措施联合管理委员会，确保双方与卫生与植物检疫措施相关的权利与义务的实施。首次会议后，联合管理委员会应视需要召开会议，通常每年召开一次。除非双方另有决定，联合管理委员会应至迟于本协定生效后 180 天内举行会议并制定其工作方案，并至迟于本协定生效后一年内制定其议事规则。联合管理委员会可以决定通过视频会议或电话会议开会，也可以通过通信方式解决会期以外的问题。联合管理委员会应每年向《综合性经济贸易协定》联合委员会报告其活动和工作方案。各方应促进一个由在其领土上建立的民间社会组织的代表组成的联合民间社会论坛，除非各方另有协议，民间社会论坛应每年召开一次。双方应促进相关利益的平衡性及代表性，包括独立代表雇主、工会、劳工和商业组织、环境团体以及其他相关的民间社会组织。缔约方也可以通过虚拟手段促进各方参与。

（二）《日欧经济伙伴关系协定》

2010 年 4 月 28 日，日本与欧盟在东京举办的第 19 届日欧首脑峰会上建立了一个高级别联合小组，并委托该小组来确定一系列政策方案，用于全面加强日欧关系，同时界定如何落实双方合作框架。在经过周密的分析和获取谈判所需的各国授权后，《日欧经济伙伴关系协定》（EU-Japan Economic Partnership Agreement，EPA）谈判于2013年正式启动。2018年7月17日，日欧领导人签署了《日欧经济伙伴关系协定》，于2019年2月起正式生效。《日欧经济伙伴关系协定》生态贸易条款包括以下主要内容。

第一，加强环境合作。首先，《日欧经济伙伴关系协定》中的环境合作，主要针对卫生与植物检疫措施的技术咨询，具体包括技术磋商、必要信息公开、达成相互接受的解决方案。其次，协定要求缔约双方应进行磋商，以达成确定特定卫生与植物检疫措施等效性的安排。最后，《日欧经济伙伴关系协定》还为了在卫生与植物检疫措施问题上加强沟通与合作，设立卫生与植物检疫措施委员会。

第二，环境争端解决。《日欧经济伙伴关系协定》中规定，缔约方的争端解决程序包括协商、调节和专业委员会介入。但是，当缔约方的争议和卫生与植物检疫措施的风险评估或是进口程序有关时，不能根据《日欧经济伙伴关系协定》中的争端解决章节进行争端解决。而当涉及卫生与植物检疫措施的科学或技术问题争议时，除非缔约双方另有决定，卫生与植物检疫措施委员会应与发生争议的双方协商后，向选定的专家征求意见。为此，卫生与植物检疫措施委员会应接受缔约方的请求，成立技术咨询专家组或咨询相关国际组织，以解决缔约方的争议问题。

第三，组织设置。《日欧经济伙伴关系协定》为让卫生与植物检疫措施得到有效实施和运作，设立了卫生与植物检疫措施委员会。协定规定委员会每年举行一次会议，委员会成员由具有相关专业知识的负责卫生与植物检疫措施的缔约方代表组成，同时轮流在欧盟成员或日本举行会议。卫生与植物检疫措施委员会的职能主要包括：①监测、审查和交流有关卫生与植物检疫措施实施和运作的信息；②解决缔约方环境争端；③开展与卫生与植物检疫措施委员会职能有关的具体任务；④就WTO下设的卫生与植物卫生委员会及食品法典委员会、世界动物卫生组织和《国际植物保护公约》框架下的立场、会议议程等进行磋商。

（三）《跨大西洋贸易与投资伙伴关系协定》

2013年6月，美国与欧盟启动自由贸易区谈判，谈判内容包括削减关税、消除贸易壁垒，共同应对金融危机等问题。美欧并非仅仅是出于经济因素考虑，而是美欧企图重新掌握国际贸易“话语权”，掌握国际经贸规则主动权。《跨大西洋贸易与投资伙伴关系协定》注重强化环保条款的监管与执行力度，推动缔约方加强在环境承诺履行上的合作。

第一，加强环境合作。《跨大西洋贸易与投资伙伴关系协定》中有关环境事务的合作主要体现在技术咨询上，规定如果一方对食品安全、植物健康或动物健康或另一方提议或实施的措施有重大关切，该方可以要求进行技术磋商。并且，另一方应对此类请求作出回应，不得无故拖延，要求通常在 15 天内作出回应。同时，各方应努力提供所有必要的相关信息，以避免对贸易造成不必要的干扰，并达成相互接受的解决方案，协商可以通过音频或视频会议进行。

第二，环境争端解决。《跨大西洋贸易与投资伙伴关系协定》旨在建立一个有效和高效的机制，以避免和解决缔约双方之间关于协定的解释和适用的任何争议，以期在可能的情况下达成共同商定的解决方案。协定规定，在缔约方存在争端时，首先应尝试通过协商调解来解决。协定规定一方应通过向另一方提出书面请求并抄送的方式寻求磋商，磋商应在收到请求之日起 30 天内举行，除非双方另有约定，磋商应在被请求方境内进行。磋商应在收到请求之日起 60 日内应结束，除非双方同意继续磋商。在磋商过程中，尤其是双方在这些程序中披露的所有信息和所采取的立场均应保密，且不得损害任何一方的权利。如果缔约方未能通过磋商调解解决争议，协定规定可以请求设立仲裁庭，启动仲裁程序。仲裁庭由三名仲裁员组成。自被诉方收到设立仲裁庭的请求之日起 10 日内，双方应协商就仲裁庭的组成达成协议。

第三，组织设置。为了监督卫生与植物检疫措施的有效实施，《跨大西洋贸易与投资伙伴关系协定》成立卫生与植物检疫措施联合管理委员会，由各方负责卫生与植物检疫措施的监管和贸易代表组成。该委员会的职能包括：①监督、审议并审查与卫生与植物检疫措施实施有关的所有事项；②为问题的识别、优先排序、管理和解决提供指导；③提供一个定期论坛，便于缔约方进行交流等。委员会可成立由缔约方专家级代表组成的工作组，以解决特定的卫生与植物检疫措施问题。当需要额外的专业知识时，经各方同意后，可以包括来自非政府组织的参与者。同时协定规定缔约方可将任何卫生与植物检疫措施问题提交委员会，委员会应尽快审议提交给它的任何事项。

三、亚太式 FTA 生态贸易条款

（一）《全面与进步跨太平洋伙伴关系协定》

《全面与进步跨太平洋伙伴关系协定》溯源于美国主导的《跨太平洋伙伴关系协定》。美国特朗普总统上台后退出《跨太平洋伙伴关系协定》后，以日本为首的 11 个《跨太平洋伙伴关系协定》参与国经过半年多的沟通与磋商，共同发表联合声明，宣布就继续推进不包括美国的《跨太平洋伙伴关系协定》正式达成一致并将签署新的自贸协定，《跨太平洋伙伴关系协定》也更名为《全面与进步跨太平洋伙伴关系协定》。2018 年 3 月 8 日，参与《全面与进步跨太平洋伙伴关系协定》谈判的 11 国代表在智利首都圣地亚哥举行协定签字仪式，签署《全面与进步跨太平洋伙伴关系协定》的国家有日本、加拿大、澳大利亚、智利、新西兰、新加坡、文莱、马来西亚、越南、墨西哥和秘鲁；2018 年 12 月 30 日，《全面与进步跨太平洋伙伴关系协定》正式生效。2021 年 9 月 16 日，中国商务部向《全面与进步跨太平洋伙伴关系协定》保存方新西兰贸易与出口增长部长奥康纳提交了中国正式申请加入《全面与进步跨太平洋伙伴关系协定》的书面信函。《全面与进步跨太平洋伙伴关系协定》环境保护条款主要包括以下内容。

第一，设置环境标准。《全面与进步跨太平洋伙伴关系协定》认识到保护和维护大气环境、海洋环境的重要性，并针对臭氧层保护以及海洋环境保护制定了一定的环境标准。

首先，臭氧层保护方面。缔约方认识到，某些物质的排放能够大量消耗并以其他方式改变臭氧层，有可能对人类健康和环境造成不利影响。因此，每一缔约方应采取措施控制此类物质的生产、消费及贸易。依照其各自法律或政策，在制定和实施有关臭氧层保护措施的过程中，缔约方还认识到，公众参与和协商的重要性。每一缔约方应公开提供关于其与臭氧层保护相关的计划和活动，包括合作计划的适当信息。其次，海洋环境保护方面。协定规定每一缔约方应采取措施防止船舶对海洋环境造成污染。缔约方还认识到依照其各自法律或政策进行的公众参与和协商在制定和实施防止船舶对海洋环境造成污染的措施过程中的重要性。每一缔约方应公开提供其防止船舶对海洋环境造成污染相关的计划和活动的适当信息，包括合作方案的适当信息。

第二，加强环境合作。《全面与进步跨太平洋伙伴关系协定》构建了一个环境合作框架，提出如果缔约方可从合作中获益，则缔约方应合作处理与环境事务实施相关的具有共同利益的事项。每一缔约方可以通过设置的联络点联系其他缔约方，与其他缔约方分享其合作优先事项、向另一个或多个缔约方提议与环境事务实施相关的合作活动。协定规定环境合作可通过多种方式开展，包括：对话、讲习班、研讨会、会议、合作计划和项目；促进和便利合作和培训的技术援助；政策和程序以及最佳实践共享；专家交流。同时规定所有环境合作活动取决于资金、人力和其他资源的可获性，并应遵守参与合作的缔约方适用的法律法规。参与合作的缔约方应决定合作活动的资金。

在合作框架下，协定还规定了具体的环境合作内容，如在臭氧层保护方面，缔约方的环境合作包括但不限于与下列领域相关的信息和经验交流：消耗臭氧层物质的环境友好型替代选择；制冷剂管理实践、政策和计划；平流层臭氧测量方法；打击消耗臭氧层物质的非法贸易。另外，在控制船舶污染方面，合作领域可包括：船舶造成的偶然性污染；船舶例行操作造成的污染、船舶的故意污染、将船舶产生的废物降至最低限度的技术开发、船舶排放、港口废物接收设施的充足性、在特殊地理区域加强保护措施以及执行相关措施，包括向船旗国发出通知及酌情由港口国发出此类通知。

第三，环境争端解决。《全面与进步跨太平洋伙伴关系协定》规定如缔约方发生环境争端问题，可通过环境磋商、高级代表磋商、部长级磋商以及争端解决四种方法来解决环境争端问题。当缔约方发生环境争端时，首先应通过环境磋商尝试解决争端问题。缔约方（请求方）可通过向对方联络点递送书面请求的方式，请求与任何其他缔约方（回应方）就任何环境事项进行磋商。请求方应在其请求中包含能够使回应方作出回应的具体而充分的信息，包括确定争议事项，并表明提出请求的法律根据。除非请求方和回应方（磋商方）另有议定，否则磋商方应迅速进行磋商，且不迟于回应方收到请求之日后30天。如磋商方未能根据环境磋商解决该事项，则进行高级代表磋商，一磋商方可通过向其他一个或多个磋商方的联络点递送书面请求以要求磋商方的委员会代表召开会议审议该事项。任何其他缔约方如果认为其在本事项中具有实质利益均可派其委员会代表参加磋商。如磋商方未能根据高级代表磋商解决该事项，则进行部长级磋商，一磋商方可将该事项提交磋商方相关部长，该相关部长应寻求解决该事项。同时磋商既可以选择面对面进行，也可以经磋商方同意后通过可获得的任何技术手段进行。如面对面进行，除非磋商方另有议定，磋商应在回应方的首都进行。并且，磋商应秘密进行且不损害任何缔约方在任何未来程序中的权利。如磋商方在收到环境磋商的请求之日后60天内或磋商方可能议定的任何其他期限内，未能根据环境磋商、高级代表磋商和部长级磋商解决该事项，则请求方可请求根据争端解决章节中的磋商条款再进行磋商，或者设立专家组以解决环境争端问题。

第四，组织设置。《全面与进步跨太平洋伙伴关系协定》为使协定中环境章节得到有效实施，设置了环境委员会和联络点。协定规定环境委员会由每一缔约方负责环境事务实施的相关贸易和环境国家主管机关的高级政府代表或其指定人员组成。环境委员会的设置目的是监督环境事务的实施，主要职能包括：①提供讨论和审议环境事务实施情况、合作活动的场所；②定期向自由贸易协定委员会提交关于环境事务实施情况的报告；③审议并努力解决提交的环境争端事项等。关于联络点的设置，协定规定每一缔约方从其相关主管机关中指定一个联络点并做出通知，以期便利缔约方之间就环境事务实施问题进行交流。

第五，环境立法。《全面与进步跨太平洋伙伴关系协定》给出了环境法的定义，提出环境法是指缔约方的法规或条例或其规定，包括履行该缔约方在多边环境协定下义务的任何法规或规定，其主要目的是保护环境，或防止对人类生命或健康造成危险：①预防、减少或控制污染物或环境污染物的释放、排放；②控制对环境有害或有毒的化学品、物质、材料或废物，以及相关信息的传播；③保护野生动植物，包括濒危物种、它们的栖息地和特别受保护的自然区域。同时，《全面与进步跨太平洋伙伴关系协定》要求每一缔约方应通过保证相关信息向公众公开，提高公众对其环境法律和政策的认识，包括关于执行和应遵守的程序。并且，每一缔约方应保证在其法律项下可获得环境法律执行的司法、准司法或行政程序，且这些程序公平、公正、透明并符合正当法律程序。为了有效执行这些法律，每一缔约方应对违反其环境法律的行为提供适当制裁或救济，这些制裁或救济可包括直接对违反者提出诉讼以寻求损害赔偿或禁令救济的权利，或寻求政府行动的权利。

（二）《区域全面经济伙伴关系协定》

在2011年第十九届东盟峰会上东盟十国领导人正式通过了《区域全面经济伙伴关系协定》。2012年8月底召开的东盟十国、中国、日本、韩国、印度、澳大利亚和新西兰的经济部长会议原则上同意组建《区域全面经济伙伴关系协定》。2022年1月1日，《区域全面经济伙伴关系协定》正式生效，全球最大自由贸易区正式实施。《区域全面经济伙伴关系协定》并无环境专章，其环境保护条款主要分布在第5章（卫生与植物卫生措施）、第19章（争端解决）等，生态贸易条款主要包括以下内容。

第一，环境争端解决。《区域全面经济伙伴关系协定》为缔约方提供了争端解决机制，主要包括磋商、斡旋、调解或调停、设立专家组。

协定规定任何缔约方可以要求与另一缔约方就环境事项进行磋商。一被诉方应当对一起诉方提出的磋商请求给予适当的考虑并应当给予此类磋商充分的机会。起诉方提出的所有磋商请求应当说明提出请求的理由，包括确认争议措施，并且指出起诉的事实和法律基础。同时，协定规定磋商应当保密，并且不得损害任何争端方在任何进一步或其他程序中的权利。

另外，协定规定争端各方可在任何时候同意自愿采取争端解决的替代方式，如斡旋、调解或调停。此类争端解决的替代方式的程序可以在任何时间开始，并且可以由任何争端方在任何时间终止。同样地，争端各方在进行争端解决时应当保密，并且不得损害任何争端方在任何进一步或其他程序中的权利。

最后，协定规定在符合一定条件时，起诉方可以通报被诉方，请求设立专家组审查争议事项。起诉方申请的条件包括：①被诉方未对磋商请求作出答复或者未进行磋商；②磋商未能在一定期限内解决争端。在收到设立专家组请求之日起10天内，争端各方应当进行磋商，同时考虑争端的事实、技术和法律方面，以就专家组的组成程序达成一致。起诉方和被诉方各自任命一名专家组成员后，应当就第三名专家组成员的任命达成一致，该第三名专家组成员为专家组主席。为协助达成此类一致意见，每一争端方可以向另一争端方提供一份最多三名专家组主席的被提名人名单。

第二，组织设置。《区域全面经济伙伴关系协定》为让卫生与植物检疫措施得到有效实施，设立了联络点和主管机关。联络点的设立是为了便利对卫生与植物检疫措施的相关事项进行沟通，如指定一个以上的联络点，明确其中一个联络点作为专用联络点，以答复另一缔约方关于联系哪一个适当联络点的咨询。每一缔约方应当通过联络点，向其他缔约方提供其主管当局的描述以及主管当局职能和责任的划分。而缔约方的主管机关可以按照共同同意的方式就协定涵盖的环境事项互相合作。如缔约方同意，鼓励缔约方与货物委员会共享各自主管机关此类合作的信息和经验。

（三）《中国—韩国自由贸易协定》

2012年月中国与韩国就建立中韩FTA进行谈判，2014年11月，中韩双方共同确认中韩FTA实质性谈判结束，2015年6月，中韩两国正式签署《中华人民共和国政府与大韩民国政府自由贸易协定》（又称《中国—韩国自由贸易协定》）。协定涵盖国民待遇与市场准入、卫生与植物卫生措施、服务贸易、投资、电子商务、环境与贸易等22个章节，并将环境与贸易联系起来作为专门章节，生态贸易条款主要包括以下内容。

1. 环境合作

《中国—韩国自由贸易协定》构建了一个相对完善的环境合作框架，首先在卫生与植物卫生措施章节中明确要加强双方负责卫生与植物卫生事务的主管机构间的合作与交流，积极考虑相关议题的合作事宜。其次在技术性贸易壁垒章节中，提出要加强双方在标准、技术法规与合格评定程序领域的信息交流。再次，在经济合作章节中，提到渔业合作的重要性，强调可持续和负责任渔业方式，促进缔约双方水产品贸易稳定发展。最后，在环境与贸易章节中，提到推广环境友好产品、环境产业、环境保护政策交流、环境智库合作机制、环境能力建设、环境产业示范区基地以及其他形式的环境合作。

2. 环境争端解决

一缔约方应在其行政部门内指定一个办公室作为与另一个缔约方的联络点，一缔约方可通过该联络点就环境与贸易问题的事项与另一缔约方进行磋商。当争端发生时，一缔约方可向另一缔约方请求磋商，在磋商请求做出后，被请求方应当在收到请求后的10日内以书面形式进行答复。磋商应当在收到磋商请求后30日内、以达成双方满意的解决方案为目的善意地进行。除非缔约双方另有约定，磋商应当在被诉方领土内进行。如被请求方未在自收到磋商请求之日起10日内答复或未在自收到磋商请求之日起30日内进行磋商，请求方可以直接请求设立专家组。

3. 组织设置

缔约双方成立卫生与植物卫生措施委员会，加强有关卫生与植物卫生事务的合作与磋商，推动双方 WTO/卫生与植物卫生措施咨询点之间的合作与经验交流。同时，成立技术性贸易壁垒委员会，促进双方在标准、技术法规以及合格评定程序的制定与合作。缔约双方成立环境与贸易委员会，该委员会由缔约双方行政部门的若干高级官员组成，该委员会应在认为必要时开会，以监督环境与贸易章节权利与义务的执行。如果发起磋商未能在收到磋商请求后 60 日内或其他双方达成一致的时间内解决争端，起诉方可以向另一缔约方递交设立专家组的书面请求。

第四节 中国环境政策与生态贸易规则创新

一、中国环境政策梳理

环境政策是遏制环境污染与生态破坏的有力工具，早在 1969 年美国就制定了《国家环境政策法》，该部环境法是全球最早的环境法并且明确提出了公众参与环境事务的权利。我国是宣布可持续发展战略最早的国家之一，也是较早开展生态环境保护的国家。早在 1955 年，毛泽东便提出“绿化祖国”的概念。1956 年 1 月的《一九五六年到一九六七年全国农业发展纲要（草案）》提出：从 1956 年开始，在 12 年内，绿化一切可能绿化的荒地、荒山。同年，国务院批准建立广东肇庆鼎湖山自然保护区，这是我国第一个自然保护区。1969 年，我国成立国务院计划起草小组，在编制国民经济和社会发展计划的同时，关注工业发展中的公海问题，学习国外环境治理经验。1972 年联合国人类环境会议之后，中国在人均 GDP 不足 300 美元的艰难条件下开展污染防治与环境保护。会后，中国开始建立环保机构，着手工业“三废”（废气、废水以及固体废物）的防治规划。

1973 年 8 月中国第一次召开全国环境保护会议，在会议上通过了《关于保护和改善环境的若干规定》，确定了“全面规划，合理布局，综合利用，化害为利，依靠群众，大家动手，保护环境，造福人民”的 32 字方针，以及“三同时”（同时设计、同时施工以及同时使用）制度、排污收费制度、环境影响评价制度等老三项制度。1974 年 10 月，国务院环境保护领导小组成立，下设办公室。此后，各地成立相应的环保机构，对环境污染进行评估与治理。1978 年 3 月 5 日，第五届全国人民代表大会第一次会议通过了经重新修改制定的《中华人民共和国宪法》，其中就对生态环境保护第一次做出明确规定：“国家保护环境和自然资源，防治污染和其他公害。”1979 年 9 月，中国第一部生态环境保护单项法律《中华人民共和国环境保护法（试行）》诞生，这预示着中国环境政策正式以法律条文的形式颁布。在此之后中国陆续颁布《中华人民共和国海洋环境保护法》(1982 年)、《中华人民共和国水污染防治法》(1984 年)、《中华人民共和国森林法》(1984 年)、《中华人民共和国大气污染防治法》(1988 年）等多部环境保护方面的法律，搭建起中国生态环境保护的法律框架。

1983 年，中国召开第二次全国环境保护会议，明确了环境保护是我国一项基本国策，制定了经济建设、城乡建设和环境建设同步规划、同步实施、同步发展，实现经济效益、社会效益、环境效益相统一的“三同步、三统一”的环境与发展战略方针。1989 年，在第三次全国环境保护会议上，提出了环境保护“坚持预防为主”“谁污染、谁治理”和“强化环境管理政策”三大政策以及“三同时”(建设项目中防治污染和生态破坏的设施必须与主体工程同时设计、同时施工、同时投产使用)、环境影响评价、征收排污费、城市环境综合整治定量考核、环境保护目标责任、排污申报登记和排污许可证、限期治理和污染集中控制等“八项管理制度”。

进入 90 年代，中国将可持续发展战略确立为国家战略。在 1992 年联合国环境与发展会议结束不到两年，率先制定了《中国 21 世纪议程——中国 21 世纪人口、环境与发展白皮书》，在此之前，1993 年国家环境局也提出了中国政府环境与发展十大对策介绍，里面内容包括：①实行持续发展战略；②采取有效措施，防治工业污染；③深入开展城市环境综合整治，认真治理城市“四害”；④提高能源利用效率，改善能源结构；⑤推广生态农业，坚持不懈地植树造林，切实加强生物多样性保护；⑥大力推进科技进步，加强环境科学研究，积极发展环保产业；⑦运用经济手段保护环境；⑧加强环境教育，不断提高全民族的环境意识；⑨健全环境法制，强化环境管理；⑩参照国际社会环境与发展会议精神，制定我国的行动计划。1996 年 7 月第四次全国环境保护会议在北京召开，会议提出了保护环境的实质就是保护生产力，要坚持污染防治和生态保护并举，全面推进环保工作。1998 年国务院印发《全国生态环境建设规划》，明确要求持续抓好西北、华北以及东北防护林系等各类生态环境建设工程。

进入 21 世纪，我国重视将生态环境保护融入经济社会发展进程中。2000 年 11 月国务院发布《全国生态环境保护纲要》，明确指出生态环境保护是功在当代、惠及子孙的伟大事业和宏伟工程。坚持不懈地搞好生态环境保护是保证经济社会健康发展，实现中华民族伟大复兴的需要。2002 年 1 月，第五次全国环境保护会议提出环境保护是政府的一项重要职能，要按照社会主义市场经济的要求，动员全社会的力量做好这项工作。此后陆续颁布了《中华人民共和国清洁生产促进法》(2002 年)、《中华人民共和国环境影响评价法》(2003 年)、《中国 21 世纪初可持续发展行动纲要》(2003 年)、《国务院关于做好建设节约型社会近期重点工作的通知》(2005 年)、《国务院关于加快发展循环经济的若干意见》(2005 年)、《国务院关于落实科学发展观加强环境保护的决定》（2005 年）等建设资源节约型和环境友好型社会的环境政策与法规。在《中华人民共和国国民经济和社会发展第十一个五年规划纲要》中，提出把主要污染物排放总量和单位 GDP 能源消耗下降比例作为约束性指标。在第六次全国环境保护会议上提出三个转变，即从重经济增长轻环境保护转变为保护环境与经济增长并重；从环境保护滞后于经济发展转变为环境保护和经济发展同步；从主要用行政办法保护环境转变为综合运用法律、经济、技术和必要的行政办法解决环境问题。2011 年第七次全国环境保护会议提出要把解决损害群众健康的突出环境问题作为重中之重，要实现经济效益、社会效益、资源环境效益的多赢，促进经济长期平稳较快发展与社会和谐进步。

新时代以来，我国生态环境保护发生了历史性的变革。党的十八大以来，以习近平同志为核心的党中央把生态文明建设作为关系中华民族永续发展的根本大计，大力推动生态文明理论创新、实践创新、制度创新，形成了习近平生态文明思想，为全面推进生态文明建设、加强生态环境保护提供了方向指引和根本遵循。2012 年 11 月，党的十八大通过《中国共产党章程（修正案）》，将生态文明建设写入党章并作出阐述，作出了“大力推进生态文明建设”的战略决策。党中央、国务院印发《关于加快推进生态文明建设的意见》《生态文明体制改革总体方案》；出台实施《大气污染防治行动计划》《水污染防治行动计划》《土壤污染防治行动计划》，坚决向污染宣战；出台《环境保护督察方案（试行）》《中央生态环境保护督察工作规定》《生态环境损害赔偿制度改革方案》等文件，建立中央生态环境保护督察制度、生态环境损害赔偿和责任追究等一系列重大制度。对《中华人民共和国环境保护法》《中华人民共和国大气污染防治法》《中华人民共和国水污染防治法》《中华人民共和国固体废物污染环境防治法》《中华人民共和国海洋环境保护法》等一系列法律进行重大修改；特别是 2014 年修订的环境保护法被称为是“史上最严格”的环保法；2017 年、2018 年全国人大分别通过核安全法、土壤污染防治法，国务院出台了《排污许可管理条例》等一批法规，我国基本形成了较为完整的生态环境保护法律法规体系。2018 年 5 月，召开全国生态环境保护大会，提出新时代推进生态文明建设，必须坚持人与自然和谐共生、绿水青山就是金山银山、良好生态环境是最普惠的民生福祉、山水林田湖草是生命共同体、用最严格制度最严密法治保护生态环境、共谋全球生态文明建设等六大原则。会后，形成了《中共中央 国务院关于全面加强生态环境保护 坚决打好污染防治攻坚战的意见》这一生态环境保护的重大政策性文件。中国在《中共中央关于制定国民经济和社会发展第十四个五年规划和二〇三五年远景目标的建议》提出到 2035 年广泛形成绿色生产生活方式，生态环境根本好转，美丽中国建设目标基本实现。

二、中国自由贸易试验区的生态贸易议题创新

中国自由贸易试验区体系建设是中国参与双边、区域以及多边贸易体制与投资规则的重要举措。自由贸易试验区（下文简称自贸试验区）是制度创新的试验田，是国际贸易投资新准则的测试平台，有利于中国探索对外开放新模式。近年来，中国自贸试验区积极开展生态贸易议题与国际对接，探索实现环境与贸易投资相互支持的新模式。根据现有案例与《关于加强自由贸易试验区生态环境保护推动高质量发展的指导意见》，具体生态贸易议题创新内容主要有以下几方面。

（一）公众参与

我国环境保护公众参与深度与发达国家存在一定差距，积极推行公众参与制度并提升环境信息公开透明度有利于健全中国的环境法律法规、增强其执行力度，中国自贸试验区也在积极探讨环境保护公众参与模式创新。在2019年南沙区龙穴岛的一宗污染环境案件中，积极融合“社会服务告知”“检察公开听证”及“公益诉讼诉前修复”等多项检察制度，由当事人志愿开展社会公益服务，实现了惩治教育与预防犯罪“双功效”，促使惩治犯罪与生态修复“双落实”，引导当事人参与环保公益活动。

（二）环境管理制度

在2021年颁布的《关于加强自由贸易试验区生态环境保护推动高质量发展的指导意见》中，里面明确提出“实施环评审批正面清单，支持依法依规开展环境影响评价制度改革试点。对依法合规、满足生态环境保护要求的基础设施、重点产业布局等项目开辟‘绿色通道’，支持自贸试验区重大项目建设。推动重大生态环保改革举措优先在自贸试验区试点示范，深入推进环境信息依法披露、排污口监督管理、危险废物监管和利用处置能力、生态环境损害赔偿、环境污染强制责任保险等制度改革。指导支持自贸试验区开展生态文明建设示范创建。”

（三）与国际生态贸易规则进行对接

在2021年颁布的《关于加强自由贸易试验区生态环境保护推动高质量发展的指导意见》关于生态贸易规则对接提到两点，一方面，要对标国际环境与贸易规则及实践。积极落实我国与其他国家和地区签署的《中国—韩国自由贸易协定》、《中国—瑞士自由贸易协定》等双边或区域自由贸易协定中的有关生态环境条款。支持有条件的自贸试验区主动对标和参考国际高标准自贸协定中的环境条款，积极探索实现环境与贸易投资相互支持的新模式。另一方面，持续推进生态环境国际合作。有关自贸试验区积极搭建生态环境合作平台，开展环境技术交流与合作，

支持共建绿色“一带一路”。加强黑龙江等边境自贸试验区环境管理与合作，防范跨境水生态环境污染风险。加强对引进种质资源的隔离与监管，强化野生动植物进口管理，加强外来入侵物种和生物遗传资源等的调查、监测和编目，构建自贸试验区生物安全防控体系。进一步提升节能环保领域对外开放水平，鼓励外资投资节能环保项目。做好生态环境领域外商投资安全审查工作。

（四）绿色贸易

2021 年颁布的《关于加强自由贸易试验区生态环境保护推动高质量发展的指导意见》，明确提出“支持综合保税区内企业开展高技术、高附加值、符合环保要求的产品维修业务，研究扩大维修产品目录。研究支持自贸试验区内企业按照综合保税区维修产品目录开展保税维修业务。鼓励自贸试验区积极扩大先进生态环境治理与低碳技术进口，以及研发设计、环境服务等生产性服务进口。”

第八章　碳交易、碳税及全球碳市场

第一节　碳交易、碳价格与碳税的发展历程

一、碳交易的发展历程

1997 年，全球 100 多个国家因全球变暖签订了《京都议定书》，该条约规定了发达国家的减排义务，同时提出了三个灵活的减排机制，排放权交易是其中之一。其中，三种机制是指：议定书第六条所确立的共同履约；第十二条所确立的清洁发展机制；第十七条所确立的排放权交易。根据联合国《京都议定书》，发达国家要承担定量减排义务，但是它们自己的减排成本高，所以可以通过一种交易机制购买发展中国家的减排量以抵消部分义务；这便是《京都议定书》提出的以市场机制作为解决二氧化碳为代表的温室气体减排问题的新路径，即把二氧化碳排放权作为一种商品，从而形成了二氧化碳排放权交易，简称碳交易。由此，碳排放权交易的概念应运而生。

2003 年美国芝加哥成立的芝加哥气候交易所是世界上第一个温室气体交易所。2005 年，伴随着《京都议定书》的正式生效，碳排放权成为国际商品，越来越多的投资银行、对冲基金、私募基金以及证券公司等金融机构参与其中。欧盟也于当年建立了欧盟排放交易体系（European Union Emission Trading System，EU ETS），是世界上最大的排放交易体系，几乎欧盟所有高耗能行业的排放设备都被纳入其交易体系中。基于碳交易的远期产品、期货产品、掉期产品及期权产品不断涌现，国际碳排放权交易进入高速发展阶段。

2009 年，哥本哈根气候谈判中，中国首次宣布将主动采取措施加强节能减排，承诺到 2020 年单位 GDP 碳排放要比 2005 年下降 40%至 45%。基于此，2011 年国家发展改革委应对气候变化司在 7 个省市（北京市、天津市、上海市、重庆市、广东省、湖北省和深圳市）开展了碳排放权交易试点[①]；2013 年到 2014 年，中国陆续在北京市、重庆市、广东省、湖北省、上海市、深圳市和天津市七省市开展了碳排放权交易试点，这七个碳排放权交易试点分别采取了略有不同的市场布局，在温室气体的种类及工业领域的涵盖等方面，在配额、验证方法等方面也不一样。

① 详见《关于开展碳排放权交易试点工作的通知》（发改办气候〔2011〕2601 号）。

试点地区为推动碳市场[①]的顶层设计和地方实践积累了丰富的经验教训，并且为完善中国在全国范围内推广碳排放权交易发展提供了有力支持。

2014年，中国和美国共同宣布了各自的国家目标，以助推第二年的巴黎峰会。中国提出了其碳排放强度下降目标。同年12月10日，中国还发布了《碳排放权交易管理暂行办法》(国发改委令第17号)。在欧洲排放交易体系启动十年后，2015年9月，中国在与美国的一个联合声明中宣布，中国将在2017年建立全国碳排放权交易体系。

2017年12月19日，国家发展改革委在北京宣布启动全国碳排放权交易体系，这是中国碳交易体系建设的重要里程碑。全国碳市场的正式启动以发电行业为突破口，经国务院同意，国家发展改革委印发《全国碳排放权交易市场建设方案（发电行业）》，标志着全国碳排放权交易体系已完成总体设计并正式启动。

2018年3月，应对气候变化工作职能划到生态环境部，为推进全国碳市场建设，2019年以来，生态环境部做了一系列工作，包括《碳排放权交易管理暂行条例》及相关配套细则公开征求意见、注册登记和交易系统建设运行方案出台、碳排放权交易配额管理规范、基础能力建设和培训等。《2019—2020年全国碳排放权交易配额总量设定与分配实施方案（发电行业）》中指出初步纳入全国碳排放交易市场覆盖行业的为电力行业，2162家发电企业被列入重点排放单位，第一个履约周期从2021年1月1日到2021年12月31日；2020年12月31日，《碳排放权交易管理办法（试行）》（生态环境部令第19号）为全国碳市场的运行提供了法律法规和市场运行标准。

自“碳达峰”“碳中和”目标提出以来，全国碳市场建设呈现出加速态势，国家和地区层面多次提出，要加快建设全国碳排放权交易市场，完善能源消费双控制度。

二、碳价格与碳税的发展概述

碳价格是指碳金融产品的价格。目前，中国碳市场交易的标的产品均为碳排放权现货，即由政府发放的可交易的碳配额。

用市场化的环境机制来为温室气体的排放定价，从而达到节能减排、控制温室气体排放目的，主要有两种方式，一是限额与交易制度（cap-and-trade），二是征收碳税，中国已按照第一种制度正式启动了全国碳交易市场。当前，学术界关

① 碳市场也称为碳排放权交易市场、碳交易市场，是依据《联合国气候变化框架公约》、由人为规定而形成的、进行碳排放权及其衍生品交易的金融市场。按照交易目的可将碳交易市场划分为强制交易市场和自愿交易市场（曾诗鸿和刘琦，2011）。目前，强制交易市场的规模较大，在全球占主要地位。本章中的“碳市场”“碳交易市场”以及“碳排放权交易市场”均为相同含义。

于碳定价问题的讨论立足于不同的视角，从减排成本层面看，碳排放权价格应与企业的边际减排成本相等；从区域层面看，各地的碳排放权价格应等于区域的边际减排成本；从市场供需角度看，碳排放权价格取决于配额供求双方的供求关系。因此，所有影响供给双方的因素都会对碳排放权价格产生影响。此外，由于碳市场是人为设定的交易市场，其制度设计也会对碳交易价格产生重要影响。

碳税则是一项针对向大气排放二氧化碳而征收的环境税。设置碳税的目的是通过税收手段，抑制向大气中排放过多二氧化碳，从而减缓气候变暖进程。科学研究表明，作为有效和合理应对全球气候变化的手段之一，碳税利用市场的无形之手引导市场参与者走向低碳未来，提供了具有成本效益的杠杆。碳税又分为广义碳税和狭义碳税。狭义碳税特指对二氧化碳排放量或对化石燃料按照其碳含量征收的税，广义碳税还包括对能源使用征收的税，主要是能源消费税。

世界银行发布了 2022 年度的《碳定价机制发展现状与未来趋势报告》（State and Trends of Carbon Pricing 2022）。报告围绕全球碳排放交易体系、碳税和其他直接碳定价工具展开，提供了全球现有碳定价工具的最新概览。在过去一年中，碳定价展现出了很多积极信号，新兴的碳定价工具和创历史新高的碳价让 2021 年间全球碳定价收入比 2020 年增长了近 60%，达到 840 亿美元（2020 年时创收 530 亿美元）。增加的碳定价收入不仅能够加快推动全球经济低碳转型，还可以支撑可持续的经济复苏，为财政改革提供资金，并帮助各国经济更快恢复到疫情前的水平。

《碳定价机制发展现状与未来趋势报告》显示，截至 2022 年 4 月，全球已投入运行的碳定价工具共计 68 种（2021 年报告中为 64 种），另有 3 种正在推行中。4 种新的碳定价工具分别来自：乌拉圭（碳税），美国俄勒冈州（ETS）、加拿大安大略省（ETS）、加拿大新不伦瑞克省（ETS 和碳税）。这些碳定价工具（包括正在推行的 3 种）囊括了 37 种碳价和 34 种碳排放交易体系，共覆盖了全球约 23%的温室气体排放（2021 年报告中覆盖率为 21.5%，2020 年报告中覆盖率为 15.1%）。

各国碳税税率差异较大，从波兰的 0.08 美元/吨二氧化碳当量到瑞典的 137.24 美元/吨二氧化碳当量不等（表 8-1）。碳税税率水平总体较低，近一半国家碳税税率低于 25 美元/吨二氧化碳当量，超过 50 美元/吨二氧化碳当量的碳税税率均出现在欧洲，亚洲仅日本和新加坡建立了碳税制度，碳税税率均较低，分别为 2.61 美元/吨二氧化碳当量和 3.71 美元/吨二氧化碳当量。部分国家针对不同征税对象设置了差异税率，如冰岛、丹麦对含氟温室气体设置了低于一般化石燃料的税率，芬兰和卢森堡分别针对交通燃料和柴油制定了高于其他化石燃料的税率。碳税实施的初期，各国通常制定较低的税率水平，以减少对本国产品竞争力的不利影响，然后分阶段逐步提高税率，以保证减排效果。日本为了避免税负急剧增加，在三年半内分三个阶段提高碳税税率。

表 8-1　部分国家（地区）碳税开征年份及税率

国家（地区）	开征年份	碳税税率/（美元/吨二氧化碳当量）
瑞典	1991 年	137.24
列支敦士登	2008 年	101.47
瑞士	2008 年	101.47
芬兰	1990 年	72.83（交通燃料） 62.25（其他化石燃料）
挪威	1991 年	3.87～69.33
法国	2014 年	52.39
卢森堡	2021 年	40.12（柴油） 23.49（所有化石燃料）
爱尔兰	2010 年	39.35
哥伦比亚	2008 年	35.81
荷兰	2021 年	35.24
冰岛	2010 年	34.83（化石燃料） 19.79（含氟气体）
加拿大	2019 年	31.83
加拿大新不伦瑞克省	2020 年	31.83
葡萄牙	2015 年	28.19
丹麦	1992 年	28.14（化石燃料） 23.65（含氟气体）
英国	2013 年	24.80
加拿大爱德华王子岛省	2019 年	23.88
加拿大纽芬兰和拉布拉多省	2019 年	23.88
加拿大西北地区	2019 年	23.88
斯洛文尼亚	1996 年	20.32
西班牙	2014 年	17.62
拉脱维亚	2004 年	14.10
墨西哥塔毛利帕斯州	2021 年	12.72
墨西哥萨卡特卡斯州	2017 年	12.23
南非	2019 年	9.15
阿根廷	2018 年	5.54
哥伦比亚	2017 年	5.00
智利	2017 年	5.00

续表

国家（地区）	开征年份	碳税税率/（美元/吨二氧化碳当量）
新加坡	2019 年	3.71
墨西哥	2014 年	0.36～3.18
日本	2012 年	2.61
爱沙尼亚	2000 年	2.35
乌克兰	2011 年	0.36
波兰	1990 年	0.08

资料来源：World Bank. 2020. State and Trends of Carbon Pricing 2020.Washington: World Bank

虽然碳税和碳市场听起来十分相似，但两者存在关键的区别。碳税是一项政府主导的策略，权威部门为温室气体排放制定一个固定的价格，根据每单位排放量向企业进行收费。这种方式下，市场会根据这一额外成本调整碳排放量。因此，碳税政策下的最终排放量是由市场决定的，较难预测。碳市场则允许政府部门确定每年期望的最终排放量，并根据这个期望相应地分配排放限额，让市场决定温室气体排放权的价格。因此，在碳市场下，温室气体排放的价格是波动的，但排放总量相对来说更加可控。表 8-2 报告了碳排放权交易和征收碳税的优缺点。

表 8-2　碳排放权交易与征收碳税优缺点分析

优缺点	碳排放权交易	征收碳税
优点	减排结果确定，减排效率更高 政策实施阻力较小 减小碳泄漏 可与其他碳交易体系或碳抵消机制相连，实现国家或地区间边际成本均等化	政策实施成本低 风险相对可控
缺点	政策实施成本高，有寻租问题 对于市场成熟度及政府管理能力有相应要求	减排效率较低，政策实施阻力相对较大 政策灵活性差

资料来源：前瞻产业研究院

第二节　全球主要国家碳市场概览

前述分析表明，碳市场的建立不仅为减排主体提供了可用于补偿减排成本的经济激励，也为政府机构开辟了推进社会减排所需的资金来源渠道。截至 2020 年底，全球各个碳交易体系已通过“拍卖”碳配额筹集超过 1030 亿美元资金，重点用于资助气候变化领域项目，包括能效提升、发展低碳交通和可再生能源开发利用等。

根据国际碳行动伙伴组织统计，截至 2024 年，全球共有 36 个运行中的碳市场，另外有 14 个碳市场正在建设中，8 个司法管辖区在考虑建立碳市场。但是，不同碳市场政策设计的细节并不一致，如一级市场的配额拍卖比例、行业覆盖范围、温室气体种类覆盖范围等。从全球碳价格来看，欧盟和新西兰碳价格从 2020 年上半年开始出现陡升趋势，韩国碳价格同期则出现暴跌后反弹，而北美地区的加利福尼亚-魁北克和区域温室气体倡议（Regional Greenhouse Gas Initiative，RGGI）市场下的碳价格则呈现出平稳上行的趋势。

一、欧盟排放交易体系（EU ETS）

欧盟是最早对碳排放定价并采取市场化交易的主要经济体，也是全球碳市场发展的引领者。且除碳市场手段外，欧盟还通过征收碳税来实现对碳排放重点行业的覆盖。EU ETS 严格执行限额与交易制度，欧盟成员国需要制定详细的国家分配计划（National Allocation Plan，NAP）、列出控排企业名单和减排目标，经审查后欧盟碳排放配额（European Union Allowance，EUA）会被分配给各部门和企业。目前，EU ETS 覆盖电力、工业、航空业和海运业等，配额总量约占欧盟碳排放总量的 45%。

EU ETS 的运行主要包括四个阶段。

第一阶段为 2005～2007 年，试运行阶段，主要纳入能源生产和能源使用密集行业，并实行 EUA 的免费分配。

第二阶段为 2008～2012 年，加入冰岛、挪威和列支敦士登，加入氧化亚氮（N_2O），纳入航空业，10%配额拍卖。

第三阶段为 2013～2020 年，电力行业 100%、其余 40%配额拍卖，加入克罗地亚，加入全氟化碳（Perfluorocarbon，PFC），加入氨、铝和石化等生产企业，配额总量年递减率升至 1.74%，实施市场稳定储备（Market Stability Reserve，MSR）（2019 年起）。

第四阶段为 2021～2030 年，2024 年纳入海运业，配额总量年递减率升至 2.2%（2021～2023 年）、4.2%（2024 年起）。

目前，欧盟已经进入到第四阶段，执行较为严格的政策也引起碳价的持续走高，且未来可能要纳入运输和建筑等部门，以服务于“2030 年净排放量至少减少 55%的 2030 年气候目标计划”。

英国脱欧后，于 2021 年 1 月 1 日退出了 EU ETS，并在同一天启动了英国碳排放交易体系。英国碳市场覆盖电力、工业和航空部门，并将每年减少 420 万吨的排放量，总量较脱欧前下降 5%。

二、美国碳市场

美国尚未建立全国性的碳排放权交易体系，但有些州联合设立了区域性的减排计划，主要有 RGGI、西部气候倡议（Western Climate Initiative，WCI）、运输与气候倡议计划（Transportation & Climate Initiative Program，TCI-P）等。

（一）RGGI 碳市场

RGGI 是美国 2009 年启动的第一个基于市场化机制减少电力部门温室气体排放的强制性计划。目前共涉及美国 11 个成员州：康涅狄格州、特拉华州、缅因州、马里兰州、马萨诸塞州、新罕布什尔州、新泽西州、纽约州、罗得岛州、佛蒙特州和弗吉尼亚州。2013 年起，RGGI 开始实施配额总量设置的动态调整，大幅缩紧了配额总量。2014 年较上年配额数量削减 45%，并在 2020 年之前均保持每年 2.5%的递减速度。在这一政策带动下，RGGI 碳市场价格开始稳步上扬。

RGGI 的具体运行流程与欧盟类似，每个州先根据自身在 RGGI 项目内的减排份额获取相应的配额，再以拍卖的形式将配额下放给州内的减排企业。不同之处在于，RGGI 覆盖内的企业要按照规定安装二氧化碳排放跟踪系统，记录相关数据。

（二）加利福尼亚-魁北克碳市场

西部气候倡议于 2007 年发起，起初涵盖亚利桑那州、新墨西哥州、俄勒冈州、华盛顿州和加利福尼亚州，不列颠哥伦比亚省、曼尼托巴省、安大略省和魁北克省以及蒙大拿州和犹他州又陆续加入。

这 11 个行政区联合提出了西部气候倡议，并于 2010 年公开、2011 年设立非营利组织。西部气候倡议的碳排放权限制和交易体系包括发电、工业和商业化石燃料燃烧、工业过程排放、运输天然气和柴油消耗以及住宅燃料使用所排放的二氧化碳（CO_2）、甲烷（CH_4）、氧化亚氮（N_2O）、氢氟烃（HFC）、全氟化碳（PFC），六氟化硫（SF_6）和三氟化氮（NF_3）。

在碳市场运行方面，加利福尼亚州、魁北克省和安大略省行动积极。加利福尼亚碳市场与魁北克碳市场均成立于 2012 年，又于 2014 年相互联通。二者均覆盖了工业和大多数高耗能行业，可覆盖区域 80%以上碳排放。其特点在于价格走廊政策的实施，执行最低和最高限价政策。

加利福尼亚-魁北克碳市场的运行可分为三个阶段。

第一阶段为 2013～2014 年，90%以上配额免费分配。

第二阶段为 2015～2017 年，高泄漏类企业免费得到配额，中等泄漏类企业可免费得到 75%的配额，低泄漏类企业可免费得到 50%的配额。

第三阶段为 2018～2030 年，中等泄漏类企业免费得到的配额比例下降到

50%，低泄漏类企业下降到 30%，高泄漏类企业不变。

在北美地区，区域性的交易体系自由度较大，各州可以根据自身实际自主选择，然而这种交易方式带来的是各州各自为政的局面，以及交易区之间的矛盾重重。

三、新西兰排放交易体系（NZ ETS）

2008 年的《气候变化应对法（排放交易）2008 年修正案》，正式确定了碳市场的基本法律框架。覆盖行业从林业逐步拓展至化石燃料业、能源业、加工业等，在全球碳市场中覆盖的行业最为全面，其定位是覆盖新西兰经济体中的全部生产部门。

虽然农业部门也被纳入 NZ ETS 中，但并不承担减排义务。由于新西兰较为特殊的产业结构，其农业碳排放达到国内全部碳排总量的 48%。为此，根据新西兰 2019 年提出的《气候变化应对零碳修正案》，将从 2025 年开始对农业排放进行定价。此外，在覆盖气体上，NZ ETS 将 CO_2、CH_4、N_2O、SF_6、HFC、PFC 等六种主要温室气体品种纳入其中。

NZ ETS 早期 90%以上的配额免费发放，随后免费配额比例逐步降低。2021 年开始，政府逐步开始取消对工业部门的免费配额，由拍卖作为分配配额的基本方法。这一政令可能是造成近期新西兰市场大幅走高的主要原因。

虽然对于碳配额 NZ ETS 并不与任何一个其他碳市场相联通，但作为抵消机制的自愿减排交易量，新西兰政府允许控排主体在国际市场购买国际碳信用额度，或在市场上出售自己未使用的额度而获利。

四、韩国排放交易体系（K-ETS）

韩国碳市场成立于 2015 年 1 月，是东亚地区的第一个全国性碳市场。截至 2021 年底，K-ETS 覆盖了来自电力、工业、国内航空、废弃物和建筑物等部门的 600 多家大型企业，这些大型企业的碳排放量约占全国碳排放量的 73.5%。

韩国碳市场的发展分为三个阶段。

第一阶段为 2015～2017 年，纳入电力、工业、建筑、废物和运输（国内航空）五个部门，所有碳排放配额全部免费分配。

第二阶段为 2018～2020 年，加入了公共部门，共细分为 62 个二级部门，97%的配额免费分配。

第三阶段为 2021～2025 年，纳入了建筑业和大型交通运输业（包括货运、铁路、客运和航运），二级部门增加至 69 个，增加后覆盖碳排总量提高到覆盖率 73.5%，免费分配的比例将下降到 90%以下。

从第三阶段开始，金融机构将进入基于碳配额的二级交易市场，以完善第二阶段中的做市商制度。具体来说：第一，韩国碳市场将允许证券公司和个人等其他参与者进入二级市场；第二，将引入衍生品来提升市场功能，增强市场稳定性和灵活性。

五、日本碳市场

2005 年 5 月，日本环境省发起了日本自愿排放交易体系，该体系的运行为后来日本排放交易体系的建立奠定了经验基础。2008 年 10 月，日本启动“自愿排放交易体系”，这是日本首个全国性碳市场试点。该市场可交易对象由四部分的碳信用额度组成。

第一，来自《京都议定书》机制的碳信用额度。

第二，来自日本国内清洁机制的碳信用额度，这是日本经济团体联合会自愿环境行动计划中，不在计划内的中小企业的项目所产生的减排额度。

第三，第三方核证的，比公司自愿承诺的减排目标更多的减排信用额度，其以自愿行动计划为基础，如果公司的碳排放量比在自愿环境行动中分配的配额少，那么未使用的配额可以作为信用额度出售。

第四，由环境省执行的日本自愿排放交易体系产生的碳信用额度。2010 年 4 月，东京都限额交易体系正式启动，是亚洲第一个强制性限额交易体系。东京都限额交易体系是全球首个为商业行业设定减排目标的限额交易体系。

六、新加坡碳市场

2018 年新加坡政府通过了《碳定价法案》，对每吨温室气体排放征收 5 新加坡元的碳税，政府将利用征收碳税获得的资金投资有价值的绿色项目，帮助企业减少温室气体排放。

2021 年 5 月 20 日，星展银行、新加坡交易所、渣打银行和淡马锡（Temasek）宣布，四方将联手采取行动解决气候问题，建立 Climate Impact X（CIX）——一个高质量碳信用额度的全球交易所。CIX 将利用卫星监测、机器学习和区块链技术来提高碳信用额度的透明度、完整性和质量，从而对环境产生切实和持久的影响。

据估计，在气候承诺的推动下，到 2030 年，全球自愿碳市场对高质量碳信用的需求将增加至少 15 倍，达到每年 1.5 至 2 $GtCO_2$。尽管有这样的预测，在今天的市场上仍有挑战亟须解决。例如，由于碳项目的风险和有效性缺乏透明度，投资者和买家之间的信任可能仍然受到限制。因此，供应商在开发新的碳减排项目时可能面临挑战，从而导致流动性问题。

CIX 将提供不同的平台和产品，以满足不同的买家和卖家的需求。这些项目包括于 2021 年底启动的交易所和项目市场。该交易所将主要面向跨国公司和机构投资者，通过标准化合同促进大规模高质量碳信用额度的销售。CIX 将重点帮助促进并实现基于自然的气候解决方案（Natural Climate Solutions，NCS），其中涉及森林、湿地和红树林等自然生态系统的保护和恢复。NCS 具有成本效益，通过支持生物多样性和为当地社区创收，提供了可观的收益。亚洲拥有全球三分之一的供应潜力，因此是全球最大的NCS供应方之一。CIX将在其平台上展示来自全球各种高质量NCS项目的碳信用额。它还在与全球评级机构进行对话，为这些项目提供独立评级。CIX的总部设在新加坡，以利用该国国际公认的金融和法律基础设施。这些基础设施是培育可扩展全球自愿市场所需的可信赖的合作伙伴生态系统的基础。此外，新加坡一直支持加强碳信用的信任度和可验证性的举措，这也显示了该国成为全球碳服务和交易中心的雄心壮志。

七、澳大利亚碳市场

澳大利亚是世界上最早实行强制性温室气体减排计划的国家之一。澳大利亚加入了《京都议定书》，并建立了温室气体减排体系，并将澳元作为国际碳结算货币推出。早在2003年1月1日，澳大利亚就启动了新南威尔士州温室气体减排体系，是目前世界上最主要的强制性的碳排放权交易市场之一。该体系与EU ETS机制类似，对企业超标的排放量进行处罚。

八、中国碳市场建设路线

如前所述，中国排污权交易起步相对较早，然而，关于碳市场建设却相对较晚。为应对全球气候变化，提升环境治理能力，2011年，国家发展改革委发布《关于开展碳排放权交易试点工作的通知》（发改办气候〔2011〕2601号），意味着中国进入碳市场建设阶段。经过十年的发展，为了进一步实现“双碳”目标，2021年7月，全国碳排放权交易市场正式启动上线交易，纳入发电行业重点排放单位2162家，覆盖约45亿吨二氧化碳排放量，这是全球范围内规模最大的碳市场。经过梳理，中国碳市场建设路线如图8-1所示。

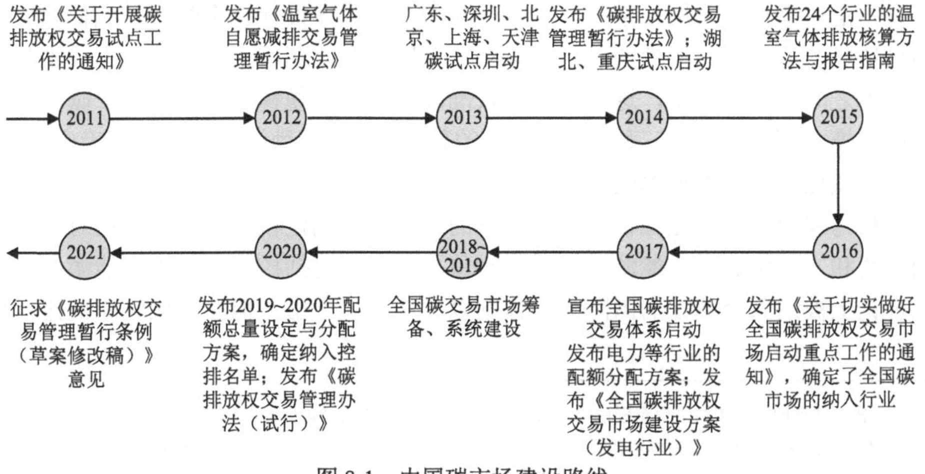

图8-1　中国碳市场建设路线

第三节 碳税的制度设计与政策效应

一、碳税的制度设计

（一）计税依据

早期国内对碳税的计税依据研究主要有两种观点。一种是对能源产品中的含碳量比例征税，另一种是对能源消耗产生的二氧化碳排放量征税。李伟等（2008）以国际碳税预备开征影响国家经济贸易为出发点，认为碳税应该按照化石燃料的碳含量比例征收。马海涛和白彦锋（2010）认为对碳排放行为的征税征管成本比较高。碳税可以作为一种碳产品税，按照碳含量的比例征税，更有操作性。但是实际操作中，针对能源消耗产生的二氧化碳排放量征税，实施成本较大，监控成本较高，可操作性不强。所以后续学者们在对碳税的税制设计上，在计税依据上都趋向于针对化石燃料中碳含量的比例征税。

（二）征收税率①

基于碳定价的思想，Baumol 和 Oates（1971）认为，信息的缺乏会导致边际社会成本难以测量，并且无法确定最优税收水平，庇古税的实际应用存在限制。他们也提出了庇古税的征收改进方法，即“标准定价法”，划定一个具有普遍接受性的标准，并且定量征收。Goulder（1992）也认为应该设计碳税为单位税而不是从价税，理由是环境受损害程度取决于二氧化碳的数量而不是价值。国内学者对征收税率的普遍观点是开征初期低税率，中后期考虑提高税率。征收方式方面，既有固定税率也有比例税率。苏明等（2009）在具体设计税率时，首先估算大气污染造成的危害和长期性的二氧化碳减排费用，在此基础上，建立私人成本与社会成本之间的比较模型，这样才能比较准确地确定碳税税率水平。关于碳税税率的确立模式可以总结为三种：一是纯粹的碳税，根据每种燃料的含碳量确定税率；二是二氧化碳税，根据每吨能源能转化成多少二氧化碳排放量征收，将二氧化碳税转换为碳税；三是能源税，根据消费的能源量来确定税率并征收，相对于纯粹的碳税和二氧化碳税，能源税的课税对象更广泛，包括核能和可再生能源。碳税在理论上被纳入全球性的国际管理体制以实现最优产出，但在区域性碳减排目标

① 需要注意的是，碳税采用定额税率形式，其水平的设计还需要考虑能源的价格情况。因此，这里的税率水平是在考虑现阶段煤炭等化石燃料的价格的基础上进行设计的，当化石能源价格发生大规模变动时，需要重新考虑碳税的设计水平。

下，相比设置一个全球性统一碳税，通过规定排放限额并设置区域性碳税更有优势且可操作性更强。

（三）收入归属

从国际经验来看，碳税收入有不同的归属。具体而言，按照税收中性原则，有的国家将碳税收入列为专项支出项目，如环境基金等；有的则将碳税收入补贴到受碳税制度影响较大的能源密集型企业或低收入群体，以减少其他扭曲性的税收；有的则将碳税收入作为一般的财政收入来源。

国内学者们关注点在于，是将碳税收入用于设置专款专用基金还是归入整体财政收入进行统筹管理。在中国碳税的税制设计研究初期，学者们偏向于将碳税设置为共享税，并且中央占据较大分成比例。崔景华（2011）认为应该将碳税收入纳入一般预算收入以便政府宏观把握资金，宏观运用，或者将碳税收入作为一种专项资金，用于税收返还或者补贴等。高萍（2011）认为应该将碳税收入专款专用，用于鼓励减排降碳，进行减碳活动比如植树造林等。何宜庆等（2011）认为碳税税额可以以税收返还方式对受征收碳税影响较大的企业进行补偿，既可以通过间接返还来减免企业社会保险税或增加养老保险基金，也可以以直接返还的方式返给纳税人，但是限制用途，借此引导减排技术的开发创新，并且考虑到碳减排实地情况与实地监督，返还部分来自由共享税中的归属于地方的部分。在税收返还上，学者们考虑在开征碳税初期，不同行业不同区域的企业会承担不同的税收负担，为尽量减少征收新税可能给企业带来的成本负担，应进行不同方式的减免，但是在结合税负转嫁来讨论税收返还方式的效果方面讨论较少。

碳税收入的使用具有两种方式，一种是指定收入的使用用途（即通常所称的专款专用）；另一种是不指定使用用途，与其他税收收入一起统筹使用。一般来说，在环境税处于起步阶段，税率水平较低、无法达到理想的环境目标的情况下，专款专用制度有利于改善环境。而纳入一般预算的环境税收一般用来补偿计划，抵消环境税可能带来的累退性，通常为发达国家所采用。

从强化中国财政管理的角度出发，碳税的收入也有必要纳入预算管理，与其他税收收入统一进行使用和管理。鉴于中国现阶段节能减排方面所需的资金不足，财政部门应当合理地利用碳税收入，加大在节能环保方面的支出：一是用于重点行业的退税优惠和对低收入群体的补助等方面；二是可以建立国家专项基金，专门用于应对气候变化、提高能源效率、研究节能新技术、新能源技术开发、新能源和可再生能源利用等项目；三是在具体使用方式上，应该更多地采用财政贴息等间接优惠方式，而较少采用直接补贴的方式，更好地发挥碳税的作用。

中国碳税税制及相关制度设计如表 8-3 所示。

表 8-3　碳税税制及相关制度设计

税制要素	基本规定
纳税人	因消耗化石燃料向自然环境直接排放 CO_2 的单位和个人为 CO_2 环境的纳税义务人
征税范围	在生产、经营和生活等过程中直接向自然环境排放的 CO_2，按规定征收环境税
计税依据	估算排放量，按照纳税人的化石燃料消耗量计算
	CO_2 排放量=化石燃料消耗量×排放系数
	化石燃料消耗量是指企业的生产经营中实际消耗的产生 CO_2 的化石燃料，包括煤炭、原油、汽油、柴油、天然气等，以企业账务记录为依据
税率	实行定额税率，采取从量定额形式
征税环节	在化石能源的生产环节征收碳税
税收优惠	（1）根据实际情况，在不同时期对受影响较大的能源密集型行业给予一定程度的减税
	（2）对积极采用技术减排和回收 CO_2 并达到一定标准的企业，给予减免税优惠
	（3）个人生活使用的煤炭和天然气排放的 CO_2，暂不征税
收入归属	碳税为中央和地方共享税，中央与地方的共享比例建议为 7∶3
收入使用	碳税收入纳入预算管理，主要用于节能环保支出

二、碳税的政策效应

学者们研究碳税在开征后会带来怎样的社会福利和效率的损失，并试图通过建立演化博弈模型和一些动态模型，对开征碳税后社会福利效应及区域和产业的经济、结构变化进行情况评估和效果预测。

（一）碳税对区域产业结构的影响

如果碳税的计税依据是化石燃料的含碳量，那么对高碳排放量的行业有较大影响，在以化工产业为主要经济增长动力的地区征收碳税势必也会给区域经济带来一定影响。张志新和李亚（2011）在通过模拟碳税以二氧化碳排放量 30 元/吨征收对中国经济增长与行业发展影响的实证研究中发现，征收碳税对东部地区影响较大，而中西部一些相对落后的地区或者能源大省受影响较小。从行业来讲，对电力煤气、水生产供应和采掘业有负面影响，对制造业、建筑业、农业的影响不大。高建刚（2012）发现碳税征收以后，对能源行业的进出口量影响较大，对服务业的出口影响较大。王文举和范允奇（2012）利用资源税数据作为碳税数据分析统一的碳税对区域能源消费、经济增长、收入分配的影响，发现碳税对区域经济增长存在明显的抑制效应，除大西北地区，效应由西向东逐渐增强，但对收入分配影响不大。整体来看，碳税的计税依据决定了高能耗行业的发展，征收碳税有利于高能耗产业尽早转变生产方式，加大对减排新技术的开发，但也会一定程度上在一定时期内压制企业发展。整体上征收碳税对实现碳减排目标有利，但是不利于一定时期内地区、产业的经济量上升。

（二）碳税与“双重红利”效应

Pearce（1991）提议用碳税来逐步取代诸如所得税和资本税等扭曲性更大的税种，多个低税率的税种与几个高税率的税种最终效果一致，即实现税收中性原则下的“双重红利”。“双重红利”可以理解为既需要新开征税种以达到缓解环境问题的目的，又不能让新开征的税种给宏观税负带来超额税收负担，在提高税制运行效率的同时尽量减少社会福利与效率的损失。张景华（2013）在研究碳税效应对就业的影响时发现，“双重红利”能否实现的核心问题在于税收中性和碳税的征税及返还方式，通过设定碳税政策变化对不同结构的劳动力群体就业的模型分析得出，碳税征收对不同群体影响存在差异，选择合适的碳税循环方式，尽量减少新征税种引起超额税收负担。朱雅珣和邓晓飞（2013）利用脉冲响应函数实证模拟广东省开征碳税并补贴低碳行业的“中性”税收政策对高碳、低碳行业的产出和就业的影响时发现，税收中性政策对高碳、低碳行业的影响都会随时间推移而减弱，而且广东存在实现减排和促进就业的“双重红利”，且就业效应在低碳行业表现得尤为明显。他们的思路是碳税开征后要产生“双重红利”效应，就要从税收循环角度出发，以财政补贴、返还的方式弥补福利与效率的损失，但是没有考虑时间效应在征收与返还上带来的负面影响。

（三）效率与公平问题

碳税开征下的效率与公平问题是财政发挥职能时考虑的重点问题。Muller 和 Hoerner（1994）是从效率角度出发，依照他们设定的模型与最后检验效果来看，征收以 70 美元/吨进行从量计征的碳税，不仅能节约能源使用和降低二氧化碳排放，还能提高经济效率，其中经济效率主要表现为政府筹集超过 700 亿美元的收入。朱永彬等（2010）认为在高税率与不征收碳税相比，高税率碳税可以减排 1141 万～2132 万吨二氧化碳。这都是从效率角度进行的分析，既有碳减排的实际成果，又有经济上的效率提升。但是在考虑兼顾碳减排和经济收益均达成的角度看，势必要牺牲一些目标之间的公平比如税收扭曲。薛钢（2010）认为新税开征必然引起税收扭曲，有必要重视从公平角度展开对碳税制度设计与各个政策目标之间的矛盾进行探讨，进行兼顾效率和公平目标下的次优选择。李淑霞（2012）详细探讨了碳税的公平与效率。她认为碳税讨论中的效率要求税收的超额负担最小化，税率较低时对企业的生产成本影响不大，企业减排动力不足，有利于公平目标的实现但不利于效率目标。在高税率情况下则分为采用减排新技术或者不用减排新技术两种情况讨论。采用减排新技术时，高税率不利于公平目标；不采用减排新技术时，公平与效率均不能达成。所以在设计碳税税率时应该考虑收入循环的作用。本章认为经济发展阶段不同，发展目标也不同，碳税税制的相关设计应该考虑本区域所处的经济发展阶段，结合国际形势，兼顾公平与效率目标。

第四节　碳市场的实证研究方法

一、研究方法

本部分拟采用基于技术创新投入要素的方向产出距离函数对中国分省份分行业的二氧化碳的影子价格进行估计；然后，依据多维度的模拟交易分类，对每个维度的市场价格进行计算；最后，通过所计算出的市场价格，模拟计算每个维度上买卖双方可交易数量及成本效益。本节首先引入方向产出距离函数，然后再逐步推导出非期望产出（二氧化碳）的影子价格。

（一）方向产出距离函数的理论模型

假设生产者使用投入向量 $x=(x_1,x_2,\cdots,x_N)\in\mathbb{R}_+^N$，期望产出向量 $y=(y_1,y_2,\cdots,y_M)\in\mathbb{R}_+^M$ 和非期望产出向量 $b=(b_1,b_2,\cdots,b_R)\in\mathbb{R}_+^R$。生产技术可以定义如下的产出集合：

$$P(x)=\{(y,b):x\text{ can produce }(y,b)\} \tag{8-1}$$

除了既定的标准假设和投入上的自由可处置性，还需要在产出结合上加入一些额外的假设。首先，假定非期望产出是伴随着期望产出的联合产物。通常，如果有 $(y,b)\in P(x)$ 和 $b=0$，则有 $y=0$，这表明没有非期望产出的生产便不可能有期望产出的产量。其次，需要假定期望产出与非期望产出同时满足弱可处置性，同时，生产可能性集依然保持着传统的假设，即期望产出本身满足自由可处置性。

函数形式的方向产出距离函数代表着在上述的约束条件下的生产技术。方向产出距离函数可以定义为如下形式：

$$\vec{D}_O(x,y,b;g_y,-g_b)=\max\{\beta:(y+\beta g_y,b-\beta g_y)\in P(x)\} \tag{8-2}$$

其中，$g=(g_y,-g_b)\in\mathbb{R}_+^N\times\mathbb{R}_+^M$ 是描述期望产出与非期望产出的方向向量。方向距离函数描述了在任何给定的生产技术的约束下期望产出与非期望产出以相同的最大比例（即 β）扩张或缩小都是可行的。如果 $\beta^*=0$，则该企业处于前沿面上，是该行业最有效率的企业；否则代表企业存在技术无效率。β^* 越大，代表企业离生产前沿的距离越远，企业效率越低，β^* 的取值范围为 0～1。

图 8-2 给出了方向产出距离函数的方向向量 $g=(g_y,-g_b)$。①对于任何一家生产者而言，其产出集 (y,b) 都包含于生产可能性集合 $P(x)$ 中。如果它在给定的方向向量 g 上有效地生产，它可以在生产边界 $P(x)$ 上的点 $(y+\beta^* g_y, b-\beta^* g_b)$ 处进行期望产出的扩大和非期望产出的缩小，此处 $\beta^*=\vec{D}_O(x,y,b;g_y,-g_b)$。

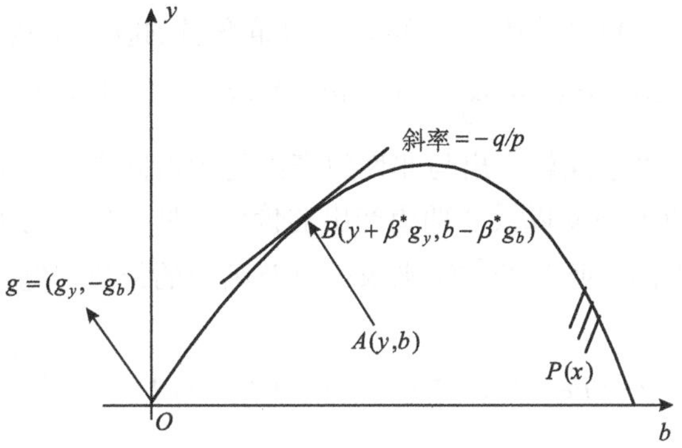

图 8-2　方向产出距离函数

与生产可能性集合 $P(x)$ 的特征类似，方向产出距离函数具有如下特征：

（1）$\vec{D}_O(x,y,b;g_y,-g_b)\geqslant 0$，当且仅当 (y,b) 是 $P(x)$ 里的元素。

（2）$\vec{D}_O(x,y',b;g_y,-g_b)\geqslant \vec{D}_O(x,y,b;g_y,-g_b)$，当 $(y',b)\leqslant (y,b)\in P(x)$ 时。

（3）$\vec{D}_O(x,y,b';g_y,-g_b)\geqslant \vec{D}_O(x,y,b;g_y,-g_b)$，当 $(y,b')\geqslant (y,b)\in P(x)$ 时。

（4）$\vec{D}_O(x,\theta y,\theta b;g_y,-g_b)\geqslant 0$，当 $(y,b)\in P(x)$ 且 $0\leqslant\theta\leqslant 1$ 时。

（5）在 $(y,b)\in P(x)$ 中，$\vec{D}_O(x,y,b;g_y,-g_b)$ 是凹的。

第一个特征表明在可行性的产出向量上 $\vec{D}_O(x,y,b;g_y,-g_b)$ 是非负的。第二个特征表明在 $\vec{D}_O(x,y,b;g_y,-g_b)$ 上期望产出具有单调性。第三个特征表明保持投入与期望产出不变时，如果非期望产出增加，则无效率值不会下降。第四个特征表明期望产出与非期望产出满足弱可处置性。最后一个特征有助于决定产出替代弹性的符号。

另外，很容易证明方向产出距离函数满足转换性的特征：

$$\vec{D}_O(x,y+\alpha g_y,b-\alpha g_b;g_y,-g_b)=\vec{D}_O(x,y,b;g_y,-g_b)-\alpha \tag{8-3}$$

其中，α 表示一个标量。这个特征表明如果期望产出扩大 αg_y 倍同时非期望产出缩小 αg_y 倍，则方向产出距离函数的最终值将会减少 α，换句话说，决策处理单

① 本章中将方向向量定义为 $g=(g_y,-g_b)=(1,-1)$，后文实证研究结果不依赖于方向向量的设置方法，即采用其他形式的方向向量仍然得到类似的实证结果。

元的无效率值将会减小 α 。

（二）非期望产出影子价格的理论模型

为了能够推导出非期望产出的影子价格，既有研究表明方向产出距离函数与利润函数之间存在着对偶性。

参考 Färe 等（2007）的做法，可以将决策变量的收益函数定义为

$$R(x,p,q)=\max_{y,b}\left\{py-qb:\vec{D}_O(x,y,b;1,-1)\geqslant 0\right\} \tag{8-4}$$

其中，p 、q 分别表示期望产出与非期望产出的价格向量。利润函数表示当生产者面临期望产出的价格 p 以及非期望产出的价格 q 时，最大的可行性利润。

通常按照拉格朗日乘数的方法来求得收益函数的最值问题，其拉格朗日乘子定义为

$$\lambda=pg_y-qg_b=p+q,\ g=(g_y,-g_b)=(1,-1) \tag{8-5}$$

所以，有

$$\begin{aligned}R(x,p,q)&=\max_{y,b}\left\{py-qb+\lambda\left[\vec{D}_O(x,y,b;1,-1)-0\right]\right\}\\&=\max_{y,b}\left\{py-qb+(p+q)\left[\vec{D}_O(x,y,b;1,-1)-0\right]\right\}\end{aligned} \tag{8-6}$$

在此利润函数的基础上分别对期望产出与非期望产出求一阶偏导数，结果如下：

对期望产出进行一阶偏导，转换可得，期望产出的影子价格为

$$-p=(p+q)\frac{\partial\vec{D}_O(x,y,b;1,-1)}{\partial y} \tag{8-7}$$

同理，非期望产出的影子价格为

$$q=(p+q)\frac{\partial\vec{D}_O(x,y,b;1,-1)}{\partial b} \tag{8-8}$$

将式（8-7）和式（8-8）进行合并转换之后，可以得到期望产出的影子价格与非期望产出的影子价格之间的关系，转换如下：

$$q=-p\frac{\dfrac{\partial\vec{D}_O(x,y,b;1,-1)}{\partial b}}{\dfrac{\partial\vec{D}_O(x,y,b;1,-1)}{\partial y}}=-p\frac{\dfrac{\partial\vec{D}_O(x,y+\alpha,b-\alpha;1,-1)+\alpha}{\partial b}}{\dfrac{\partial\vec{D}_O(x,y+\alpha,b-\alpha;1,-1)+\alpha}{\partial y}} \tag{8-9}$$

（三）基准模型

根据上述理论模型的描述，可以知道方向产出距离函数的基本特征，在实证

研究的过程中，通常假设方向距离函数的基本理论模型为

$$\begin{aligned}\vec{D}_O(x,y,b;1,-1)=&\alpha'+\sum_{n=1}^{N}\alpha_n x_n+\sum_{m=1}^{M}\beta_m y_m+\sum_{r=1}^{R}\gamma_r b_r+\frac{1}{2}\sum_{n=1}^{N}\sum_{n'=1}^{N}\alpha_{nn'}x_n x_{n'}\\&+\frac{1}{2}\sum_{m=1}^{M}\sum_{m'=1}^{M}\beta_{mm'}y_m y_{m'}+\frac{1}{2}\sum_{r=1}^{R}\sum_{r'=1}^{R}\gamma_{rr'}b_r b_{r'}+\sum_{n=1}^{N}\sum_{m=1}^{M}\delta_{nm}x_n y_m\\&+\sum_{n=1}^{N}\sum_{r=1}^{R}\eta_{nr}x_n b_r+\sum_{m=1}^{M}\sum_{r=1}^{R}\mu_{mr}y_m b_r\end{aligned}\tag{8-10}$$

在本章的实证研究中，主要有两个产出：期望产出 y 和非期望产出 b；同时有四个不同的要素投入：劳动力（L）、资本存量（K）、能源消耗（E）和技术创新（I）。其中技术创新指标采取城市创新指数来表示。

方向距离函数的模型可以展开为如下形式：

$$\begin{aligned}\vec{D}_O(x,y,b;1,-1)=&\alpha'+\alpha_1 x_1+\alpha_2 x_2+\alpha_3 x_3+\alpha_4 x_4+\beta_1 y+\gamma_1 b\\&+\frac{1}{2}\sum_{i=1}^{4}\sum_{j=1}^{4}\alpha_{ij}x_i x_j+\frac{1}{2}\beta_{11}y^2+\frac{1}{2}\gamma_{11}b^2+\sum_{i=1}^{4}\eta_{i1}x_i b\\&+\sum_{i=1}^{4}\delta_{i1}x_i y+\mu_{11}yb+\xi_1 t+\frac{1}{2}\xi_{11}t^2+\sum_{j=1}^{4}\psi_{1j}tx_j+\theta_{11}ty+\theta_{12}tb\end{aligned}\tag{8-11}$$

约束条件为

$$\alpha'=\alpha_0+\sum_{k=1}^{K}D_{Sk}S_k+\sum_{w=1}^{W}D_{Hw}H_w\tag{8-12}$$

其中，S 表示省份；H 表示行业；K 表示省份总数；W 表示行业总数。

根据方向产出距离函数所满足的转换性条件，有如下结论：

$$\vec{D}_O(x,y+\alpha,b-\alpha;1,-1)+\alpha^k=\vec{D}_O(x,y,b;1,-1)$$

变形为

$$\vec{D}_O(x,y+\alpha,b-\alpha;1,-1)=\vec{D}_O(x,y,b;1,-1)-\alpha\tag{8-13}$$

由于基本的随机前沿模型为

$$0=\vec{D}_O(x,y,b;1,-1)+\varepsilon\tag{8-14}$$

约束条件为

$$\varepsilon=v-\mu,\quad v\sim N(0,\sigma_v^2),\mu\sim N(0,\sigma_\mu^2)$$

对式（8-13）和式（8-14）进行变形，有

$$0=\vec{D}_O(x,y+\alpha,b-\alpha;1,-1)+\alpha+\varepsilon=0$$

$$-\alpha=\vec{D}_O(x,y+\alpha,b-\alpha;1,-1)+\varepsilon\tag{8-15}$$

在实证分析中，选择 $\alpha^k=b^k$。于是有

$$-b = \vec{D}_O(x, y+\alpha, b-\alpha; 1, -1) + \varepsilon \tag{8-16}$$

于是有方向产出距离函数公式展开为

$$\begin{aligned}
-\alpha &= \alpha' + \alpha_1 x_1 + \alpha_2 x_2 + \alpha_3 x_3 + \alpha_4 x_4 + \beta_1(y+\alpha) + \gamma_1(b-\alpha) \\
&+ \frac{1}{2}\sum_{i=1}^{4}\sum_{j=1}^{4}\alpha_{ij}x_i x_j + \frac{1}{2}\beta_{11}(y+\alpha)^2 + \frac{1}{2}\gamma_{11}(b-\alpha)^2 + \sum_{i=1}^{4}\eta_{i1}x_i(b-\alpha) \\
&+ \sum_{i=1}^{4}\delta_{i1}x_i(y+\alpha) + \mu_{11}(y+\alpha)(b-\alpha) + \xi_1 t + \frac{1}{2}\xi_{11}t^2 + \sum_{j=1}^{4}\psi_{1j}tx_j \\
&+ \theta_{11}t(y+\alpha) + \theta_{12}t(b-\alpha)
\end{aligned} \tag{8-17}$$

约束条件为

$$\beta_1 - \gamma_1 = -1,\ \beta_2 = \gamma_2 = \mu,\ \delta_n - v_n = 0,\ \alpha_{nn'} = \alpha_{n'n},\ n, n' = 1,2,3 \tag{8-18}$$

将式（8-17）代入式（8-16）中，可以分别求得每个变量的参数，因此实证模型中二氧化碳的影子价格计算公式为

$$q = -p\frac{\beta_1 + \beta_{11}(y+b) + \delta_{11}x_1 + \delta_{21}x_2 + \delta_{31}x_3 + \delta_{41}x_4 + \theta_{11}t + 1}{\beta_1 + \beta_{11}(y+b) + \delta_{11}x_1 + \delta_{21}x_2 + \delta_{31}x_3 + \delta_{41}x_4 + \theta_{11}t} \tag{8-19}$$

二、研究数据

本章实证研究涉及的数据为中国分省份分行业数据，年份跨度为 2001 年至 2019 年。主要数据类型和数据来源如表 8-4 所示。

表 8-4　变量说明与数据来源

数据类型	具体指标	数据来源
中国分省份分行业数据	工业总产值	各类统计年鉴和 Wind 数据库
	劳动力	各类统计年鉴和 Wind 数据库
	资本存量	各类统计年鉴和 Wind 数据库，永续盘存法计算
	各能源投入指标	各类统计年鉴、Wind 数据库和 CEADs 数据库
	二氧化碳排放量	CEADs 数据库
各试点省份碳交易价格数据	碳交易价格指标	Wind 数据库和各碳排放交易网站
分省份分行业节能减排数据	节能减排指标	国务院印发的节能减排综合方案通知、中国新能源网等；分配计算
企业环境统计数据	节能减排指标	中国工业企业数据库和绿色发展数据库

注：CEADs 数据库为中国碳核算数据库，网址为 https://www.ceads.net.cn/

三、结果分析与讨论

（一）碳排放影子价格分析

本章首先对2001～2019年中国省（区、市）两位数工业行业二氧化碳强度的变化趋势进行初步分析，结果如图8-3所示。图8-3结果表明二氧化碳强度具有明显的逐年递减趋势，进一步表明中国的环境政策在节能减排上发挥了有效的作用，同时表明中国自“十二五”时期至“十三五”时期的碳排放约束目标是有效的。

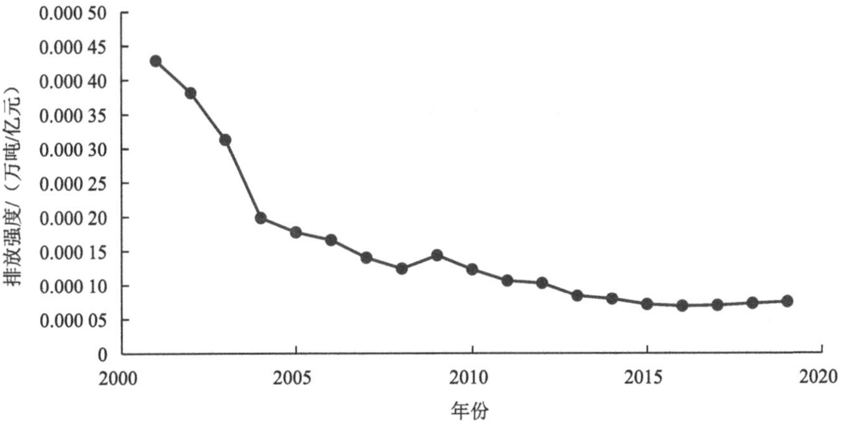

图8-3　二氧化碳强度变化趋势

从各地区工业行业的碳排放强度（图8-4）来看，中西部地区（如贵州、新疆、青海、宁夏等）省级工业行业的碳排放强度较高，广东、北京、上海、福建和江苏等东部发达省市工业行业的二氧化碳排放强度相对较低。

从行业分类工业行业（具体代码和名称见附表1）的碳排放强度（图8-5）来看，N33（电力、热力、燃气及水生产和供应业）、N19（石油、煤炭及其他燃料加工业）、N23（非金属矿物制品业）、N24（黑色金属冶炼和压延加工业）和N1（煤炭开采和洗选业）等重工业行业的二氧化碳强度较高，N30（电气机械和器材制造业）、N32（仪器仪表制造业）、N29（交通运输设备制造业）和N9（烟草制品业）等行业的二氧化碳排放强度相对较低。

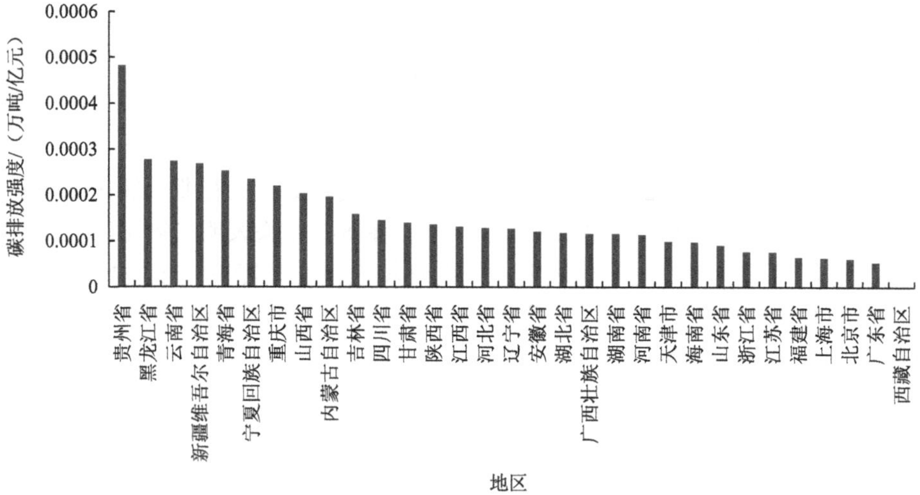

图 8-4　省级分类二氧化碳强度

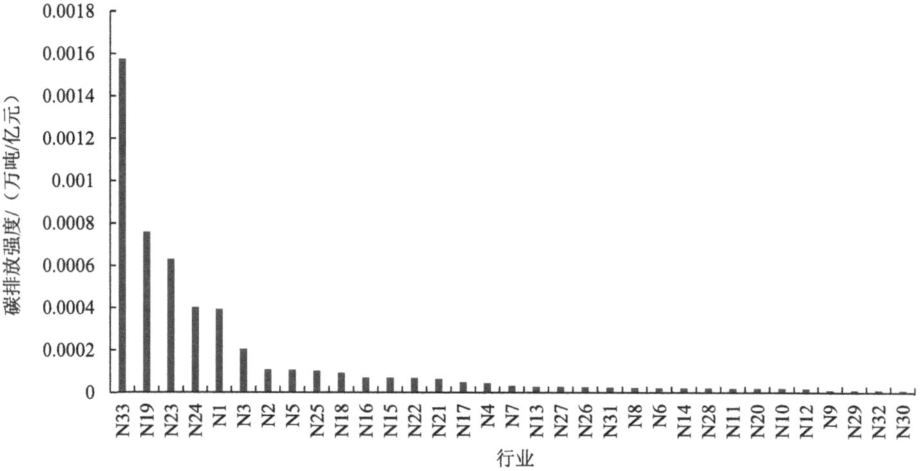

图 8-5　行业分类二氧化碳强度

图 8-6、图 8-7 和图 8-8 分别展示了按省级–行业为组别分类二氧化碳减排成本曲线、按行业为组别分类二氧化碳减排成本曲线和按省市为组别分类二氧化碳减排成本曲线。参照陈醒和徐晋涛（2021）计算有效税率的方法。本节所计算的二氧化碳有效税率在三种情境下分别为 24.8255 元/吨当量、493.8702 元/吨当量和 691.9626 元/吨当量。这与环境税法规定的环境税额相比都相对较高，但都在国际环境税率范畴之内。然而通过分类仍可发现，按省级分类的有效税率和按行业整体分类的有效税率都远高于细分省级行业分类的有效税率。在制定环境税率（有效税率）时应该充分地细分省级行业，精度越细化则税额越精确。

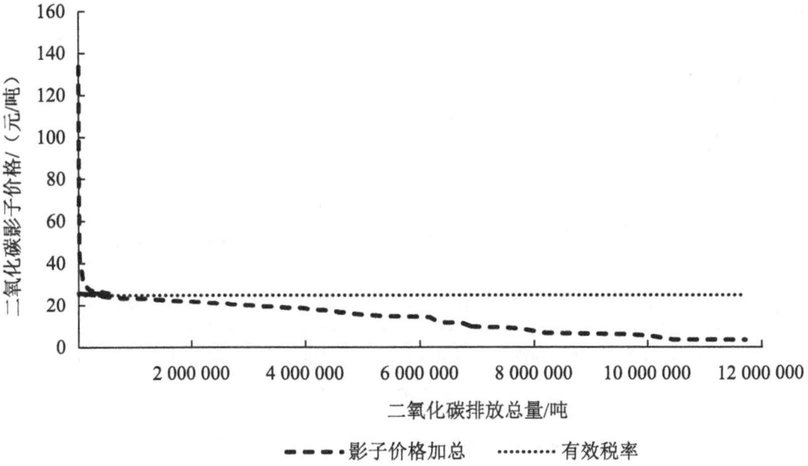

图 8-6　按省级-行业为组别分类二氧化碳减排成本曲线

有效税率为 24.8255 元/吨当量

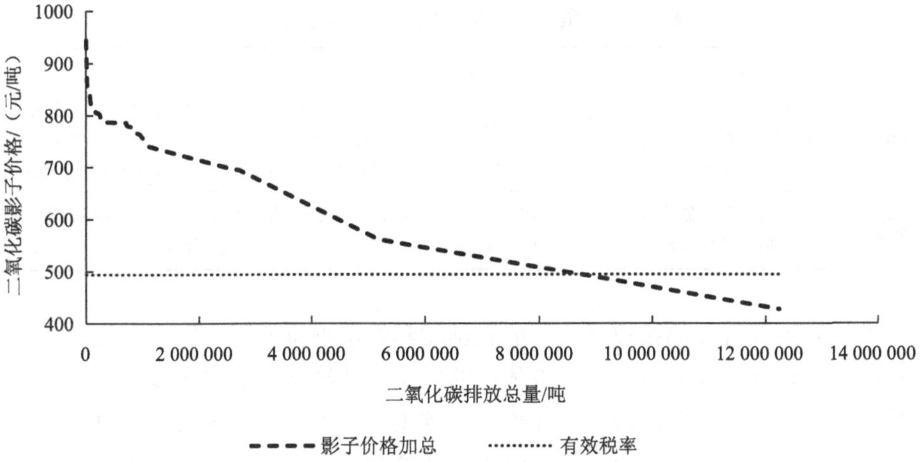

图 8-7　按行业为组别分类二氧化碳减排成本曲线

有效税率为 493.8702 元/吨当量

（二）碳税/环保税分行业精细化设计

与行政命令型政策相比，市场经济型政策更加容易调节，而且费率、税率等可以根据具体情况实时调整，能够实现差异化的设计。但是精细化的市场经济型政策也带来了决策变量多，变量的值连续可调等问题，导致可以采用的政策组合非常多，因此特别适合用本书提出的方法来解决。本节政策优选所采用的候选政策集主要是环保税和碳税两类，所涉及行业如附表 2 所示，各政策的参数取值范围及设定依据如表 8-5 所示。

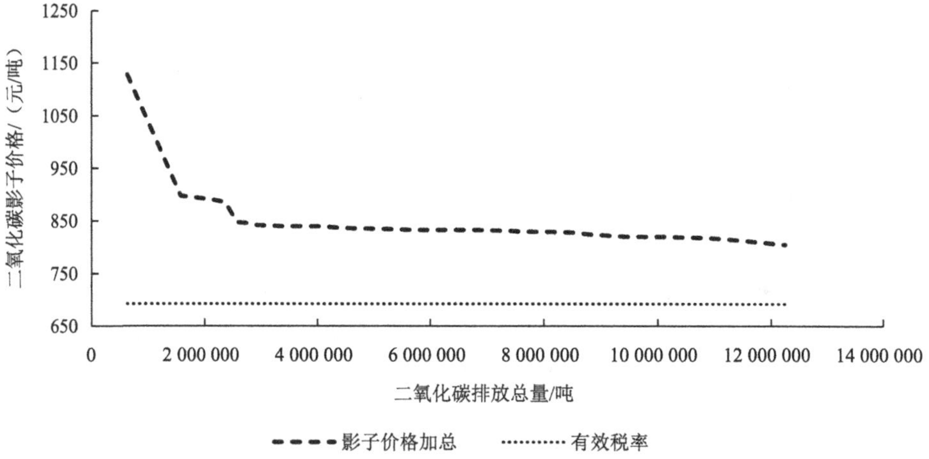

图 8-8　按省市为组别分类二氧化碳减排成本曲线

有效税率为 691.9626 元/吨当量

表 8-5　政策参数含义、取值范围及设定依据

政策类型	政策含义	取值范围	范围设定依据
环保税	表示针对大气污染物（除碳排放物外）排放一当量时征收的税额	[1.2, 12]（单位：元/当量）	《中华人民共和国环境保护税法》规定环保税的范围是1.2～12 元/当量，要求各省在大气污染物现行排污费最低标准的 1～10 倍范围内自由裁量各自税率水平
碳税	表示针对二氧化碳排放一吨时征收的税额	[0,100] 单位：元/吨	实际上是碳税价格，根据中国碳市场当前碳交易价格范围设定

考虑到不同行业的排放强度、能源结构和经济地位不同，需要在行业层面上讨论征收差别环境税率对整个经济体系的影响，从经济发展和环境治理双赢的角度精细化设计不同行业的最优环保税率和碳税率尤为必要。因此，以协同实施环保税和碳税为例，讨论市场经济型政策在区域和行业维度上的精细化设计，设置“各行业税率统一化”和“各行业税率差异化”的情景，进行对比验证。

（1）基准情景（基期）：不实施任何政策。

（2）各行业税率统一化：各行业环保税税率设定为统一值，各行业碳税税率设定为统一值。

（3）各行业税率差异化：各行业环保税税率和各行业碳税税率进行差异化设定。

使用前述的模型和优化算法，设计环保税税率和碳税税率，优化结果如图 8-9、图 8-10、图 8-11 所示。

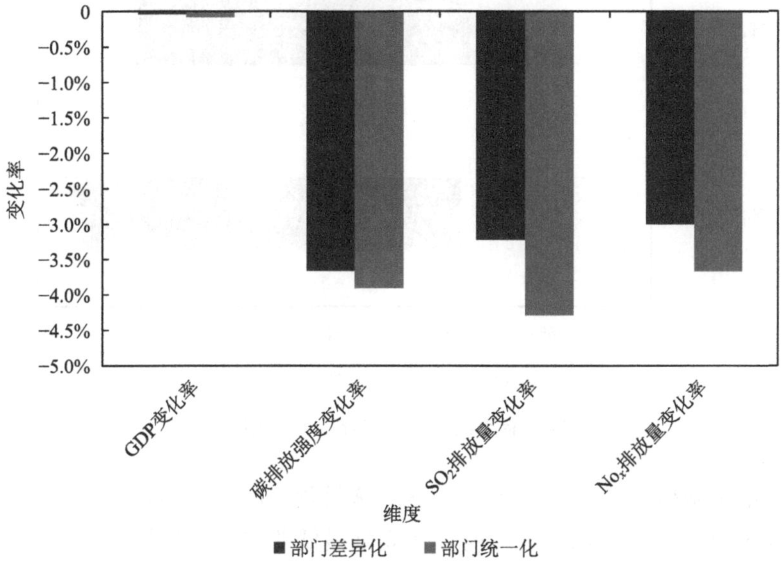

图 8-9　政策实施效果对比（与基期相比）

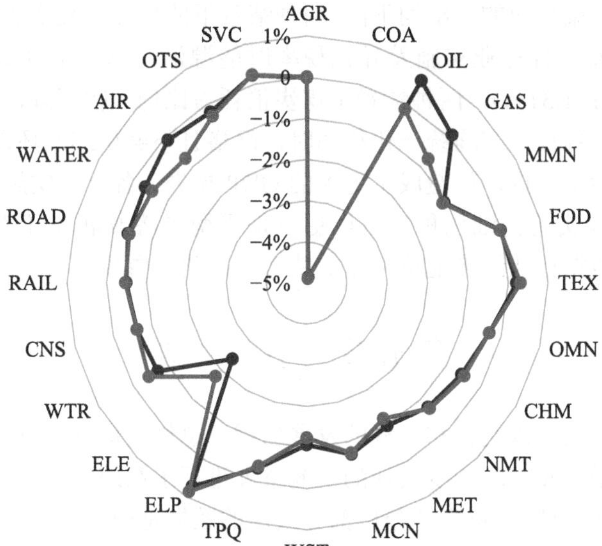

图 8-10　产业结构变化对比（与基期相比）

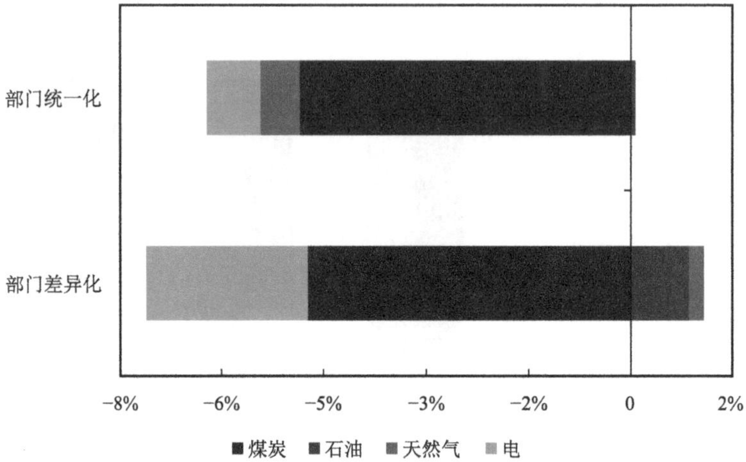

图 8-11 能源结构变化对比（与基期相比）

从政策实施效果来看，两种情景下实施最优税收方案后，碳排放强度、SO_2排放和 NO_x 排放降低率均满足政府环保规划最低要求，但与基准情景相比，各行业统一化税率情景下 GDP 降低 0.0826%，而各行业税率差异化情景下 GDP 降低 0.0423%，对 GDP 的负面影响更小；从产业结构来看，煤炭、电力热力的生产和供应行业等高污染行业的产出均下降，两种情景下的最优方案均优化了产业结构；从能源结构来看，各行业实施差异化税率时能源消耗总量下降更多（差异化：1.63%，统一化：1.31%），两种情景下煤炭消耗占比均大幅下降，能源结构优化。

综上所述，各行业实施统一化税率时，严格且不够精细的环保税和碳税政策带来了明显的污染减排，但造成了更大的 GDP 损失。各行业实施差异化税率时，针对区域和行业实施精细化税率可以更好地平衡经济发展和环境治理这两个目标，因此建议根据行业经济地位和排放特点精准化设置税率。

第五节 小 结

通过梳理国内外碳交易和碳税的发展历程，总结全球碳市场的经验教训，并对碳交易、碳税和碳市场制度设计的研究进展进行了系统综述。鉴于精细化数据的可获取性和连续性，本章实证分析部分采用的数据是中国分省市工业行业投入、产出等数据和变量。由于污染物影子价格对污染物市场化交易、税制设计和市场全球化进程具有重要的作用，因此，本章重点论述了碳排放影子价格的测度方法，并基于前述数据集测度了分省、分行业碳排放影子价格，以观察其变化趋势，分析有效税率。最后，对碳税/环保税分行业精细化进行了初步设计。研究结论对于“双碳”目标下中国推进碳交易进程、完善碳税设计和深化全球碳市场具有重要的理论和现实意义。

附　录

附表 1　工业分行业两位数代码与名称

ID	两位数代码	工业分行业全称	ID	两位数代码	工业分行业全称
N1	6	煤炭开采和洗选业	N20	27	医药制造业
N2	7	石油和天然气开采业	N21	28	化学纤维制造业
N3	8	黑色金属矿采选业	N22	29	橡胶和塑料制品业
N4	9	有色金属矿采选业	N23	30	非金属矿物制品业
N5	10	非金属矿采选业	N24	31	黑色金属冶炼和压延加工业
N6	13	农副食品加工业	N25	32	有色金属冶炼和压延加工业
N7	14	食品制造业	N26	33	金属制品业
N8	15	酒、饮料和精制茶制造业	N27	34	通用设备制造业
N9	16	烟草制品业	N28	35	专用设备制造业
N10	17	纺织业	N29		交通运输设备制造业
N11	18	纺织服装、服饰业		36	汽车制造业
N12	19	皮革、毛皮、羽毛及其制品和制鞋业		37	铁路、船舶、航空航天和其他运输设备制造业
N13	20	木材加工和木、竹、藤、棕、草制品业	N30	38	电气机械和器材制造业
N14	21	家具制造业	N31	39	计算机、通信和其他电子设备制造业
N15	22	造纸和纸制品业	N32	40	仪器仪表制造业
N16	23	印刷和记录媒介复制业	N33		电力、热力、燃气及水生产和供应业
N17	24	文教、工美、体育和娱乐用品制造业		44	电力、热力生产和供应业
N18	25	化学原料和化学制品制造业		45	燃气生产和供应业
N19	26	石油、煤炭及其他燃料加工业		46	水的生产和供应业

附表 2　行业名称及缩写表

序号	部门（行业）	简写
1	农林牧渔	AGR
2	煤炭	COA
3	石油	OIL
4	燃气生产和供应	GAS
5	采矿业	MMN
6	食品和烟草	FOD

续表

序号	部门（行业）	简写
7	纺织业	TEX
8	其他制造业	OMN
9	化学产品	CHM
10	非金属矿物制品	NMT
11	金属制品	MET
12	设备制造业	MCN
13	废品废料	WST
14	交通运输设备	TPQ
15	通信设备、计算机	ELP
16	电力热力的生产和供应	ELE
17	水的生产和供应	WTR
18	建筑	CNS
19	铁路运输	RAIL
20	道路运输	ROAD
21	水上运输	WATER
22	航空运输	AIR
23	其他运输服务业	OTS
24	服务业	SVC

第九章　生态服务贸易

世界经济一体化与贸易全球化的不断发展对全球生态环境产生了深刻的影响，环境问题在世界贸易中越来越受到重视，协调好经济贸易发展与生态环境保护已经成为世界经济发展过程中的一项重要任务。世界范围内的绿色转型革命正改变着全球能源结构、产业结构以及生产生活方式，也逐步影响着服务贸易的发展方式与涵盖领域，使之覆盖支持环保贸易的服务，绿色金融、绿色信贷、绿色咨询、绿色物流等生态服务贸易类型应运而生。本章将结合全球绿色贸易的发展趋势，聚焦于服务贸易，介绍生态服务贸易的起源、发展及其具体表征和实践范式。

第一节　生态服务贸易概述

一、生态服务贸易的兴起

随着经济全球化进程的加快，全球范围内的生态环境问题日趋凸显，促使国际社会重新思考贸易发展与环境保护之间的关系。商品和服务在跨境贸易中对资源环境产生的潜在负面影响，逐步成为多边贸易体制关注的重要内容之一。生态服务贸易或绿色服务贸易自由化在各个多边谈判和区域谈判中占据越来越重要的位置。

从全球多边谈判来看，1971 年 11 月“环境措施和国际贸易工作组”的设置标志着《关税及贸易总协定》（GATT）成员方开始重视关于环境问题的贸易活动；1973 年至 1979 年的东京谈判，达成《技术性贸易壁垒协定》，解决对环境措施究竟在何种程度上会成为贸易壁垒；1986 年发起的《关税及贸易总协定》乌拉圭回合谈判中，缔约方谈判内容涉及贸易与环境问题，并于 1994 年达成《关于贸易与环境的决定》。1994 年 4 月的马拉喀什会议通过乌拉圭回合最终文件，达成了一项重要的谈判结果——《服务贸易总协定》，由此标志着多边贸易谈判逐步涉及服务贸易。

1995 年，WTO 开始实施《关于贸易与环境的决定》，并设立贸易与环境委员会，专职处理与贸易相关的环境问题。这一机构的设立标志着 WTO 将环境议题纳入其贸易治理框架，为实现可持续发展提供制度支持。2001 年的多哈谈判，首次将贸易与环境列为谈判议题，提出削减或取消环境服务贸易中的关税和其他贸易壁垒，进一步阐述了 WTO 谈判将环境服务自由贸易化作为关于环境政策方面的重要目标。2014 年在达沃斯，中美等多个 WTO 成员共同宣布，为减少环境服务贸易关税和非关税壁垒，将启动环境服务贸易谈判进程。同年 WTO 中的 18 个成员方①组成"环境产品之友"小组，通过开放式诸边谈判模式启动了《环境产品协定》（Environmental Goods Agreement，EGA）的磋商，旨通过削减或取消环境产品的关税和非关税壁垒，推动环境产品的自由贸易。截至 2016 年 12 月，谈判已进行 18 轮，参与国涵盖了全球超过 90%的环境产品贸易市场份额。然而，由于各国在协定涉及的环境产品范围、关税削减幅度及适用领域等问题上存在分歧，始终未能达成一致。2017 年 6 月，美国宣布退出《巴黎协定》，此后《环境产品协定》尚未重启新一轮谈判。

从区域谈判来看，APEC 作为区域谈判的代表性组织，一直致力于推动环境服务贸易自由化，是较早开展环境服务协作的国际组织。1995 年大阪会议上，APEC 成员方议定了《执行茂物宣言的大阪行动议程》，这是初次明确提出环境服务合作，对环境服务的市场准入做了划定。从 2007 年开始，APEC 陆续发布了《APEC 环境产品与服务工作计划》等，促进了环境服务贸易的发展步伐。近年来，《全面与进步跨太平洋伙伴关系协定》《区域全面经济伙伴关系协定》等新兴区域贸易协定日益强调应对气候变化和加强环境保护的重要性。2018 年 11 月，美国、墨西哥、加拿大三国正式签署了《美墨加协定》，取代了原有的《北美自由贸易协定》，环境条款得到了全面升级并引入了创新性内容。在亚太地区，《区域全面经济伙伴关系协定》与《全面与进步跨太平洋伙伴关系协定》对亚太经贸合作具有重要的引领作用。《区域全面经济伙伴关系协定》环境治理总体上是继承 WTO 的相关规定，而《全面与进步跨太平洋伙伴关系协定》则通过专门章节对环境问题进行建章立制，从多边环境协定、臭氧层保护、保护海洋环境免于船舶污染、贸易和生物多样性、外来入侵物种、向低排放和具有韧性的经济转变、海洋捕捞渔业、促进野生动植物保护和打击野生动植物的非法获取和非法贸易，以及环境产品和服务九个方面具体详细地列出缔约国共识和义务。

可以预见，随着可持续发展逐步成为全球日益关注的话题，生态服务贸易或服务贸易的可持续性开始引发各国重视。在创新发展和数字技术的加持下，服务技术、服务形态、服务角色已呈现全新的变化，服务贸易的结构、制度和理念也不断在竞争中获得创新的动力，服务贸易的形式及内涵不仅从传统的实体贸易向虚拟空间的无形贸易转变，亦向低能耗、低污染、生态环境和谐与可持续发展的生态服务贸易转型。

---

① 欧盟、美国、澳大利亚、加拿大、中国、哥斯达黎加、中国香港、冰岛、以色列、日本、韩国、新西兰、挪威、新加坡、瑞士、列支敦士登、中国台湾和土耳其。

二、生态服务贸易的内涵与范畴

从字面上理解生态服务贸易，即提供与生态环境相关的服务，是当代服务贸易的一个重要分支。从目前的国际数据来看，各国对生态服务贸易存在“环境服务贸易”“绿色服务贸易”等不同称谓，尚未形成一个统一的定义和分类，对生态服务贸易的理解由于各国的需求不同而有所不同。

根据联合国核心产品分类系统（Central Product Classification，CPC）的分类，最新的 CPC 2.1 版本在“社区、社会和个人服务”科目下设“污水及废物收集、处理及处置等环保服务”，将生态服务分为污水收集、污水处理及化粪池清洁服务、废物收集服务、废物处理及处置服务、修复服务、卫生和类似服务、其他环境保护服务。由 WTO 的前身——GATT 制定的“服务部门分类清单”，将生态服务分为污水处理服务、废物处置服务、卫生和类似服务、其他环境服务四类。欧盟作为 WTO 服务贸易委员会成员方，在谈判时提出将生态服务分为两个子部门——核心部门和相关部门，并将单纯的环境服务业及设计、工程、研发等被《服务贸易总协定》划分到其他部门的概念性服务划入生态服务中。美国的分类与上述三种分类均有不同，将生态服务分为污水处置服务、固体废物治理服务、环境分析及测试服务、危险废物管理服务、清洁及环境修复服务、工程设计与环境咨询服务六大类。

中国生态保护产业起步较晚，国家环保总局（现生态环境部）在印发的《2000年全国环境保护相关产业状况公报》中将环境保护服务业首次定义为与环境相关的服务贸易活动，具体分为环境技术服务、环境咨询服务、污染设施运营管理、废旧资源回收处置、环境贸易与金融服务、环境功能服务六类。而环境保护部（现生态环境部）在发布的《中国环境服务业发展报告（2015）》中进一步将环境服务业界定为环保产业发展到一定水平时由产业升级的需求而产生的新兴服务业，是现代服务业的重要分支，主要包括环境咨询服务、环境监测服务、污染治理及环境保护设施运行服务、环境工程建设服务、环境贸易与金融服务、生态修复与生态保护服务及其他环境服务等活动。从统计口径划分看，国家统计局《2017 年国民经济行业分类》中涉及环境服务的行业主要有环境保护监测、生态资源监测、野生动物疫源疫病防控监测、其他自然保护、水污染治理、大气污染治理、固体废物治理、危险废物治理、放射性废物治理、土壤污染治理与修复服务、噪声与振动控制服务、其他污染治理。

不难看出，国际上主流分类多数按照环境要素对生态服务进行分类，而中国是按照环境服务方式进行分类的。事实上，生态服务贸易是指涉及环境友好和可持续发展的服务领域的国际贸易，它涵盖了一系列以环境保护和可持续发展为导向的服务，如清洁能源、环境技术、可再生能源、节能技术、废弃物管理、环境咨询等。据此本章将生态服务贸易划分为两大类范畴。

第一大类涉及生态服务的跨区域交换和流转。在传统封闭经济模式下，诸如食物、燃料、水资源、原材料的供给功能，以及污染净化功能，通常仅限于服务本地区域。然而，随着经济体系的逐步开放和区域间经济联系的增强，尤其是跨区域统一市场的建立，各类资源性产品通过产品贸易和跨区域资源调运工程实现了更广泛的流动。此外，随着污染密集型产品贸易的扩大，跨区域利用生态服务处理域外污染物的可能性逐渐显现。因此，此类生态服务贸易主要包括环境技术输出、污染治理设施的运营管理，以及清洁能源服务等传统环保产业的跨区域交易与流通。

第二大类是与绿色产品相关的衍生服务贸易。绿色发展已成为世界各国的共识，推动服务贸易企业、行业和产业的绿色转型已成为必然趋势。例如，餐饮业推广绿色食品与饮料，酒店业倡导绿色经营，出租车行业引入绿色燃料等，这些实践逐步催生出一系列新兴服务业，旨在减少对生态环境及人类健康的直接或潜在危害。其中，包括碳排放认证与评价、绿色金融服务业、绿色咨询以及绿色物流等领域，正成为推动可持续发展的重要服务维度。

三、生态服务贸易的基本特征

相对于一般服务贸易，生态服务贸易呈现出独特的基本特征。首先，伴随性是最为显著的特点之一。生态服务贸易通常并非独立运行，而是与货物贸易或其他经济活动密切相关。例如，碳固定与污染物净化功能通常随着产品贸易的流动而实现。虽然碳交易与排污权交易等市场的兴起，使部分生态服务能够直接进行独立交易，但大多数生态服务仍嵌套于其他贸易活动中，表现出强烈的伴随性特征。

其次，区域性与公共性并存是生态服务贸易的另一重要特征。生态服务贸易的区域性体现在许多生态服务（如水资源管理、森林保护）往往受限于自然地理范围，但另一些生态服务（如碳固定、大气质量改善）具有跨区域的生态效应，不仅造福贸易直接参与方，还可能惠及相关区域甚至全球范围，这种公共性特征催生出生态服务的市场化和交易机制等问题。

最后，减量性是生态服务贸易的核心特征。不论是生态服务本身的交换和流转，还是与绿色产品相关的派生服务贸易，其核心目标都是减少对生态环境的破坏。一方面，强调减少资源消耗和环境污染，通过推动清洁生产、节能减排等措施，实现贸易活动的友好性；另一方面，注重保护生物多样性和生态系统的可持续性，维护生态环境的完整性。这一特征使得生态服务贸易成为促进可持续发展的关键领域。

四、生态服务贸易的发展实践

（一）发展规模

随着国际社会对绿色发展、环境保护以及“双碳”目标的关注不断提升，绿色低碳发展已成为全球公认的发展共识。这一趋势推动了经济社会的系统性变革，并对服务贸易领域产生了深远影响。一方面，气候变化带动了对生态旅游、气候风险保险等服务贸易的需求增长；另一方面，环境相关服务贸易迎来重要发展机遇。根据《中国服务贸易发展报告 2022》的分析，尽管环境相关服务技术的研发与传播最初集中于发达国家，但随着发展中国家加大对环境基础设施的投资力度并强化环保政策，绿色技术正通过技术贸易的形式向新兴经济体扩散，清洁能源、节能建筑、储能等绿色技术获得快速发展，激发了低碳技术研发、新能源产品设计、绿色咨询等第三方服务需求，推动环境服务市场的加速增长。

根据联合国贸易和发展会议与 OECD 的数据，全球绿色服务贸易出口额自2010 年的 2.21 万亿美元增长至 2018 年的 3.78 万亿美元，年均增长率达到 6.93%，超过同期服务贸易增速 1.43 个百分点。从占比上看，绿色服务贸易出口在服务贸易总额中的比重从 2010 年的 55.57%上升至 2018 年的 61.89%，表明其发展潜力正在快速释放。

全球服务贸易联盟发布的《全球服务贸易绿色发展趋势报告 2023》指出，在运输服务领域，全球绿色交通工具数量规模迅速增长。预计到 2030 年，全球电动汽车的保有量将达到 1.45 亿辆，这将大幅减少尾气排放和空气污染。而《中国服务贸易发展报告 2022》的数据显示，2022 年全球在可再生能源、核能、零排放汽车和回收利用项目等领域的投资同比增长 31%，达 1.1 万亿美元。节能减排技术的应用使得运输服务的能源消耗得到有效降低，物流与运输路线的优化也减少了能源浪费及环境负担。

在建筑服务领域，企业通过采用低碳材料、绿色施工和绿色设计等手段，推动建筑行业向绿色和智能方向转型，以实现节能减碳的目标。预计到 2050 年，七国集团国家（美国、英国、法国、德国、日本、意大利和加拿大）将在住宅建筑行业中减少高达 80%的温室气体排放。此外，绿色建材认证标识、零碳建筑技术标准等绿色建筑标准和认证体系也在逐步建立。

在物流服务领域，全球物流企业积极探索绿色转型，涵盖从能源使用、设备更新、包装材料到物流组织和仓储管理的各个维度，为行业提供全面的绿色解决方案。在中国，代表性企业，如大型央企、头部物流企业以及外向型物流企业，已在能源转型、节能装备、绿色包装、高效物流组织模式、绿色仓库和供应链协同等方面进行了一系列实践和探索。

在金融服务方面，面对日益严峻的气候和环境风险，越来越多的经济主体致力于推动绿色金融市场的发展，并构建完善的绿色金融体系，旨在为绿色项目和企业提供更广泛的融资渠道。全球金融机构已推出一系列绿色金融产品和服务创新，涉及绿色融资、租赁、基金投资以及绿色消费等领域，体现了金融行业对污染防治、节能环保、生态农业等多个领域的有力支持。

（二）区域差异

由于经济模式和产业分工的差异，不同区域在产品交换中形成的生态服务流动呈现出明显的空间不均衡特征。在这一过程中，一些地区通过贸易承载了大量生态成本，而另一些地区则积累了显著生态盈余。研究表明，发达国家的过度生态消耗主要依赖于欠发达地区转移而来的环境承载力。例如，2005 年美国和欧盟的生态成本分别超出其生态生产能力的 43.36%和 52.89%。与此同时，拉丁美洲和非洲地区则分别拥有 51.40%和 22.63%的生态盈余，通过贸易被输出到发达国家（徐晓勇等，2012）。根据商务部国际贸易经济合作研究院的研究数据，2022 年全球绿色贸易进出口总额排名前三的是欧盟、美国和中国，合计占比 40%左右，日本、英国、韩国等国家位居前列，反映出发达国家和地区的绿色贸易发展靠前[①]。

现代国际分工和贸易体系在一定程度上塑造了不同国家或地区的生态服务贸易差异。发达国家拥有先进的环保技术和服务，发展中国家则缺乏相应的技术和专业知识。与此同时，发达国家通过实施保护主义政策，对生态服务进行限制和歧视性对待，导致了技术转让的不平衡和不公平。技术壁垒和贸易壁垒的存在使一些国家和地区成为主要的环保技术和服务出口国，实现了经济增长；而另一些国家和地区则成为主要的进口国，通过引进环保技术和服务来改善环境状况。

当前发达国家在生态服务贸易中占据主导地位。与之相比，发展中国家在生态服务贸易中的份额相对较小，但正逐渐增加。在这一领域，发达国家通常规模更大，贸易结构更为多样化，企业和机构更倾向于参与全球性的碳交易市场，提供碳固定、污染物净化等服务以获取市场份额。发展中国家的参与相对较少，主要集中在传统的环境服务领域，如森林保护和水资源管理。

（三）政策导向

生态服务贸易的蓬勃发展源于全球环境意识的提升和对可持续发展需求的增加。随着全球变暖、环境污染和资源短缺等问题日益加剧，各国迫切需要采取行动来应对这些挑战。因此，生态服务贸易成为促进经济增长和环境保护双赢的重要领域。

---

① 资料来源：http://tradeinservices.mofcom.gov.cn/article/lingyu/lyqita/202402/161114.html。

在国际层面，绿色发展已成为世界各国普遍认同的共同目标。在联合国相关政策文件中，生态贸易的核心内涵在于实现环境保护与贸易发展的协调。《21世纪议程》《里约宣言》《可持续发展问题世界首脑会议的报告》和《全球可持续发展报告》等文件均强调，贸易与环境应相辅相成，既互为促进，又相互协调，为实现全球可持续发展提供了政策框架和指导方向。以应对气候变化和环境保护为核心，生态贸易从可选路径转变为必选项。举例而言，新西兰正致力于扩大贸易协定中的服务覆盖范围，积极消除对环境和气候友好型商品和服务的贸易壁垒。此外，该国还在探索绿色走廊等创新举措，以支持实现零排放解决方案的贸易通道。鉴于航空业在新西兰全球连通的关键地位，该国正积极寻求提升航空行业可持续性的途径，政府和航空公司联合资助了可持续航空燃料的可行性研究，以推动绿色航空发展。

在国内层面，2019年11月，《中共中央、国务院关于推进贸易高质量发展的指导意见》明确提出，要推进贸易与环境协调发展。2021年2月，《国务院关于加快建立健全绿色低碳循环发展经济体系的指导意见》进一步强调“建立绿色贸易体系”，提出优化贸易结构，积极发展高附加值和高质量的绿色产品贸易。《“十四五”对外贸易高质量发展规划》将“构建绿色贸易体系”列为十项重点任务之一，并提出了四项具体举措：一是建立绿色低碳贸易标准与认证体系，二是打造绿色贸易发展平台，三是营造绿色贸易发展良好政策环境，四是扎实推进绿色低碳领域贸易合作。这些政策措施为推动绿色贸易高质量发展提供了重要方向和实践路径。

顺应中央政府发展绿色贸易的系列部署安排，全国各地纷纷采取措施，优化绿色贸易政策环境，积极推动生态服务贸易，加速融入全球绿色经济体系。以北京为例，该市高度重视绿色低碳发展，出台了《北京市碳达峰实施方案》和《北京市可再生能源替代行动方案（2023—2025年）》等绿色低碳转型政策性文件。此外，北京在绿色技术创新、绿色金融和碳市场等方面均取得了显著成绩，推动了全球碳排放单位的管理。

展望未来，中国将在绿色发展理念和全球“双碳”目标的引领下，进一步提升绿色发展政策的促进作用，通过科技进步激发更大潜能，引导企业绿色转型的国际规则将得到更好的执行。随着绿色服务消费需求的不断扩大，绿色服务贸易的国际合作将持续深化，生态服务贸易的发展前景充满潜力。为了应对这一挑战，中国可从以下方面着手。

首先，应优化生态服务贸易的政策环境。在《鼓励外商投资产业目录》的指引下，重点扶持绿色低碳、节能环保等领域，研究制定绿色服务进出口指导目录，支持引入国内亟须的节能减碳、环境治理技术和服务，推动绿色节能技术进口扩张，拓展高附加值绿色低碳技术的出口份额。

其次，应深化生态服务贸易的国际合作。充分利用中国国际进口博览会、中国国际服务贸易交易会、中国进出口商品交易会等国际性展会平台，举办生态贸易主题展会，推动中国同其他国家生态贸易产品、技术和服务的跨境交流与合作。以庞大的绿色服务市场为依托，与全球共享发展机遇，特别是在“一带一路”合作框架下，扩大与相关国家在绿色基础设施、能源装备、环保技术、生态服务和绿色金融等领域的合作力度，加速中国生态服务产业的国际化进程。

最后，应积极推进生态服务贸易的标准对接。积极推动绿色产品认证与标识国际互认，以 2012 年 APEC 成员达成的涵盖 54 个 6 位海关税号的环境产品清单为例，该清单涉及空气污染治理、废弃物处理、可再生能源、废水处理、自然灾害管理、环境监测设备及环境友好产品等领域，成为推动环境产品贸易自由化的重要举措，未来中国应进一步推动建立公平、公正、包容、普惠的生态服务贸易规则和标准体系，确保生态服务贸易的可持续和有序发展。在此基础上，积极落实服务贸易国内规制谈判成果，严格履行 WTO 服务贸易国内规制的相关义务，不断优化中国服务贸易营商环境。

第二节　绿 色 金 融

绿色金融是可持续发展金融的重要分支，旨在通过金融工具、服务和政策的引导，将资本流动与绿色项目、可持续发展目标相结合，为绿色产业、低碳技术、清洁能源等领域提供融资支持，推动环境友好型产业的快速发展。换言之，绿色金融的本质是将可持续发展原则嵌入至金融体系中，通过市场机制引导资本流向符合绿色、环保和社会责任要求的项目或企业。

一、绿色金融的兴起

（一）国际发展

20 世纪 70 年代，金融机构开始高度关注潜在环境污染所带来的信贷风险。1974 年，联邦德国创立了首家政策性环保银行，专门面向一般银行不愿涉足的环境项目，提供优惠贷款服务。1980 年，美国颁布《综合环境反应补偿与责任法》，俗称“超级基金法案”，规定环境责任可追溯，引导金融机构关注防范环境风险引起的金融风险（朿兰根和顾蔚，2020）。

1988 年，联邦德国在法兰克福成立世界首家以保护生态为目的的生态银行，主要致力于提供用于自然与环境保护的信贷服务。随着《联合国气候变化框架公约》等国际公约的签署，环境污染治理和气候变化应对逐渐成为国际关注的焦点。特别是《京都议定书》的出台，首次对温室气体排放设定了限制，为绿色金融理念的全球传播奠定了基础。

2003年，花旗集团、荷兰银行和巴克莱银行等全球领先金融机构，借鉴国际金融公司提出的可持续发展政策与指南，联合制定并发布了赤道原则，推动了绿色信贷的国际化。2007年，欧洲投资银行发布了全球首支气候意识债券，用于支持气候相关项目，被公认为世界第一支绿色债券。2013年，国际金融公司（International Finance Corporation，IFC）与纽约摩根大通共同发行IFC绿色债券，标志着绿色金融市场的蓬勃发展。

2014年，国际资本市场协会联合上百家金融机构发布了《绿色债券原则》，国际绿色债券市场规模急速扩大，成为国际绿色金融发展的重要里程碑。2016年，《巴黎协定》正式签署，推动绿色金融迈入以气候变化为主题的新阶段。

2016年，G20峰会在中国的倡议下首次将“绿色金融”写入成果文件。中国作为主办方将绿色金融纳入G20峰会议程，推动绿色金融国际实践迈向新高度（周新苗等，2021）。

（二）国内发展

1995年，中国人民银行和国家环保总局分别发布了《关于贯彻信贷政策与加强环境保护工作有关问题的通知》和《关于运用信贷政策促进环境保护工作的通知》，强调将环保要求融入信贷政策。2007年，中国银行业监督管理委员会[①]（下文简称银监会）出台了《节能减排授信工作指导意见》，明确关注高耗能、高污染给金融机构带来的风险，并制定相应方案，同时制定了高耗能、高污染行业的授信政策和操作细则，以及节能减排授信程序和规范等关键内容。在该指导意见的引导下，兴业银行于2008年成为国内首家采纳赤道原则的金融机构。

2012年，生态文明建设被正式纳入中国特色社会主义事业“五位一体”总体布局。同年，银监会发布《绿色信贷指引》，标志着中国绿色信贷体系的顶层设计初步确立。2015年，《生态文明体制改革总体方案》将建立绿色金融体系列为“健全环境治理和生态保护市场体系”的重要组成部分。2016年，“十三五”规划明确提出构建绿色金融体系，凸显了绿色金融作为中国推动绿色发展的核心动力。同年，中国人民银行等七部委联合发布《关于构建绿色金融体系的指导意见》，提出发展绿色信贷、鼓励证券市场支持绿色投资、设立绿色发展基金以及推动绿色保险创新等一系列关键措施。

2016年，中国担任G20主席国，首次将绿色发展理念融入G20议题。中国人民银行与英格兰银行发起成立G20绿色金融研究小组，并于2017年发布《G20

① 2018年3月撤销，成立了中国银行保险监督管理委员会（简称中国银保监会），2023年3月进一步改组为国家金融监督管理总局。

绿色金融综合报告》。2021 年可持续金融研究小组升级为可持续金融工作组，由中国人民银行与美国财政部联合牵头。同年 10 月，该工作组发布 G20 首个关于可持续金融的框架性文件——《G20 可持续金融路线图》，为推动国际资金流向支持气候变化应对的领域提供了重要指引。

2017 年，为加强央行与监管机构间绿色金融合作，中国人民银行联合其他七国的央行和监管机构共同创立了央行与监管机构绿色金融网络（Network of Central Banks and Supervisors for Greening the Financial System，NGFS），旨在关注气候变化对宏观金融稳定和微观审慎监管的影响，提升金融体系风险管理能力，引导资本向绿色低碳投资方向流动。截至 2022 年 4 月，NGFS 成员已扩展至 114 家正式成员和 18 家观察机构，成为央行和金融监管机构开展绿色金融研究与合作的重要平台。

2018 年底，中国人民银行指导中国金融学会绿色金融专业委员会与伦敦金融城共同发布了《“一带一路”绿色投资原则》。该原则旨在推动“一带一路”共建国家和地区的绿色可持续发展，并于 2019 年被纳入“一带一路”国际合作高峰论坛的成果清单。《“一带一路”绿色投资原则》为金融机构参与“一带一路”投融资活动提出了七项指导性原则，包括全面识别环境、社会、治理风险，充分披露环境信息，充分运用绿色金融工具等内容，明确了推动绿色投融资的具体方向和要求。

2019 年，欧盟与中国、阿根廷、加拿大、智利、印度、肯尼亚和摩洛哥共同发起了可持续金融国际平台（International Platform on Sustainable Finance，IPSF）。该平台的宗旨在于深化国际合作，推动绿色金融标准在国际上的趋同，动员私人部门参与环境可持续投资。在此基础上，2021 年，中国人民银行与欧盟委员会相关部门共同主导完成了《可持续金融共同分类目录报告——减缓气候变化》。该目录涵盖了中欧绿色与可持续金融目录所共同认可的经济活动清单，包括能源、制造、建筑、交通、固废和林业六大领域的主要经济活动。这对推动中欧绿色投融资合作、引导跨境气候投融资活动，降低跨境交易绿色认证成本具有重要意义。

在党中央、国务院的决策部署下，绿色金融已成为中国人民银行“十四五”时期及更长时期最为重要的工作之一。2021 年，中国人民银行发布了《银行业金融机构绿色金融评价方案》。同年中国人民银行推出了碳减排支持工具和支持煤炭清洁高效利用专项再贷款，这两个创新性的结构性货币政策工具旨在引导金融机构在自主决策的基础上，为碳减排重点领域内的各类企业平等地提供贷款，并鼓励“两条腿走路”，在发展清洁能源的同时继续支持煤炭煤电清洁高效利用。2022 年，中国银保监会发布了《银行业保险业绿色金融指引》，进一步强化绿色金融政策的覆盖范围、指导效果和执行效率，夯实了实现“双碳”目标的金融服务保障。

二、绿色金融的内涵与范畴

伴随着可持续发展战略在更广泛领域达成共识，倡导绿色观念也逐步被人们认可。类比于国际上绿色经济、绿色人居环境及国内绿色消费、绿色食品等，绿色金融也顺应了这种绿色潮流，被赋予了新的时代内涵。而关于绿色金融的定义，由于发展阶段的不同和实际国情的差异，目前全球范围内并没有形成统一的认识。

发达国家通常将绿色金融聚焦于提升生态环境效益，发展中国家则更倾向于将有助于环境保护、节能减排的金融活动纳入绿色金融的范畴，如在发达国家未被视为“绿色”的高铁债券，在中国被划入“绿色债券”范畴（李朋林和叶静童，2019）。

围绕绿色金融的概念，国内外学者从不同视角进行了多角度阐释（刘华军和张一辰，2023）。从供给端来看，绿色金融被视为应对环境污染问题的金融模式创新，是管理环境质量和风险的金融工具，同时也是环境产业与金融业的桥梁（邓翔，2012）；从需求端来看，绿色金融是通过创新和优化金融产品及服务组合，为绿色项目提供融资支持，从而促进可持续发展的金融活动（俞岚，2016；殷剑峰和王增武，2016）；从政策层面来看，绿色金融被定义为一种遵循可持续发展理念的制度安排或发展战略，旨在通过金融服务促进环境和经济的协调发展（麦均洪和徐枫，2015；陈经伟等，2019）。从全球官方机构角度，G20 绿色金融研究小组在 2016 年将绿色金融定义为“能产生环境效益以支持可持续发展的投融资活动”，“除了对绿色项目的筹资，绿色金融还涉及调整风险认识的能力，以促进对环境友好的投资并减少对环境有害的投资”。欧盟委员会认为，绿色金融是一个覆盖范围介于气候金融和可持续金融的概念，难以区分绿色金融与后两者的界限。中国人民银行等七部委在 2016 年发布的《关于构建绿色金融体系的指导意见》中，将绿色金融定义为“为支持环境改善、应对气候变化和资源节约高效利用的经济活动，即对环保、节能、清洁能源、绿色交通、绿色建筑等领域的项目投融资、项目运营、风险管理等所提供的金融服务”。

经过 21 世纪以来的多年探索，世界各国积极加强绿色金融国际交流，持续推进绿色金融的国际协同发展，形成了多层次的绿色金融产品和市场体系。结合中国人民银行等七部委发布的《关于构建绿色金融体系的指导意见》和国际上对绿色金融的定义，绿色金融的实践形式囊括以下范畴。

（一）绿色银行

自联邦德国设立全球首家以环境保护为目的的生态银行以来，许多国家在绿色银行的实践过程中积累了宝贵经验，包括荷兰的 Triodos Bank、英国的绿色投资银行（Green Investment Bank）、日本的政策投资银行（Development Bank of

Japan）、中国的兴业银行。从发展模式看，绿色银行的运营方式存在多种形式。一些国家设立了专门从事绿色金融业务的生态银行，而另一些则由政策性银行或商业银行在其传统业务基础上拓展绿色金融业务。此外资金支持的方式也存在差异，有的银行采用传统商业银行的借贷模式为绿色项目提供资金，而其他一些银行则借鉴投资基金模式为绿色项目提供投融资支持（黄金胜，2015）。

（二）绿色信贷

许多发达国家的金融机构在政府财政和税收政策的支持下，根据市场需求，推出了包括贷款额度、利率和审批等在内的优惠措施，以开发适用于企业、个人和家庭的绿色信贷产品。例如，加拿大银行推出了清洁空气汽车贷款，澳大利亚银行则为低排放车型提供优惠利率的汽车贷款。同时，金融机构还利用证券市场工具为大型环境基础设施项目或节能减排项目提供融资，并为企业提供与环境相关的风险管理工具，如绿色资产抵押支持证券、气候衍生品等。2017 年是绿色信贷数据的元年，在 2017 年至 2021 年的 5 年间，全球绿色信贷年总量从 4.32 亿美元的基数增至 2021 年的 786 亿美元，涨幅近 200 倍①。绿色信贷在中国绿色金融领域也扮演着重要角色。截至 2022 年底，中国本外币绿色贷款余额达到 22.03 亿元，居全球首位，且增速高于其他贷款品种 28.1 个百分点，约 66.7%的绿色贷款支持了直接和间接有助于碳减排的项目②。

（三）绿色实业基金

目前，全球大规模绿色直接投资的主导力量主要是大型金融集团。1999 年，世界资源研究所启动了“新风险投资”项目，并得到花旗集团等的资金支持。该项目聚焦于新兴市场经济体环境行业中的中小企业。1999 至 2012 年间，该项目共帮助 367 个“产生明显环境效益”的中小企业获得风险投资 3.7 亿美元，累计实现二氧化碳减排 330 万吨，保护耕地 450 万公顷，节水和净化水资源 57 亿升。此外，气候变化资本集团也从事全方位的绿色产业投融资业务，特别是在私募股权投资方面，其投资范围集中于 500 万至 2000 万欧元规模的企业，涉及的行业主要包括清洁能源、绿色交通、能源效率、垃圾处理和水务等。虽然中国绿色基金起步较晚，但发展势头迅猛。截至 2021 年第三季度末，绿色公募基金数量接近 1000 只，规模合计 8000 亿元，超过 80%的公募基金机构表示，已有高管或委员会专门对接绿色投资业务，反映出机构对绿色投资的高度重视③。

---

① 资料来源：http://tradeinservices.mofcom.gov.cn/article/ydyl/sedly/jrfw/202302/145495.html。

② 资料来源：中国人民银行金融机构贷款投向统计报告。

③ 资料来源：《中国责任投资年度报告 2022》《基金管理人绿色投资自评估报告（2021）》。

（四）绿色证券基金

绿色证券基金当前主要以交易型开放式指数基金（Exchange Traded Fund，ETF）和各类基金产品为主，同时涉及碳排放权衍生品等相关金融工具。这些产品不仅吸引了机构投资者，也逐渐获得包括个人投资者在内的广泛关注。国际市场上的主要绿色指数包括标准普尔全球清洁能源指数、纳斯达克清洁能源指数和英国富时（Financial Times Stock Exchange，FTSE）日本绿色 35 指数等。此外，特色指数和基金还包括巴克莱银行的"全球碳指数基金"、中国 A 股的富国低碳环保混合基金等（马骏，2015）。

（五）绿色债券

绿色债券是一种筹集资金支持环保项目或绿色企业的债务工具。国际金融组织、各国金融机构等绿色债券发行者承诺将筹集的资金专门用于符合绿色标准的项目，如可再生能源、节能减排、污染治理等领域的项目。目前，国际上已发行绿色债券的机构包括世界银行、亚洲开发银行、英国绿色投资银行和韩国进出口银行等。绿色债券的承销商通常为国际投资银行，投资者则以大型机构投资者为主，也包括部分高净值个人投资者。自 2007 年以来，全球发行的绿色债券总市值超过 50 亿美元，其中世界银行的发行量约占一半。截至 2021 年底，符合中国和气候债券倡议组织（Climate Bonds Initiative，CBI）绿色定义的中国绿色债券累计发行规模已接近 1.3 万亿元人民币，位居世界第二①。绿色债券发行主体类型和涵盖行业领域相对广泛，为投资者提供了参与绿色项目、实现财务回报和环境效益双赢的机会。

（六）绿色保险

绿色保险是一种社会经济与环境保护相结合的金融工具，其核心在于通过保险机制管理环境风险，并为相关环境损失提供经济保障，其范围涵盖环境责任保险、生态险、农业气象保险、森林火灾保险等。在国际上，绿色保险已有较为成熟的发展模式。欧盟通过立法推广环境责任险，坚持"污染者付费"原则。2004 年颁布的《欧盟环境责任指令》要求企业为环境污染投保，绿色保险随之在欧洲扩散。德国政府自 1990 年实施《环境责任法案》，强制高风险行业购买环境责任保险。英国保险公司推出的环境保险产品，不仅覆盖污染清理费用，还包括罚款、不动产损失及法律费用。据中国保险行业协会统计，2018 年至 2020 年，中国保险业累计提供 45.03 万亿元的绿色保险保障，支付赔付金额 533.77 亿元，涉及范

① 资料来源：气候债券倡议组织公布数据。

围涵盖工业污染治理、农业防灾减灾和新能源产业等领域（刘华军和张一辰，2023）。

三、绿色金融的影响

绿色金融既具有金融体系的一般功能，如资源配置功能、融资功能，也有传统金融所不具备的新功能。构建绿色金融体系不是简单颠覆之前的金融体系，而是在传统金融体系里将原先忽视的环境因素，作为新的约束条件纳入进来。绿色金融是一种新的发展范式，其在功能作用上处处体现“绿色”二字。绿色金融的影响主要表现为以下三个方面。

（一）绿色金融与资源绿色配置

相对于传统金融体系，绿色金融的核心影响在于推动资源的绿色配置。资源的绿色配置主要表现为两个方面：首先是确保资源的可持续利用。这种绿色配置是基于可持续性发展的基础之上，不仅追求经济的繁荣，更注重保护自然环境，实现“绿水青山就是金山银山”的共赢。任何有助于资源可持续利用的经济活动都属于绿色金融核心功能发挥的范畴。其次是倡导建立环境友好型经济，这是实现资源绿色配置的根本目标。环境友好型经济要求在满足人们生产和生活需求的同时，将对生态环境的负面影响最小化，推动人类社会与自然生态环境之间形成良性互动。研究表明，绿色金融通过支持绿色技术创新，可实现碳减排并促进经济高质量发展（Liu et al.，2019；文书洋等，2022；史代敏和施晓燕，2022）。刘婧宇等（2015）的研究表明，绿色信贷政策在短期和中期内对造纸业和化工业的产出产生了抑制作用，同时对目标企业的投资行为也起到了有效的约束效果。但在长期内，这些行业的投资和产出逐渐回升，削弱了绿色信贷政策对产出抑制的持续性影响。宋鑫（2016）证明绿色信贷在中国的中、短期内对“两高一剩”行业具有较为显著的产出抑制效果，同时也促进了绿色创新（王馨和王营，2021）。

（二）绿色金融与环境资源管理

绿色金融实现资源绿色配置的能力在很大程度上依赖于其对环境资源价格发现和环境风险管理的影响。环境资源价格发现是通过绿色金融工具正确反映环境成本，其中绿色信贷是一个例子。在传统信贷市场中，绿色信贷将环境风险纳入银行的信贷发放，使得原本被忽视的环境风险成本反映到银行信贷成本中。绿色信贷的实施使得重污染企业面临更高的贷款利率，而绿色企业则享受更加优惠的利率。例如，苏冬蔚和连莉莉（2018）发现绿色金融政策显著降低了重污染企业的有息债务融资和长期负债，而郭晔和房芳（2021）提出绿色担保品政策可以减少绿色信贷企业的信贷成本。环境风险管理涉及绿色金融组织为客户提供专业环境风险管理服务，降低客户面临的环境风险损失，典型的例子是绿色保险。这包括宏观上的全球气候和国家区域性的物理环境风险管理，以及微观层面上企业社会环境风险带来的投资和生产损失。相关研究探讨了环境风险与银行抵押贷款利率（Nguyen et al.，2022）、环境风险对政策倾斜和碳资产定价的影响（van der Ploeg and Rezai，2020）以及环境风险对碳搁浅资产的影响（Chevallier et al.，2021）。

（三）绿色金融与供需主体发展

从供给端看，绿色金融在满足绿色经济资金需求方面发挥着关键作用。它为绿色产业的发展、传统产业的升级改造以及引导绿色消费等活动提供了投融资服务，实现了将资金从“非绿”项目导向绿色项目，并同时调动社会可利用资源支持绿色产业的发展。研究表明，央行以担保品为依托的绿色金融政策，通过优化融资渠道，显著推动了棕色企业的绿色创新，促使其逐步向绿色方向转型升级。绿色信贷通过增加流动性债务融资和企业利润来促进污染企业的绿色技术创新，从而推动了产业的转型升级。这些结论由陈国进等（2021）、周肖肖等（2023）以及陈智莲等（2018）的研究结果予以证实。

从需求端来看，绿色金融体系能够重新塑造金融主体的偏好，通过各种绿色金融产品和工具有效引导绿色消费。例如，针对新能源汽车的绿色消费信贷支持能够吸引更多消费者选择新能源汽车。刘振荣等（2023）、姚战琪和夏杰长（2023）研究发现，绿色金融政策的实施不论是在东部、中部还是在西部地区，都能通过增加绿色产品种类促进产品多样化，从而满足居民的绿色消费需求，对绿色消费的发展起到积极作用。

四、绿色贸易融资

为适应绿色发展需求，绿色金融正逐步崛起，以支持绿色经济发展。在开放经济和国际经贸往来方面，绿色金融领域的发展与贸易融资产生交叉，从而孕育了“绿色贸易融资”。

绿色贸易融资作为绿色金融与国际贸易的纽带，具备独特内涵和使命。随着全球绿色发展理念不断深入，“责任消费”渐成趋势，环境友好型产品和服务的生产正成为新的经济增长点。无论是跨国公司还是本土企业，都纷纷投身于这一领域。绿色贸易融资通过为从事绿色商品进出口的企业提供资金支持，缓解其资金压力、加速周转，同时逐步延伸至资信调查、应收账款催收以及信用担保等服务领域。在此过程中，绿色贸易融资不仅显著改善了企业的资金流动性和财务管理水平，还在推动企业向绿色生产方式转型方面发挥了重要作用。

基于绿色金融和绿色贸易现有机制，绿色贸易融资的提出具备有力支撑，其建设和发展具备坚实基础。尽管绿色贸易融资是一个全新概念，且涉及多领域的交叉，但由于全球80%的贸易使用融资手段，加之国际贸易领域已有成熟规则和管理，这为绿色贸易融资的发展奠定了坚实的基础。基于绿色贸易、绿色金融等相关概念以及可持续发展、绿色发展等理念，顾学明等（2021）将“绿色贸易融资”定义为：为鼓励环境产品的国际贸易并引导产业进行绿色生产而采用的贸易融资手段。

（一）绿色贸易融资的特征

1. 以绿色贸易为服务对象

绿色贸易融资的核心特征是专注于支持环境友好型产品和服务的绿色贸易。这些产品和服务包括清洁能源、节能设备、绿色建筑材料、环保技术、废气处理、绿色包装和设计、绿色服务和绿色营销等。

2. 以绿色金融为结合手段

绿色贸易融资采用一系列绿色金融工具，如绿色信用证、绿色贷款、绿色担保和绿色保险等，帮助贸易企业获取资金。这些工具的使用确保了资金流向符合环保标准的项目，同时为贸易参与者提供额外的金融保障，降低了参与绿色贸易的风险。

3. 以绿色发展为最终目的

与传统贸易融资不同，绿色贸易融资不仅关注商业和财务回报，还特别强调环境效益。融资决策通常考虑项目或产品对环境、人类福祉、社会公平等长远发展的影响，确保所资助的交易能够推动经济、社会与环境资源的协调发展。

（二）绿色贸易融资的影响

从微观角度看，绿色贸易融资不仅为绿色产品供应链注入了资金，促进了绿色生产和消费的增长，还为参与的金融机构和进出口企业创造了更多实质性利润，这是推动绿色贸易融资发展的市场动力源泉；从宏观角度看，绿色贸易融资推动了绿色产品和服务的国际贸易，促进了全球绿色供应链的发展，为实现全球可持续发展目标和应对气候变化做出了重要贡献。具体而言，绿色贸易融资具备如下功能。

1. 促进贸易发展与环境保护相协调

贸易作为国际生产和消费之间的关键纽带，密切关联着人类活动所产生的环境影响和全球贸易活动。首先，绿色贸易融资不仅涉及贸易、经济、生态环境和社会利益的协调，还为实现可持续发展和对外开放的融合提供了重要支撑。在促进贸易功能的实现过程中，绿色贸易融资扮演着基础性角色，同时也会对出口企业和非出口企业在绿色技术创新动力、能力和融资需求方面产生差异化影响。由于绿色信贷政策主要通过信贷进行传导，信贷资金及信贷融资成本对企业的出口贸易有明显影响。因此，绿色信贷、绿色证券、绿色基金以及碳金融等绿色融资工具的应用，为出口企业的绿色技术研发与应用项目提供了长期资金支持和利率优惠，有效推动出口企业的绿色低碳转型（武力超等，2022）。其次，适度的绿色贸易融资具有“波特效应”，即通过刺激出口企业加强技术革新，以“创新补偿”效应补偿因环境成本内部化而引致的“成本上升”效应（刘兰勇等，2023）。最后，绿色贸易融资通过将资金引导至绿色环保企业，迫使重污染企业的融资成本提升或融资渠道收窄，推动贸易企业内部结构向绿色生态化升级（高锦杰和张伟伟，2021）。

2. 推动可持续生产和消费

绿色贸易融资通过践行可持续发展理念来实现资金融通，即主要为采用可持续方式生产的进出口企业提供融资支持。随着各国对环境污染问题日益重视，绿色贸易融资将助力采用可持续生产方式的进出口企业培育国际市场竞争优势，形成绿色产品等差异化细分市场，从而有效引导和改变资金流向。这一示范效应不仅反向激励进出口企业增强环保意识、承担更多社会责任，塑造绿色低碳发展的经营理念和企业文化（林木西和肖宇博，2023），也促使企业选择更加可靠且具有长期合作潜力的供应商。作为市场经济中连接各方的重要纽带，绿色贸易融资将通过带动上下游生产方式的转变，促使全球消费者增强环保意识和绿色消费理念。这一过程不仅加速了绿色经济发展，还通过消费者的行为变化，进一步推动全球可持续消费趋势的形成。

3. 创造贸易经济中的更多增长点

随着全球绿色发展理念的深入推广，绿色消费逐渐引起了越来越多国际消费者的关注，这一趋势使得绿色产品和服务的生产成为新的经济增长点，吸引了大量跨国公司和本土企业，以绿色产品为代表的绿色贸易在国际贸易商品结构中的比重逐步扩大。为了迎合国际市场对可持续发展的诉求，各国出口企业努力将自身产品附加绿色属性（付强和刘益，2013），以增加与同类产品的分辨度，获得新的细分市场（如“绿色”消费者）（Porter and Kramer，2011）。尤其在责任消费，即消费者愿意为绿色企业的产品支付额外费用（McWilliams et al.，2006），渐成消费趋势的背景下，绿色差异化策略能够对消费者产生识别、质量承诺与保证、广告和导购、心理效用等一系列效应（许晖等，2017），从而创造新的贸易增长动能。

（三）绿色贸易融资的发展前景

随着中国迈入新一轮经济发展时期，推动环保科技、可再生能源、碳捕集与储存、大气污染治理、废物和水处理等生态产品和服务的贸易自由化是未来拓展国际市场的重要方向。根据美国参议院发布的《环境产品的国际贸易报告》以及世界银行的 43 类环境产品目录，中国在全球环境产品市场的国际地位逐渐上升，美国对中国环境产品贸易逆差存在扩大趋势，这一变化主要得益于中国积极的产业政策。

为了规范绿色产品，国务院办公厅于 2016 年发布了《关于建立统一的绿色产品标准、认证、标识体系的意见》，计划制定全球统一的环境产品分类和海关编码，推动符合相关标准的绿色产品纳入绿色贸易融资范畴。2017 年《中国对外投资环境风险管理倡议》正式发布，强调利用绿色融资工具和环境责任险，推动贸易融资和供应链融资绿色化。

绿色贸易融资在全球推广过程中，受到不同国家政策、标准和认知差异影响，尚未形成统一的评价体系和操作规范。因此，未来中国可通过行业协会和国际研究机构搭建绿色贸易融资的推广和交流平台，借鉴国际先进的项目融资经验、社会风险管理工具以及行业基准，制定统一完善的绿色贸易融资标准与评价体系，为金融机构与从事绿色贸易的企业提供更多可依据的参考标准，促进标准化建设和规则对接，从而破解信息不对称和操作不一致等难题。

在绿色贸易融资过程中，企业可通过政策支持如利息减免和期末偿还利息等方式降低融资成本。政府一方面可通过设立专业机构、发布明确政策及激励措施等手段推动绿色贸易融资，另一方面可推动银行监管部门和金融机构合作制定便捷的贴息计划，进一步降低企业融资负担并提高金融机构的绿色投资回报（顾学明等，2021）。

尽管绿色贸易融资仍面临公平竞争环境缺失、建设能力不足等挑战，但它无疑是未来全球金融发展的主流趋势，根植于绿色金融和绿色贸易的理论框架，且已具备坚实的实践基础。随着越来越多的国家和企业将可持续发展纳入战略规划，绿色贸易融资作为推动可持续生产和环保产品贸易的核心金融工具，预计将获得更多的关注和应用。

第三节　绿色专业性服务

绿色专业性服务是指为了推动可持续发展和保护环境而提供的专业服务。这些服务旨在帮助客户实现可持续发展目标，减少环境影响并提高资源利用效率。

绿色专业性服务的起源可以追溯到对环境问题的日益关注和环境保护意识的增强。随着全球环境问题的日益严峻，越来越多的公司和组织开始关注环境影响，并需要专业的技术和知识来解决这些问题。主要包括绿色能源、绿色建筑、环境咨询等。

一、绿色能源

近年来，经济的快速发展和高速增长引致了能源的紧缺与价格的高涨，随着传统石化能源加速枯竭及环境污染日益严重，在全球能源日趋紧张的大环境下，全球的金融危机和气候问题催生出了世界绿色能源革命，绿色能源备受各界重视，代表着未来能源发展方向。世界能源的格局始终向绿色能源倾斜，其在全球能源中所占比重不断上升，世界各国绿色能源的投资总额已逐步超过煤炭、石油等传统能源。基于新技术和新材料，推动以取之不尽、循环再生的可再生资源逐步替代资源有限且污染环境的化石能源，已获得全球广泛共识（郑艳婷和徐利刚，2012）。

（一）绿色能源的内涵与范畴

绿色能源，又称新能源、可再生资源或清洁能源，是指那些在生产、使用和消耗过程中，不会或极少对环境产生负面影响的能源，其不仅不具有环境污染因素，且能够在较短时间内被自然界所再生。

绿色能源可分为狭义和广义两种概念。狭义的绿色能源指在使用过程中对环境不产生任何污染的能源，如水能、生物能、太阳能、风能、地热能和海洋能等，这些能源消耗之后可以恢复补充，很少产生污染。广义的绿色能源则包括在能源的生产及消费过程中，对生态环境低污染或无污染的能源，如天然气、清洁煤和核能等（彭青和余兆瑜，2010）。总体上，绿色能源主要囊括以下范畴。

1. 太阳能开发利用方式

太阳能作为一种绿色、可再生的能源，其开发利用方式丰富多样。首先，光伏发电是最广为应用的技术，它利用太阳光照射到半导体材料（如硅）表面，借助光生电效应将光能直接转化为电能。光伏电池板通常由多个光伏单元构成，可以安装在屋顶、建筑外立面，或建设大型光伏电站。其次，太阳能光热发电通过反射镜或透镜将太阳光集中到一个焦点，转化为热能，再利用蒸汽涡轮发电机组产生电力。常见的光热发电技术包括槽式、塔式和盘式聚光系统。再次，太阳能建筑应用将太阳能技术与建筑设计深度融合，通过集成光伏系统或光热系统优化建筑能效，实现能源的自给自足。除此之外，太阳能还可以通过创新技术实现更广泛的应用，例如通过化学反应储能、利用覆地膜或塑料大棚收集太阳能，或在农业中应用太阳能灌溉和太阳能干燥设备等。这些多元化的太阳能利用方式有望为可再生能源领域注入更大活力。

2. 水能开发利用方式

水能是通过水流的动力或水的热能来产生电力或其他形式能源的技术，广泛应用于多种能源转换形式。水力发电是水能最常见且普遍使用的方式，通常通过水流的动能驱动水轮机，从而带动发电机进行发电。根据水流的落差和流量情况，水力发电可以分为几种类型，包括河床式、引水式和坝后式等，每种方式适用于不同的地理和水文条件。另一种重要的水能利用方式是潮汐能发电。潮汐能利用海水涨落的周期性变化，通过潮汐发电站捕捉潮水的动能。潮汐能发电通常依赖于海岸线附近的潮汐差，借助潮汐坝或潮汐涡轮机等装置，在涨潮和退潮的过程中转化水流动能为电能。此外，地热水能也作为一种水能利用方式，广泛应用于地热资源丰富的地区，尤其是环太平洋地震带等地。地热能通过地下热水的高温和压力产生蒸汽，驱动发电机发电，或通过热交换系统为区域供热或提供工业热水。随着技术的不断进步，水能的开发和利用效率正在逐步提高，使得水能在全球能源结构中的应用前景更加广阔。

3. 风能开发利用方式

风能开发利用主要依靠风力发电技术，将风的动能转化为电能，风能是一种清洁、可再生的能源，已成为全球能源结构转型中的重要组成部分。风力发电是风能最常见和广泛应用的形式，利用风力驱动风力涡轮机的叶片旋转，从而带动发电机发电。风力发电可分为陆上风力发电和海上风力发电两大类，根据运行方式也可分为独立运行方式、联合发电方式和风力并网发电方式。除了常见的风力发电，还有风力助航、风力提水、风力制热、风能储能、风能制氢等多种应用方式。随着海上风电、风能储能、风电与氢能联合利用等创新技术的发展，风能的利用范围和效率正不断提升，为实现清洁能源目标作出了重要贡献。

4. 其他开发利用方式

在绿色能源领域，氢能、核能、生物质能、海洋能等多种能源形式展现了广泛的应用前景。首先，氢能是通过氢气的化学反应或电化学反应转化为电能或热能的清洁能源，具有高能量密度和零排放特性。氢气的生产、储存和利用过程依赖于水电解、燃料电池等技术，并在可再生能源转型和低碳经济中发挥着重要作用。其次，核能是通过原子核的裂变反应释放大量能量，具有稳定、连续、长期供电的特点，且运行成本较低，成为可持续发展的重要选择。再者，生物质能是通过燃烧或生物化学转化（如厌氧发酵）将有机物质转化为能量的过程。通过分解植物、动物或废弃有机物中的化学能，释放热量或气体，用于发电、供热或作为燃料。最后，在海洋能的开发中，采用“LHD”模块化大型海洋潮流能发电机组，成功实现兆瓦级潮流能并网发电，为海洋能的可持续利用提供了创新解决方案。这些绿色能源技术的不断发展将推动清洁能源的广泛应用，为可持续能源未来的发展提供有力支持。

（二）绿色能源的发展实践

早在20世纪70年代，石油危机促使美国、日本、英国、德国等发达国家调整能源战略，持续推动能源多元化和可替代性能源的开发。在此后的数十年里，发达国家推动绿色能源发展的努力从未间断（郑艳婷和徐利刚，2012）。截至2024年5月，全球已有148个国家明确提出碳中和承诺①，表明全球在能源绿色低碳转型方面已达成广泛共识。清洁能源持续高速发展，国际能源署预计2022年至2027年间，全球可再生能源发电装机容量将增加2400吉瓦，占全球电力增量的90%以上，到2025年初，可再生能源将超过煤炭成为全球第一大电力来源，到2027年，全球可再生能源发电装机容量将累计增加2400吉瓦，占全球电力增量的90%以上②。

1. 美国绿色能源发展

美国推动绿色能源发展的特点在于整体战略设计，即技术研发、生产和消费并行发展。自1978年起，美国便开始建设太阳能和可再生能源生产基地，通过财税优惠政策促进绿色能源的生产和消费。《2005年美国能源政策法案》作为美国首部全面规划的绿色能源发展法案，加强了氢能、混合动力车、燃料电池等清洁能源技术研发，并对核能、太阳能、风能和生物能等绿色能源的生产提供激励。随后《2006年先进能源倡议》扩大了绿色能源技术与生产的资金支持，并设立了改变能量利用方式的颠覆性目标。《2009年美国复苏与再投资法案》和《2009年美国清洁能源与安全法》再次大规模投资绿色能源产业，推动美国经济向清洁能源转型。2022年美国总统拜登签署《2022年通胀削减法案》，提出通过执行15%的企业最低税率、处方药价格改革、增强税收执行力度等方式增加7390亿美元的财政收入，用于能源安全及气候转型投资，全面涵盖新能源汽车、光伏、风电、储能和氢能等清洁能源领域，提供了强有力的政策和税收补贴支持。

2. 日本绿色能源发展

石油危机爆发后，日本开始推行长期的新能源战略，确保未雨绸缪及早应对

---

① 资料来源：《2024全球碳中和年度进展报告》。

② 资料来源：《2022年可再生能源报告》。

能源危机。1974 年推出“阳光计划”（也称“新能源开发计划”），投入大量资金研发绿色能源技术，优先开发太阳能，辅助开发地热能、风力、海洋能源等。1978 年开启“月光计划”（也称“节能技术开发计划”），强调提高能源的利用率。1980 年设立了新能源产业技术综合开发机构并制定《替代石油能源法》，使得日本新能源技术发展更加具体化。随后的 1993 年“新阳光计划”、1997 年《促进新能源利用特别措施法》进一步支持了绿色能源发展。2002 年，日本颁布《能源政策基本法》，并在 2007 年、2010 年、2014 年、2018 年分别通过了计划修订版，更加重视可再生能源的开发利用，逐渐向太阳能、风能和地热能等方面予以政策倾斜。持续的支持政策使得日本在绿色能源领域的专利数量位居全球前列，并孕育了一大批掌握关键核心技术的工业企业。

3. 欧盟绿色能源发展

20 世纪 90 年代起，欧盟开始积极推动各成员国的绿色能源发展，首要选择的路径同样是技术突破。《1997 可再生能源决议》提出到 2010 年把其内部使用的可再生能源数量占全球的份额扩大一倍，《1998 可再生能源决议》在此基础上进一步启动了技术研究、发展、论证和推广的系统化工程。2000 年发布《绿色皮：能源安全供应的欧洲战略》，出台鼓励可再生能源的供给政策。2002 年将绿色能源定位为欧洲长期科技战略，2006 年整合成员国优势技术资源进行联合攻关。2010 年出台《能源 2020：具有竞争力的、可持续的和安全的能源战略》，加强重点技术基础设施建设，将欧盟未来的绿色能源技术定位为领导全球。例如，德国是从生产和消费两方面同时推进绿色能源发展，其交通领域的新能源利用发展迅速，已成为世界上最大的生物柴油生产国之一。

4. 中国绿色能源发展

党的十八届五中全会提出了“创新、协调、绿色、开放、共享”五大发展理念，绿色发展成为关系中国发展全局的一个重要理念，这也是中国“十三五”及后续发展的一个基本理念，而绿色能源高质量发展是绿色高质量发展中的一个重要的有机组成部分。党的十九大报告指出要“推进能源生产和消费革命，构建清洁低碳、安全高效的能源体系”[①]。党的二十大报告提出加快推动能源结构调整优化，推动能源清洁低碳高效利用，深入推进能源革命[②]。在政策的大力支持下，

① 习近平：决胜全面建成小康社会 夺取新时代中国特色社会主义伟大胜利——在中国共产党第十九次全国代表大会上的报告，https://www.gov.cn/zhuanti/2017-10/27/content_5234876.htm。

② 习近平：高举中国特色社会主义伟大旗帜 为全面建设社会主义现代化国家而团结奋斗——在中国共产党第二十次全国代表大会上的报告，https://www.gov.cn/xinwen/2022-10/25/content_5721685.htm。

中国绿色能源产业快速发展，已在全球处于领先位置。在水电方面，我国装机容量和装备规模均位居世界第一。在风电、光伏方面，我国是全球风电第一大装机国，也是光伏发电第一大装机国，还是光伏装备生产第一大国。全球光伏从硅料到组件的生产，70%～80%的产能集中在中国，绿色能源发展成就世界瞩目。

（三）绿色能源的国际合作

随着绿色能源需求的大幅增加和能源转型的不断深入，越来越多的能源需求国和能源生产国会参与到全球绿色能源的国际贸易与投资中，开展绿色能源产品及能源技术服务贸易与合作。以丹麦为例，丹麦作为能源技术大国，提出能源技术创新不仅要达到新的高度，而且要适于出口，常年向德国、美国、中国等出口能源技术。按照丹麦工业联合会的估算，若《巴黎协定》得到有效执行，到2030年，丹麦对欧盟、美国、中国和墨西哥的能源技术出口有望达到1200亿克朗。根据綦建红等（2019）的研究，全球绿色能源国际合作网络具有如下趋势。

一是全球绿色能源国际合作网络趋于松散，聚集度下降。随着越来越多的国家加入全球绿色能源的生产、运输与销售等环节，国际合作网络逐步趋于松散化，尚未形成明确的网络中心，且必然成为世界各国争夺的焦点，国际合作网络中各个参与国的可达性较好，意味着全球绿色能源投资过程中的机会成本正在减少，能源投资效率高。

二是全球绿色能源国际合作网络格局由单核主导向多核联动转变。长期以来，美国一直主导着全球绿色能源投资网络，拥有最多的投资伙伴，英国、日本也在其中占据重要地位。相比之下，非洲国家的网络参与度较低，仅南非参与了全球绿色能源合作。随着多边贸易体制演变、贸易政策自由化及特高压输配电等技术的发展，绿色能源的生产、传输、消费将更加高效，以英国为代表的西欧国家和以中国为代表的亚洲国家正在强势崛起，或将打破美国的单核主导地位。

三是绿色能源国际合作网络的覆盖面不断扩大。随着各国能源转型政策的推进，绿色能源的供给与需求大幅增加，推动了更多国家参与其中。新加坡、韩国、菲律宾、日本等东亚地区国家成为核心区域，而一些非洲国家，如加纳、尼日利亚、坦桑尼亚、莫桑比克和博茨瓦纳，则作为投资对象，成为新兴的合作节点。但总体上，全球绿色能源合作的主导力量仍集中在美国和西欧，东亚国家（地区）正日益深度融入这一投资网络，而南美国家数量保持稳定，非洲和中东地区则处于较为边缘的位置。

世界新能源技术发展存在着两极分化的现象，欧美国家领跑全球，同时设置了技术出口壁垒（陈晓和车治辂，2018）。然而，海外新能源项目的经济性和投资吸引力日益增强，拉丁美洲、欧洲、中东、非洲和东盟国家的新能源平准化度电成本（levelized cost of energy，LCOE）已逐渐具备竞争优势。以风电和光伏为代表的新能源，其 LCOE 已低于传统能源成本，生物质（含垃圾）发电在菲律宾、越南、印尼和泰国的部分地区也展现出价格优势。随着光伏、风电的发电成本在多数国家逐渐低于化石能源，绿色能源的国际合作潜力有望进一步拓展。

二、绿色建筑

随着城镇化和房地产投资的高速发展，全球建筑产业规模不断扩大，消耗了大量的能源和资源，约占总能源消耗的 40%，建筑业的建造和运营过程对水资源利用、空气质量造成负面影响，并持续产生大量废弃物，威胁着生态环境。在满足人类基本居住和生产需求的基础上，人类对建筑设计的要求日益提高，强调绿色、环保、节能和低资源消耗等特性。绿色建筑逐步成为建筑行业发展的未来趋势，并在建筑实践中发挥着愈加重要的作用。

（一）绿色建筑的内涵

美籍意大利建筑师保罗·索莱里（Paolo Soleri）是生态建筑领域的先驱之一。早在 20 世纪 60 年代，他首次提出将“生态”与“建筑”结合的概念，创建了“生态建筑”（ecological architecture）这一术语，推动了绿色建筑和可持续建筑设计的早期发展。1992 年在巴西里约热内卢召开的联合国环境与发展大会上，“绿色建筑”的概念第一次被正式提出，并得到了国际社会的广泛关注和认可。随后，绿色建筑开始逐步进入国际标准和政策框架，多个国际组织和国家政府将绿色建筑纳入政策议程，并启动了相关的绿色建筑认证体系，如美国的“能源与环境设计先锋”（Leadership in Energy and Environmental Design，LEED）认证、德国的 Passivhaus（被动房）标准等。这些举措推动了全球绿色建筑理念的普及，并促进了全球建筑行业向更加环保、节能、可持续的方向发展。

绿色建筑是指在建筑的设计、施工、运营及拆除过程中，综合考虑环境保护、资源节约和人类健康的建筑类型。其核心目标是通过优化建筑物的整体性能，减少能源消耗，降低对自然环境的负面影响，同时提升居住者的舒适度和生活质量。绿色建筑不仅关注能源效率和资源利用，还强调生态、社会和经济的可持续性。关于对绿色建筑内涵的理解可以分为两类：“目标说”和“过程说”（张建国和谷立静，2012）。

1.“目标说”

绿色建筑的“目标说”侧重于明确绿色建筑的最终目标，即通过节能、资源节约、环境保护和提高居住者健康与舒适度等方面的努力，实现建筑的可持续发展。这一理论强调在建筑的整个生命周期中，必须达到特定的环境和社会标准，通常通过绿色建筑认证体系（如 LEED 等）来衡量建筑是否符合绿色标准，是否实现了低碳、环保和资源高效利用。

2. “过程说”

绿色建筑的“过程说”强调在建筑设计、建设、运营和维护等各个阶段实施绿色措施，确保建筑在每个环节的绿色优化。该理论关注建筑从构想到建造、使用到拆除的全过程，通过持续优化管理和技术创新，推动建筑的可持续性和环境友好性。绿色建筑的真正价值体现在每个阶段中绿色措施的落实，而不仅仅是最终目标的达成。

（二）绿色建筑的技术理念

1. “全生命周期”的时间前提

与传统建筑不同，绿色建筑强调建筑物在整个生命周期中的可持续性。从设计、施工、运营到拆除，每个阶段都需要考虑环境影响与资源消耗。绿色建筑技术不仅注重建筑的初期建设成本，还重视长期运营中的能源消耗、资源利用和环境负荷。因此，绿色建筑技术倡导在建筑生命周期的每个环节都进行绿色优化，以最大化地减少对环境的负面影响，确保资源的高效利用。

2. “四节—环保”的核心性能

绿色建筑的核心性能包括节能、节水、节地、节材和环保五大目标。这些要求可通过高效的建筑设计、智能化建筑设备、绿色材料使用以及节能技术应用来实现。例如，通过良好的建筑外立面设计、隔热保温材料和能源管理系统来减少能耗；采用雨水收集和水循环利用技术来减少水资源消耗；通过选择可再生材料和优化建筑布局来节约土地和建筑材料，从而最大限度地减少资源浪费与环境污染。

3. “健康适用高效”的使用要求

绿色建筑不仅关注环境和资源的可持续利用，还注重提高居住和使用者的舒适性和健康性。建筑设计应符合人体工程学、空气质量控制和自然采光等需求，以提供一个舒适、安全、健康的居住和工作环境。绿色建筑技术应通过高效的通风、空气净化系统、自然采光设计等措施，提升建筑的居住质量和使用体验，同时确保建筑在能效和运营效益方面的高效性。

4. “与自然和谐共生”的终极目标

绿色建筑的最终目标是实现建筑与自然环境的和谐共生。绿色建筑技术应通过生态化设计和自然资源的可持续利用，促进建筑与自然环境的良性互动。例如，使用可再生能源（如太阳能、风能等）减少对化石能源的依赖；通过绿色屋顶、垂直绿化和绿色园林等设计增强生物多样性；并通过低影响开发措施减少建筑对周围生态系统的负面影响。最终，绿色建筑应成为人类社会与自然环境和谐发展的重要载体，实现可持续、低碳的未来。

（三）绿色建筑的激励机制

绿色建筑涉及房地产开发企业、政府、供应商、消费者、回收企业等多个相关利益群体（郑世刚等，2012）。房地产开发企业是绿色建筑产品的发起者和组织者但不进行实际建设和安装活动，而是通过资源整合与集成进行产品创造和价值增值；政府在绿色建筑产品生产中，主要通过土地出让参与价值链，同时要进行绿色建筑研究以及绿色规划管理等活动，需要设计各种制度和政策激励充当绿色建筑的“启动器”；供应商包括能源、建材、施工、经销等方面，其与开发企业通过对绿色建筑价值链的深度与长期参与，推动绿色能源、绿色建材、绿色施工等产品和技术显现在绿色建筑全生命周期内；消费者是绿色建筑前后价值链连接的重要枢纽，不仅是传统建筑中物质流向的终点，也是副产品、废弃物、残余物等物质和资金循环的经历者；通过回收企业，建筑副产品、废弃物和残余物等资源的隐性价值得以体现，外部性得以发挥。因此，建立科学、有效的激励机制应涉及多个维度。

1. 标准化推广

通过实施立法、制定规范性文件以及引入强制性条文，绿色建筑标准的强制执行得以有效落实，尤其是在设计标准方面，其效力和应用得到了显著增强。政府和市场双重推动的机制较好地解决了标准供给不足和滞后等问题，推动了一个更加协调和完善的标准体系的形成。根据改革后的政府标准分类，绿色建筑标准主要以推荐性质为主，未来将面临清理和精简，并逐步过渡到政府职责范围内的公益性标准，如中国的《绿色建筑评价标准》（GB/T 50378—2019）、美国的LEED认证等。

2. 供给侧激励

绿色建筑存在外部性和信息不对称，可能导致市场失灵。为促进绿色建筑的发展，外部激励和内部激励被认为是关键工具（Olubunmi et al.，2016）。相关研究发现，容积率奖励政策和碳税政策在推动绿色建筑发展方面发挥着重要作用。对住宅建筑，即给予容积率奖励、对公共建筑实施强制管控并将绿色建材纳入绿色公共采购，往往相对有效（Qian et al.，2016）。通过深入探讨交易成本对绿色建筑开发商决策的影响，发现政府补贴、税收政策和绿色技术推广亦是促进绿色建筑开发的有效途径（刘佳等，2016；梁喜和付阳，2021）。如果将绿色建筑的生态环境效益作为重要补偿因素，那么可以从两个方面考虑补偿：一是实施主体的损失，即绿色建筑开发者自身的损失，补偿模式为损失型补偿；二是绿色建筑带来的社会环境效益，对应于效应型补偿模式（李明和李干滨，2017）。

3. 需求侧激励

绿色建筑的发展与消费者需求息息相关，研究者们通过多方面的博弈模型和策略探讨，为促进绿色建筑的可持续发展提供了深刻见解。Cohen 等（2017）在其研究中通过建立开发商、购房者和政府的博弈模型，得出政府应向两者提供激励以促进绿色建筑的发展的结论。一项基于消费调查的评估揭示了绿色建筑各属性的相对重要性，强调了消费者对绿色能源的偏好。这对于定制激励措施具有实际指导作用。吴文浩等（2016）通过演化博弈模型研究了政府与开发商、政府与购房者之间的策略选择。这种模型为我们提供了一种理解不同参与者之间相互作用的方式，从而更好地理解激励措施的制定和执行。杨晓冬和武永祥（2017）通过建立开发商与业主的演化博弈模型，强调了提升开发商和业主的增量收益对于绿色建筑发展的关键性作用。这进一步突显了商业动机在推动可持续建筑发展方面的作用。郭斌和冯子芸（2018）的研究则探讨了政府不介入、补贴型激励和补贴-惩罚型激励三种模式下绿色住宅开发商与消费者的决策模型。他们的结论强调了补贴-惩罚型激励模式的有效性，提高了绿色住宅市场供需水平。

（四）绿色建筑的发展实践

绿色建筑在全球范围内的发展实践是一个复杂而多层次的过程，目前在全球各国的发展实践呈现出积极的趋势，各国都在不断探索和推动可持续建筑的发展。

美国一直处于绿色建筑的前沿。美国绿色建筑委员会推动并管理着 LEED 认证体系，该体系已成为国际绿色建筑认证的标杆。美国各州通过颁布环境友好法规，鼓励采用可再生能源，实施提升能源效率的措施，推进可持续建筑设计的应用。许多城市也在修订建筑法规，要求新建筑或翻新项目符合一定的绿色标准。

中国作为全球最大的建筑市场之一，对绿色建筑的发展格外重视。中国政府发布了一系列支持可持续建筑的政策，鼓励采用节能技术、可再生能源和绿色建筑材料。城市规划中越来越多地融入了绿色建筑理念，如生态园区、绿色屋顶和智能建筑系统的广泛应用。此外，但与美国 LEED“自下而上”的认证方式相比，中国的《绿色建筑评价标准》（GB/T 50378—2019）仍有待第三方认证和动态调整。

德国一直以其对环境保护的高度重视而闻名。德国政府通过颁布建筑能效法规、支持可再生能源发展和鼓励使用环保建材等措施，积极推动绿色建筑的发展。德国在城市规划中注重绿地、公共交通和低能耗建筑的设计。柏林和弗莱堡等城市以其绿色建筑项目和可持续城市规划而获得了国际认可。

新加坡，面对有限土地资源和日益严峻的气候挑战，一直在积极探索绿色建筑的可行性。政府支持并推动绿色建筑的发展，鼓励使用可再生能源、采用绿色屋顶和墙壁技术，以及提倡水资源和能源的节约。新加坡的一些建筑项目，如“星耀新加坡”，是全球绿色建筑的典范之一，展现出先进的节能和环保特性。

全球各国在绿色建筑的实践中都取得了显著的成就。政府政策的支持、行业合作的推动以及公众对可持续性的关注，使得绿色建筑成为全球建筑行业的主流趋势。这一发展不仅有助于降低能源消耗、减缓气候变化，也为建筑行业的可持续性发展奠定了坚实基础。

三、环境咨询

近年来，随着对环境保护的重视不断增强，传统的环境咨询服务，以净化活动和污染控制为主要目标，已经得到升级。这种升级使得环境咨询服务不局限于传统的净化和控制，而是扩展到包括环境资源管理、环境保护技术的开发和评估等领域，为提供更全面的环保工程咨询服务创造了条件。换言之，随着环境保护意识的提升，如今的环境咨询服务已经不再局限于过去的狭义净化活动和污染控制范畴，而是涵盖了更广泛的环境保护工程，为环境保护提供了更为全面和专业的咨询服务。

（一）环境咨询的内涵与范畴

环境咨询的发展可以追溯到20世纪初，当时主要关注工业化对环境的负面影响。这一阶段的咨询服务主要集中在对工业废物处理和空气质量管理的建议上。咨询公司在协助企业遵守当地环境法规方面发挥了关键作用。

20世纪中期到70年代，随着环境保护意识的提高，环境咨询服务逐渐从应对特定问题的解决方案，发展为更为综合和系统的服务。在这一时期，环境影响评估的概念开始出现，成为环境咨询领域的核心工具。咨询服务开始扩展到项目规划、水资源管理等领域。80年代到90年代，随着国际社会对全球环境问题的共同关注，环境咨询服务迈向国际化。一些公司开始在全球范围内提供服务，特别是在跨国企业和国际项目中，环境咨询的需求显著增加。此时期，绿色设计和可持续发展理念逐渐引入，为环境咨询服务提供了新的方向。进入21世纪，环境咨询服务不断拓展其服务范围。除传统的污染控制和环境影响评估外，咨询公司开始提供更加全面的环保工程服务，涵盖了绿色技术的开发和评估、环境资源管理、可持续建筑设计等领域。全球可持续发展目标的制定也使得环境咨询服务更加注重综合性解决方案，以促进社会、经济和环境的协调发展。

可以看出，环境咨询服务的演进经历了从传统的净化活动和污染控制为主的阶段到如今的全面环保工程服务的阶段。最初，咨询服务主要关注污染物排放控制和环境影响评估。然而，随着社会对可持续发展和环境可持续性的关注增加，服务范围逐渐扩展到了环境资源管理、技术开发和评估等多个方面。总体上，环境咨询作为一种知识型的专业服务，旨在为政府、企业和社会组织提供关于环境管理、可持续发展和环境保护的专业建议。

环境咨询的范畴涵盖了多个领域，以满足不同客户的需求，并应对复杂的环境挑战。

1. 污染控制与管理

环境咨询涉及对污染物排放的监测、评估和控制。专业咨询师为客户提供有效的污染控制策略，确保其活动符合相关法规和标准。

2. 环境影响评估

环境影响评估是环境咨询的核心组成部分，通过评估项目对周围环境可能产生的影响，为规划和决策提供科学依据。这包括项目前、中、后期的环境影响分析和建议。

3. 环境资源管理

咨询服务通过提供对环境资源的有效管理建议，包括土地利用规划、水资源管理和能源效率评估等，以最大限度地减少对环境资源的消耗。

4. 可持续发展咨询

环境咨询公司致力于帮助客户实现可持续发展目标。这包括制定和实施可持续性战略，提高企业的环境和社会责任。

5. 其他咨询业务

设立环境信息网站，做好环境宣传，协助企业理解和遵守相关环境法规，减少法律风险等业务。

（二）环境咨询的特征

环境咨询服务业的发展旨在解决多样化的环境问题，其工作范围由于问题的复杂性而难以明确定义。相较于其他服务行业，环境咨询服务业具备三个显著的行业特征，分别是服务内容的广泛性、环境法规的遵循性以及权利责任关系的复杂性。

1. 服务内容的广泛性

环境咨询服务业涉及多学科的知识体系，包括但不限于环境科学、地质学、生态学、化学、法律、经济学等。专业咨询师需要综合运用这些知识，以提供全面而准确的环境解决方案。该行业的服务内容广泛，包括传统的污染控制和排放管理，以及环境影响评估、环境资源管理、可持续发展规划等多个方面。这种综合性使得咨询服务能够更好地满足不同领域、不同行业的需求。

2. 环境法规的遵循性

环境咨询服务的顺利开展离不开环保部门的有效监管及相关法律法规的保障，其实际需求主要体现在环境影响评估、环境监测、废水废气处理等领域，旨在为社会的可持续发展提供关键支持。环境咨询服务紧密关联国家和地区的环境法规。咨询公司需要深刻理解并及时更新环境法规，以确保客户的活动在法规框架内合法合规。

3. 权利责任关系的复杂性

环境咨询服务主要面向消费者，即受益者，通常是社会公众。然而，服务的主要购买者却是政府或企事业单位，不一定是最终受益者。这带来了权利与责任关系的复杂性，其中受益者非购买者，而购买者有责任确保受益者有资格行使权利。由于不同行业、不同项目存在差异，环境咨询服务通常是根据客户的具体需求进行定制的。专业咨询师需要深入了解客户的业务模式、项目特点，以提供最适合的环境解决方案。

（三）环境咨询的发展实践

随着现代化进程的推进，环境咨询服务质量已成为国家整体竞争力和软实力的关键体现。这一新兴环境产业在各国纷纷重视生态环境事业的大背景下应运而生。环境咨询服务在生态环境事业中扮演举足轻重的角色，对全球生态环境保护工作起到了重要推动作用，整体提升了全球生态环境行业的水平。不同国家根据其独特的环境挑战和法规体系，制定了多样化的发展路径，体现了环境咨询服务的多元性。

美国在环境咨询领域拥有成熟的市场和广泛的应用。由于美国面临的环境问题多种多样，涉及水、土壤、空气等多个方面，环境咨询服务在这里广泛应用于环境监测、环境影响评价、废物处理等领域。私营企业和专业咨询公司在提供环境解决方案方面发挥着关键作用，同时，政府机构与企业之间的合作也推动了环境咨询服务的发展。美国是环境咨询服务的主要出口国之一。美国的环境咨询公司通过提供高水平、多领域的环境解决方案，满足了许多国家和跨国公司对环境管理和可持续发展方面的需求。美国环境咨询服务的出口主要包括环境影响评价、废物管理、清洁技术应用等领域。

欧洲国家在环境咨询领域注重可持续发展和绿色技术的应用。欧洲国家通常将环境咨询服务纳入综合的环境管理框架，强调企业社会责任和环保法规的遵守。欧洲国家在环境影响评价、碳足迹测算、气候变化适应等方面取得了显著进展。此外，欧盟的环境政策推动了跨国公司对环境咨询服务的需求。一些欧洲公司通过跨国合作，向发展中国家提供环境管理和监测方案。欧洲环境咨询服务的出口涵盖了可持续城市规划、气候变化适应、生态修复等多个方面。

中国在过去几十年中迅速崛起为全球环境咨询服务市场的重要参与者。中国面临的环境问题包括空气污染、水污染、土壤质量问题等。政府对环境问题的高度关注推动了环境咨询市场的发展。在中国，环境咨询服务被广泛应用于环境影响评价、环境监测、清洁生产和生态修复等方面。中国积极践行可持续发展承诺，环境咨询服务在出口方面逐渐崭露头角。中国环境咨询公司通过不断提升技术水平和服务质量，吸引了一些国际客户。中国环境咨询服务出口项目主要涵盖了环境影响评价、清洁生产、污染防治等领域。

日本在环境咨询服务领域具有较长的历史，其在工业化早期就开始关注环境问题。环境咨询服务在日本主要集中于工业废弃物管理、土壤修复、环境监测等领域。政府强调企业的环保责任，这推动了环境咨询市场的发展。日本环境咨询服务在国际市场上也有所表现。日本公司在亚洲地区积极参与环境项目，包括空气质量监测、水资源管理等。日本环境咨询服务的出口有助于在全球范围内分享先进的环境管理经验。

总体而言，各国在环境咨询服务领域的发展实践呈现出多元化趋势，但都在不同程度上认识到环境保护对可持续发展的重要性，并在相应领域中寻求专业咨询支持。环境保护产业在防治环境污染、改善生态环境、保护生态资源、物质基础、技术支持等领域做出了突出的作用，而其衍生出的一种新的行业——环境咨询业，则是伴随着环境保护产业的成长而逐渐扩大的，而各国环境咨询服务的出口体现了全球环境保护合作的重要性，同时也推动了环境科技和管理经验的国际传播。发达国家在环境咨询服务领域展现出强大的国际竞争力，而一些发展中国家也开始成为环境咨询服务的出口国。这些国家通常通过合作开发环境项目，向其他发展中国家输出环境解决方案。环境咨询服务的国际合作有助于推动全球环境可持续发展的合作与共赢，促进可持续发展目标的实现。

第十章　绿色供应链

绿色供应链是在传统供应链基础上发展起来的，与传统供应链相比，绿色供应链在追求经济收益的同时，更注重环境因素，并力求在经济、社会与环境三者之间实现效益的平衡。并且，由于良好的经济和社会效益，绿色供应链管理越来越成为企业在市场竞争中占据优势的有效途径。因此，本章将以绿色供应链为基础，多维度地探讨绿色供应链的特征及其管理环节，并结合绿色供应链管理的发展趋势，系统介绍在战略层面上推动绿色供应链治理、从绿色供应链拓展到绿色价值链以及循环经济视角下的绿色供应链。

第一节　绿色供应链概述

一、供应链与绿色供应链

供应链是“由物料获取并加工成中间件或成品，再将成品送到用户手中的一些企业和部门构成的网络”，整个过程涵盖了订单获取、原材料采购、产品制造到最终分销给用户的各个环节，涉及原材料供应商、零部件制造商及标准件提供商、最终产品生产商、批发商和终端用户，这些参与方共同构成了企业经营的合作伙伴关系（但斌和刘飞，2000）。顾名思义，供应链的焦点是上游关键环节或企业，主要活动是整合供应商和生产者流程、减少浪费和降低成本，以及改善从各源头到最终目的地的材料流的供应效率。管理供应链的目标是通过提高产品质量、创造更多利润，为所有客户创造价值。有效的供应链管理可以增加利润或降低成本。

工业的飞速发展给人们带来了丰富的物质财富，但也造成了严峻的环境问题，如资源短缺、环境污染等。Webb（1994）通过研究产品对环境的影响，建议通过环境准则来选择合适的原材料，提出了绿色采购（green purchasing）的概念。美国国家科学基金会资助 40 万美元支持密歇根州立大学制造研究协会进行了一项“环境责任制造”研究，研究于 1996 年提出了绿色供应链的概念。绿色供应链管理是通过关键组织间的系统协调实现环境和经济目标，其中涉及对企业的材料、信息和资本流的战略整合过程。在传统供应链管理的基础上，企业开始在从供应商到制造商再到客户的过程中加强对环境的关注和管理；进一步通过逆向物流与供应链整合实现供应链闭环（朱庆华，2021）。简而言之，绿色供应链就是在正向供应链管理中融入环境要素，或者针对末端废旧产品的处理和处置开展逆向供应链管理，以绿色制造理论和供应链管理技术为基础，涉及供应商、生产厂、销售商和用户，其目的是使得产品从物料获取、加工、包装、仓储、运输、使用到报废处理的整个过程中，对环境的影响（副作用）最小，资源效率最高。

二、绿色供应链的特征

绿色供应链崛起源于传统供应链的演进，旨在建立系统性合作模式。其基本理念在于通过有效的协调与合作，使各个节点、企业及部门共同努力，最大限度地实现整体供应链的效益。这一发展趋势强调系统性，追求协同合作，是供应链管理领域的一次深刻革新。相较于传统供应链，绿色供应链更注重环境、社会和经济效益三者的平衡，其核心思想在于协调计划、采购、生产、流通至消费等活动，使之与环境相融合。这种特征突显了在追求经济发展的同时，对环境因素保持高度敏感，以谋求整体效益的最大化。

（一）绿色性

绿色供应链的本质差异体现在对“绿色属性”的全生命周期整合。在供应链的各个环节，从原材料采购、生产制造到产品分销和回收，都注重减少对环境的负面影响。绿色供应链要求企业采用环保材料，优化生产工艺，减少废物排放和资源消耗，确保供应链各环节的运营符合环境保护和资源节约的原则。

（二）动态性

绿色供应链是一个动态的过程，随着技术进步、市场环境和政策法规的变化，绿色供应链各节点企业的管理和运营也会不断调整和优化，推动着绿色供应链不断从低级阶段向高级阶段演进。例如，企业需要不断改进绿色技术和管理措施，以应对市场对绿色产品和服务日益增长的需求，并遵循各国政府日益严格的环保法规。这种动态性要求企业具备灵活性和快速反应能力，能够在不同环境和条件下保持供应链的高效和可持续性。

（三）循环性

绿色供应链具有明显的循环性特征，强调资源的再利用和循环经济模式。在这种供应链中，产品的整个生命周期得到了充分考虑，不仅仅局限于生产和销售阶段，还包括产品的回收、再制造、再利用等环节。绿色供应链通过实施闭环供应链管理，最大限度地延长资源的使用寿命，并减少废弃物的产生。这种循环模式有助于减少对自然资源的依赖，推动环保型经济发展。

（四）复杂性

绿色供应链具有较高的复杂性，因为它涉及多个层级的供应商、生产商、分销商以及最终消费者。各个环节需要协调并实现环境、经济和社会效益的平衡。此外，绿色供应链不仅需要考虑环境保护，还需要解决成本效益、供应链透明度、绿色认证等多方面的问题，也受制于国家、法律、政策、文化、民族、习俗等多方面的影响，这些都使得绿色供应链的管理和优化更加复杂。因此，绿色供应链管理要求企业在面对多方利益相关者时，能够进行系统性思考和整体规划。

三、绿色供应链的管理环节

绿色供应链涉及多个环节，旨在在整个产品生命周期中实现经济、社会和环境的可持续平衡。以下是绿色供应链的主要管理环节。

（一）绿色采购的多元维度

绿色采购是绿色供应链管理的源头和关键环节，其核心内容是如何将环境因素融入采购环节，旨在最大限度地减少企业对环境的负面影响。狭义的绿色采购是指所采购的产品（原材料、零部件及成品）或服务本身不含有污染环境和危害人体健康的有毒有害物质，即绿色产品购买；广义的绿色采购还包括所采购的产品（原材料、零部件及成品）或服务在制造过程中没有使用或产生污染环境和危害人体健康的有毒有害物质，即绿色供应商选择。

1. 绿色产品购买

绿色采购就是通过源头控制，企业在采购时就应该从产品生命周期角度出发，评估产品（原材料、零部件和产成品）对环境的影响，即考虑产品的整个生命周期，包括原材料采购、生产、运输、使用和废弃等阶段。通过进行生命周期分析，企业可以更全面地了解产品对环境的影响，并基于这些信息进行更加可持续的采购决策。

关于产品生命周期，主要考虑三个阶段：①使用前（包含原材料提取、生产过程、运输过程）；②使用时；③使用后（寿命终止）。环境重点指的是绿色产品对环境影响的主要类别，可以根据绿色产品的主要环境重点来区分绿色产品，分为以材料、能源和污染为重点的绿色产品。一旦认识到绿色产品的三种主要环境重点，就可指定影响的具体类型，分为较消极影响、零影响或积极影响。若一种产品的环境影响低于传统产品，或其影响为零，甚至有积极的贡献则可视为绿色产品。

2. 绿色供应商选择

目前，国际上许多大型公司非常重视并审慎选择供应商，并且把环境能力作为评估供应商的重要标准。一是环保标准和认证。绿色采购始于对供应链中各个环节的环保标准和认证的制定与执行。许多树立起环境意识的企业，已经或正在通过招投标等形式，寻找和选择合适的供应商，建立供应商档案。企业需要明确产品的环境性能标准，以确保从供应商获取的产品符合环保要求。常见的认证标准包括 ISO 14001 环境管理体系认证和能源之星认证等。二是供应商评估。绿色采购要求企业与供应商建立更为紧密的合作关系。通过对供应商的环保政策、绿色生产实践以及社会责任等方面的评估，企业可以选择更符合可持续发展目标的合作伙伴，确保整个供应链的绿色化。三是运营监管。由于道德风险和逆向选择等原因，企业并不能保证供应商在运营中遵守环境要求，因而在与供应商建立采购关系之后，还需要对供应商环境合规状况和运作进行监管，可采用：①逐级供应商管理；②企业直接管理；③第三方管理。

3. 推动供应商绿色治理

根据供应链管理专家马丁·克里斯托弗（Martin Christopher）的理论，他指出，市场上只存在供应链而非独立企业，真正的竞争是供应链之间的竞争，而不仅仅是企业之间的竞争。随着社会责任观念的不断深化，企业的责任行为逐渐延伸至整个供应链。在这个拥有共同利益的群体中，任何企业的不负责行为都可能引发供应链风险，从而引发整个供应链的危机。实践证明，上游供应商的违规行为通常会对下游企业的形象和绩效产生巨大的负面影响。因此，在确定供应商后，企业应通过指导、支持、协助等手段与供应商建立合作伙伴关系，以确保其行为符合环境要求。此外，由于政府环境法规日益严格和企业对环境要求的不断提高，企业还可协助供应商引入新技术、创新生产模式等，以适应发展需求，实现合规生产。

例如，对于下游企业，上游企业作为供应商可与其建立绿色客户关系，进行环境合作。首先，企业作为供应商，要实现其经济效益，在遵守法律法规的基础上还需符合下游企业的环境标准。与下游企业开展环境合作，增强对其环境标准的理解，一方面有利于建立合作关系，另一方面有利于企业合规生产经营。其次。除了被动按照客户的要求组织生产、建立环境管理体系以外，供应商也可通过环境实践获得市场甚至影响客户。

（二）生态设计的前瞻性

生态设计的理念起源于 20 世纪 60 年代，当时美国设计理论家维克多·帕帕内克（Victor Papanek）在《为真实世界而设计》中强调设计应该认真考虑地球资源的有限性，以实现对环境的保护。van der Ryn 和 Cowan（1996）将生态设计定义为通过整合自身与生活过程，最小化对环境的负面影响的设计。最初，生态设计注重在设计中“融入”环境因素，后来更专注于生态设计实践的细节，如产品系统、单个产品或整个行业。

在绿色供应链管理中，生态设计是企业通过各部门协作来实施的环境管理实践，主要包括产品生态设计和清洁生产。生态设计要求企业超越当前产品需求，关注未来可能的环境挑战。这需要企业在产品设计中引入环境预测和评估机制，考虑产品未来的可持续性和适应性，以适应不断变化的环境法规和消费者需求。

产品生态设计需要企业内外多方协作，包括各部门及供应链上下游企业。产品生态设计的成功与否取决于管理层的忠诚度、供应链关系、全体员工的环保理念、环保专家的参与、对员工的环保奖励，以及企业各个部门的知识、能力与合作等因素。

（三）生产过程的环境管理

在生产过程中，企业需投入更多研发资源，探索绿色技术的创新，包括可再生能源的应用、清洁生产的新型技术以及数字化技术在生产中的应用，以实现生产过程的高效、清洁和智能。清洁生产的核心目标是减少生产过程和产品生命周期中对环境和人类的负面影响。清洁生产要求在生产过程中节约资源和能源，淘汰有害物质，并减少废弃物的数量及其毒性；在产品方面，强调降低从原材料提炼到最终处置全过程的环境影响；在服务方面，则要求将环境因素融入服务设计和实施中。清洁生产可以为企业带来实质性的经济节约和更干净的环境。清洁生产可同时考虑所有与产品系统有关的环境问题并注意各个方面的相互联系，从而为企业带来经济效益和环境效益。

为了适应可持续发展理念、形成绿色供应链生态，企业结合自身情况通过优化配置资源以采取恰当的行动，提供绿色产品或服务、构建绿色生产流程能力，实现创新驱动下的绿色转型。一是要环境合规性监测和审计。运用现代科技手段监视、测定、控制反映生产经营过程中的各项环境指标，从而对合规性做出综合评价。对组织所处环境状况进行系统、定期和客观的评估和记载，识别组织活动可能造成的环境影响，并采取有效措施进行干预和改进。二是全面质量环境管理（total quality environment management，TQEM）。将质量管理与环境管理相结合，旨在提高产品和服务的质量的同时，最大限度地减少对环境的负面影响。借鉴质量管理的方法和工具，如六西格玛、ISO 标准等，以确保产品和服务符合高质量标准，满足客户需求。三是员工教育培训。环境经理负责确保组织遵守内部和外部环境要求，既在空气质量、废物、清洁水和污染等外部方面符合环境法规，又要达到公司内部环境标准。环境经理的工作需要上级、同级和下级的配合，开展员工培训，使员工树立环境意识，是实现组织环境目标、改善环境绩效的关键。

（四）绿色流通与运输

在流通与运输阶段，企业需要关注物流的可持续性，包括优化运输路线，选择绿色能源，减少碳排放，以及推动供应链的低碳化和高效化。运用先进的信息技术，如物联网、大数据分析、人工智能等，优化运输路线，提高运输效率，减少资源浪费。采用高效能源，如电动车辆、混合动力车辆等，以降低对传统燃油的依赖，减少运输阶段的温室气体排放。推动可循环利用材料的使用，降低包装废弃物对生态系统的压力。通过合作伙伴关系，实现供应链各环节的协同和合作，减少不必要的运输环节，提高整体运输效率，降低能源消耗。

（五）消费阶段的社会责任

在消费阶段，强调在市场中普及可持续消费理念。通过教育和广告宣传，引导消费者选择环保产品，以推动市场朝着更可持续和绿色的方向发展。企业与消费者的关系主要体现在绿色营销方面。绿色营销涉及推广环保产品和服务，随着消费者对环保和生态的认识提升，企业日益将绿色环保作为生产价值的导向，以绿色文化为生产理念以满足消费者对环保产品的需求。从绿色营销的角度看，企业与消费者的环境合作可分为两个层面：首先，消费者向企业传达环境偏好，企业随后根据自身情况选择适宜的绿色营销战略；其次，企业向消费者传递环保产品的“绿色度”，期望消费者对此有足够的了解并建立信任。

（六）逆向物流的环保回收

绿色供应链的封闭循环最终在环保回收阶段得以体现。企业需实施逆向物流，回收废弃产品和材料，有效再利用，减少资源浪费，形成可持续循环系统。逆向物流与正向物流相对，涉及所有与产品和材料再利用相关的操作，包括将货物从通常最终目的地转移的过程，以获取价值或进行适当处置。逆向物流还可能涵盖再制造和翻新活动。

随着绿色意识的增强，绿色供应链管理概念和实践不断进步，企业日益重视逆向物流。逆向物流对象可分为投诉退货、维修退回、商业退回、终端退回、生产报废、副产品与包装物回收六大类，根据对象性质可划分为退货逆向物流和回收逆向物流。退货逆向物流是指消费者将不满意产品返还给厂商，而回收逆向物流则是指产品生命周期结束后，上游生产商回收废旧产品，进行进一步处理和加工。在绿色供应链背景下，逆向物流主要指回收逆向物流。随着环境意识的增强和环保政策的不断严格，逆向物流的经济价值逐步显现，企业开始将其作为提升竞争优势、增强客户价值和提高供应链整体效能的重要战略工具。

四、绿色供应链管理的发展趋势

（一）从绿色供应链管理上升至绿色供应链治理

绿色供应链管理向绿色供应链治理的过渡是基于对供应链全面性和战略性管理的需求。管理侧重于操作层面的实践，而治理更关注整体战略方向、合作关系和长期发展。第一，绿色供应链管理通常聚焦于运营层次，如通过绿色采购、生产和物流来减少环境影响。然而，随着绿色意识的提高，企业意识到绿色供应链需要更深层次的整合和战略规划，以更全面地应对环境挑战。第二，供应链中存在信息不对称，上游供应商可能因为短期利益而产生环境违规行为。管理层次的绿色供应链管理难以完全抑制这种机会主义行为，因此需要更高层次的治理来确保供应链的整体绿色性。第三，当地政府对环境的关注和环境非政府组织在绿色供应链领域的监管日益加强，对核心企业形成了更大的压力。这些压力可能来自法规合规的要求，也可能是出于社会责任和可持续发展的推动。为了避免负面影响，企业需要更综合和战略性的绿色供应链治理。第四，绿色供应链中的环境违规行为可能导致供应链中断或企业声誉受损。管理层次的绿色供应链管理难以有效预防和处理这些风险，需要更高层次的治理来建立强大的环境管理机制，确保整个供应链的可持续性。第五，企业意识到与供应商之间建立长期的战略伙伴关系对于绿色供应链的成功至关重要。这超越了传统的供应链管理范畴，需要更深度、更灵活的治理方式，例如引入管家（stewardship）伙伴关系，通过合作与共赢来引导供应商主动遵守环境标准。

（二）从绿色供应链拓展至绿色价值链

绿色价值链是在绿色供应链基础上的拓展。第一，将绿色供应链拓展至绿色价值链是企业在追求可持续发展和社会责任的过程中的一种战略转变。这个过程不仅关注产品的生产和物流，还强调在整个价值链中创造经济、社会和环境的共同价值。例如，在与客户合作方面，企业的绿色价值链管理实践需要突破传统的制造企业价值创造（卖产品），与客户合作创新业务模式（如从卖产品到提供服务等），进行价值创造。第二，绿色价值链采用循环经济原则，即通过资源的最大化回收和再利用，将废弃产品和材料重新注入生产过程，形成闭环供应链。这有助于减少资源浪费、提高资源利用效率，并最终降低整个价值链的环境足迹。第三，绿色价值链不仅关注环境影响，还将社会责任融入整个价值链中。这涵盖了对员工福祉的关注、社区参与以及对人权和劳工权益的尊重。通过关注社会层面，企业可以提高其社会声誉，与利益相关者建立更稳固的关系。第四，随着消费者对绿色产品和企业社会责任的关注增加，拓展至绿色价值链有助于满足市场需求。企业的绿色形象和产品可持续性将成为市场竞争的重要因素，有助于拓展市场份额。

（三）绿色供应链管理到循环经济集成管理

从绿色供应链管理到循环经济集成管理的转变涉及一系列策略和实践，旨在更全面、系统地实现资源高效利用，减少环境足迹，促使企业逐步践行循环经济的理念。一是全生命周期管理。绿色供应链管理强调从产品设计到废弃的全生命周期，而循环经济同样注重产品在整个生命周期中的循环利用。集成管理的第一步是确保企业在供应链的各个环节都考虑了循环经济的原则。二是闭环供应链设计。绿色供应链管理鼓励建立闭环供应链，即通过逆向物流、回收再利用等手段，实现废弃产品和材料的再循环。循环经济集成管理将这一理念扩展，要求企业通过合作伙伴关系、技术创新等方式构建更为完整的、循环的供应链系统。三是循环设计和生产。集成管理强调产品设计中的循环性，包括使用可回收材料、设计易于分解的产品等。循环经济的思想要求企业更加注重生产过程中的循环性，即通过循环制造和生产，减少资源浪费。四是循环经济指导原则。集成管理将循环经济的原则纳入企业的战略和运营决策中，形成一系列指导原则。这些原则包括最大化资源价值、减少废弃物、采用清洁生产技术等。五是共享经济和服务模式。集成管理将共享经济与绿色供应链管理相结合，鼓励企业采用共享物流、共享仓储等模式，以减少资源消耗。此外，循环经济的服务模式也得到强调，即提供可持续的产品和服务，延长产品生命周期。

第二节　绿色供应链治理

一、绿色供应链治理的内涵

从交易成本经济学的视角来看，治理是一种关系协调机制，旨在解决多元化利益相关者之间的潜在冲突，以确保经济体系的稳定和可持续发展。李维安等（2016）将供应链治理定义为：“以协调供应链成员目标冲突，维护供应链持续、稳定运行为目标，在治理环境的影响下，通过经济契约的联结与社会关系的嵌入所构成的供应链利益相关者之间的制度安排，并借由一系列治理机制的设计实现供应链成员之间关系安排的持续互动过程。”

与供应链治理思想一致，绿色供应链治理思想同样强调通过经济契约与社会关系的结合，构建供应链利益相关者之间的制度框架，继而基于系列治理机制推动绿色供应商关系的持续互动和优化。然而，与传统供应链中的成本、质量等因素不同，绿色供应链中环境方面的信息不对称和不可见性更严重，这意味着存在更多的潜在风险，供应链治理难度更大。作为一种战略性和综合性的管理实践，绿色供应链治理的内涵和范畴囊括了多个关键要素，旨在通过系统性的方法实现经济和环境绩效的双重目标。

（一）战略层次的协调

绿色供应链治理在其内涵中强调了战略层次的协调。这包括与上游供应商之间的紧密合作，以协同应对环境挑战。核心企业通过长期、稳定的合作关系或战略联盟，形成供应链上下游的一体化，从而实现对供应链不同利益相关者的综合管理。这种协调不仅局限于企业内部，更涉及整个供应链网络。

（二）多层次的治理机制

绿色供应链治理的内涵还包括了多层次的治理机制。这些机制通过经济契约和社会关系的联结，构成了一个复杂而协调的网络。从评估供应商环保表现到建立长期伙伴关系，这些机制旨在解决绿色供应链中的信息不对称和环境不可见性问题。通过透明度、监管和奖惩等手段，这些机制推动着整个供应链向更为可持续的方向发展。

（三）持续性的关系安排

绿色供应链治理的范畴强调了持续性的关系安排。这不仅仅是建立关系的开始，更包括了在整个供应链生命周期中的不断互动过程。这种持续性关系不仅在企业与上游供应商之间存在，还需要通过与其他利益相关者（如社区和行业协会）的合作来进一步拓展。这种关系安排的持续性确保了绿色供应链治理的有效性和稳定性。

（四）高层管理支持

绿色供应链治理的内涵中明确了高层管理支持的必要性。高层管理人员在整个过程中发挥着关键的作用，鼓励企业评估其社会责任，提供环境管理的领导力。高层的承诺使得环保项目与企业战略目标相一致，为供应链的积极参与提供了强有力的支持。高层管理者的关注不仅有助于内部环保措施的推进，也为企业在社会上的形象和声誉提供了有力支持。

二、绿色供应链管理与治理

（一）目标导向的差异

绿色供应链管理强调的是在短期内通过优选环保供应商、绿色产品采购等方式，来降低环境影响、提高经济绩效。在绿色供应链管理中，企业的目标主要聚焦于即时的经济回报和环境效益，通过供应链中的一系列操作来实现快速的环保效果。相比之下，绿色供应链治理追求的是建立长期的战略合作伙伴关系，通过协调核心企业与供应商之间的关系，实现责权的合理安排与制衡。绿色供应链治理更强调长期的可持续性发展，以便在供应链上下游形成稳定的环保生态系统。

（二）主体范围的扩展

绿色供应链管理主要关注核心企业与上游供应商的直接关系，着眼于经济效益和环境需求的平衡。绿色供应链治理则将主体范围扩展至核心企业、供应商以及外部利益相关者，包括政府、媒体、行业协会等。通过整合外部力量，绿色供应链治理力求在供应链治理中形成更加全面和有效的机制，使得整个治理体系更具复杂性和协同性。

（三）立场和关注点的转变

绿色供应链管理主要处于运营层面，企业关注的是经济和环境绩效的快速实现，其采购策略以建立绿色供应链为导向，更注重绿色产品的选择。相较之下，绿色供应链治理更关注核心企业与供应商关系的战略层面。通过协调冲突，绿色供应链治理实现整个供货系统的组织效能，更强调供应链的长期战略发展，致力于形成更为稳定的合作伙伴关系。

（四）供应链本质特征不同

绿色供应链管理将供应链视为“买”和“卖”的交易联合体，强调核心企业通过其在供应链中的权利实现经济和环境效益。然而，绿色供应链治理将供应链看作以关系为中心的联合体，更强调通过非正式治理机制调和各主体的利益冲突，注重建立长期的稳定关系。绿色供应链治理认为通过关系的维护和协调，能更好地实现环保目标，并形成具有生态可持续性的供应链治理体系。

三、绿色供应链治理模式

治理模式并非自发形成的，而是一种有目的的企业战略决策活动。基于供应链密度和核心企业的中心性，根据 Vurro 等（2009）的可持续供应链治理模式，将绿色供应链治理模式分为交易模式、独裁模式、默许模式和参与模式四个类型。现有供应链治理模式的文献较为丰富。Provan 和 Kenis（2008）则在网络治理的视角下，基于网络构成提出集中治理、领导治理以及网络自治组织三种治理模式。马茵（2021）以绿色供应链的结构变化为研究基点，提出集体自治、焦点治理、协同治理以及共同治理四种模式。本章将着重介绍 Vurro 等（2009）提出的治理模式。

（一）交易模式

该模式主要强调供应链参与者之间的交易和合作。在这种模式下，核心企业与其他供应链成员之间主要通过交易行为来协调和合作，关系更侧重于短期的经济利益和物质资源的交换。一是短期经济回报。交易模式注重供应链中各个成员之间的交易，核心企业主要关注短期经济回报。这意味着在合作中，各方更着眼于当下的经济效益，而对于长期的环保承诺关注较少。二是经济契约。合作关系主要通过经济契约来确立，各个参与者之间的权利和责任主要以契约为基础。这强调了交易的法律和经济层面，确保各方在合作中能够实现经济效益。三是协调角色。核心企业在交易模式中扮演协调者的角色，负责调解和协调供应链中的交易关系。核心企业主要关注整个供应链的运作效率和经济回报。四是环保承诺较少。虽然在交易过程中可能存在一些绿色元素，但相对而言，环保承诺和可持续发展的因素在这一模式下并不是主要的合作目标。绿色因素主要作为经济利益的一部分而存在。

交易模式的优势在于快速实现经济效益，为核心企业提供短期的回报。然而，其短视的特点也导致对于长期环保目标的忽视，可能使得绿色供应链的可持续性较低。在当今注重环保和社会责任的背景下，企业需要更多地考虑长期的可持续发展，使得环境、社会和经济效益得到更好的平衡。

（二）独裁模式

该模式强调核心企业在供应链中担任主导地位，通过自身的权威和决策来推动整个供应链的绿色转型。在这种模式下，核心企业扮演独裁者的角色，通过一揽子的规定和决策来引导供应链的绿色实践。一是核心企业主导。独裁模式突出了核心企业在绿色供应链中的主导地位，其在决策、规划和实施绿色战略方面起到主导者的作用。供应链中其他成员相对被动地遵循核心企业的指导。二是单方面决策。决策主要由核心企业单方面制定，涉及绿色采购、环保标准和可持续发展策略等方面的决策都主要由核心企业来制定。其他供应链成员相对较少参与决策的制定过程。三是规定明确。独裁模式下，核心企业往往会制定明确的规定和标准，要求供应链中的其他成员必须遵循。这些规定可能包括环保标准、绿色生产要求等，以确保整个供应链达到一定的环保水平。四是权威推动。核心企业通过其在供应链中的权威地位，推动各个成员在供应链中执行绿色实践。这可能包括指定绿色供应商、推动绿色创新等。

独裁模式的优势在于可以迅速推动整个供应链实现绿色目标，核心企业能够迅速制定并执行绿色战略。然而，这种模式可能遭到供应链成员的抵制，因为其决策较为单方面，容易导致合作关系的不稳定。在实践中，企业需要谨慎权衡主导地位与合作共赢的平衡，以确保供应链的可持续发展。

（三）默许模式

该模式特点在于核心企业与供应链成员之间存在一种默契和默许，绿色实践主要基于共同理解而非强制性的规定。这种模式下，供应链各方通过默许达成一致，共同推动绿色供应链的发展。一是共同理解与默契。在默许模式下，供应链中的核心企业和其他成员之间存在一种共同理解和默契，即关于绿色实践的重要性以及采用环保措施的共识。这种共同理解形成了一种默契，推动着绿色供应链的建设。二是自发性与灵活性。默许模式强调供应链成员的自发性和灵活性。各成员根据共同理解，自主选择绿色实践的策略和方法，而非受到严格的强制性规定。这种自发性使得绿色实践更具灵活性，适应性更强。三是合作与互信。模式依赖于供应链中各成员之间的合作和互信。通过共同的理念和默许，各方更愿意在绿色供应链的建设中进行积极合作，形成互利互信的关系。四是信息共享。在默许模式下，供应链成员之间更愿意分享环保信息、技术经验等，促进绿色实践的传播和推广。信息共享有助于提高整个供应链的绿色水平。

默许模式的优势在于建立在共同理解和互信基础上，更有可能形成长期稳定的合作关系。然而，也可能面临绿色实践的不一致性和缺乏明确标准的问题。在实际应用中，企业需要注意平衡自发性和规范性，以确保默许模式能够在不同情境下有效推动绿色供应链的可持续发展。

（四）参与模式

参与模式强调供应链成员之间的积极互动和共同参与，是一种基于协作和参与的治理方式。在这种模式下，核心企业与供应链的其他成员共同参与绿色供应链的决策制定、实施和评估，形成一种协同合作的关系。一是共同决策与合作治理。参与模式下，供应链的各个成员共同参与决策过程，共同制定并执行绿色供应链的治理规则和实践。这种共同决策强调了合作治理的重要性，通过协同努力实现绿色目标。二是信息对等与透明度。参与模式鼓励信息的对等和透明度，即供应链中的各方拥有平等的信息权利，并能够充分共享相关环保信息。透明度有助于建立信任关系，促进绿色实践的顺利推进。三是共同责任与风险共担。参与模式注重共同责任和风险共担。各成员在绿色供应链中共同承担责任，共同面对环保风险。这有助于形成相互依存的关系，提高整个供应链的环保效能。四是学习与创新。参与模式鼓励供应链中的各方进行共同学习和创新。通过共同努力解决环保问题，推动绿色技术和创新的发展，提高供应链整体的环保水平。

参与模式在促进供应链各成员的积极参与和共同协作方面具有显著优势。然而，也可能面临决策效率的挑战，因为共同决策需要更多的协商和沟通。在实际应用中，企业需要平衡共同决策和决策效率，以确保参与模式能够在推动绿色供应链发展中发挥积极作用。

四、全球绿色供应链治理

在发达国家核心企业在发展中国家扩大采购活动的趋势下，全球供应链中的环境问题受到广泛关注。对于这些核心企业而言，依赖发展中国家相对较低的环境标准的优势并非可持续战略。供应商之间的“低价竞争”可能导致环境问题，这可能给跨国企业带来声誉损失。更为严重的是，供应商的环境问题一旦曝光或因环保违规导致停产，可能引发供应链中断。

尽管核心企业可以通过执行《供应商行为准则》对直接供应商进行约束，但供应链上最严重的环境风险通常不局限于一级供应商，而更多存在于二级及更上游的供应商。近年来，一些知名企业认识到仅管理一级供应商的环境影响已不足够。由于消费者常将责任归结到核心企业，当更上游的供应商发生环境问题时，尽管核心企业与其没有直接控制和合同关系，但这仍然可能影响企业声誉。

因此，这些企业开始将绿色供应商治理从一级供应商扩展到次级供应商。例如，彪马将四级以内的供应商纳入其可持续报告，耐克也开始对二级供应商进行监管。这一举措旨在更全面地管控供应链中的环境风险，确保整个供应链的可持续性和环保水平。这种拓展治理范围的趋势有助于全球供应链更有效地应对环境挑战，实现可持续发展的目标。全球绿色供应链治理理论与实践均得到了较大程度上的发展。

（一）理论发展

一是环境治理理论。环境治理理论的发展源于对全球环境问题的认识，强调环境问题需要跨越国界的协作。此理论关注如何在全球范围内协调各方利益，通过设立国际组织、法规与标准等手段，有效治理环境问题。在绿色供应链治理中，环境治理理论提供了跨国合作的基础，鼓励企业采用更环保的供应链管理实践模式。

二是绿色供应链管理理论。绿色供应链管理理论在实践中逐步完善，强调在供应链中整合环境可持续性。这一理论框架推动企业从单纯的经济利润追求中转向更综合的利益平衡，促进了与供应商的协同合作，实现了环保与经济效益的双赢。通过绿色供应链管理，企业更好地履行了社会责任，提高了整体业务的可持续性。

三是全球治理理论。全球治理理论认为，解决全球性问题需要全球性的治理结构，如国际组织和多边协定。在绿色供应链治理中，全球治理理论鼓励企业跨国界合作，倡导共同的环保原则和标准。这一理论推动着国际社会的绿色供应链合作，促使全球范围内的企业都能够迈向更可持续的生产与运营。

（二）实践发展

一是国际标准与认证。国际标准和认证体系为全球绿色供应链提供了通用的规范和评价标准。ISO 14001 环境管理体系认证成为国际上广泛认可的绿色供应链认证。通过遵循这些标准，企业能够在全球范围内建立共同的环保标准，提高绿色供应链的整体水平。

二是国际组织与倡议。国际组织如联合国环境规划署通过倡导企业社会责任，鼓励企业采取可持续经营原则。这些组织通过推动企业参与全球绿色供应链治理，促使企业更加关注环保和社会责任。

三是政府政策与法规。各国政府通过制定绿色政策和法规，推动企业参与环保实践。这些政策的协同性有助于企业在全球范围内形成共同的环保标准，激发企业在绿色供应链治理中的积极性。

四是行业协会与合作。行业协会在推动企业共同努力方面起到了重要作用。通过行业协会，企业能够共同制定绿色标准、分享最佳实践，并在全球范围内推广环保技术。这种协作促进了不同企业间的信息共享，推动了全球绿色供应链治理的进程。

第三节　绿色价值链

一、价值链与绿色价值链

价值链是由迈克尔·波特在 1985 年出版的《竞争优势》一书中首先提出的，其定义为“从原材料的选取到最终产品送到消费者手中一系列价值创造的活动过程”，描述了企业如何通过内部活动创建和提供产品或服务的全部价值。价值链由主要活动和支持活动两个基本部分构成。主要活动包括直接与产品或服务制造、交付和销售相关的一系列活动，包括入料、生产、营销、销售和服务等。支持活动是为了支持主要活动的运作而存在的，包括企业内部的基础设施建设、人力资源管理、技术开发和采购等。支持活动通过提供内部资源和能力，为主要活动的顺利进行提供支持。价值链的核心思想是通过每个环节的活动，为产品或服务添加附加价值。每一步的活动都应该以较低成本提供最大可能的附加价值，从而提高整个价值链的竞争力。

传统的价值链在优化资源配置和提高竞争力方面取得了显著成效，但往往忽视了企业应承担的社会责任，尤其是与生产经营相关的环境问题日益凸显。随着我国对环境问题日益重视，相关环境管理政策不断完善，企业纷纷开始探索和实施绿色生产模式。在这一背景下，企业亟须调整价值链管理方式，将生态环境因素纳入战略决策的核心考量范畴，从而催生企业绿色价值链的形成。二者之间的区别在于：

一是识别环境影响。传统的价值链管理强调在生产和交付产品或服务过程中的效率和质量。绿色价值链的逻辑始于企业认识到其活动对环境产生影响。这可能包括能源使用、物料采购、生产过程、运输和产品生命周期等方面。

二是整合环境因素。绿色价值链的核心思想是将环境考虑融入整个价值链中。这包括在产品设计阶段考虑环保因素，选择可再生和环保、友好的材料，以及考虑废弃物管理、能源效率等环保问题。

三是供应链绿色化。企业开始扩展其关注点，不仅仅局限于内部操作，还包括供应链的绿色化。这可能包括选择环保供应商、减少运输排放、优化包装，以及鼓励供应商采用更环保的生产方法。

四是透明度与沟通。企业逐渐认识到绿色价值链需要透明度和沟通。企业应向利益相关方（包括消费者、投资者、政府等）展示其在环保方面的承诺和实际成果，建立企业的环保形象。此外，企业还应积极履行社会责任。这可能包括社区参与、员工培训以及与当地社区和政府的合作，共同推动绿色发展。

五是创新与竞争优势。绿色价值链的逻辑还包括通过创新实践在市场上获得竞争优势。通过推出更环保的产品、提供可再生能源解决方案等方式，企业能够满足不断增长的环保市场需求。

总而言之，绿色价值链是将环境因素这一新的价值层面融入传统价值链中，旨在提高生产效率的同时，综合评估环境影响和资源消耗。绿色价值链可定义为：一个涵盖从产品设计、原材料采购、产品销售到回收再生全链条的外部实践，它通过与上下游的创新合作模式，提高企业或供应链的价值（朱庆华，2021）。这一过程涉及在原材料采购、生产、销售、运输及回收处理等环节，减少环境污染和危害，形成动态的闭环体系。同时，绿色技术、绿色产品、绿色包装和绿色服务等各个环节被纳入“最大化绿色价值”范畴。企业通过绿色价值链“重构”，有机会实现产业结构的升级，打破传统“微笑曲线”的价值链分布格局，从而在“微笑曲线”中部的技术研发、生产、供应等环节获得更大的利润空间，如图 10-1 所示。

二、绿色价值链与供应链

绿色价值链和绿色供应链是企业在追求可持续发展时的两大关键策略，尽管二者共同致力于环境保护和可持续性，但在焦点侧重、环保特性和组织管理上存在一些显著区别。

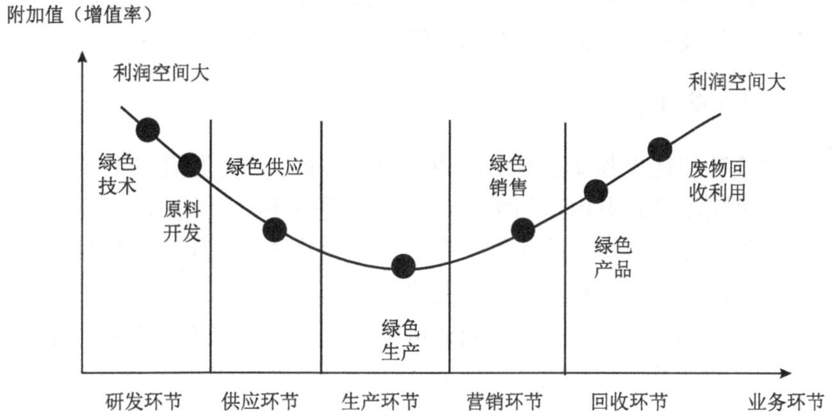

图 10-1 产业“微笑曲线”图

（一）焦点侧重差异

绿色价值链的核心在于整个价值链体系，着眼于从产品设计、原材料采购、生产制造到产品最终服务的每一个环节，旨在降低整个价值链过程中的环境影响。关键是在产品设计和制造等的每个环节中引入环保考量，力求在整个生命周期内减少资源消耗和环境负担。以汽车制造为例，企业可通过采用可循环材料、提高能源利用效率以及强调产品可拆解和再利用等手段，构建绿色价值链。

相较之下，绿色供应链更注重供应链网络中的合作与治理，侧重于构建对环保产品和服务的供应链。核心是通过对供应链各环节的合作与治理，推动整个供应链的绿色化升级。企业需要与供应商、制造商、物流服务商等紧密合作，共同努力实现环保目标。通过优化供应商选择、加强对供应商的环保培训、制定绿色采购标准等手段，企业可以推动整个供应链朝着绿色方向迈进。

（二）环保特性差异

绿色价值链更强调产品本身的环保特性，包括从产品设计的初期就考虑环保因素，选择环保友好的材料，以及在制造过程中优化能源使用效率等。企业通过引入环保创新技术与方法，推动产品自身的绿色升级。这一策略成功的关键在于企业对技术创新和绿色设计的不断投入，使产品在推向市场时具备显著的环保优势。

绿色供应链则更侧重于整个供应链中各参与方的环保表现。除了核心企业自身的绿色管理，该策略还要求对供应链中的供应商、制造商、物流服务商等进行广泛的合作和治理。企业需要积极引导供应商采用环保工艺，减少环境污染和资源浪费，以确保整个供应链的绿色一致性。这一战略的成功在于企业的协同管理和治理手段，以及对供应链各方共同的绿色目标的推动。

（三）组织管理差异

绿色价值链往往更强调企业内部的管理和创新。通过整合各个环节，实现环保目标。这可能涉及企业内部的培训、技术更新和环保文化的建立等方面。企业需要建立内部的环保体系，确保每一个员工都能够理解并履行企业的绿色承诺。

绿色供应链则更注重不同组织间的协作，倡导形成更广泛的产业生态系统。通过建立强有力的合作伙伴关系，企业可以促使整个供应链在环保方面取得更大的突破。这可能涉及联合开发环保标准、共享绿色创新技术。

三、绿色价值链实践：以沃尔沃汽车为例

沃尔沃汽车总部位于瑞典哥德堡，以中国为核心的亚太区总部设在上海。沃尔沃汽车，致力于以个性化、可持续和安全的方式为客户提供畅行无忧的出行方案，致力于让人们的生活更加便捷，同时减少环境影响，最终在 2040 年实现温室气体净零排放。在中国，沃尔沃汽车已拥有四家生产基地——成都、大庆、台州和张家口工厂，前三家生产基地以及位于上海的亚太区总部均已使用 100%可再生电能。作为中国首个发起“供应商可持续发展技术展”的汽车厂商，沃尔沃汽车积极与全价值链合作伙伴进行跨行业合作，通过创新科技持续降低排放。沃尔沃汽车在中国的全价值链绿色低碳实践是一个引人注目的案例，涵盖了绿色楼宇、绿色能源、绿色出行以及绿色低碳技术和供应链管理等多个方面。

（一）绿色楼宇及绿色园区

沃尔沃汽车亚太区总部大楼是 LEED 铂金级办公楼项目。在设计阶段，就全面融入了可持续发展理念。采用双层幕墙结构，有效改善了热工性能，实现了明显的节能效果。欧洲先进的彩釉玻璃系统提供了更好的保温效果和高效的热交换，大面积天窗设计增强了自然采光。智能灯控系统和楼宇自控系统进一步减少了能源浪费。废弃物管理和限制一次性塑料用品的措施展现了对循环经济的承诺。水资源使用方面，雨水回收系统和节水型水龙头有力地降低了水资源消耗量。

（二）绿色能源与绿色出行

沃尔沃汽车亚太区总部从 2022 年开始实现电能碳中和，并新建太阳能光伏发电屋顶，全年二氧化碳排放量降低约 11 000 吨。充电桩使用绿色电能，可满足年均超 18 万度的新能源汽车充电需求。公司在全球首次提出全面电气化战略，到 2025 年旗下 50%的销售将是纯电动车型，到 2030 年成为纯电豪华车企。在亚太区，公司着重于销售与售后服务、充电体验、电池策略、财务影响等四个领域，通过示范项目探索新充电商业模式。

（三）绿色低碳技术和绿色供应链

沃尔沃汽车亚太区积极探索加速技术创新及数字化转型，与上下游合作伙伴、供应商及经销商共筑低碳环保的价值链。优化车辆设计，提高整车能量利用效率，同时开展可持续材料研究。在供应链管理方面，公司与供应商密切合作，努力降低整个供应链的排放。每年举办可持续发展科技日，展示最新的节能减排技术和研究成果，共同实现气候零负荷目标。

四、全球绿色价值链

随着可持续发展理念的广泛传播，全球范围内的政府和企业正积极采取措施，推进绿色价值链的建设。近年来，气候变化、生态环境等问题日益受到各国关注，学术界也开始关注这一领域的相关研究。然而，基于全球价值链视角的研究仍然相对较少，且鲜有文献专门探讨全球绿色价值链的构建与发展。

（一）全球绿色价值链的概念

“全球绿色价值链”一词最早源自 2013 年 10 月 21 日召开的全球绿色增长论坛，该论坛以“提高全球价值链中的资源效率”为主题。在此次论坛中，研究了创建更高资源效率的绿色价值链的方法，主要聚焦于促进资源在产品或流程全生命周期的高效利用，降低负面影响，实现可持续发展等议题，由此形成了全球绿色价值链的概念。

会议强调全球绿色价值链是指为了进一步提升商品或服务的价值，一些大型跨国企业选择只从事较高附加值环节，将自身不擅长或较低附加值的环节通过跨区域采购、跨国外包及对外直接投资等形式转移到其他国家，从而形成了区域性乃至全球性的大型绿色生产网络。简而言之，全球绿色价值链是将可持续发展理念和原则融入全球价值链的规则架构与行动中，对全球价值链进行绿色重塑。

刘尧飞和沈杰（2020）对全球绿色价值链进行了定义，将其理解为各经济体通过绿色创新改变生产方式，在全球生产网络下实现低污染、低排放的绿色生产过程。这一过程包括原材料采购、设计研发、加工制造、市场销售以及回收处理等多个环节。

陈诗一和许璐（2022）则认为，全球绿色价值链是对全球价值链的绿色重塑，即通过国际投资和贸易等方式，促进可持续发展领域的相关合作，实施绿色供应链管理和可持续追源采购，形成绿色采购、生产、贸易的全球性或区域性的企业生产网络。

（二）全球绿色价值链的构建路径

构建全球绿色价值链是对传统意义上构建全球价值链的扩展，包括产品设计、材料采购、生产与营销、物流与消费、回收与再生的动态网络。构建全球绿色价值链实质上是在构建产品绿色价值链、企业绿色价值链、产业绿色价值链的基础上延伸。

根据刘尧飞和沈杰（2020）的研究，全球绿色价值链的构建可分为两个主要阶段：绿色创新和绿色价值转化。在绿色创新阶段，分为国内循环和国际循环两个子阶段。在国内循环中，企业通过市场竞争推动，依托绿色设计、绿色认证和绿色要素供给等方式进行自主研发创新，努力打造领先的全球技术创新体系，并将其嵌入全球绿色价值链。例如，企业在绿色原材料供应方面，通过研发可回收材料，减少资源消耗。在国际循环中，企业通过对外贸易和国际投资，吸收技术外溢，进一步嵌入全球绿色创新价值链。在国内国际双循环的技术创新过程中，推动企业绿色专利的产出和绿色产品的开发。

在经过绿色研发阶段后，企业进入绿色价值转化阶段。这一阶段的核心是将绿色创新成果转化为实际的市场价值。企业利用前一阶段研发的绿色创新技术，实施绿色生产，推出高技术含量和高环保标准的产品，从而促进绿色产品向绿色价值转化，最终推动全球绿色价值链的构建。

（三）全球绿色价值链的发展实践

全球绿色价值链的理论基础深植于可持续发展思想，可持续发展思想认识到经济活动对社会和环境的影响，主张在经济增长的同时实现资源的有效利用、社会公平和生态平衡。这一理念推动企业从单一追求经济利润的经营模式向综合考虑经济、社会和环境利益的绿色价值链管理转变。

对企业、行业以及国家而言，构建全球绿色价值链意味着在满足产业发展需求的基础上，有效控制各项目管理环节的成本，确保产品的生产和流通等全过程更为清洁与高效。这不仅有助于提升资源利用效率，降低环境影响，而且对实现绿色发展具有重要的战略意义。在当前“双碳”背景下，国际社会强烈呼吁企业、行业和国家积极构建全球绿色价值链，持续推动可持续发展的道路。

随着各国减排目标的不断细化，全球价值链中的“绿色度”在各行业逐渐提高，但在不同领域间的表现存在差异。例如，电动汽车行业的迅猛发展正在引领汽车制造范式和产品结构的颠覆性转型。而传统行业，如能源、化工和建材等，则在全球范围内寻求“排放洼地”，迫使一些发展中国家和地区充当“污染天堂”。然而，如若这些国家和行业未能积极融入“双碳”目标框架下的全球绿色价值链，它们可能被锁定在全球价值链的“黑色”低端环节。这种情况不仅不利于全球气候治理的均衡发展，还可能加剧发达国家和发展中国家在经济和生态环境等方面的差距（陈诗一和许璐，2022）。

第四节　循环供应链

一、循环经济

循环经济的兴起源于对传统线性经济模式的挑战和可持续发展理念的强调。传统线性经济模式以“采购、生产、使用、丢弃”为基本轨迹，这一模式带来了资源浪费、环境污染和能源过度消耗等问题。随着全球人口的增加、城市化的加速和工业化的发展，线性经济的弊端日益显现，迫使人们寻求更加可持续和环保的经济发展路径。循环经济是一种以最大限度地减少资源浪费和最大限度地提高资源利用效率为目标的经济模式。

一是资源闭环。循环经济强调建立资源的闭环系统，通过最小化废物和最大限度地回收再利用资源，实现资源的循环利用。这包括生产、消费、废弃物处理等环节的全过程管理。

二是产品生命周期管理。循环经济注重对产品从设计、生产、使用到报废的整个生命周期进行全面管理。通过延长产品生命周期、提高产品可维修性和可再生性，降低废弃物的产生。

三是能源效率。循环经济追求高能源效率，减少对有限能源的依赖。通过采用清洁能源、优化生产流程，减少能源浪费，实现更可持续的能源利用。

四是产业协同。循环经济倡导不同产业之间的协同合作，实现资源的互补利用。产业协同可以促进废物转化为其他产业的原材料，形成产业链的闭环。

五是数字化和技术创新。循环经济借助数字化和先进技术，如物联网、大数据分析、人工智能等，提高资源管理的精准性，优化生产过程，促进废物的高效回收。

总之，循环经济的核心理念在于资源的周而复始的利用，其定义涵盖三个主要方面：首先，从人与自然关系的角度来看，强调人类与自然的和谐共生，遵循生态规律，以维持生态平衡为目标。其次，从工业生产的角度考虑，倡导转变传统的粗放、线性的经济生产模式，转向“从摇篮到摇篮”的闭环资源循环模式，特别强调减量化、再利用和资源化的原则。最后，从经济活动的角度出发，将环境视为制约条件，在经济发展中必须全面考虑环境和社会的因素，追求经济、环境和社会的可持续发展。因此，循环经济旨在实现资源循环、生态平衡和可持续性的统一，体现了在人类经济活动中综合考虑自然、社会和经济因素的新兴理念。

二、循环经济与绿色供应链

循环经济和绿色供应链管理之间关系的研究逐渐成为学术研究热点，然而目前的研究显示，只有极少数学者在这一领域进行了初步的探索。以肖序和曾辉祥（2017）的研究为例，他们探讨了可持续供应链管理与循环经济之间的关系。研究认为，从循环经济角度来看，绿色供应链管理是实现整个供应链环境、经济和社会效益的重要途径。在供应链管理中，应强调各个节点（如采购、生产、运输等）要遵循“减量化、再循环、再利用”（reducing、reusing、recycling）的 3R 原则。

Farooque 等（2019）对循环供应链管理（circular supply chain management，CSCM）进行了定义，该研究以实现“零排放”为目标，将循环思维融入供应链及其周边工业和自然生态系统的管理中。具体而言，CSCM 通过系统性技术创新与商业模式重构，实现产品、零部件及材料在整个生命周期中的价值恢复与闭环流动。这一研究强调了循环供应链对于绿色供应链的强化作用，从再生的角度全面考虑了绿色供应链的各个方面。

在 CSCM 的核心观点中，产品设计和生命周期管理被视为关键。通过产品的模块化设计、可拆卸性和易于维修性，提高产品的再制造和循环制造能力，延长产品的生命周期。循环供应链还强调了循环采购和供应商管理，通过循环物流和运输的优化，以及废弃物管理和回收的高效系统，促进资源的循环利用。技术创新和数字化手段的应用以及社会责任和合作伙伴关系的建立也是 CSCM 理论中的重要组成部分。这一理论为企业提供了一种系统性的方法，使其在整个供应链中实施循环经济原则，最终实现可持续发展。该理论涉及如下内容。

一是产品设计和生命周期管理。CSCM 理论强调将循环经济原则融入产品设计和生命周期管理中。这包括通过产品的模块化设计、可拆卸性和易于维修性，提高产品的再制造和循环制造能力。产品设计要考虑到资源的可持续利用，从而延长产品的生命周期。

二是循环采购和供应商管理。循环供应链管理关注从可持续和环保的角度进行循环采购。与此同时，与供应商建立合作关系，鼓励供应商也采用环保标准，并通过可追溯的供应链来确保原材料的来源可追溯，减少不可持续和不环保的供应。

三是循环物流和运输。CSCM 理论将循环物流视为关键环节，包括优化运输路线、最小化运输对环境的影响、降低碳足迹以及采用可再生能源等。通过推动循环物流，可以降低整个供应链的环境影响。

四是废弃物管理和回收。在 CSCM 中，废弃物管理不再被看作终点，而是供应链中一个重要的循环环节。通过建立高效的废弃物分类、回收和处理系统，将废弃物重新注入生产循环，实现资源的再利用。

五是技术创新和数字化。CSCM 理论倡导利用技术创新和数字化手段，通过物联网、大数据、人工智能等技术来监控和优化整个供应链的运作。这有助于实现对资源流动的更精细掌控，提高供应链的整体效率。

六是社会责任和合作伙伴关系。CSCM 理论认为社会责任是循环供应链的重要组成部分。企业应该与社会各界建立紧密的合作伙伴关系，共同推动可持续发展目标。社会责任不仅体现在环保方面，还包括对员工、社区和利益相关方的关注。

三、循环供应链：资源关系与复杂治理

供应链与资源消耗和废物产生密切相关，旨在为客户提供服务并管理产品废物。通过绩效指标，可以在每个阶段衡量材料消耗和废物产生的绩效。从原材料开采到生命周期管理，每个阶段都与产品供应链整体循环紧密相连，各有独特的绩效指标。闭环供应链绩效需全面考量清洁生产、资源效率、生态效率、再利用和再制造，以及减少浪费等方面。根据朱庆华（2021）的研究，循环供应链可分为上游和下游两个阶段。

（一）上游循环供应链

循环供应链始于生产系统的设计阶段，其中产品设计应充分考虑生命周期的末端处理，确保废旧产品能够回收、重复使用、再制造或修理。关键是通过减少资源消耗，采用绿色、可回收和无毒材料替代传统原材料，提升产品的可再制造性、可重复使用性和可回收性。此外，设计时应注重产品的长寿命和强耐久性，并基于绿色工程设计原则，提高单个产品的环保性能。上游实践包括企业内部制造过程和工业废物管理、产业共生模式（如丹麦卡伦堡生态工业园区）、最小化废弃物、提高能源效率、使用可再生能源、减少产品整体碳足迹等。

（二）下游循环供应链

在循环供应链的闭环中，下游环节扮演重要角色，催生出共享经济、协作消费、产品服务系统和点对点（peer to peer，P2P）等多种新兴商业模式。这些模式突破了传统的产品所有权商业模式，强调通过有效利用现有产品来最小化资源消耗，从而减少为提供相同服务所需的产品数量。共享经济的实践形式包括产品租

赁、维修、共用和共享等应用，如共享自行车、汽车、书籍等。这些以服务为导向的商业模式有助于提高资源效率，推动循环发展，成为学术研究和政策讨论的重要议题。很多产品在生命周期中的使用频率远低于其潜力，如汽车通常只有5%～10%的时间被实际使用。基于此类服务使用模式，尤其是在共享经济框架下，有助于显著减少产品的整体资源消耗。换言之，通过从产品所有向服务型商业模式的转型，促进负责任消费和可持续发展目标的实现。

（三）整体循环供应链

随着供应链的逐渐复杂化，企业受到多个方面的挑战，包括产品设计参数的变化、参与者网络的扩展、法规日益严格、全球化进程加速、技术创新的推动、消费者需求的波动、资源可得性下降以及日益严峻的环境问题。这些因素共同作用，显著增加了供应链管理和优化的难度。因此，降低复杂性成为治理循环供应链的关键。采用结构相对简单的循环供应链模型，不仅能提高治理的效率，还能够增强整体循环性能，从而为企业带来更好的运营效果。

第十一章　生态贸易壁垒与贸易政策

近年来，有关环境、能源与气候等与生态有关的贸易议题和相关政策越来越多。2022年5月美国推出的印太经济框架（Indo-Pacific Economic Framework for Prosperity，IPEF）包含四大支柱，其中清洁能源和减碳是四大支柱之一。2023年5月27日，在密歇根州底特律举行的APEC贸易部长会议期间，IPEF的参与各方宣布了一项与氢技术相关的合作框架，即建立区域氢市场，以鼓励在印太地区部署和应用低碳和可再生氢、低碳氢以及其衍生物。欧盟碳边境调节机制（Carbon Border Adjustment Mechanism，CBAM）在2023年10月1日正式生效，至2025年属于过渡期，2026年正式起征至2034年全面实施。按照规定，进口商需要向欧盟报告进口产品在生产过程中产生的温室气体排放量，一次对进口产品额外征税，主要产品将集中于钢铁、铝、水泥等。而2022年6月17日，在日内瓦签订的WTO《渔业补贴协定》，旨在以多边协定推动并实现环境可持续发展。鉴于全球渔业补贴中，可能导致产能过剩和过度捕捞，从而对生态产生不利影响的有害渔业补贴已有200多亿美元，占到全球渔业补贴总规模的比重超过60%，为此需要推动建立对潜在渔业生态产生不利影响的渔业补贴的规则。不管怎样，我们可以看到，在过去多年间，全球针对生态相关的贸易正在产生越来越多的贸易政策。

与越来越多的生态贸易议题和生态贸易政策相对应的是，随着逆全球化和贸易保护思潮的不断发展，各种地缘政治、贸易摩擦推动生态贸易壁垒不断升高，成为影响全球贸易发展的重要因素。生态贸易政策多以气候、能源、环境等议题为动机，实质上却为贸易伙伴设立过多、过高或者是不必要的生态贸易壁垒。例如，IPEF中的清洁能源和减碳议题尽管就具体生态目标展开谈判，但由于IPEF本身属于排他性区域协定，该框架明确将中国等重要全球和地区性大国排除在协定之外，因此其最终确立的清洁能源和减碳条款将对中国等国来说成为生态贸易壁垒，中国在与IPEF国家进行生态贸易时必然会受到IPEF清洁能源和减碳规则的制约。再如，欧盟采取的碳关税，其名义上被视为对涉及温室气体排放的产品征收的费用，属于单边措施，但由于温室气体排放是按照消费地消费还是按照生产地生产原则来界定税收水平，尚未确定，以及对出口国重要产业将产生直接冲击，在事实上极易引发贸易摩擦。早在2020年7月俄罗斯在参加金砖国家会议时就指出，碳边境调节机制是借气候议题实质设立相应贸易壁垒。由此可以看出，生态贸易壁垒实际是由气候、能源、环境等议题产生的相关贸易壁垒。

本章将系统梳理有关生态贸易壁垒的相关理论、生态贸易壁垒的演变和形成原因，以及探讨未来生态贸易政策改革的方向。本章第二部分将具体介绍涉及的相关理论，主要包括波特理论和污染天堂理论。本章第三部分涉及对生态贸易壁垒演变和形成原因的分析，主要分析 SPS 措施、碳关税等的演变，并分析相关生态贸易壁垒的决策和形成因素。第四部分分析未来生态贸易政策改革的方向，聚焦分析中国生态贸易政策的演进与创新，以及其他国家的生态贸易政策问题。

第一节　生态贸易壁垒演变和形成原因

一、SPS 措施

随着国际贸易的发展和全球经贸往来格局的演变，贸易壁垒由最初的关税演变成各类非关税贸易壁垒，其中生态贸易壁垒近年来逐渐成为热点话题。生态贸易壁垒是指一种以保护生态环境、自然资源和人类健康为借口的贸易保护主义新措施，本质上还是国家为了保护本国贸易的发展采取的贸易限制性措施。生态贸易壁垒的种类多样，其中《实施卫生与植物检疫措施协定》是 WTO 制定和管理的一项贸易协定，为 WTO 成员采取的旨在保护食品安全和动植物健康的措施，是在乌拉圭回合中达成的针对贸易中产生的新问题提出的一项协定，隶属于 WTO 多边货物贸易协议项下，可分为食品安全、动物卫生和植物卫生三个大类。这项协定的目的大致可被概括为一国政府为了保护本国居民、行业及市场的健康安全，而考虑采取的相应限制性贸易措施受到本协定保护，但是不应以食品及动植物安全为借口过度滥用贸易保护措施从而对国际贸易的发展形成阻碍。

WTO 致力于协调各国关系营造公平的国际市场环境从而促进国际贸易的自由发展，因而透明度要求被 SPS 委员会列为 WTO 法律体系的基本原则之一，各国的 SPS 措施需公开公正透明且符合程序要求。《实施卫生与植物检疫措施协定》第 7 条则是关于“透明度”规则的基本条款，即各 WTO 成员有义务通知其 SPS 措施的变化，并提供有关其 SPS 措施的信息。

不少国家或地区以保障食品安全、维护消费者权益及健康等为由避免外来进口商品带来的损害，为此各国学者针对 SPS 措施的探讨和研究持续升温。中国 WTO/TBT-SPS 国家通报咨询网数据显示，2013～2022 年（数据最早可查询至 2013 年）各国采取的 SPS 通报数量多达 16 330 起，其贸易伙伴或特定国家或地区均会因此受到不同程度的影响。此外，其间中国也发布过相应的 SPS 通报，数量达 695 起（图 11-1），在动植物检疫和食品安全等不同方面均有涉及。

图 11-1　2013～2022 年中国通报的 SPS 措施数量变化

资料来源：中国 WTO/TBT-SPS 国家通报咨询网

从图 11-1 可以看到 2013 年～2022 年，中国通报的 SPS 措施数量分别为：90 起、32 起、339 起、12 起、9 起、54 起、33 起、51 起、55 起、20 起（图 11-1）。在 2015 年之前属于明显增加趋势，在 2015 年达到高峰，而此后中国每年的 SPS 措施数量趋于平稳。出现这种情况与中国当时开展的食品标准清理整合工作紧密相关。根据《中华人民共和国食品安全法》及其实施条例和《国务院关于加强食品安全工作的决定》，为落实《国家食品安全监管体系“十二五”规划》和《食品安全国家标准“十二五”规划》关于食品标准清理整合的工作任务，国家卫生健康委员会（原国家卫计委）制定了食品标准清理工作方案和食品安全国家标准整合工作方案。因而在国际贸易产品进出口方面严格把关，相关 SPS 措施数量在 2015 年达到顶峰。

此外，从 WTO 官网 I-TIP 数据库下载的相关数据显示（图 11-2），从 2000 年开始，WTO 通报的 SPS 措施数量呈现整体上升的趋势，具体数量从 2000 年的 402 起增加到 2021 年的 1265 起，SPS 措施的使用愈发寻常。

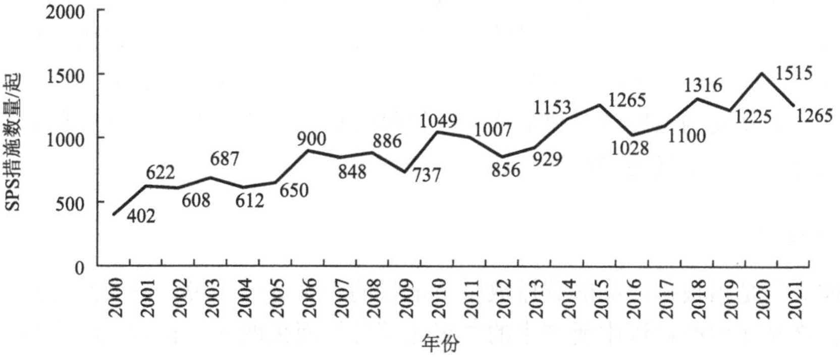

图 11-2　2000～2021 年 WTO 成员 SPS 措施通报数量变化

资料来源：WTO I-TIP 数据库

图 11-2 显示，SPS 通报数量持续走高个别年份达到数量高峰，如 2020 年由于疫情肆虐各国为保护本国居民健康和产业安全，加强海关检疫的力度，采取的 SPS 措施也迅速增加。WTO 统计的各国 SPS 措施数量（图 11-3）显示，美国和加拿大等发达国家以及中国采取的措施持续居高位，占据当年通报的 SPS 措施的主要部分，而近年来，东盟及拉美等国后来居上、国际贸易的参与度逐渐提升，相应的采取保护国内居民及行业市场发展的措施也逐步增加，因而 WTO 成员所涉及的 SPS 措施数量也同步增加。

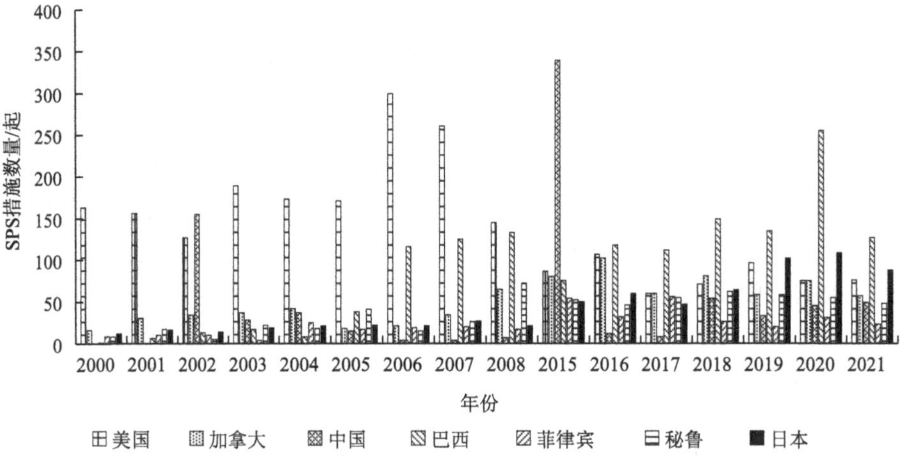

图 11-3　2000～2021 年部分国家 SPS 措施数量的变化

资料来源：WTO I-TIP 数据库

SPS 措施作为生态贸易壁垒的一种重要措施，由于其合理性近年来因动植物检疫和食品安全等问题被广泛采纳，但是实施 SPS 措施须遵循协调原则、风险评估与适度保护原则、透明度原则、等效性原则和区域化原则等。生态问题的重要性日益凸显，SPS 措施的根本目的也是在于促进国际贸易向着更自由、更公平、非歧视的方向发展，各国实施 SPS 措施均应以切实维护本国居民安全、市场稳定和行业安全发展为出发点，利用这些条款限制别国产品的进入，而非滥用 SPS 措施成为贸易保护主义的挡箭牌，违背此项规定的初衷。

二、碳关税

碳关税是指根据商品的碳排放量所征收的一种进口关税，主要是发达国家针对进口产品在生产过程中所产生的二氧化碳总量而采取的一种边境税调整措施。2015 年 12 月 12 日达成的《巴黎协定》，是人类历史上为了应对气候变化而签订的第三个国际法律文本。该协定为全球气候治理提供了有效的解决方案，主张改善全球气候需要国际社会的强有力合作和支持。但是，欧盟并不完全认同《巴黎协定》的全球减排目标，因而提出了碳边境调节机制。2021 年 7 月，欧盟委员会公布建立碳边境调节机制的提案细则，表明欧盟将通过征收碳关税来实现全球“碳减排”的目标。2023 年 5 月 16 日，欧盟《碳边境调节机制法案》被正式发布在《欧盟官方公报》上，标志着欧盟碳边境调节机制已经正式完成立法程序，成为欧盟法律。

欧盟碳边境调节机制获得了广泛的支持，英国、澳大利亚、日本、新加坡、加拿大也对碳关税表示出了积极的态度。英国在 2021 年联合国气候变化格拉斯哥峰会前就提出由 G7 牵头，建立一个强大的碳关税联盟，加拿大表示要积极应对碳泄漏问题，将与有关国家在碳关税上开展合作，日本表示将与美国、欧盟探讨推进贸易绿色化联合行动的可行性。目前，正在积极酝酿以及进行碳关税试点的国家已经为数不少。从当前全球气候治理和各国客观实际来看，还不太可能建立国际统一的碳税、全球碳市场，但建立碳俱乐部却是可行的。预计不久后，西方建立碳关税联盟将可能是大概率事件。

欧盟等征收碳关税将会使我国面临严峻挑战，对我国经济社会产生重要的影响。

首先，对我国的能源结构、产业结构和经济发展方式产生重要影响。欧盟等征收碳关税的举措，将会影响我国的能源结构和产业结构，从而间接阻碍我国工业化和城镇化的发展进程。与西方国家相比，我国的工业化具有特殊性，目前仅处于工业化的中期阶段。我国当前的工业化进程受到环境容量、生态承载和资源禀赋的约束和限制，无法按照西方国家的传统工业化发展进程完成工业化。发达国家通过征收碳关税的方式，可能会限制我国工业化的发展进程，从而迫使我国在工业化中期阶段改变煤炭等传统能源结构和产业结构，进而改变我国经济发展方式。

其次，对我国的货物出口产生直接的影响。根据欧盟统计局公布的数据，2020 年前三个季度中，我国对欧盟 27 国的货物出口数量和出口贸易额巨大，这表明我国与欧盟 27 国的货物贸易往来非常频繁，经贸合作关系非常紧密。由于当前我国对于碳排放采取的措施较为宽松，因此，当欧盟 27 国采取碳关税的措施时，将会对我国出口的货物产生非常大的影响。

最后，将会深刻影响我国碳减排的进程。我国生态环境部 2020 年发布的《碳排放权交易管理办法（试行）》第 29 条第 1 款规定：“重点排放单位每年可以使用国家核证自愿减排量抵销碳排放配额的清缴，抵销比例不得超过应清缴碳排放配额的 5%。相关规定由生态环境部另行制定。”这表明企业可以使用我国国家核证自愿减排量抵销碳排放配额。根据欧洲议会最终通过的提案，欧盟碳关税并没有表明其是否承认我国国家核证自愿减排量。如果欧盟碳关税不承认我国国家核证自愿减排量，将会打击我国出口型企业购买国家核证自愿减排量的积极性，导致我国出现碳配额短缺和碳价上涨的现象，迫使我国出口型企业不得不寻求可以补齐碳配额缺口的低成本碳减排方案。

三、其他生态贸易壁垒

（一）国内环境标准衍生的生态贸易壁垒

不同国家国内环境标准的差异会导致部分国家对其他国家环境标准的不认同，也会因此衍生出生态贸易壁垒。每个国家都根据其独特的生态环境、资源状况以及国内产业结构的不同，制定了各自的环境标准和法规，然而这些差异可能被用作一种限制贸易的手段，导致生态贸易壁垒的出现。一方面，部分国家可能通过提高环境标准来保护本国产业，对进口商品设立更高的环保门槛，使得其他国家的产品难以进入该市场，其目的本在于对国内的环境生态进行保护、保证国内企业在市场竞争中占据优势，但也会使国际贸易的开展受到限制。另一方面，一些国家以环保为借口对特定国家产品实施非关税壁垒如技术壁垒、认证标准等，使特定国家产品在国际市场面临不公平待遇。本节将以部分国家/地区为例介绍因环境标准的不同衍生的生态壁垒。

欧盟的环境保护职能是欧盟一体化过程中不断强化的一个领域。1997 年欧盟签署了为其东扩奠定基础的《阿姆斯特丹条约》，条约将可持续发展作为欧盟的根本目标。这一目标后来转化成 2001 年、2006 年欧盟可持续发展战略的一套指导原则，并贯穿于其第六个环境行动计划的全部内容。第六个环境行动计划的实施期为 2002 年至 2012 年，有四个优先领域：气候变化，自然与生物多样性，环境、健康与生活质量，自然资源与废物。这些领域也是新的技术法规、标准、程序不断涌现的领域。欧盟环境政策的相关内容并不只是为了环境和公共健康，更是意图将环境目标与经济目标相结合来争夺国际贸易标准的主导权。欧盟委员会对外公布的欧盟碳边境调节机制过渡期实施细则于 2023 年 10 月 1 日起生效，过渡期至 2025 年底，2026 年正式起征，并在 2034 年之前全面实施。至此，欧盟将成为世界上第一个征收“碳关税”的经济体。这也意味着，供应链上任何一个环节的高碳排放，都将导致贸易出口产品付出更多的碳管制成本。

1963 年，美国联邦政府颁布《清洁空气法》，第一次确立了控制空气污染以保护公众健康的法律制度，也是美国第一部控制环境污染的法规。该法案规定 6 种主要工业空气污染物——一氧化碳、二氧化硫、氮氧化物、光化学污染物、固体悬浮颗粒、铅。1988 年，美国开始实施环境标志制度，国内 36 个州联合立法，在塑料制品、包装袋、容器上使用绿色标志，甚至率先使用“再生标志”。它表明该产品不但质量符合标准，而且在生产、使用、消费及处理过程中符合环保要求，对生态环境和人类健康均无损害。因此，美国进口商在选择进口产品时不仅要求进口品必须遵守使用特定环保标志的规定，而且还要综合考虑诸多因素，如环境影响的重要性、降低环境影响的可能性等。虽然环境标志制度属于自愿式计划，但零售商或消费者可能会拒绝购买或销售无绿色标志的产品，使有绿色标志和无绿色标志的产品处于不同的市场竞争地位，因此，绿色标志成为美国为了维护本国利益而对进口品设立的一种非关税绿色壁垒。

日本环境保护是一个不断重视的过程。1993 年颁布的《环境基本法》是日本政府开展环境治理的主要法律依据，该法以 1967 年《公害对策基本法》为基础，经历 1970 年对《公害对策基本法》的彻底修订，以“建立低环境负荷、可持续发展的社会”“享受和继承环境的恩惠”“积极推进国际协调框架下的地球环境保护”为三大基本理念。2000 年推行的《推进建立循环型社会基本法》，提出了建立循环型社会的目标，并且针对废弃物处理提出了减量控制、回收利用和循环再利用的“3R”原则。这些环境保护的法律法规看似是为了环境和公共健康，可日本却借环保之名行贸易保护之实，筑起绿色贸易壁垒。2006 年《肯定列表制度》的实施，对于进口的产品，不光检验检疫制度标准大幅提高，更是新增了许多其他进口认证、标签要求，这也将高标准的技术性贸易壁垒推向了极致，较高的技术性贸易壁垒对农产品的进口和出口都产生了不可忽视的影响。

（二）区域性环境公约引致的生态贸易壁垒

区域性环境公约的制定和执行可能会导致生态贸易壁垒的形成，这类公约的制定通常以促进区域内可持续发展、环境保护和资源管理为目的，但一方面一些国家或地区在制定公约时列出了特定的环保标准和要求、超过了国际贸易组织的规定标准，使得进口商品需符合更为严格的地区性标准，因而生产国需调整产品的生产流程或提高检验标准以满足特定区域的要求，增加了贸易的成本。另一方面一些区域性环境公约会引入额外的认证和审核程序从而确保商品符合规定的环保标准，在这个过程中烦琐的文件申请、检测和认证流程，都会导致贸易成本的增加，无形之中筑起了贸易壁垒，阻碍了国际贸易的发展。

2020 年《美墨加协定》（USMCA）正式生效。沿袭其前身《北美自由贸易协定》，USMCA 将环境保护条款纳入其中。USMCA 的第 24 章为环境保护条款，共有 32 条，包含实体性规则与程序性规则两大类。作为美国新一代的贸易规则，USMCA 扩充了环境保护的内容，除了先前《全面与进步跨太平洋伙伴关系协定》中已有的臭氧层保护、防止船舶污染、保护野生动物的内容，USMCA 条款中还加入了关于渔业管理、渔业补贴和海洋生物保护等内容。USMCA 的适用范围虽然仅限于缔约国，但条款内容会在对外贸易实践中自动对外输出，所以在经贸往来过程中，会影响其他国家环境保护条款的内容规范和环境保护措施。对于广大发展中国家而言，其在环境保护条款方面的覆盖低、规范性弱、与国际规则衔接性差等问题将会被放大，会增大发展中国家在对外贸易进程中的困难与风险。

在《日欧经济伙伴关系协定》的文本中，针对环境保护的内容包括：保护生物的多样性，禁止违法砍伐树木，做好森林保护和经营，禁止过量的渔业捕捞，保护海洋生态稳定。此外，《日欧经济伙伴关系协定》是全球第一个对《巴黎协定》履行表示支持的自由贸易协定。在可持续发展方面，双方承诺要可持续管理和利用自然资源，保护海洋生态系统，持续利用渔业资源，保护生物多样性，打击盗猎盗伐行为，并一致同意强化双方企业在生态环境方面的社会责任，促进公平贸易和可持续发展。这些规定体现了日本欧盟走可持续发展道路理念的努力，同时也给非签约国造成了压力。高标准的生态环境保护规则，必然造成更高的生态贸易壁垒，外国出口与生态贸易相关的产品难度加大，国际市场份额减少，企业收入下降，收入下降影响各方面的积极性，如产品生产、技术创新等。因此，非签约国应针对日欧出口产品实施战略调整与品质提升举措。一方面，要强化环境相关产品的制造与管控，制定严格的绿色标准体系，并对企业生产制造全流程提出严格要求，从源头上提升产品竞争力以契合国际环保趋势。另一方面，积极探寻出口日欧产品的替代方案，即便面临日欧严苛的生态贸易壁垒，也要确保企业收入稳定、资本流通顺畅，最大限度降低此类壁垒对出口贸易造成的负面影响。

多边气候协定本身对国际贸易的影响是间接的、不显著的，其对贸易规则的影响十分有限，而不同的国家（主要分为发达国家和发展中国家）制定的一系列政策措施的差异化与不平衡会对贸易产生深刻影响，甚至产生一定程度的贸易壁垒。常见的容易引起贸易壁垒的措施有以减缓气候变化为名对进口货物加征的碳关税、碳排放标准以及通过碳边境调节机制征收的碳排放泄漏成本等。例如，在《巴黎协定》中，气候标准和绿色标签可激发气候友好型消费和生产模式，为有“环境比较优势”的商品创造市场准入机会，然而一些国家不采用的主因在于担忧此类标签会违反国民待遇原则和非歧视原则，引发报复；再比如在 2009 年 UNFCCC 框架下“长期合作行动特设工作组”第六次会议中，阿根廷代表发展中国家提议应彻底评估《京都议定书》附件一缔约方（即发达国家）实施气候减缓政策给发展中国家带来的负面经济和社会影响，特别是应将“禁止发达国家以‘国内政策’为名使用单边贸易措施并扭曲国际贸易”写入新的多边气候协定文本中。

不论是国家标准不同衍生的生态贸易壁垒抑或是区域性环境公约的制定无形筑起阻碍国际贸易的高墙，都是由于不同国家/地区基于促进当地可持续发展、环境保护和资源管理而制定，但因各地区发展存在差异导致制定的标准不同，进而导致生态贸易壁垒的出现，对国际贸易的推动产生影响。在面对这类生态贸易壁垒时，国际社会可以通过促进区域之间的环保合作，推动环境公约的协调和一体化，从而减少不必要的贸易壁垒，促进全球贸易的可持续发展。

四、生态贸易壁垒的决策和形成因素

随着科学技术的发展以及世界产业转型升级，在经济发展达到一定程度时，全球各种生态问题的爆发，显然是自然世界对人类的一个警告，国际社会对生态环境问题的关注也随之越来越多。在国际贸易过程中，各国根据自身国家认知和需求制定了各种不同的生态贸易标准，用于维护国家的生态环境以及达到某些“战略性”目的。

“生态环境保护和经济发展是辩证统一、相辅相成的，建设生态文明、推动绿色低碳循环发展，不仅可以满足人民日益增长的优美生态环境需要，而且可以推动实现更高质量、更有效率、更加公平、更可持续、更为安全的发展，走出一条生产发展、生活富裕、生态良好的文明发展道路。”①这是 2021 年习近平总书记在主持十九届中共中央政治局第二十九次集体学习时强调的内容。在国际贸易过程中，与国内贸易不一样，国际贸易需要考虑进口国与出口国之间的贸易政策的不一致性。很多国家为了保护本国产业的发展或者出于其他方面利益的考虑而实施各种关税贸易壁垒和非关税贸易壁垒。生态贸易壁垒是国际贸易发展中相关国家为了保护自然生态环境质量、促进人类和动植物健康生长，通过法律机制和先进技术以及检验检疫手段优化进口商品服务的一种途径。显然，生态贸易壁垒本质上是属于非关税贸易壁垒。生态贸易壁垒的形成主要受环境、经济、国际组织和国际制度四方面因素的影响。

第一是环境因素。保护生态环境和全人类生命健康安全是生态贸易壁垒形成的初心，这也是 WTO 对正当的绿色贸易壁垒持肯定态度的原因。近年来水土流失、酸雨污染、臭氧层耗损、有毒化学物质和废品越境转移扩散、全球气候变暖、森林和草地资源减少、生物多样性减少等生态问题愈发严重，这一系列问题使得各国家政府站在本国人民利益角度对国际贸易方面进行管制，转变经济发展方式，加大对生态环境的保护力度。生态贸易壁垒这一名词的提出最早可以追溯到环境税问题，是由剑桥大学庇古教授提出来的。根据他的观点，私人成本和社会成本的不一致是导致经济发展中负外部性问题的原因，因此提出通过征收环境税来解决这一问题。这为政府干预贸易以保护国家生态环境提供了理由。

第二是经济因素。经济因素是推动生态贸易壁垒形成的重要原因，经济基础决定政治决策，利益集团的决策都是基于利益的考量。主要包含与经济相关的技术水平和市场竞争两方面因素。

（1）技术水平。不同国家因社会历史和制度存在差异，因此各国呈现出不同

① 习近平主持中央政治局第二十九次集体学习并讲话，https://www.gov.cn/xinwen/2021-05/01/content_5604364.htm。

的发展步伐，自然而然地形成了不同的贸易制度标准。具体表现为发达国家已经从片面追求经济效益转变为“经济、社会、环境”三个目标效益平衡发展的模式，越来越重视环境保护，对生活质量的要求越来越高。而发展中国家由于仍把主要精力放在经济发展上，缺乏对环境资源的保护意识以及相关的法律法规，加上技术水平的落后，这些国家的产品难以达到发达国家的产品要求，最终导致产品出口受到限制。这也凸显了发达国家的战略性贸易措施，正是利用生态贸易壁垒，抑制了发展中国家国际贸易的发展，巩固了自身的贸易地位或者保护了本国产品的国际市场。这就是发达国家为了在国际上维持体面的国际形象，通过形式各异的非关税贸易壁垒，如生态贸易壁垒，来达到既不损坏国家名誉也可以达到自身利益目的的措施。

（2）市场竞争。面对愈发激烈的国际市场竞争，发展中国家利用目前自身丰富的人力资源去发展外向型经济，大力发展劳动密集型产品的对外贸易，逐渐在国际市场上形成价格优势，进而占据一定的国际市场地位。同时，发达国家相关企业产品的需求不断减少，外国对它们产品的购买力下降，市场份额的丧失促使相关利益集团采取非正义的贸易壁垒来维持产品的国际市场地位。生态贸易保护壁垒实则是很多利益集团以保护生态环境为名，削弱发展中国家相关产业发展空间的一种冠冕堂皇的理由。它表面上迎合了目前我们国际上的共同意识，即全球环保意识逐渐增强，可持续发展战略越来越成为国家未来发展的理念。绿色消费、绿色产品风潮兴起，宣传绿色贸易以保护自然资源和生态环境，从而在国际上树立良好的国家形象。

第三是国际组织因素。随着“地球日”的产生，各个国家的绿色组织也由此发展壮大，逐渐形成各种有力的绿色组织以及政党，成为强有力的政治力量。一些绿色政治组织为了保障自身的政治地位，与提出各种环境保护政策的利益团体保持同一阵营，促进“战略性”贸易壁垒的实行，使得环境保护问题呈现出政治化的发展趋势。

第四是国际制度因素，从 GATT 到 WTO，所制定的与生态贸易相关的法律条规缺乏系统性和完善性。就 WTO 而言，其在国际上处理与生态贸易有关的贸易争端时缺乏有效的制裁机制，保护力度也缺乏公平性，从 WTO 的成员的构成来看，生态保护条款难免倾向于维护发达国家的利益。这种现象导致发达国家私自采取国内一整套法规来监管国际贸易，单边措施产生溢出效应，使得生态贸易壁垒对 WTO 原则的背离更为严重。总而言之，在 WTO 法律框架下，生态贸易壁垒呈现出了规则的分散性、不确定性、不完善性、不一致性的特征，这也在一定程度上致使了生态贸易壁垒的形成和发展。

第二节　生态贸易壁垒主要表现及案例

一、生态贸易壁垒主要特征及其表现

生态贸易壁垒是指一国或多国为了保护环境，维护生态平衡，限制可能对本国环境造成负面影响的产品或服务进入本国市场而设置的一系列贸易限制措施。这些措施通常以进口限制、高额税收或者特定的环保标准的形式出现。它们既包括对进口商品的直接限制，也包括对商品生产和加工过程中的环境保护要求。生态贸易壁垒具有不同于其他非关税壁垒的特征。

（1）名义上的合理性：生态贸易壁垒是以保护世界资源、环境和人类健康为名，行贸易限制和制裁措施之实。现代社会人们对生存环境和生活质量的要求越来越高，会很自然地关注环境问题，对于那些可能对环境和健康带来危害的商品和服务表现出了高度的敏感性。生态贸易壁垒正是抓住了这一共同心理，使贸易保护在名义上和提法上既合理又巧妙。

（2）形式的合法性：生态贸易壁垒虽然属于非关税壁垒的范畴，但其不同之处在于绝大部分的非关税壁垒不是通过公开立法来加以规定和实施的，而生态贸易壁垒措施则是以一系列国际国内公开立法作为依据和基础。20 世纪 70 年代以来，国际社会通过有关国际组织及国际会议先后制定了许多多边国际环保协议、规则。它们在形成国际环保习惯法以及在对国际贸易造成冲击和影响方面，起着不可忽视的重要作用。

（3）保护内容的广泛性：生态贸易壁垒保护的内容十分广泛，它不仅涉及与资源环境保护和人类健康有关的许多商品在生产和销售方面的规定和限制，而且对那些需要达到一定的安全、卫生、防污染等标准的工业制成品亦产生巨大压力，因此对发展中国家的对外贸易与经济发展具有极大的挑战性。同时，由于生态贸易壁垒保护措施具有不确定性和可塑性，因此在具体实施和操作时，也很容易被某些发达国家用来对来自发展中国家的产品随心所欲地加以刁难和抵制。

（4）保护方式的隐蔽性：与传统的非关税壁垒措施，如进口数量与配额等相比，生态贸易壁垒具有更多的隐蔽性。首先，它不像配额和许可证管理措施那样，明显地带有分配上的不合理性和歧视性，不容易引起贸易摩擦。其次，建立在现代科学技术基础之上的各种检验标准不仅极为严格，而且烦琐复杂，具有较强的技术性，即对产品的生产、使用、消费和处理过程的鉴定都包括较多的技术性成分，使出口国难以应对和适应。

（5）实施效果的歧视性：对于那些掌握在发达国家手中的生态贸易壁垒具有很强的针对性，着重限制发展中国家的生命线型的产业，从而导致发展中国家固有的比较优势和竞争力丧失。这样，发达国家产品比较容易进入发展中国家的市场，而发展中国家的产品却因难以达到发达国家的环保标准而常常被拒之于发达国家国门之外。

在新的一轮贸易保护主义运动中，国家间利用自身的技术优势，先后出台了各种环保法规标准、绿色生态标志等创新的制度安排，以期抑制负外部性的输入，主要表现为：

（1）有害化学品和物质限制：禁止或限制某些有害化学品和物质的贸易，如通过《控制危险废物越境转移及其处置的巴塞尔公约》限制特定有害物质的跨国界移动。

（2）环境标准和认证：要求进口产品必须满足特定的环保标准，比如减少有害物质的使用，或者必须通过某些环保认证，如欧盟的 CE 标志或是美国的能源之星标志。

（3）废物和回收物贸易限制：对于可能对环境造成污染的废物进口实施限制或禁止，同时对回收材料的进口设置标准和要求。

（4）可持续生产和采购政策：要求进口商品的生产过程必须符合可持续发展的原则，如使用可再生资源，减少碳排放，或是维护生物多样性。

（5）碳足迹标签和碳关税：对于碳排放量高的产品征收高额关税，或者要求产品标明碳足迹，以鼓励消费者购买环境影响较小的商品。

二、生态贸易壁垒案例

（一）欧盟《化学品注册、评估、授权和限制法规》法规

《化学品注册、评估、授权和限制法规》（Registration，Evaluation，Authorisation and Restriction of Chemicals，REACH）是一项欧盟化学品管理法规，要求所有化学品在欧盟市场上流通前必须进行登记、评估、授权和限制，旨在保护人类健康和环境，同时保持欧盟化学品市场的竞争力。这对于欧盟以外的国家出口化学品至欧盟构成了一定的贸易壁垒。自 2007 年 6 月 1 日起实施，REACH法规由欧洲化学品管理局负责管理。

1. REACH法规的背景和目的

在 REACH 法规之前，欧盟对化学品的管理主要集中在新化学品上，而对历史上已存在的大量化学品缺乏足够的信息和管理。随着对化学品潜在危害认识的加深，欧盟意识到需要一个更全面的制度来管理所有化学品，包括新化学品和旧化学品。

REACH 的主要目的是确保所有在欧盟市场上市的化学品都进行适当的风险

评估，并且它们的使用不对人类健康和环境构成不可接受的风险。通过要求企业对其化学品负责，REACH 促进了对替代品的研究和开发，以及非危险化学品的使用。

2. REACH法规的主要内容

REACH 法规涵盖了化学品的整个生命周期，从生产和进口到使用和最终处理，基于一个核心原则，即制造商、进口商和下游用户必须确保他们生产、进口或使用的化学品在其整个生命周期中不对人类健康和环境构成不可接受的风险。

（1）注册：所有在欧盟市场上销售或使用量超过 1 吨/年的化学品都需要注册。注册过程需要提交有关化学品身份、分类、使用方式以及毒性和生态学特性的详细信息。

（2）评估：欧洲化学品管理局和成员国对提交的资料进行评估，以确保信息完整，并对化学品的风险进行评估。

（3）授权：对于被识别为对人类健康或环境具有严重影响的特定危险物质，需要授权才能使用。授权过程旨在逐步淘汰这些物质的使用，除非证明其使用是安全的，或者社会经济利益超过风险且没有合适的替代品。

（4）限制：对于某些高风险化学品，REACH法规可以限制或禁止在欧盟市场上生产、销售或使用。

3. REACH 法规的影响

REACH法规对欧盟以及全球的化学品生产商、进口商和用户都产生了深远的影响。企业需要投入大量资源进行化学品的数据收集、评估和管理，以符合 REACH 的要求。这一法规促使企业开发和采用更安全的化学品替代品，推动了化学品安全技术的创新和进步。同时，REACH法规也对全球化学品贸易产生了影响。非欧盟国家的企业若想向欧盟出口化学品，也必须符合 REACH 的要求。这一点对全球化学品供应链管理提出了新的挑战，但也促进了全球化学品管理标准的提高。

以某化学品公司为例，该公司生产一种广泛用于塑料加工的添加剂，年产量超过 1000 吨，销往欧盟市场。为了符合 REACH法规的要求，公司必须进行该化学品的详细注册，包括其化学性质、生产过程、用途、暴露场景以及对人类健康和环境的潜在影响的全面评估。通过与供应链合作伙伴紧密合作，该公司成功提交了注册材料，并获得了在欧盟市场上销售该化学品的资格。REACH法规是一项革命性的立法，通过要求对化学品进行全面管理和评估，大大提高了化学品在欧盟市场上的安全性。尽管它给企业带来了挑战，但也促进了对安全、环保化学品的研究和开发，对保护环境和人类健康产生了积极影响。随着全球对化学品安全意识的提高，REACH法规的原则和做法正被越来越多的国家和地区采纳。

（二）美国能源之星计划

能源之星是一个促进能源效率的标志，要求电器和其他产品达到一定的能效标准。对于希望进入美国市场的外国生产商来说，它们的产品需要满足这些标准。美国能源之星计划是一个旨在促进能源效率和减少温室气体排放的环保项目。自1992年由美国环保署（Environmental Protection Agency，EPA）和美国能源部联合启动以来，能源之星已成为全球识别度最高的能效标识之一。该计划鼓励制造商、商业机构和消费者通过采用高效能产品、建筑和商业实践来节约能源和保护环境。

1. 能源之星计划的背景和目标

在20世纪90年代初，面对日益严峻的能源危机和环境污染问题，美国政府意识到必须采取行动提高能源利用效率，减少对化石燃料的依赖，并降低温室气体排放，能源之星计划应运而生，其目标是通过提供一个清晰、可靠的标志来帮助消费者识别和购买高能效的产品，从而推动市场向更加节能的方向发展。

2. 能源之星计划的主要内容

能源之星计划覆盖了广泛的产品类别，包括家用电器、办公设备、照明、暖通空调系统、商业和住宅建筑，乃至服务器和数据中心。对于一个产品或建筑能够获得能源之星认证，它必须满足或超过EPA制定的严格的能效标准。

（1）产品认证：制造商可自愿参与能源之星计划。首先必须测试其产品，以证明这些产品满足特定的能效标准，然后才能获得能源之星标识，这一过程确保了只有真正高能效的产品才能获得认证。

（2）能效标准：能源之星的能效标准定期更新，以反映市场上最新的能效技术进展。意味着获得能源之星认证的产品在能效方面通常位于市场的前25%。

（3）消费者教育：能源之星计划还包括广泛的消费者教育活动，旨在提高公众对能源效率的认识，并鼓励消费者在购买时优先考虑能源之星产品。

3. 能源之星计划的影响

能源之星计划对于提高产品的能效、引导消费者的消费行为和推动能效技术的发展产生了深远的影响。据EPA统计，截至2023年，能源之星计划已帮助美国家庭和企业在能源账单上节省了数千亿美元，同时显著减少了温室气体的排放。

考虑到家用电器是家庭能耗的主要来源之一，冰箱作为最常用的家用电器，其能效改进具有巨大的节能潜力。在能源之星计划下，冰箱制造商被激励设计和生产更加节能的产品。能源之星标准要求冰箱的能耗比同类未认证产品低至少

20%。通过能源之星认证的冰箱不仅可以帮助消费者节省能源成本，同时也减少了对环境的影响。这一案例显示了能源之星计划如何有效地推动制造商提高产品的能效，并引导消费者做出环保的购买决定。能源之星计划是一个成功的公私合作模式，展示了政府、制造商和消费者如何共同努力，以提高能效、减少环境影响，并节省能源成本。通过设置明确的能效标准和提供可靠的信息，能源之星为推动能效技术的创新和应用、促进绿色消费习惯形成提供了强有力的支持。随着全球对于节能减排和可持续发展日益增长的关注，能源之星计划的经验和成功案例将继续为全球能效改进提供宝贵的经验借鉴。

（三）欧盟对于野生动植物贸易的限制

通过实施《濒危野生动植物种国际贸易公约》（CITES），欧盟限制了濒危物种及其制品的贸易，以保护生物多样性。CITES 是一个全球性的协议，旨在确保国际贸易不会威胁野生动植物种的生存。欧盟不仅是该公约的成员，而且还通过了自己的法规，以确保在其所有成员国中统一实施 CITES 规定，并在某些情况下采取比 CITES 更为严格的措施。

1. 欧盟的立法背景

欧盟的相关法规主要包括《欧盟野生动植物贸易法规》（EU Wildlife Trade Regulations，EUWTR）。这一法规体系不仅执行 CITES 的标准，还引入了更为严格的控制措施，用以保护那些被认为在欧盟范围内需要额外保护的物种。这些法规详细规定了允许进入或离开欧盟的野生动植物及其产品的条件，包括许可证和证书的需求。

2. 欧盟的执行机制与严格措施

为了实施这些措施，欧盟成立了一个专门的委员会——CITES 委员会，负责监督和指导成员国的执行工作。每个成员国都有自己的委员会，负责发放贸易许可证和证书，同时监控和检查野生动植物贸易活动，确保所有进出欧盟的野生动植物及其产品均符合法规要求。

欧盟在某些方面采取了比 CITES 更为严格的控制措施，例如，对于一些没有被 CITES 列为濒危的物种，如果认为这些物种的贸易可能对其生存构成威胁，欧盟可能会独立限制或禁止其贸易。此外，欧盟还强调了动植物福利的重要性，禁止了因违反动植物福利标准而获取的野生动植物产品的贸易。

3. 挑战与前景

象牙贸易是欧盟野生动植物贸易限制的一个重要案例。由于非法象牙贸易导致大象被大规模杀害，这对非洲和亚洲的大象种群造成了严重威胁。尽管 CITES 对象牙国际贸易有严格的限制，但欧盟为了进一步保护大象，采取了一系列更为严格的措施。例如，除了某些特定的例外情况外，欧盟禁止了象牙的进口和再出口，同时严格限制了象牙产品在欧盟内部的贸易。

尽管欧盟的这些措施取得了一定的成效，但在执行过程中仍面临许多挑战。例如，对于跨境犯罪和非法贸易的打击需要国际合作和信息共享，而这在实践中往往难以实现。此外，对于一些贸易限制措施的有效性和合理性也存在争议。展望未来，欧盟将继续加强对野生动植物贸易的监管，推动国际合作，同时通过科学研究和公众教育提高保护意识，为野生动植物保护提供更坚实的支持。通过这些努力，欧盟希望能够有效减少非法和不可持续的野生动植物贸易，保护全球的生物多样性。

（四）欧盟碳边境调节机制生态贸易壁垒

作为全球首个碳关税制度，CBAM 兼具气候治理和国际贸易双重措施属性，是绿色规则与经贸规则结合的产物。CBAM 从 2023 年 10 月 1 日开始运行，并设置了过渡期，2026 年 1 月 1 日开始正式征收碳关税。为避免欧盟企业的不满，欧盟逐步取消 EU ETS 免费配额，在 2026 年至 2034 年期间，温室气体排放免费配额逐步削减 2.5%、5.0%、10.0%、22.5%、48.5%、61.0%、73.5%、86.0%、100%，在 2034 年取消所有排放免费配额。欧盟《建立碳边境调节机制法案》内容分为 11 个章节，共计 36 个条款与 5 个附件。其主要内容主要分为覆盖范围、适用国家、重要问题以及运行机制等四个方面。

1. 覆盖范围

产品范围上，根据碳含量以及碳足迹追踪难易程度，欧盟目前规定征收碳关税的产品范围仅限于进口到欧盟的钢铁、水泥、铝、化肥、电力和氢等六类产品以及特定条件下的间接排放。在过渡期结束之前，欧盟根据实施效果进行评估，进而考虑是否将产品范围扩大到其他有碳泄漏风险的产品，这从侧面体现了欧盟委员会对这次碳边境调节机制的产品范围保持审慎的态度。排放气体范围上，CBAM 征收关税的温室气体与 EU ETS 涵盖范围一致，除二氧化碳外，还涉及全氟碳化物以及一氧化二氮等气体。生产范围上，当前 CBAM 仅对生产过程中直接产生的温室气体进行征收关税，但是过渡期结束后，可能会将生产过程中间接产生的碳排放征收关税，比如电力消耗，该产品对下游企业碳排放产生影响等。

2. 适用国家

CBAM 原则上适用于 EU ETS 覆盖范围以外的国家和地区，由于欧盟国家（包括其海外领地）实施了 EU ETS 制度，其企业已经承担了碳排放成本，故无须受到 CBAM 的约束。但对某些国家也免除适用 CBAM，比如对于冰岛、列支敦士登、挪威以及瑞士等欧洲自由贸易联盟国家，欧盟对这些国家实施了豁免申请窗口。文件中还规定若货物原产国所支付的碳价（在无出口退税情况下），超过了 EU ETS 碳价标准，同样免除适用于 CBAM，但目前暂无符合这些条件的国家或地区。

3. 重要问题

CBAM 对碳排放计算、凭证定价、已支付碳成本抵扣、生产商及其生产设施的登记以及与 EU ETS 的协调等重要问题做出了解释（李嘉会，2023）。在碳排放计算上，CBAM 规定了简单货物、复杂货物的碳排放计算公式，考虑到国家、发展水平以及市场等差异问题，碳排放标准难以衡量，欧盟设置了进口商品隐含碳排放量默认值，用于计算进口产品的碳排放强度。在凭证定价上实施与 EU ETS 碳排放配额价格挂钩的定价机制，CBAM 凭证定价以 EU ETS 拍卖收盘价的周平均价格为基准，并随着配额价格的变化而变化。已支付碳成本抵扣上，由于出口国可能对出口产品征收了碳税或其他碳排放费用，为避免双重征税，出口商在原产国已经支付的碳排放费用可以抵扣 CBAM 征收的费用。在生产商及其生产设施的登记上，CBAM 适用国家的生产商可向欧盟委员会提出申请，在欧盟建立中央数据库登记出口商品信息，便于向进口商披露产品碳含量。在与 EU ETS 协调上，EU ETS 主要适用于欧盟国家，CBAM 则主要适用于 EU ETS 覆盖范围以外的国家和地区（欧洲自由贸易联盟等国家除外），两者“一内一外”互为补充，CBAM 凭证定价受到 EU ETS 交易价格影响，排放气体规定也适用于 EU ETS 温室气体规定的范围等。

4. 运行机制

在过渡期内，进口商仅需在每年 5 月 31 日之前，申报其进口产品的碳排放量，无须缴纳费用，在 2026 年正式实施后，进口商需向欧盟购买“CBAM 凭证”，以此缴纳进口产品的碳排放量费用。CBAM 凭证由每个成员国的主管部门出售，出口商需预先购买，其中，每张 CBAM 凭证对应一吨碳排放量的进口商品，并有独立的编号，出口商需要使用 CBAM 凭证足额缴纳产品的碳排放量费用。CBAM 价格主要以 EU ETS 的碳权拍卖周平均价为基准，由欧盟委员会每周首个工作日公布。由于 CBAM 采取的是预缴制度，出口商在出口前需要存有足够的凭证，并且出口商需要保证每季度的凭证数量不少于自年初以来所有出口货物的通过参考默认值计算得出的隐含排放量的 80%。当然，CBAM 还可以进行回购和注销，但须在每年 6 月 30 日前申请，回购价格为购买价格，且回收数量不得超过上一年度购买总数的三分之一，凭证有效期为两年，到期凭证会在 6 月 30 日被清零，以此避免初期大量囤积低价凭证行为。

CBAM 是一种单边主义履约模式，也是一种新型的绿色贸易壁垒，它把气候问题扩大到贸易领域，不利于当前多边贸易体系的发展，也不符合《京都议定书》以及《巴黎协定》的原则和要求。然而，从另一方面来看，保护环境、减少碳排放、谋求绿色发展成为当前国际社会共识，CBAM 的出现能够加快贸易绿色化步伐，倒逼各国企业采用清洁工艺技术，促进绿色贸易发展。

第三节　生态贸易政策改革方向

一、中国生态贸易政策创新

生态贸易壁垒的实施，冲击着自由贸易的顺利发展。与农业领域紧密相关的绿色贸易壁垒已成为保护本国农产品利益的一个工具。随着我国改革开放的深入、对外贸易步伐的加快，农产品贸易也得以快速发展，进军国际市场的农产品贸易数量与种类也不断增加。但随着发达国家开征绿色关税、设置绿色认证、实施绿色贸易限制措施，我国农产品出口必然面临越来越严苛的贸易规则，中国农产品出口被扣留或召回的情况屡见不鲜。此外，发达国家所设置的绿色贸易壁垒措施，会进一步增加我国出口产品的认证环节、认证时间和认证费用，延迟我国出口产品的清关速度，进而影响我国对外贸易的效率与规模。

将环境因素纳入考量范围的生态贸易固然体现着“绿色”“可持续”的发展理念，这与我国“人类命运共同体”的理念不谋而合。但是，我们不可忽视绿色贸易之下为一己之私谋利的“壁垒”。目前，国际贸易规则“绿色化”发展的趋势愈发明显，而贸易规则制定的主动权往往掌握在发达国家手中。作为发展中大国，如何应对绿色贸易壁垒，改变不合理规则标准，健全相关政策法规，成为绿色发展的重要问题。

我国生态贸易政策战略部署，主要包括以下方面。

其一，积极构建绿色贸易发展体系。党的二十大报告明确指出，“推动绿色发展，促进人与自然和谐共生”[①]。《中华人民共和国国民经济和社会发展第十四个五年规划和 2035 年远景目标纲要》（以下称“《纲要》”）对提升生态系统质量和稳定性、持续改善环境质量、加快发展方式绿色转型、大力发展绿色经济等方面提出了要求。《纲要》提到要坚持生态优先、绿色发展，推进资源总量管理、科学配

① 习近平：高举中国特色社会主义伟大旗帜 为全面建设社会主义现代化国家而团结奋斗——在中国共产党第二十次全国代表大会上的报告，https://www.gov.cn/xinwen/2022-10/25/content_5721685.htm。

置、全面节约、循环利用，协同推进经济高质量发展和生态环境高水平保护。

在绿色农业方面，《纲要》提出要完善绿色农业标准体系，加强绿色食品、有机农产品和地理标志农产品认证管理。《国务院关于加快建立健全绿色低碳循环发展经济体系的指导意见》中指出，要推进工业绿色升级，加快农业绿色发展，提高服务业绿色发展水平，提升产业园区和产业集群循环化水平。在绿色消费方面，《纲要》提出，培育新型消费，发展信息消费、数字消费、绿色消费。《国务院关于加快建立健全绿色低碳循环发展经济体系的指导意见》提出要加强对企业和居民采购绿色产品的引导。

在产业和消费之外，应该看到加快推进低碳发展进程是把握绿色贸易规则制定主动权的重中之重。目前，我国的碳税制度、碳交易市场建设基础还比较薄弱。完善国内碳市场制度体系，注重碳规则国际化对标是加快推进绿色低碳发展进程的重要之举。碳关税等低碳规则的制定，会导致包含水泥、化肥、钢铝等在内的高碳产业的出口成本大幅提高，这将重塑钢铝行业贸易格局。针对此，优化我国贸易结构，积极参与低碳规则制定成为解决困境的重要举措。《国务院关于加快建立健全绿色低碳循环发展经济体系的指导意见》（以下称“《意见》”）中提到，大力发展高质量、高附加值的绿色产品贸易，从严控制高污染、高耗能产品出口。此外，在绿色低碳技术研发与应用方面，《意见》提出“构建市场导向的绿色技术创新体系”，鼓励绿色低碳技术研发，实施绿色技术创新攻关行动。

其二，探索设立“绿色贸易发展示范区”。目前，美欧等发达国家或地区占据着在生态贸易等多方面议题的国际话语权与规则制定权。《中国绿色贸易发展报告（2022）》（以下称“《报告》”）提出探索设立“国家绿色贸易发展示范区”的总体构想。《报告》提出要以推进贸易高质量发展为主题，以绿色创新发展为动力，打造绿色贸易发展平台，加快建立绿色低碳贸易标准和认证体系，打造国际低碳规则对接先行区和国家绿色贸易发展高地。

在以中国式现代化全面推进中华民族伟大复兴的新征程上，推进经济高质量发展，促进人与自然和谐共生是时代发展的重要任务。我们应当厘清绿色贸易与高质量发展之间的联系，促进绿色贸易持续健康发展，建设美丽新中国。

二、国际生态贸易政策变革

国际上环境政策与贸易政策的融合性由弱变强，其发展主要分为以下三个阶段。

第一阶段，认识期（20 世纪 70 年代至 80 年代）。1971 年 GATT 成立了第一个与环境相关的工作组——环境措施与国际贸易工作组。1972 年 GATT 秘书处撰写了《工业污染控制与国际贸易》报告，引发了 1972 年瑞典斯德哥尔摩联合国人类环境会议对环境与贸易投资议题的初步探讨。

第二阶段，实践期（20 世纪 90 年代初期至 21 世纪初）。在这个阶段，国际贸易组织开始推动在贸易协定中加入环境条款，或推动环境产品与服务贸易自由化。1992 年联合国环境与发展大会通过的《21 世纪议程》提出，通过贸易自由化促进可持续发展，使贸易与环境相辅相成。1995 年生效的《马拉喀什建立世界贸易组织协定》建立了 WTO 并写入了环境例外相关条款，且根据 1994 年的贸易部长会议“关于贸易与环境的决定”在 WTO 下建立了贸易与环境委员会。这一阶段 WTO 也发生了一些环境争端案件，如印度等四国状告美国的虾龟案，就是利用 WTO 争端解决机制，解决贸易与环境保护问题的一个典型案例。APEC 1994 年确立了环境愿景，1997 年提出将环境产品与服务作为 9 个提前自愿自由化部门之一。1994 年，美加墨在《北美自由贸易协定》中将《北美环境合作协定》作为附件之一，并进行环境影响评价。

第三阶段，深化期（21 世纪以后），环境政策与贸易政策融合度大大加强。2015 年 12 月，联合国环境规划署正式启动环境与贸易中心，从机构层面保障国际环境机构推动环境与贸易协调。截至 2018 年底，涵盖环境章节的自由贸易协定数量达 36 个。2012 年，美国公布的投资协定示范文本中将环境列为单独章节。2014 年 17 个 WTO 成员发起了《环境产品协定》谈判，其环境产品的贸易总量占据了全球 90%以上。2015 年 11 月，欧盟公布的《跨大西洋贸易与投资伙伴关系协定》中也涉及环境议题。2018 年包括 11 国在内的《全面与进步跨太平洋伙伴关系协定》包含了几十页的环境内容。此外，许多国家将环境与贸易融合作为政策和制度固化。

第十二章 21世纪生态贸易发展框架与可持续发展政策选择

生态贸易发展政策框架是建立生态贸易行为的基本规范，界定行为范围，构建生态贸易的基本架构的法律基础。这一框架为生态贸易的发展明确了目标与方向，为后续政策实施提供了明确的指引。本部分以国际上宣布的系列重要生态贸易发展标准协定与公约为例，阐述生态贸易发展政策构建中的规划立法、管理体制机制、约束性制度、激励性制度及科技创新政策五个要素，并梳理重要国际组织、部分国别以及中国可持续发展政策选择，为生态贸易发展框架引领生态贸易的发展方向、实现可持续发展目标提供案例支撑。

第一节 生态贸易发展政策框架

生态贸易发展政策框架的建立是一个系统工程，它涉及的各个构成要素之间具有深刻的内在逻辑关系，而这种关系以生态经济的综合考虑为基础。规划立法、管理体制机制、约束性制度、激励性制度以及科技创新政策，这五个构建要素不仅各自为政策框架提供了不同维度的支撑，同时还相互影响，共同塑造整体的生态贸易发展方向。另外，在具体生态贸易的规则立法中，国内规则与国际规则需要得到系统考量。一方面，国内规划立法的重要性体现在确保国内生态贸易的可持续性和合法性上。国家需要通过内部规则来管理和监督生态贸易活动，以保护国家的生态环境、资源和国民利益。这些国内规则涉及贸易准入、环境保护、资源管理等方面，对于维护国家生态安全和经济可持续发展至关重要。另一方面，单靠国内规则往往难以解决跨国生态贸易中的问题，因为生态问题往往具有跨境性和全球性。在这种情况下，国际规则显得尤为重要。国际规则旨在协调各国之间的生态贸易行为，促进全球生态系统的可持续利用和保护。这些规则可以借助国际组织、双边或多边协议、国际标准等形式加以制定与推行，涵盖了生态贸易的各个方面。更重要的是，国内规划立法与国际规则之间的衔接和互动至关重要。一方面，国内规则应与国际规则保持一致，确保国内的生态贸易活动符合国际标准和规范。另一方面，国内规则也可以通过与国际规则相衔接，加强国际合作，共同应对全球性生态挑战。在国内立法过程中，需要考虑国际规则的影响，避免制定与国际规则相冲突的法律法规，以确保国内国际规则之间的良好互动和协调。

一、生态贸易的规划立法

规划立法是整个框架的法律基础，它设定了生态贸易行为的基本规范，并对相关主体的行为进行限制和引导。规划立法在生态贸易发展政策框架中占据了基础性和先导性的地位。作为政策框架的基础，为生态贸易行为设定了基本的规则和准则，并对相关主体的行为进行引导和规范。作为政策框架的先导，规划立法预设了未来生态贸易的目标与方向，为后续的政策实施提供了明确的方向和依据。首先，规划立法是通过制定一系列的法律、法规和政策，确立生态贸易的基本原则、目标和策略。例如，国家或地区可能会制定关于生态产品标准、环保税收、生态补贴等一系列具有法律效力的规定，明确各种生态产品和服务的贸易标准，设置生态贸易的基本规则。其次，规划立法还包括针对生态贸易行为的法律规范。包括定义何为合法和违法的生态贸易行为，设定违法行为的法律责任，对生态贸易的各种可能状况进行详细的规定。这种法律规定不仅包括对生态产品和服务的规范，也包括对生态贸易过程中的环境保护、资源利用、能源消耗等环节的规定。这有助于形成一个公正、公平、公开的生态贸易市场环境，使生态贸易能够在法制的轨道上进行。再次，规划立法还通过设定长期和短期的生态贸易目标，提供了生态贸易发展的战略导向。这些目标可以包括生态产品和服务的贸易规模、生态贸易的环保效益、能源消耗等各种具体指标，为生态贸易的具体实施提供了量化的参考。最后，规划立法通过确立生态贸易的法律地位和权威，对社会各方面产生深远影响。在国家层面，这意味着生态贸易成为国家政策和战略的重要组成部分，享有法律赋予的地位和权利。在社会层面，这意味着生态贸易的重要性和紧迫性被广大公众认识和接受，为生态贸易的普及和推广营造了良好的社会氛围。

目前国际上宣布了一系列重要生态贸易和经济体系标准，包括《巴黎协定》《环境产品协定》《控制危险废物越境转移及其处置的巴塞尔公约》《斯德哥尔摩公约》《生物多样性公约》《京都议定书》等，为国际贸易的生态化发展提供了坚实保障。欧盟为了履行《巴黎协定》中的减排承诺，发布了《燃料质量指令》，规定了汽油和柴油的碳排放标准。该指令要求成员国在国内立法时将这些标准纳入国家法律体系，以确保汽油和柴油的生产符合欧盟的减排目标。加拿大政府为了履行《巴黎协定》的减排承诺，通过立法实施了碳定价机制。该法律要求各省份制定碳定价政策，对碳排放进行定价，并通过市场机制激励企业减排。各省份在制定碳定价政策时需要参考国际经验和标准，确保与国际环境协议的要求相一致。澳大利亚政府为了履行《巴黎协定》中的减排承诺，通过立法实施了《再生能源目标法》，设定了再生能源发电的目标和政策支持措施。该法律要求各州政府在立法时将这些目标纳入地方法律，推动再生能源的发展和利用。中国在构建生态贸易经济制度体系过程中，一是应积极参与国际贸易和经济生态系统建设，发挥大国作用，履行时代使命，积极推动国际环境贸易政策优化。二是深化对国际贸易生态政策和各国生态政策的解读，制定符合国际标准的国际贸易和经济环境政策体系，为我国市场参与者“走出去”提供政策和法律支持（张琛哲，2023）。

二、生态贸易的管理体制机制

在生态贸易发展政策框架中，管理体制机制起到决定性的作用，负责规划立法的实际操作和实施，从而将生态贸易的理论理念转化为具体行动。对于管理体制机制的构建和优化，需要对其几个关键要素，即组织协调、监督执行以及灵活性适应性，进行深入理解和实践。首先，组织协调是管理体制机制的基础。在生态贸易中，存在多种利益主体，包括政府、企业、消费者、非政府组织等。这些利益主体之间的关系错综复杂，可能存在不同或者甚至是对立的利益诉求。因此，需要建立起强大而有效的组织协调机制，以便在保障各方面利益的同时，确保生态贸易的顺利进行。其次，监督执行是实现生态贸易目标的关键手段。政策的制定只是第一步，真正的难题在于如何将政策转化为实际的行动。这就需要我们建立起一套强有力的监督和执行机制，对于可能出现的违规行为，需要有明确的处罚办法和充足的执行力度。最后，管理体制机制还需要有强大的适应性和灵活性。需要认识到，环境问题和经济问题都是动态的，随着科学研究的进展和社会环境的变化，可能需要对生态贸易政策进行调整。因此，管理体制机制需要具有高度的灵活性和适应性，以便及时应对新的挑战和机遇。总之，管理体制机制在生态贸易发展政策框架中占据核心地位，其组织协调、监督执行、灵活性适应性的作用是实现生态贸易目标的关键。需要对其进行深入研究和创新，以构建更加有效的生态贸易管理体制。

国际上有关生态贸易的不同公约或协定具有不同的管理体制机制特点。《巴黎协定》设立秘书处，负责组织会议、收集和汇总国家报告、促进技术支持和能力建设等；建立全球多边合作平台，由协定缔约方组成，负责审议并采纳关于协定实施的决策，监督成员方履行其承诺，并推动国际合作和支持。同时《巴黎协定》要求各缔约方定期提交国家报告，说明其在减缓气候变化和适应其影响方面的政策措施和实施进展。在评估方面，建立了“全球盘点”机制，汇总各国的国家报告和其他相关信息，以评估全球目标的实现情况，并为未来行动提供建议。WTO设立贸易与环境委员会，为促进可持续发展，确定贸易措施和环境措施之间的关系，同时为成员方提供了一个平台，讨论环境问题对国际贸易的影响，并推动贸易政策与环境保护之间的协调。另设立争端解决机制，用于处理成员方之间因贸易政策与环境保护之间的冲突而产生的争端。《控制危险废物越境转移及其处置的巴塞尔公约》最突出的管理体制机制特点包括建立了缔约方大会作为最高决策机构，设立了实施和遵守机制监督公约执行情况，积极推动技术合作和能力建设以提升发展中国家和新兴经济体的处理能力，建立了信息交换和报告机制促进公约成员间的信息共享和监督，以及鼓励科学技术创新并依托监督机制监测危险废物的生成、转移和处理过程。《斯德哥尔摩公约》最突出的管理体制机制包括建立了缔约方大会作为最高决策机构，设立了实施和遵守机制监督公约执行情况，通过建立科学评估委员会和实施计划等机制，促进科学研究和技术合作，提升发展中国家和新兴经济体的能力建设。此外，《斯德哥尔摩公约》还设立了信息交换和报告机制，鼓励公约成员间的信息共享和监督。《生物多样性公约》最突出的机制包括设立缔约方大会作为最高决策机构，定期审议并制定相关政策和行动计划；生物多样性科学、技术和工艺咨询附属机构提供科学建议和评估，指导公约实施；通过生物多样性基金等机制筹集和分配资金支持各项生物多样性保护和可持续利用项目；制定并实施国家生物多样性战略和行动计划，以适应和应对各国的生物多样性挑战。《京都议定书》建立了一系列管理体制机制，旨在应对全球气候变化问题，其中最具特点的机制是排放权交易，即允许发达国家之间通过买卖排放权来实现减排目标，促进更具成本效益的减排方法的发展和应用。此外，议定书还设立了清洁发展机制，允许发达国家通过在发展中国家实施减排项目来获得减排配额，从而实现成本效益和技术转移。

三、生态贸易的约束性制度与激励性制度

约束性制度是规范生态贸易行为、防止生态环境破坏的重要保障。它通过设定一系列禁止和限制措施，对可能对生态环境产生负面影响的行为进行规范和约束，保障生态贸易的可持续性。约束性制度是生态贸易政策的重要手段，通过立法、法规和政策，明确规定了哪些行为是允许的，哪些行为是禁止的。这种制度不仅对于国内的生态贸易行为有约束力，对于跨国的生态贸易行为也有约束力。约束性制度需要与激励性制度相配合。约束性制度虽然可以限制不符合生态环保要求的行为，但是，如果没有相应的激励措施，可能会对经济活动产生负面影响。因此，需要通过激励性制度，鼓励企业和个人进行符合生态环保要求的行为。激励性制度是一种重要的策略，旨在通过提供各种激励，鼓励和引导相关主体积极参与到生态贸易活动中，推动生态贸易的发展。激励性制度主要包括经济激励和政策激励两种形式。经济激励主要包括财政补贴、税收优惠、信贷支持等，通过提供经济利益，激励企业和个人更加积极地参与到生态贸易中。政策激励则包括政策扶持、政策优先等，通过提供政策支持，激励相关主体积极开展生态贸易活动。激励性制度需要根据实际情况灵活调整。不同的地区、不同的行业、不同的时间段，生态贸易的具体状况可能会有所不同，因此需要根据具体情况，灵活调整激励性制度，以达到最好的效果。例如，对于一些生态贸易发展较为落后的地

区或行业，可能需要提供更大的激励，以引导其改变原有的生产、经营方式，转向生态贸易。激励性制度应当与约束性制度相辅相成，需要灵活调整，并需要有一套有效的监督和评估机制，以保证其合理、有效实施。

有关生态贸易的不同国际公约或协定具有不同的约束性及激励性制度，典型的制度设置如下。《巴黎协定》的约束性制度主要体现在制定国家自主的减排目标，并要求各缔约方定期报告和审议其减排进展。激励性制度包括设立绿色气候基金，为发展中国家提供资金支持和技术转让，以促进其减缓气候变化和适应气候影响的能力。WTO 在环境和环保领域的约束性制度包括贸易与环境委员会和相关工作组的设立，以促进贸易政策与环境保护之间的协调和一致性，并且确保贸易政策不会对环境造成负面影响。此外，WTO 还通过规定贸易措施不能违反国际环境协定等方式，约束成员方的行为。激励性制度主要包括促进技术转移和知识共享，支持发展中国家加强环境保护能力，以及提供资金和技术援助等措施，以推动可持续发展和环保目标的实现。《控制危险废物越境转移及其处置的巴塞尔公约》约束性制度主要在于规范跨境转移和处置危险废物的程序和标准，包括要求缔约方制定国内立法以确保废物的安全管理和处置，并建立监管机构进行监督和执行。激励性制度则包括促进技术转让和技术合作，支持发展中国家提升废物管理和处理能力，以及为废物管理项目提供资金支持和技术援助。《斯德哥尔摩公约》约束性制度主要包括禁止或限制生产和使用有害化学物质，要求各缔约方制定相关政策并进行监测和报告。激励性制度包括促进技术合作和知识共享，支持发展中国家改善化学品管理能力，以及提供资金支持和技术援助。《生物多样性公约》的约束性制度体现在对缔约方保护、管理和可持续利用生物多样性的责任和义务，包括制定国家战略、采取具体措施保护生物多样性、开展监测和评估等，通过建立报告机制和定期审议机制对成员国履行承诺进行监督和评估。与此同时，激励性制度包括鼓励技术转让和知识共享，支持发展中国家提升生物多样性保护和管理能力，以及提供资金支持和技术援助。《京都议定书》的约束性制度主要体现在对发达国家设定减排目标和承诺期限，并要求实施国内减排措施以达到目标。激励性制度包括设立清洁发展机制，鼓励发达国家向发展中国家转移清洁技术和提供资金支持，以促进全球减排行动。

四、生态贸易的科技创新政策

科技创新政策是推动生态贸易发展政策框架的关键环节，该政策旨在通过激发和支持科技创新的活力，推动生态贸易的进步与发展。首先，科技创新政策起着推动技术进步和增强竞争力的作用。在生态贸易领域中，新技术的应用和推广可以显著提升生产效率，减少对环境的负面影响，并为新产品和新业务的开发创造可能。因此，科技创新政策通常包括为科研机构和企业的研发投入提供财政支持，对创新结果给予知识产权保护，以及通过政策倾斜，鼓励技术引进、技术改造和技术创新等。其次，科技创新政策需要与教育政策、人才政策紧密配合，形成人才、技术和市场的良性互动。这需要包括对科技人才的培养和引进，对科研成果的转化，以及对创新型企业的孵化和扶持。再次，科技创新政策应关注国际间的技术交流和合作。在全球化背景下，跨国科技合作已经成为推动科技创新的重要手段。这可以帮助国内企业获取先进技术，同时也有助于国内技术走向世界。因此，政策需要设立一定的机制和平台，促进国际间的技术交流和合作。最后，科技创新政策的制定和实施需要具备针对性和灵活性，因为不同的地区、不同的行业、不同的企业，其科技创新的需求和能力可能会有所不同。因此，科技创新政策需要根据实际情况进行调整，以保证其能够有效地推动科技创新，从而促进生态贸易的发展。总的来说，科技创新政策通过鼓励和支持科技创新，推动技术进步和竞争力提升，促进人才、技术和市场的良性互动，关注国际科技交流和合作，具有针对性和灵活性，对于推动生态贸易的发展起着至关重要的作用。

有关生态贸易的不同国际公约或协定具有不同的科技创新政策，典型的制度设置如下。《巴黎协定》涵盖了多项科技创新政策，其中包括支持可再生能源技术创新和推广，鼓励发展低碳经济和减少温室气体排放的新技术，以及促进能源效率和清洁生产技术的研发与应用。此外，协定还强调加强国际合作，共同开展应对气候变化的科技创新和技术转让，以实现全球气候治理的共同目标。WTO《环境产品协定》着重于推动科技创新以促进可持续发展和环境保护。其中，包括促进环境友好型技术的国际贸易和转移，支持发展中国家采用环境友好型技术的能力建设，以及设立贸易与环境委员会等机构，推动环境问题与贸易政策的协调。《控制危险废物越境转移及其处置的巴塞尔公约》着眼于管理和控制跨境转移和处理危险废物，其中包括推动废物管理技术创新，促进循环经济和资源利用率提升，以及加强跨境合作和信息共享等方面的政策举措。《斯德哥尔摩公约》旨在减少和消除持久性有机污染物对环境和人类健康的影响。公约内容涵盖了促进替代技术和绿色化学品的研发与应用，推动环境友好型生产和消费模式，以及加强国际合作和监测控制等方面的政策安排。《生物多样性公约》关注生物多样性的保护和可持续利用，其中科技创新政策包括支持生态恢复和保护技术的研发与应用，推动生物资源的合理开发利用，以及加强生物多样性监测和保护区管理等方面的政策举措。《京都议定书》致力于减少温室气体排放，其中的科技创新政策包括推动清洁能源技术的发展和应用，支持碳排放减排技术的研发和推广，以及建立碳市场和碳交易机制等方面的政策安排。

生态贸易发展政策构建的规划立法、管理体制机制、约束性制度、激励性制度及科技创新政策五个要素中，规划立法与管理体制机制是对生态贸易行为的直接规范，约束性制度和激励性制度是对行为的引导和激励，科技创新政策是对生态贸易发展的技术支持。这些构建要素之间相互影响，相互补充，形成了一个完整的、立体的政策框架，共同推动着生态贸易的发展。

第二节　国际组织可持续发展政策

国际组织实施可持续发展政策的决策主要取决于全球性问题的性质和全球治理的核心理念。我们必须认识到诸如气候变化、环境破坏、生物多样性丧失和全球贫困等问题是跨国界的，其规模和影响超越了任何一个国家的边界和能力。这些问题在全球范围内产生，需要全球协同努力来解决。因此，国际组织以其全球视野和集体决策能力，扮演着协调各方行动，推动解决这些问题的重要角色。

可持续发展政策的实施是基于国际社会对公正、平等和可持续的未来的共同追求。这是一个体现在环境、经济和社会三个层面的综合目标。在环境层面，通过实施可持续发展政策，可以更好地保护生态系统，为后代留下良好的生态环境；在经济层面，可持续发展政策可以促进绿色经济的发展，为全球创造更多的就业机会和经济价值；在社会层面，可持续发展政策可以帮助改善社会公平和公正，缩小发达国家与发展中国家的差距，提升全球公民的生活质量。因此，基于全球性问题的跨国性质和可持续发展的综合目标，国际组织实施可持续发展政策是为了通过协同国际行动，推动解决全球性问题，实现环境的可持续性、经济的繁荣和社会的公平。

一、联合国可持续发展政策

联合国是全球性问题和可持续发展政策实施的主要推动者之一。可持续发展一词最早出现于 1980 年的联合国文件。1987 年世界环境与发展委员会发布题为《我们共同的未来》的报告，将可持续发展定义为“既能满足当代人的需要，又不对后代人满足其需要的能力构成危害的发展”（Manolis and Manoli，2021），并得到了国际社会广泛认同。1992 年，联合国在巴西里约热内卢召开环境与发展大会，通过以可持续发展为核心的《里约宣言》和《21 世纪议程》等重要成果文件。大会提出人类应与自然和谐统一，可持续地发展并为后代提供良好的生存发展空间这一可持续发展的新观念和新战略。自此，可持续发展理念作为一种新发展观，逐步被世界各国纳入本国的发展战略，可持续发展也成为全球发展合作的核心内容。2002 年，联合国在南非约翰内斯堡召开第一届可持续发展问题世界首脑会议，通过了《政治宣言》《执行计划》等重要成果文件，通过面向行动的战略和措施，积极推进全球的可持续发展。2012 年 6 月，联合国再次在巴西里约热内卢召开联合国可持续发展大会（又名“里约+20”峰会），通过《我们希望的未来》成果文件。会员国一致认为可持续发展目标应与 2015 年后的联合国发展议程连贯一致，并纳入其中。会议决议成立可持续发展目标开放工作组，旨在制定一套全球可持续发展目标，为制定2015年后国际发展议程提供重要指导。2013年3月，可持续发展目标开放工作组正式成立，在联合国系统的支持下，同全球主要利益攸关方广泛接触，经过17个月的讨论，于2014年8月向联合国第68届大会提交可持续发展目标的建议报告，工作组提出了17项目标和169项具体目标，为将可持续发展目标纳入2015年后发展议程奠定了基石（鲜祖德等，2021）。2015年9月《变革我们的世界：2030年可持续发展议程》（以下简称"2030年议程"）在联合国可持续发展峰会上通过。该议程围绕经济、社会和环境三个方面提出17项可持续发展目标（Sustainable Development Goals，SDGs）和169项具体目标，涉及人类福祉、经济发展、气候变化和生态系统保护等多个领域，是全球可持续发展的纲领性文件（叶靓俏等，2023）。2030 年议程作为全球行动的蓝图，这一议程设定了17个可持续发展目标，覆盖了社会、经济和环境三大领域。这些目标的实施并不独立，而是互相影响，相互依赖。例如，消除贫困和饥饿（目标1和2）需要健康和高质量的教育（目标3和4），而这又需要性别平等（目标5）和清洁、可负担的能源（目标7）。这些目标的实现需要政府、非政府组织、私人企业和公民个体的共同努力，而联合国提供了各方沟通协调的框架和平台。哥伦比亚是最早在国家级别上实施2030年议程的国家之一。它们的"全民共享的和平"发展规划，深入整合了2030年议程的核心目标，包括提供优质教育、保证水资源、采取紧急措施应对气候变化等。此外，哥伦比亚的统计部门协同国际劳工组织等机构，开发了一套全新的监测指标体系，以衡量SDGs的进展。

联合国可持续发展政策的最大特点在于其全球性、综合性和长期性、参与性和科学驱动等特点。其政策覆盖全球范围，2030年议程涉及193个成员国；政策涵盖了多个领域，包括环境、经济和社会等；可持续发展目标涵盖了从贫困、饥饿、教育、性别平等到气候变化等多个方面；政策是长期性的，2030年议程设定了2030年作为实现SDGs的截止日期，要求各国采取持续行动，包括政策制定、资源投入和合作协调，以确保目标的实现。为衡量和评估可持续发展目标执行情况，联合国组织制定了可持续发展目标全球指标框架，从2016年开始，每年发布全球可持续发展目标报告，用指标数据反映可持续发展目标落实进展以及存在的问题，调动各方共同推动议程执行。联合国可持续发展政策的全球性、综合性和长期性特征，意味着各国需要通过联合国机构和国际组织之间的合作，共同制定涵盖经济、社会和环境等多个方面的政策，以实现长期的、综合的可持续发展目标。为此，联合国在可持续发展方面的政策和倡议还体现在以下三个方面。

一是全球大会和会议。联合国组织了众多的全球性大会和会议，如联合国气候变化大会、联合国生物多样性大会、联合国可持续发展峰会等，这些大会和会议不仅为各国政府提供了讨论和协商的场所，同时也吸引了众多的非政府组织、科学家、商业领袖和社会公民参与，形成了广泛的合作和伙伴关系。这些大会和会议的结果通常以政策声明、行动计划和决议等形式公布，对全球的可持续发展方向产生了深远影响。《巴黎协定》就是在联合国气候变化大会上达成的，这是一项全球性的合约，旨在将全球升温限制在工业化前水平上升 2℃以内，争取将升温幅度限制在 1.5℃以内。该协定的实施和监测，就需要参与各方在报告、核查和透明度等方面的合作。

二是具体的项目和活动。联合国通过其下属的专门机构，如联合国环境规划署、联合国开发计划署、联合国粮食及农业组织等，执行一系列的项目和活动，这些项目和活动针对各国的具体问题和需要，提供了技术支持、能力建设、政策咨询和研究评估等服务。这些项目和活动有的聚焦于特定的主题，如气候变化、生物多样性、农业发展等，有的覆盖了多个领域，如性别平等、健康和教育等。在肯尼亚，联合国环境规划署和当地合作伙伴共同开展了一个项目，旨在通过推广太阳能炉，减少对木炭等传统燃料的依赖，以改善当地居民的生活质量和保护环境。此项目既符合可持续发展目标 7，又符合目标 13——采取紧急行动应对气候变化及其影响。

三是国际合作和伙伴关系。联合国积极倡导和支持各国之间的国际合作和伙伴关系。在可持续发展的问题上，各国的挑战和机遇常常相互联系，解决这些问题需要全球性的行动和解决方案。联合国通过提供平台和机制，促进各国在政策制定、技术转让、资金援助、知识分享等方面的合作，以达到共同的可持续发展目标。例如，在疾病防治方面，世界卫生组织经常与各国卫生部门、非政府组织和科研机构等合作，如在对抗埃博拉病毒、新型冠状病毒的全球行动中，它们共同研发疫苗，制定并实施防控策略。

二、WTO 可持续发展政策

WTO 是全球主要的贸易组织，致力于推动公平、开放、非歧视性和可预见的国际贸易环境。环境与贸易相互依存相互作用，合理的环境保护可以促进贸易的发展，贸易的发展又会推动经济增长，同时为环境保护奠定经济基础；反之，环境与贸易的不协调发展会导致环境的破坏和贸易的停滞（谭会萍和田森，2005）。WTO 在其宗旨中规定：提高生活水平，保证充分就业，大幅度和稳定地增加实际收入和有效需求，扩大货物和服务的生产与贸易，按照可持续发展的目的，最优运用世界资源，保护环境，并以不同经济发展水平下各自需要的方式，加强采取各种相应的措施；积极努力，确保发展中国家，尤其是最不发达国家在国际贸易增长中获得与其经济发展需要相称的份额。这一关于贸易自由化与可持续发展的宗旨性规定，使得各国在参与到贸易自由化的同时对可持续发展的精神有了更多的关注。

WTO 的多项协定如《1994 年关税及贸易总协定》《技术性贸易壁垒协定》《农业协定》《实施卫生与植物检疫措施协定》《补贴与反补贴措施协定》《与贸易有关的知识产权协定》《服务贸易总协定》等均包含相应的环境政策。在 1994 年马拉喀什部长会议上，《关税及贸易总协定》缔约方通过了《关于贸易与环境的决定》，并于 1995 年在 WTO 组织结构内设立了“贸易与环境委员会”，强化对贸易与环境的管理。根据 WTO 协议和措施，成员方可以制定、采用和实施相应的手段保护环境，如技术性措施、国际标准和合格评定程序，对进出口产品征收各种旨在保护环境和资源的税收，对农产品实施绿色补贴，鼓励环保技术的研究和开发，使用绿色环保标志，在产品的加工过程中或加工方法上采用环境 PPM（processing and product method，生产过程和加工方法）标准，实施技术性贸易壁垒以维护生态环境。WTO 的《技术性贸易壁垒协定》指出：“认识到不应阻止任何国家采取必要的措施，来确保其出口货物的质量或保护人类、动物或植物的生命和健康及环境。”

WTO 在可持续发展方面的政策重点是推动全球贸易的自由化和公平化，因为其相信开放的、自由的、基于规则的多边贸易体系是促进经济增长、降低贫困、提高生活水平的有效工具。通过平等参与全球贸易，各国可以在社会、经济和环境三个层面上取得进步，实现可持续发展。

第一，在社会层面，WTO 的可持续发展政策旨在确保公平贸易，并寻求最大限度地利用贸易为全球带来社会经济福利。其一，技术转移政策。通过促进技术的分享和传播，可以帮助发展中国家提高生产效率和产品质量，从而提升就业水平，改善人民的生活条件，促进社会的整体发展。因而，WTO 鼓励技术转移，尤其是向发展中国家进行技术转移。《与贸易有关的知识产权协定》是 WTO 的重要组成部分，它在促进技术转移方面扮演着关键角色。《与贸易有关的知识产权协定》认识到，技术转移是促进发展中国家经济发展和技术进步的关键途径。它要求发达国家成员在实施技术转让、促进和鼓励技术的传播方面提供激励，特别是向最不发达国家提供支持。其二，特殊和差别待遇。特殊和差别待遇（Special and Differential Treatment，SDT）是 WTO 框架下的一个核心原则，旨在承认发展中国家和最不发达国家在全球贸易体系中面临的特殊挑战和需求。这一原则体现了 WTO 成员对于不同国家发展阶段和能力差异的认识，以及在全球贸易中实现更大公平性和包容性的共同承诺。特殊和差别待遇措施涵盖了多个方面，包括发展中国家和最不发达国家被允许有更长的时间来实施 WTO 协定和承诺，以便它们有足够的时间进行必要的国内调整和准备；WTO 成员提供技术援助和建设能力支持，帮助发展中国家和最不发达国家增强其参与国际贸易的能力，包括帮助这些国家提高其谈判能力、实施 WTO 协定的能力和促进其内部法规的合规性；发展中国家和最不发达国家享有更灵活的市场准入条件，比如在农业和纺织品等关键领域享有一些优惠待遇，以帮助它们更好地融入世界经济；通过《关税及贸易总协定》（GATT）第四部分和“普惠制”等机制，发达国家对来自发展中国家和最不发达国家的进口商品给予优惠关税待遇。其三，工人权益保护。虽然WTO本身并没有直接制定劳工权益的相关规定，但是通过推动贸易自由化和公平竞争，WTO也在间接地促进各国对工人权益的保护。例如，公平竞争可以减少“社会倾销”，即企业通过压低工资或剥削工人来获取竞争优势的现象。其四，公众参与。WTO对公众参与的重视也反映了其在社会层面上的责任。WTO定期举办公众论坛，让公众和非政府组织有机会参与讨论WTO的政策和活动。此外，WTO还通过其网站和出版物，向公众提供大量的信息和数据，以增加其政策的透明度和公众对其的了解。

第二，在经济层面，WTO强调降低贸易壁垒，提高市场透明度，以增加贸易效率，推动经济增长，创造就业机会。在经济层面上WTO实施的一些具体政策和案例包括：其一，《服务贸易总协定》。WTO的《服务贸易总协定》为全球服务贸易设定了框架，涵盖了诸如金融服务、电信服务、交通服务和环境服务等许多服务领域。通过减少服务贸易壁垒，《服务贸易总协定》有助于各国获取关键可持续发展方面的服务，推动经济与生态的协调发展。其二，《信息技术协定》（Information Technology Agreement，ITA）。ITA是一项旨在消除信息技术产品关税的协定。随着数字经济的发展，信息技术产品在全球经济中的作用越来越重要。ITA的实施有助于实现环保技术的贸易自由化。同时，这样可以降低环保技术的成本，提高其在全球的应用，从而帮助各国应对气候变化和其他环境问题。其三，《贸易便利化协定》。协定旨在简化、现代化和标准化国际贸易程序，减少成本，提高效率。通过此协定，WTO成员可以更容易地进入全球市场，特别是发展中国家。同时，简化和现代化贸易程序，不仅可以提高经济效率，还能够减少不必要的资源消耗和环境污染，如数字化的贸易流程可以减少纸张的使用，从而保护森林资源。

第三，在环境层面，WTO规定虽然环保可以作为制定贸易政策的合法目标，但不能作为实施贸易歧视的借口。在环境层面上WTO实施的一些具体政策和案例包括：其一，《环境产品协定》。WTO一直在推动《环境产品协定》相关工作，旨在全球范围内减少环境产品和服务的关税和非关税壁垒。《环境产品协定》涵盖了一系列可以帮助解决环境问题和支持可持续发展的产品，如用于空气污染控制和废物管理的设备、可再生能源技术等。通过降低这些产品的贸易成本，《环境产品协定》有助于环保技术的全球传播和应用。其二，《渔业补贴协定》。2022年6月17日，在WTO第12届部长级会议上通过了《渔业补贴协定》，旨在限制过度渔业补贴。过度的渔业补贴导致全球范围内的过度捕捞，对海洋生态系统产生了严重影响。WTO的目标是通过全球范围的协调减少这类补贴，以保护海洋资源和可持续的渔业经济。其三，“绿箱”政策。在农业贸易中，WTO 允许成员国实施所谓的“绿箱”政策，即那些对贸易扭曲影响最小且有助于环保的政策。例如，成员国可以为保护湿地、减少水污染、促进生物多样性的农业活动提供补贴。其四，争端解决机制。WTO 的争端解决机制是其核心组成部分，为成员国提供了一个正式的法律程序，以解决它们之间的贸易争端。随着全球环境保护意识的提高，WTO 的争端解决机制也在某种程度上体现了对环境保护的承诺。WTO 的《技术性贸易壁垒协定》和《实施卫生与植物检疫措施协定》，允许成员国为了保护人类、动植物或环境的健康和安全，实施必要的措施，即使这些措施可能对贸易产生影响。WTO 的争端解决机制在处理与这些协定相关的案件时，经常需要解释和应用这些条款，从而在促进贸易和保护环境之间找到合理的平衡点。在 WTO 历史上，有几个争端解决案例直接涉及环境保护措施，这些案例的裁决对环境保护理念的体现具有重要意义。例如，美国汽油标准案和欧共体-石棉案（EC-Asbestos）等，都是围绕是否允许成员国出于环境保护目的限制或禁止某些商品的贸易。通过这些案例，WTO 的争端解决机制展现了对环境保护目标的尊重，并且强调了国际贸易规则与环境保护之间可以实现协调和互补。

WTO 可持续发展政策的最大特点在于其促进了贸易自由化和可持续发展之间的平衡。WTO 致力于通过促进全球贸易自由化，提高全球经济增长，但同时也重视环境和社会方面的可持续发展，因而其政策框架中强调了贸易与环境、贸易与劳工权利之间的关系，旨在确保贸易活动不会对环境造成不可逆转的破坏，也不会损害劳工的权利和福利。WTO 可持续发展政策的另一个重要特点是其注重成员国之间的合作和协商。WTO 成员通过协商和制定共同规则，以解决贸易与环境、贸易与劳工权利等方面的争议和问题，促进了全球范围内的可持续发展合作。此外，WTO 可持续发展政策还体现了一种权衡和协调的理念。它既重视贸易自由化和经济增长，也注重环境保护和社会公正，力求在不同利益之间找到平衡点，推动全球经济的可持续发展。上述 WTO 可持续发展政策和行动都反映了 WTO 在推动全球贸易发展的同时，也关注其对社会、经济和环境的影响，以实现可持续发展。

三、世界银行可持续发展政策

世界银行是全球最大的发展性金融机构，其使命是在宜居星球上消除绝对贫困，促进共享繁荣，而这两大目标与可持续发展密切相连。世界银行的可持续发展政策主要包括以下三个方面。

第一，环境保护。世界银行积极采取措施，重点投资环境保护、气候变化应对和绿色发展等领域的项目是其主要策略。世界银行是全球环境基金（Global Environment Facility，GEF）的三大实施机构之一。GEF 成立于 1991 年，是第一个专门为全球环境问题提供资金的国际机构。GEF为保护全球环境，实现可持续发展提供了重要资金支持，包括保护生物多样性、应对气候变化、保护国际水域、减少消耗臭氧层物质、防止土地退化（主要是沙漠化和持久有机污染物）等领域。在印度尼西亚，GEF为森林管理和保护项目提供了支持，旨在提升森林的可持续管理，减少森林砍伐和退化，以及保护生物多样性。印度尼西亚拥有丰富的自然资源和生物多样性，但同时也面临着森林砍伐、土地退化和生态系统破坏的严重挑战。通过GEF的资金支持，印度尼西亚能够实施一系列森林保护和管理项目，这些项目不仅有助于保护环境，还有助于应对气候变化，保护当地社区的生计，并促进可持续发展。此外，世界银行还设立了"气候投资基金"(Climate Investment Funds，CIF)，专门为低碳和气候韧性发展提供资金。例如，CIF为埃及的太阳能项目提供了资金，该项目在阿斯旺地区建设了一座总容量达1.8吉瓦的太阳能发电厂，是非洲最大的太阳能发电厂，对减少温室气体排放和提供清洁能源作出了重要贡献。另外，世界银行也强调将环保要素融入所有的投资项目中，特别是在能源、交通和城市发展等关键领域。世界银行在印度的太阳能项目就是一个很好的例子。这个项目是世界银行与印度政府共同合作的，旨在通过提供长期、低利率的贷款，支持印度的太阳能电站建设。该项目已经成功吸引了大量的私人投资，为印度的太阳能行业的发展提供了强大动力。

第二，经济发展。世界银行通过提供贷款和技术支持，帮助发展中国家推动经济发展和结构调整。这些贷款和支持主要用于基础设施建设、企业发展和制度改革等方面。一是在基础设施建设方面，世界银行给予大力支持，尤其是注重环保和可持续性的项目。以越南为例，世界银行曾为越南的公共交通项目提供了大额贷款。这一项目的目标是建设一个更高效、更环保的公共交通系统，旨在通过改善交通状况来提高城市居民的生活质量，同时降低交通运输对环境的影响。该项目的实施大大提高了越南主要城市的交通效率，同时也降低了碳排放，对推动越南的绿色发展产生了积极影响。二是在企业发展方面，世界银行通过其私人部门投资分支机构——国际金融公司（International Finance Corporation，IFC）为发展中国家中的私营企业提供投资和技术支持。例如，IFC为尼日利亚的一家太阳能公司提供了贷款和技术支持，帮助该公司提高产能，将更多的清洁能源提供给当地居民。这不仅有助于尼日利亚的可持续发展，也为当地创造了大量的就业机会。三是在制度改革和能力建设方面，世界银行也提供了大量的技术援助和政策建议。例如，在布基纳法索，世界银行提供了大量的援助，帮助该国改革农业产权制度，提高农业生产效率，同时保护了农民的权益。这一改革大大提高了布基纳法索的农业生产能力，为当地农民创造了更多的收入，有助于减少贫困。四是减贫和社会包容。世界银行的一项重要工作是通过投资教育、卫生、农业和基础设施等领域，提高发展中国家的生活水平，从而达到减贫的目的。例如，世界银行在非洲的马达加斯加推出了一项农业发展项目，这个项目不仅提供了技术和财政支持，帮助当地农民提高农产品产量，而且通过改善农村基础设施，如农路和灌溉设施，增强了农村地区的抵御气候变化的能力。

第三，知识分享和能力建设。世界银行通过发布研究报告、举办研讨会、提供培训等方式，帮助各国提升其实现可持续发展目标的能力。世界银行定期发布研究报告和出版物，如《世界发展报告》（World Development Report），这是一个每年更新的全球性报告，以权威的统计数据和深度的政策分析，涵盖经济、社会和环境等多个领域，对全球发展趋势提供全面、系统的解析。此外，世界银行还经常举办各种研讨会和培训课程，以分享最佳实践和创新理念，提升各国实现可持续发展目标的能力。世界银行曾在其驻加纳办事处举办关于农业可持续发展的研讨会，参与者包括来自非洲各国的政策制定者、学者和实践者。在这次研讨会上，世界银行专家分享了农业绿色革命的最新研究成果，引导参与者探讨如何在保障粮食安全的同时，实现农业的环保目标和社会公正。在全球范围内，世界银行还通过多种方式提供定制化的技术援助和政策建议，以帮助各国解决具体的发展问题。比如在乌兹别克斯坦，世界银行提供了一套详尽的水资源管理改革方案，以解决该国长期以来的水资源短缺问题。这个方案不仅包括了一系列的制度改革建议，如完善水权分配制度、建立水资源定价机制等，还包括了一整套的技术解决方案，如推广节水灌溉技术、建立水资源监测系统等。

作为全球主要的金融机构之一，世界银行重视和强调全球发展和投资，在可持续发展政策方面具有重要地位和作用，其全球性影响力和长期稳定性也使其在全球环境治理和气候变化领域备受关注。总体而言，世界银行可持续发展政策涵盖环境保护、社会包容和经济发展等多个层面，在政策的实施过程中，也都积极考虑了环境、社会和经济的相互影响和互动关系，从而实现了真正的可持续发展。其可持续发展政策最大的特点之一是资金支持规模庞大，向全球可持续发展项目提供大量资金支持，覆盖范围广泛，涵盖清洁能源、气候变化、基础设施、教育和医疗保健等多个领域。此外，世界银行对资助项目的贷款往往附带严格的条件，包括环境、社会和经济方面的标准，旨在确保项目的可持续性、包容性和合规性。

第三节　国别可持续发展政策

国际组织的可持续发展政策通常具有广泛的覆盖性和指导性，为各国发展提供了一个总体的战略框架和路径。例如，联合国的可持续发展目标为全球各国设定了共同的目标和期待，引导各国积极推动可持续发展。然而，各国的具体情况和挑战各不相同，需要根据本国的实际情况来制定和实施可持续发展政策，这正是国别可持续发展政策不可替代性的价值所在。各国在实施国别政策的过程中，需要将国际组织的战略框架与自身的具体环境和资源、经济发展、社会文化等多元条件相结合，形成有针对性的策略。

一、欧盟各国可持续发展政策

欧盟的可持续发展政策以其整体性、前瞻性、多元参与性和创新驱动性，构成了一套独特且富有影响力的发展策略，对全球可持续发展具有重要的启示和推动作用。欧盟的可持续发展政策主要表现出以下几个特点。

首先，整体性和统一性是欧盟可持续发展政策的鲜明特点。由于欧盟的特殊性质——一体化的超国家实体，其可持续发展政策往往具有全盟范围的一致性和连贯性。例如，欧盟在2001年提出了欧盟可持续发展战略，对环境、经济和社会三个维度的可持续发展提出了详细的政策指导和目标，为所有成员国提供了统一的政策框架。具体而言，一是欧盟的气候政策。欧盟的气候政策是其可持续发展战略的核心部分，且具有强烈的整体性和一致性。欧盟设定了2030年温室气体排放比1990年减少至少55%的共同目标，并通过欧盟排放交易体系为全盟范围内的大型排放源设定了碳排放上限。二是欧盟的循环经济政策。循环经济是欧盟可持续发展战略的另一个重要部分，欧盟通过发布一系列相关政策和行动计划，促进全盟范围内的循环经济发展。欧盟在2015年发布了《循环经济行动计划》，规定了从生产设计、生产消费到废物管理等全过程中的各项措施，以实现资源的高效利用和废物的最大化回收。三是欧盟的生物多样性政策。在生物多样性保护方面，欧盟同样制定了共同的目标和行动计划，欧盟设定了到2030年将全盟范围内30%的陆地和海洋转变为有效管理的保护区的目标，以保护和恢复生物多样性。虽然欧盟设定了共同的目标和政策框架，但各成员国在实施上具有一定的自由度，可以根据自身的国情制定具体的实施方案和措施。例如，德国在实施欧盟的可再生能源政策时，大力发展了风能和太阳能；法国则更侧重于发展核能，以达成欧盟的碳排放减少目标。

其次，欧盟的可持续发展政策具有前瞻性和领先性。欧盟一直是全球环保和可持续发展的领导者之一，提出了许多领先的理念和方案。具体而言，一是“绿色交易”计划。欧盟的“欧洲绿色协议”计划是一项雄心勃勃的政策，旨在将欧洲转变为世界上第一个到2050年实现碳中和的地区。这个计划跨越了各个经济领域，包括能源、运输、农业和建筑等，目标是实现包括碳中和、零污染、生物多样性保护、循环经济等在内的多个可持续发展目标。欧盟的“欧洲绿色协议”计划以其前瞻性和领先性，已经成为全球气候行动的重要引领者。二是能源政策。欧盟在能源政策上也展现出前瞻性和领先性。欧盟设定了到2030年全盟范围内至少42.5%的能源来自可再生能源的目标，这对全球可再生能源发展具有重要的示范效应。此外，欧盟还提出了“能源联盟”计划，致力于实现能源市场的整合和能源供应的多元化，以提高能源安全和效率。三是环境保护政策。欧盟在环境保护政策上也有许多领先的举措，例如实施了严格的环境标准，对空气质量、水质、噪声等环境因素进行严格监管；欧盟还制定了《生物多样性战略 2030》等多项生物多样性保护政策，以保护和恢复欧盟的生物多样性。四是实践示范。欧盟及其成员国在实践中也展现了领先性，如在德国，"Energiewende"（能源转型）政策是其致力于绿色、低碳发展的重要举措，其中包括逐步停用核能、大力发展可再生能源、提高能源效率等多项措施。这一政策不仅在德国本国取得了显著效果，也为全球其他国家提供了可借鉴的经验。

再次，欧盟的可持续发展政策显著体现了公众参与和多元治理。在政策制定过程中，欧盟充分考虑并吸纳了公民、企业、非政府组织等多元主体的意见和诉求，以此形成广泛的社会共识和支持，提升政策的公信力和实施效果。具体而言，一是公众参与。欧盟高度重视公众在可持续发展政策制定和执行中的参与度，认为这是提高政策有效性和公正性的关键。例如，欧盟制定了多项公众参与的法规和指导，如《奥尔胡斯公约》（Aarhus Convention），它明确规定公众有权获取环境信息，参与环境决策过程，并在环境事务中寻求司法救济。此外，欧盟的多数环保项目都会要求或鼓励公众参与，如环境影响评价、公众咨询等。二是多元治理。欧盟的可持续发展政策也体现了多元治理的原则。欧盟认为，实现可持续发展需要各利益相关方的共同参与和努力，包括政府、企业、社会组织以及公众。在具体政策实施层面，欧盟不仅由欧盟委员会等机构负责统筹规划，同时也给予成员国足够的自主权，允许其根据自身实际情况采取不同的实施策略。此外，欧盟还鼓励和支持企业、非政府组织等社会力量在可持续发展中发挥积极作用。例如，欧盟的"欧洲绿色协议"计划就充分体现了公众参与和多元治理的原则。这个计划涉及众多领域，包括能源、运输、农业、建筑、工业、金融等，其制定和执行过程中，各利益相关方都有广泛的参与，如成员国政府、地方政府、企业、环保组织、科研机构以及公众等。此外，丹麦在风能开发上的成功也是一个很好的例子。丹麦政府积极推动公众参与风能项目，允许和鼓励公众购买风电场的股份，这不仅有效地动员了社会资金，也增强了公众对风能项目的接受度。

最后，科技创新是欧盟可持续发展政策的关键一环。欧盟在推动可持续发展过程中，高度重视科技创新的引领作用，如在能源、交通、工业生产等方面，都制定了一系列鼓励创新和应用新技术的政策措施，以推动绿色经济和可持续社会的构建。具体而言，一是欧盟的研发计划。欧盟在科技创新方面进行了大量的投入，例如，它的"地平线 2020"计划和后续推出的"地平线欧洲"计划，都是专门为推动研发和创新设立的大规模资金支持计划，其中包括了对环保技术和绿色创新的资助。二是低碳技术的推广。欧盟在推动低碳技术创新和应用方面做出了很多努力。欧盟设立了"碳捕获和封存"技术的支持计划，以推动这项关键的低碳技术的研发和商业化。三是“欧洲绿色协议”计划。在欧盟的“欧洲绿色协议”计划中，科技创新被看作是实现绿色转型的关键手段，计划中明确提出了要通过科技创新来推动能源、交通、农业等领域的绿色转型。欧盟推动了在整个联盟范围内的电动汽车基础设施建设，并设定了 2035 年前全面实现新车零碳排放的目标。为了实现这一目标，欧盟提供了大量的研发资金来支持电池技术、充电设施和电动汽车的研发和生产。同样，欧盟也大力推动了可再生能源技术的创新，如风能、太阳能等。特别是在风能技术上，欧盟的丹麦、德国、荷兰等国家已经取得了领先地位。

欧盟各国在实施可持续发展政策方面有着广泛的差异，但所有成员国都致力于实现欧盟整体的可持续发展目标。上述多次提到的德国是在可持续发展方面做得很出色的国家。德国是欧盟内最大的经济体，其实施了“能源转型”政策，这是一项长期的，且对整个社会都有影响的策略，旨在将德国从依赖化石燃料和核能的能源结构转变为以可再生能源为主的低碳经济。此外，在交通政策方面，德国致力于发展电动汽车和公共交通，以减少交通领域的碳排放。德国政府制定《气候保护 2030 计划》，电动汽车在新车销售中的份额将达到 50%。同时，德国还投资建设高效的公共交通系统，鼓励市民选择公交、地铁或自行车代替私家车。德国还领导了欧洲电动汽车市场的发展，并在环保技术和绿色建筑领域取得了重大进展。另外，在建筑政策方面，德国是绿色建筑和能源效率提升领域的领军者，实施了一系列政策和规定，鼓励绿色建筑的建设和老旧建筑的能效改造，比如，通过提供财政补贴和低息贷款来鼓励房主进行能效改造。最后，德国在废物管理方面的政策也相当先进，它是世界上回收率最高的国家之一。德国实施了严格的废物分类政策，并大力发展废物回收和废物能源化技术。

法国一直在可持续发展和环保问题上展现出领导力，特别是在联合国气候变化大会上。在能源领域，法国致力于改变其能源结构，减少对化石燃料的依赖。2015 年通过的《绿色增长能源转型法》规定，到 2030 年法国的可再生能源应占总能源消费的 32%，并将温室气体排放量比 1990 年减少 40%。此外，法国政府还承诺在 2022 年前关闭所有的煤电厂，以减少碳排放。到 2019 年，可再生能源已经占到了法国总能源消费的 17.6%，而且这一比例还在不断上升。在交通领域，法国政府也采取了一系列措施鼓励绿色出行。例如，法国政府为购买电动车和混合动力车提供了一定的补贴，同时还在全国范围内建设了大量的充电设施。此外，法国还对公共交通进行了大量投资，以提高其效率和吸引力。据统计，2019 年前六个月法国电动汽车的销量达到 21 006 辆，占全部新车交易的 1.8%，这一时期内法国新车总销量同比下降 1.8%。在建筑领域，法国政府推行了一系列的节能改造政策。例如，法国的“绿色贷款”计划，为进行节能改造的住户提供无息贷款。此外，法国政府还实施了“热能规定”，要求新建建筑必须达到一定的能效标准。

这些政策的推行使得法国的建筑能效得到了显著提升。在循环经济领域，法国通过制定和执行严格的废物管理政策，推动了循环经济的发展。例如，法国在 2009 年通过了“关于实施循环经济和减少废物产生的法案”，该法案规定了废物减量、再利用和回收的目标。此外，法国还强制要求生产商对其产品的生命周期进行管理，包括产品的设计、生产、使用和回收处理。这些政策的推行使得法国的废物回收率在此后一段时期内一直保持在较高水平。

瑞典是欧盟内在环境保护和可持续发展上表现最佳的国家之一。瑞典实施了一系列环保政策，包括将废物转化为能源、推动可持续林业和实现碳中和。瑞典政府目标是到 2045 年前实现国内碳中和，并从 2050 年开始向其他国家提供碳中和技术和解决方案。

荷兰在环保和可持续发展领域也做出了很多努力。在电动车领域，荷兰是欧洲电动汽车市场的重要力量。根据欧洲电动车年度报告，到 2021 年底，荷兰的电动车辆占新车销售总量的近 20%，这是欧洲最高水平之一。荷兰政府定下的目标是，到 2025 年，新车销售的一半将是零排放汽车，到 2030 年，新车将完全是零排放汽车[①]。为了实现这个目标，荷兰政府为购买电动汽车提供了一系列的税收和金融激励措施。在荷兰的首都阿姆斯特丹，已经建立了全球最大的电动汽车充电网络，共有超过 3000 个公共充电站。在可再生能源领域，荷兰已经在北海建立了多个海上风力发电场，成为欧洲最大的海上风能开发国之一。例如，Borssele 海上风电项目是荷兰目前最大的海上风电场，总装机容量约为 1400 兆瓦，能够为大约 100 万户家庭提供电力。在城市规划和基础设施方面，荷兰积极推行绿色和可持续的城市发展理念，通过提升城市基础设施的环保性能，降低城市运行的环境影响。例如，荷兰政府投入了大量的资金改善自行车道和公共交通设施，鼓励市民使用更环保的交通方式。荷兰的鹿特丹港也正在进行一系列的绿色改造，包括推广清洁能源、降低船舶排放、改进废物处理等措施。在循环经济方面，荷兰政府在 2016 年发布了《循环经济实施方案》，计划到 2050 年全面实现循环经济。荷兰已经在循环农业、循环建筑、循环制造等领域取得了重要的进展。例如，荷兰的循环农业模式通过提高资源利用效率和改善农业生产方法，实现了农业生产的可持续发展。

以上是欧盟一些代表性国家在可持续发展政策方面的一些现实表现和政策实施。不同的国家因其独特的经济、环境和社会背景，选择了各自不同的策略和手段，但所有的国家都在朝着共同的可持续发展目标努力。

① 中华人民共和国商务部在 2023 年 1 月 18 日发表的《荷兰电动汽车市场发展概况》。

二、日本可持续发展政策

日本的地理、经济和社会条件对其可持续发展政策产生了深远影响。首先是地理条件的影响。日本是一个群岛国家，土地资源相对匮乏，同时又位于环太平洋地震带，频繁的地震和台风等自然灾害给其带来了巨大的挑战。2011 年的福岛核灾害是一个鲜明的例子，这场灾难对日本的环境和社会产生了深远影响。这使得日本对于环境保护和灾害防治具有特别的敏感性，相应的政策也倾向于强调生态保护和灾害应对。根据日本内阁办公室的数据，2019 年日本的防灾预算约为 6.2 万亿日元，用于地震、台风、洪水等各种灾害的预防和应对。日本的城市规划和基础设施建设都充分考虑了防灾和节能需求。其次是经济条件的影响。日本是全球第三大经济体，经济高度发达，2019 年的 GDP 约为 5.2 万亿美元。但近几十年来，日本经济增长放缓，人口老龄化问题严重，这给经济的可持续发展带来了挑战。根据日本厚生劳动省的数据，2020 年，65 岁及以上的老年人口比例达到了 29.6%，高于全球平均水平。在此背景下，日本的可持续发展政策倾向于通过科技创新和绿色经济转型，寻找新的经济增长点，同时通过提升劳动生产率和推动社会福利政策，应对人口老龄化带来的问题。最后是社会条件的影响。日本社会高度稳定，公民具有较高的环保意识，这为实施可持续发展政策提供了社会基础。例如，日本的垃圾分类和回收制度得到了广大公民的积极参与，日本民众的节能环保行为也被广泛推广。同时，日本社会尊重科学，支持技术创新，这为日本在新能源、能源效率等领域取得突破提供了强大的社会支持。

基于日本独特的地理条件、复杂的经济格局以及多元的社会状况对可持续发展政策产生的深远影响，其可持续发展政策的特点可从以下几个关键维度加以体现。

第一，对环保和气候变化问题的高度关注。日本在环保和应对气候变化问题方面走在全球前列。日本在 2015 年颁布了《全球变暖对策推进法》，该法规定了日本的长期温室气体减排目标，即到 2050 年实现温室气体排放量减排 80%，并且设立了每五年一次的目标和策略审查机制。2020 年，日本发布“2050 碳中和”宣言，承诺到 2050 年实现国内净零碳排放。为实现这一目标，日本正在推动能源结构调整，比如，增加可再生能源的比重，减少对化石能源的依赖。另外一个例子是日本的水资源管理政策。日本是世界上最早实施雨水管理和利用的国家之一。日本的东京都在 2000 年就制定了《雨水循环推进计划》。该计划规定了雨水的收集、使用和排放的标准，鼓励各地区和企业进行雨水的收集和再利用，以减少对地下水的依赖，改善城市的微气候，并减少城市排水系统的压力。此外，日本在推动循环经济和绿色生产方式方面也做出了一些努力。日本在 2000 年通过了《推进建立循环型社会基本法》，旨在推动资源的高效利用，减少废弃物的产生，并促进废弃物的回收和再利用。为此，日本政府在税收、补贴和金融政策上给予了一系列的支持，同时也对废弃物的排放和处理进行了严格的规定。这一政策的实施，使得日本的废弃物回收率在全球范围内保持在较高的水平。综上所述，日本的可持续发展政策深入到了各个层面，并取得了显著的效果。这些举措和成果，为全球的环境保护和可持续发展提供了有力的示范和借鉴。

第二，强调科技创新和能源转型。日本是全球科技创新的领先国家之一，其可持续发展政策中，科技创新和能源转型被赋予了重要角色。首先，日本在电动汽车和混合动力汽车技术方面的研发成果世界领先。以丰田汽车公司为例，其推出的普锐斯（Prius）混合动力汽车被认为是混合动力技术的代表作，截至 2020 年 1 月，丰田已突破销售 1500 万辆混合动力汽车的里程碑。此外，日本政府也制定了一系列的政策来推动电动汽车和混合动力汽车的普及，例如，为购买这类汽车的消费者提供税收优惠，并在全国范围内建设充电设施。其次，在清洁能源领域，日本是全球太阳能电池生产和应用的重要国家。日本政府在推动太阳能发电方面采取了一系列政策，例如，提供对太阳能发电设施的补贴，并推出了亚洲首个“太阳能光伏固定价格购电制度”，即 FIT（Feed-in Tariff）制度，这些措施极大地促进了太阳能电池的生产和应用。到 2021 年，日本的太阳能发电容量已经超过了 60 000 兆瓦，位居世界前列。此外，日本在能源效率方面的表现也非常突出。日本政府自 1979 年开始实施《节约能源法》，对工业、交通和住宅等各个领域的能源使用效率设定了具体的标准和目标。这一法律的实施，使得日本的能源效率在全球范围内保持在较高的水平。2018 年日本的能源利用效率指标（即单位 GDP 的能源消耗量）在 OECD 国家中排名第四。在福岛核灾难后，日本在能源政策上进行了重大的调整，加大了对可再生能源的开发力度。2018 年，日本政府制定了新的能源政策基本计划，确定了到 2030 年可再生能源在日本总能源消耗中的比重要达到 22%～24%的目标。为实现这一目标，日本正在积极推动风能、地热能等新能源的开发，2018 年日本开始实施大规模的海上风电项目。总的来说，科技创新和能源转型在日本的可持续发展政策中起着关键的作用，日本通过技术进步和政策创新，成功地推动了经济和社会的绿色转型。

第三，注重经济和社会的和谐发展。日本的可持续发展政策也高度重视经济和社会的和谐发展。在经济领域，日本一直在积极推动绿色经济和循环经济的发展。例如，日本在 2000 年就通过了《推进建立循环型社会基本法》，这一法律明确了日本推动循环经济的基本策略和目标，包括推动资源有效利用、减少废物排放等。此外，日本政府还通过补贴、税收优惠等政策手段，鼓励企业进行环保技术的研发和应用。这一系列的措施使得日本在资源利用效率方面全球领先。2017 年日本的废弃物再利用率达到了 86%，远高于 OECD 国家的平均水平。在社会领域，日本的可持续发展政策强调社会公正和福祉。日本有完善的社会保障体系，包括养老保险、医疗保险、失业保险等。这一社会保障体系为保护弱势群体、减少社会不平等、促进社会稳定提供了强大的保障。到2021年日本的社会保障支出占GDP的比重已经超过了20%，位居OECD国家之首。此外，日本在教育公平、性别平等等领域也制定了一系列的政策，例如，通过提供免费的初等和中等教育，保证所有儿童都能接受教育；通过制定《男女共同参与社会基本法》，推动男女平等，提高女性在社会和经济领域的地位。总的来说，日本在经济和社会的和谐发展方面，通过实施一系列的政策措施，试图在经济发展、环保和社会福祉之间寻找平衡，以实现可持续发展的目标。

三、印度可持续发展政策

印度作为全球第一大人口国家，据世界银行统计，印度人口在2023年达到14.286亿。这样庞大的人口规模给印度经济和社会带来了许多的挑战，比如贫困、教育和健康服务的供给不足、环境污染和气候变化等。首先是贫困问题。世界银行的数据显示，尽管印度在过去几十年中取得了显著的经济增长，但该国仍有大量人口生活在极端贫困之中，根据世界银行2021年的报告，印度仍有约12.9%的人口生活在国际贫困线以下（即每天生活费用低于2.15美元）[①]。尤其是在农村地区，由于缺乏基础设施和公共服务，贫困问题尤为严重。其次是教育和健康服务。印度政府的数据显示，2018年印度的平均识字率为74.4%，但在农村地区和贫困地区，这个比率可能会更低。在健康领域，虽然印度已经取得了一些进步，但是其人均卫生和医疗资源仍然严重不足。根据世界卫生组织的数据，印度2020年医生密度为每万人7.3名医生，这个比例远低于世界平均水平[②]。最后是环境和气候变化。印度是全球第三大温室气体排放国，同时也是空气污染最严重的国家之一。世界卫生组织2018年的数据显示，印度有14个城市位列全球空气污染最严重的20个城市之列。根据2019年的世界空气质量报告，印度有6个城市位列全球$PM_{2.5}$年均浓度最高的十个城市之列。同时，印度还面临着水资源短缺、土地退化和生物多样性丧失等环境问题。

上述挑战使得印度在实现可持续发展目标上面临着巨大的压力，但同时也赋予了印度巨大的机会和潜力。通过改革和创新，印度有可能在解决这些问题的过程中，实现经济、社会和环境的可持续发展。

首先是提高能源效率和增加可再生能源供应。印度是全球最大的煤炭消费国之一，但也正在积极发展清洁能源。在太阳能领域，2015年印度政府启动了国际太阳能联盟（International Solar Alliance，ISA），旨在动员全球对太阳能的投资和

① http://data.worldbank.org.cn/country/印度。

② http://indicators/i/CCCEBB2/217795A。

应用。在印度国内，太阳能项目也在迅速增长。例如，位于印度南部的帕夫拉古拉太阳能公园，是世界上最大的太阳能电站之一，其安装容量已超过两千兆瓦。此外，印度政府还通过各种补贴和贷款计划，鼓励私人投资者和家庭使用太阳能。在风能领域，印度是全球风能资源最丰富的国家之一，风能已成为印度可再生能源发展的主要方向。截至 2022 年印度已安装的风能容量为 41.9 吉瓦。印度政府也在努力简化风能项目的许可程序，以进一步推动风能的发展。在提高能源效率方面，2001 年，印度成立了能源效率局（Bureau of Energy Efficiency，BEE），该机构致力于改进印度的能源效率标准，并提供相关的技术支持和咨询服务。此外，印度政府也推出了一系列节能产品的标签计划，以推广节能产品并提高公众的能源效率意识。印度政府提出了雄心勃勃的目标，计划到 2030 年累计安装 500 吉瓦可再生能源装机容量，包括 280 吉瓦太阳能、140 吉瓦风能和 80 吉瓦其他可再生能源。到 2030 年，使可再生能源占总能源消费的 40%。为了实现这些目标，印度投入了大量的资金和资源，建设太阳能、风能和水力发电设施。以上都是印度在提高能源效率和增加可再生能源供应方面采取的一些具体措施。然而，尽管印度在这方面取得了显著进步，但仍面临着许多挑战，如电力供应的稳定性、清洁能源的融资问题，以及如何在发展清洁能源的同时，满足其快速增长的能源需求等。

其次是保护环境和生物多样性。印度拥有丰富的生物多样性，保护生态系统对于实现可持续发展至关重要。印度政府制定了一系列的环境法律和政策，旨在保护森林、湿地、野生动物和海洋生态系统，同时也在鼓励可持续农业和林业的发展。在森林保护领域，1980 年印度颁布了《森林保护法》[Forest（Conservation）Act]，对森林资源的管理和保护进行了明确规定。政府设立了保护区和国家公园，对森林采伐进行了严格控制。例如，西米利帕尔国家公园是印度最大的老虎保护区，该公园采取了一系列措施来保护老虎的栖息地并促进老虎的繁殖。在湿地保护领域，2017 年印度通过了《湿地保护和管理规则》[Wetlands（Conservation and Management）Rules]，以保护和管理印度的湿地资源。此外，印度政府还实施了一项全国湿地保护计划，以修复和恢复受损的湿地。在野生动物保护领域，1972 年印度颁布了《野生动物保护法》[Wild Life（Protection）Act]，旨在保护印度的野生动物和植物。此外，印度政府还实施了老虎计划（“Project Tiger”）和大象计划（“Project Elephant”）等保护计划，以保护濒危的大型哺乳动物。在可持续农业和林业领域，印度推广有机耕作、生态农业等可持续农业实践。例如，锡金邦州（Sikkim）在 2016 年成为全球首个实现全耕地有机认证的省级行政区，所有的农田都被转化为了有机农田。在林业方面，印度政府也正在推动社区林业和合作林业，以实现森林资源的可持续利用。以上例子都说明，尽管印度面临着生物多样性丧失、环境污染等严重问题，但是也正在积极采取措施，以保护自然资源并实现可持续发展。

最后是社会包容性和经济增长。印度的可持续发展政策还包括减少贫困、提高教育和健康水平、实现性别平等等社会目标。在减少贫困领域，印度政府推行了一系列的社会保障计划，旨在为贫困人口提供食品、住房、教育和医疗等基本服务。印度住房和城市事务部在2020年7月在“pradhan mantri awas yojana-urban”[总理住房计划（城市），PMAY-U]基础上启动的经济适用房综合体（Affordable Rental Housing Complexes，ARHC）计划，另外，印度政府还实施了“Pradhan Mantri Awas Yojana”（总理住房计划），目标是到2022年为贫困家庭建造2000多万套住房。在提高教育和健康水平领域，为了提高全民教育水平，印度政府在2009年通过了《教育权利法》（Right to Education Act），保障6至14岁的儿童免费接受教育。在健康领域，印度政府推出了“全民健康保险计划”（Ayushman Bharat Scheme），旨在为贫困人口提供免费的医疗服务。在实现性别平等领域，印度政府推出了一系列的项目，旨在提高女性的社会地位和经济参与度。例如，“Beti Bachao，Beti Padhao”（保护女孩，教育女孩）计划就旨在改变对女性的社会观念，提高女性的教育水平。另外，“Pradhan Mantri Ujjwala Yojana”（总理烹饪燃气计划）则为贫困家庭提供免费的烹饪燃气，以改善女性的生活条件和健康状况。以上例子展示了印度在社会包容性和经济增长方面所做的努力。虽然印度依然面临着贫困、教育不均、健康问题等挑战，但是其也正在积极采取措施，以改善公共服务、提高生活质量，并推动可持续发展。

第四节　中国可持续发展政策选择

一、中国可持续发展政策回顾

从时间的角度来看，中国的可持续发展政策经历了从未明确到逐渐明确，从单一的经济发展向经济、社会、环境三方面全面发展的转变。

1978～1990年：经济改革与开放。这个阶段的政策主要侧重于经济发展，特别是农业和轻工业的发展。改革开放使中国的经济开始快速增长，但这个阶段还未明确提出可持续发展的概念。1990～2000年：明确提出可持续发展战略。1995年9月，中共十四届五中全会正式将可持续发展战略写入《中共中央关于制定国民经济和社会发展“九五”计划和2010年远景目标的建议》。此外，中国也在这个阶段开始实施西部大开发战略，强调区域经济的均衡发展。2000～2010年：实施科学发展观，推动绿色发展。中国政府提出了以人为本，全面、协调、可持续的科学发展观，并将这个理念写入了党章。在政策层面，中国加大了环保和资源节约的力度，如实施节能减排目标责任制、发布节能产品和绿色建筑政策等。2010

年至今：全面深化改革，提升绿色发展水平。中国政府进一步强调生态文明建设，提出了绿水青山就是金山银山的理念。例如，2014 年新环保法实施了最严格的环保制度和最严格的生态保护红线制度。同时，中国还提出了“双碳”目标，标志着中国在全球环保领域的领导地位。

二、中国可持续发展政策的关键选择

中国的可持续发展政策选择是在持续学习、摸索和调整中逐渐形成的，旨在实现经济、社会、环境的全面、协调、可持续发展。中国对可持续发展的理解和实践，融合了经济发展、社会进步与环境保护三个方面，与此同时，还强调了科技进步和国际合作的重要性。以下是中国可持续发展政策的一些关键选择。

一是环境保护加强。中国在环保方面采取了很多政策措施。2006 年，中国开始实施“十一五”节能减排目标责任制，明确了各地区和部门的节能减排目标。在“十四五”规划中，中国设定了一系列的环保目标，包括降低能源消耗强度、降低二氧化碳排放强度等，这些目标为中国环保工作的开展提供了明确的方向。为达到设定的环保目标，中国加大了执法力度。2014 年实施的新环保法被称为“史上最严环保法”，该法明确了严厉打击环保违法行为的坚决态度，并对环保违法行为设定了严厉的法律责任。此外，提出了生态文明建设的新理念，引导公民深化对环境保护的认知，并积极投身环境保护实践，以实际行动推动环保事业发展。例如，中国设立了“绿色学校”“绿色社区”等荣誉称号，以鼓励社会各界积极参与环保工作。以上是中国在环保方面做出的关键政策选择，这些政策有效地推动了中国的环保工作，对于实现可持续发展具有重要意义。

二是新能源和能源转型。中国在推动能源转型方面制定了一系列政策，以期减少对化石燃料的依赖，提升能源效率，发展可再生能源，减少碳排放，实现清洁能源和绿色低碳的发展转型。首先是设定能源转型目标。中国政府在“十四五”规划中明确了能源转型的目标。规划提出，到 2025 年非化石能源在能源消费总量中的比例要达到 20%以上，而核能、风能和太阳能的装机容量也都将大幅提高。其次是制定可再生能源政策。2020 年财政部、国家发展改革委、国家能源局联合发布了《关于促进非水可再生能源发电健康发展的若干意见》。中国大力推广风能、太阳能等可再生能源的使用。再次是推行能源效率政策。为了提高能源使用效率，中国出台了一系列政策措施。2016 年国家发展改革委和国家能源局发布了《能源生产和消费革命战略（2016—2030 年）》，为中国的能源生产和消费提供了全面的指导，明确提出到 2030 年，单位 GDP 能耗要比 2015 年下降 15%。最后是建立碳排放交易市场。为了有效地控制碳排放，中国于 2021 年正式启动全国碳排放权交易市场，这是世界上最大的碳市场。通过碳排放权的交易，可以鼓励企业采取措施减少碳排放，促进能源转型。以上几点是中国在推动能源转型方面做出的关键政策选择，这些政策为中国实现能源转型、保护环境、应对气候变化提供了政策支持，对于实现可持续发展具有重要意义。

三是绿色发展与绿色经济。在可持续发展政策选择中，中国对发展绿色经济予以了高度重视。政府不断推动绿色技术的研发和应用，提倡绿色生产和绿色消费方式，制定了相关法规，通过各种手段来实现经济发展和环境保护的双重目标。以下是中国发展绿色经济的一些具体举措。一是建立绿色金融系统。中国在全球范围内率先建立了全面的绿色金融系统。中国银保监会数据显示，到2022年底，中国本外币绿色贷款余额达到22.03万亿元，居世界首位。这为绿色经济发展提供了重要的资金支持。二是推动绿色技术创新。中国政府提倡和支持绿色技术创新，通过财政补贴、税收优惠等方式鼓励企业进行绿色技术研发和应用。同时，政府也推动绿色技术在各行业的普及和应用，推动绿色产业的发展。三是提升绿色产业发展水平。中国大力推动绿色产业的发展，制定了一系列的绿色产业发展规划和政策。四是实施绿色生产和消费政策。中国通过实施绿色生产和消费政策，推动绿色经济的发展。例如，中国实施了严格的环保标准，对污染严重的企业进行惩罚；通过推广绿色产品，引导消费者进行绿色消费。五是深入推进生态文明建设。中国政府提出并实施了生态文明建设的战略，强调在经济社会发展中必须坚持绿水青山就是金山银山的理念，倡导绿色低碳、环保健康的生活方式。以上措施表明，中国在发展绿色经济方面作出了明确的政策选择，这些政策对于实现中国的可持续发展目标具有重要意义。

四是加强国际合作。在可持续发展政策的选择中，中国高度重视国际合作，以应对全球性的气候变化和环境问题，推动绿色技术的交流和合作，共享绿色发展的成果。首先是积极参与全球气候治理。中国是《巴黎协定》的签署国，并积极履行承诺。其次是推动绿色“一带一路”建设。中国提出并积极推进绿色“一带一路”建设，将绿色环保理念融入“一带一路”建设中，鼓励参与“一带一路”建设的各方实施绿色投资。再次是加强绿色技术交流和合作。中国积极推动绿色技术的国际交流和合作，与其他国家分享绿色技术和经验，同时从国际上引进先进的绿色技术。“十四五”规划中提出坚持创新驱动发展战略，并强调推动绿色发展，加快发展方式绿色转型，此外还有深化南南合作。中国一直是南南合作的重要推动者，通过向发展中国家提供技术支持和资金援助，帮助它们实现可持续发展。例如，中国设立了南南气候合作基金，并在联合国框架下设立了南南合作中心，以推动南南合作。最后是参与多边环保协议。中国积极参与和履行各种多边环保协议，包括《联合国气候变化框架公约》《生物多样性公约》《保护臭氧层维也纳公约》等，显示出其在环保领域的全球责任和担当。总的来看，中国的可持续发展政策选择中，加强国际合作不仅对于中国自身的可持续发展有重要意义，对于全球的可持续发展也起到了积极的推动作用。

三、中国可持续发展政策与国际贸易

一国的可持续发展政策会通过影响国内产业、出口竞争力、进口需求和贸易政策等方面，进而影响该国的国际贸易。因此，对于一个国家来说，如何在制定和实施可持续发展政策的同时，考虑到这些政策对国际贸易的影响，以实现经济和环境的双重目标，是一项重要的政策设计任务。中国的可持续发展政策与国际贸易的关系主要表现为以下五个方面。

一是绿色产品的出口增长。全球对可持续产品的需求正在持续增长。联合国贸易和发展会议的数据显示，2019 年，全球的绿色商品市场已经超过了 1 万亿美元，预计在 2025 年将达到 1.9 万亿美元。这种增长趋势，为中国的绿色产品出口提供了巨大的市场空间。中国的绿色产品出口已经取得了显著的成果。以太阳能行业为例，中国是全球最大的太阳能电池板生产国和出口国。根据国际能源署的数据，2022 年，中国的太阳能电池板出口额达到了 463.78 亿美元，比前一年增长了 20%，占全球市场的 70%。同时，中国的风力发电设备、电动汽车等绿色产品的出口也在快速增长。同时，中国政府积极发挥政策的引导作用，推动绿色产品的出口。例如，中国政府提出了“一带一路”倡议，其中就包括推动绿色发展和可持续发展的目标。中国政府还设立了出口信贷和保险等贸易融资工具，为绿色产品出口提供了财政支持。然而，中国的绿色产品出口也面临一些挑战。首先，全球的绿色商品市场有着严格的环保和社会责任标准，中国的企业需要提高自己产品生产过程的环保水平，才能进入这些市场。其次，全球的绿色商品市场竞争激烈，中国的企业需要提高自己的技术创新和品牌建设能力，才能在全球市场中保持竞争力。综上所述，绿色产品的出口是中国可持续发展政策与国际贸易关系的重要体现。中国需要继续优化产业结构，提升绿色产品的竞争力，扩大绿色产品的出口，以适应全球市场的变化，推动可持续发展。

二是环保标准对出口的影响。可持续发展政策中的环保标准提高，不仅对中国本身的环境质量和公民健康产生了积极影响，同时也在某种程度上塑造了中国的出口商品结构和国际贸易模式。首先，环保标准的提高通常会增加企业的生产成本。为了满足更严格的环保标准，企业可能需要投资新的设备、采用更环保的原材料或对生产过程进行绿色化改造，这都会增加企业的生产成本。2018 年中国政府实施的“蓝天保卫战”政策，使得许多钢铁、化工等高排放行业的企业不得不升级改造设备、更换更清洁的生产工艺，这无疑增加了它们的生产成本，而这些增加的成本，可能会转嫁到产品价格上，影响其在国际市场的竞争力。其次，环保标准对出口产品的质量和品牌形象也有重要影响。当一家企业的产品能够满足严格的环保标准时，这不仅能提升产品的质量，也有助于提升企业的品牌形象，使其在国际市场中获得更好的口碑。例如中国家电企业海尔，在其产品设计和生产过程中，坚持严格遵守各国的环保标准，并积极推广环保理念，这使得海尔的产品在全球市场中赢得了广泛的认可。再次，环保标准也可能成为一种贸易壁垒。有些国家可能利用环保标准来保护国内的产业，对进口商品设置更高的环保标准，使得一些发展中国家的商品难以进入。然而，这种情况在 WTO 的规则下，是被严格限制的。最后，环保标准也有可能带来新的出口机会。随着全球环保意识的提高，绿色产品的市场需求正在快速增长。那些能够提前适应环保标准，提供高质量绿色产品的企业，可能会在国际市场中获得新的竞争优势。因此，环保标准对出口的影响是多方面的，包括对生产成本、产品质量、品牌形象、贸易壁垒和新的市场机会的影响。对于企业来说，如何适应环保标准，既保持竞争力，又能利用新的市场机会，是一项重要的战略选择。

三是可持续采购政策的影响。可持续采购政策在全球范围内越来越受到重视，其目的在于鼓励公共和私营部门优先购买对环境和社会影响较小的产品和服务。可持续采购政策鼓励在采购决策中考虑环境、社会和经济效益，推动了许多企业提升其产品和服务的可持续性，从而在国际贸易中占据优势。首先，可持续采购政策有助于推动绿色生产。中国政府已经投入大量资金用于环境保护和生态建设，其中包括了在政府采购领域的大量投入。2019 年全国节能环保产品采购方面：全国强制和优先采购节能、节水产品 633.7 亿元，占同类产品采购规模的 90%，全国优先采购环保产品 718.7 亿元，占同类产品采购规模的 88%。政府采购的环保产品和服务市场规模不断扩大，为环保产业的发展提供了巨大动力。另外，中国政府鼓励使用环保型建材、节能灯具等绿色产品，促进了绿色供应链的建设，推动了节能减排和环保产业的发展。此外，可持续采购政策也有助于企业履行社会责任。例如，一些可持续采购政策要求供应商在生产过程中遵守劳动权益保障规范，比如提供安全的工作环境，遵守最低工资制度等，这有助于推动供应商提高社会责任感。最后，可持续采购政策对于推动可持续消费也有着重要作用。《2022 年可持续公共采购全球评述》统计，公共采购规模约占 GDP 的 30%，这为推动可持续消费提供了巨大的市场机会。政府采购的示范效应和倡导作用促使企业和个人更加关注环保、节能等方面的产品和服务，加速了绿色消费的普及和推广。中国国家统计局数据显示，2021 年中国零售业增长率较前几年有所下降，而与此同时，环保、节能、绿色产品的销售额呈现出逐年增长的趋势。综上，可持续采购政策对于推动绿色生产、节约资源、减少污染、履行社会责任和推动可持续消费等方面都有着重要的影响。然而，如何有效实施这些政策，如何评价和监督供应商的环保行为，如何提高公众对于可持续消费的认知，都是需要进一步研究和探讨的问题。

四是提高资源效率的重要性。可持续发展政策，特别是提高资源效率的政策，会对一国国际贸易产生重要影响。这些政策主张通过提升生产和消费的效率，以更少的资源产生更多的商品和服务，提高产品在全球市场中的竞争力，进而推动经济发展。首先是提升产品竞争力。通过提高资源效率，可以降低生产成本，提升产品质量，从而提升中国产品在国际市场中的竞争力。例如，国家统计局数据显示，2019 年中国的能源效率提升了 2.6%，这意味着中国的企业在生产同样的产品时，需要消耗的能源减少了，从而降低了生产成本，提升了国际竞争力。中国钢铁工业协会数据显示，中国钢铁行业单位产值能耗 2019 年比 2018 年减少了 3.1%；中国的电子信息产品制造业在近年来通过引进新能源效率高的技术，大大降低了能耗，提高了产品质量和竞争力。其次是降低贸易壁垒。许多国家和地区，如欧盟、美国等，已经或正在通过立法，要求进口产品符合一定的资源效率标准。中国提高资源效率，有助于其产品满足这些市场的要求，从而降低贸易壁垒。以欧盟为例，欧盟对于电子和电气设备产品的 RoHS（Restriction of Hazardous Substances）指令规定了限制使用某些有害物质的标准。中国华为和小米等企业产品能够符合这个指令的要求，从而避免了贸易壁垒，产品得以在欧盟市场销售。最后是改变国际贸易结构。中国通过提高资源效率，正在从以前的“世界工厂”转变为“绿色工厂”。中国正积极加速推进产业转型进程，着力实现从资源密集型产品向资源轻型、环保型产品的转变，这也在改变着中国的出口结构和全球贸易格局。国际能源署的数据显示，2018 年中国的风力发电量达到 3660 亿千瓦时，超过美国成为全球第一，这体现了中国在风力发电设备制造方面的优势，也反映在中国在风力发电设备的出口上。

五是环保技术的转移。环保技术的转移是一种发达国家与发展中国家间的交流方式，涉及环境友好技术的开发、应用和推广。这对于推动全球可持续发展具有重要意义。中国作为世界上最大的发展中国家，其环保技术转移的政策对其国际贸易产生了重要影响。首先，环保技术的引进，通过提高中国企业的环保生产水平，提高了中国产品在国际市场中的竞争力。例如，在新能源汽车领域，2022 年，中国的新能源汽车销售量达到 688.7 万辆，占全球新能源汽车总销售量的近七成。这得益于中国积极引进并发展相关的环保技术，包括电池技术、驱动技术等。这使中国企业可以更有效地满足全球对环保产品的需求，增加了其产品的国际市场份额。其次，环保技术的输出，对中国的国际贸易结构产生了影响。中国不仅是环保技术的接受者，也是输出者。例如，在光伏产业方面，2022 年，中国的光伏装机容量为 87.41 吉瓦，其中集中式光伏电站 36.29 吉瓦，分布式光伏电站 51.11 吉瓦，累计光伏装机容量达 392 吉瓦。同时，中国的光伏产品出口额也达到了 512.5 亿美元，成为全球最大的光伏产品出口国。这不仅帮助中国扩大了出口，也促进了全球的绿色发展。此外，环保技术的转移还为中国企业提供了更多的发展机遇。例如，中国企业在海外建设风电、太阳能发电站等项目，不仅赚取了国际市场的利润，也提高了中国在国际绿色经济中的地位。中国商务部的数据显示，

2022 年，中国企业在海外的绿色投资达到了 50 亿美元，其中包括了许多环保技术的输出，如风电、太阳能发电等项目。例如，中国企业在巴基斯坦建设的“塔巴尔风电场”项目，就是利用中国的风力发电技术，帮助当地发展绿色能源。然而，环保技术转移也面临一些挑战，如技术标准、知识产权保护等问题，这需要中国在实施可持续发展政策时，与国际贸易伙伴进行更多的合作和协商，以实现共赢。

参 考 文 献

白玛卓嘎, 肖燚, 欧阳志云, 等. 2017. 甘孜藏族自治州生态系统生产总值核算研究. 生态学报, 37(19): 6302-6312.

白钰, 曾辉, 李贵才, 等. 2009. 基于宏观贸易调整方法的国家生态足迹模型. 生态学报, 29(9): 4827-4835.

蔡昉. 2017. 金德尔伯格陷阱还是伊斯特利悲剧? : 全球公共品及其提供方式和中国方案. 世界经济与政治, (10): 4-22.

蔡宏波, 韩金镕, 钟腾龙. 2022. 企业迁移的减排效应: 兼论“污染天堂假说”与“波特假说”. 经济学动态, (11): 90-106.

曹广伟. 2012. 世界经济秩序的历史变迁. 国际展望, (5): 72-84, 97, 144.

陈国进, 丁赛杰, 赵向琴, 等. 2021. 中国绿色金融政策、融资成本与企业绿色转型: 基于央行担保品政策视角. 金融研究, (12): 75-95.

陈建国, 张连众, 李慕菡. 2005. 世贸组织中的国际贸易与环境保护: 问题与展望. 国际贸易问题, (3): 56-58, 82.

陈经伟, 姜能鹏, 李欣. 2019. “绿色金融”的基本逻辑、最优边界与取向选择. 改革, (7): 119-131.

陈丽萍, 杨忠直. 2005. 中国进出口贸易中的生态足迹. 世界经济研究, (5): 8-11.

陈诗一. 2010. 工业二氧化碳的影子价格: 参数化和非参数化方法. 世界经济, 33(8): 93-111.

陈诗一, 许璐. 2022. “双碳” 目标下全球绿色价值链发展的路径研究. 北京大学学报(哲学社会科学版), 59(2): 5-12.

陈伟, 宋维明. 2016. 基于生态足迹的国际贸易比较优势变化: 以中国原木进口为例. 国际经贸探索, 32(8): 41-52.

陈晓, 车治辂. 2018. “一带一路” 倡议下中国与沿线国家新能源合作的基础、模式与机制. 新疆大学学报(哲学・人文社会科学版), 46(5):9-15.

陈醒, 徐晋涛. 2021. 化工企业污染物影子价格的估计: 基于参数化的方向性距离函数. 北京大学学报(自然科学版), 57(2): 341-350.

陈琰, 由黎, 赵淳, 等. 2010. 中国进出口贸易的生态足迹核算. 资源科学, 32(7): 1289-1295.

陈智莲, 高辉, 张志勇. 2018. 绿色金融发展与区域产业结构优化升级: 以西部地区为例. 西南金融, (11): 70-76.

程志刚. 2021. 林农复合生态系统模式与生态经济效益分析. 农业开发与装备, (6):70-71.

崔长彬, 王海南, 唐浩. 2011. 论“中国制造” 低碳经济之路: 碳排放权与碳汇林权价格形成机制的经济学分析. 价格理论与实践, (6): 79-80.

崔景华. 2011. 我国碳税制度要素设计研究. 财经理论与实践, 32(1): 69-72.

但斌, 刘飞. 2000. 绿色供应链及其体系结构研究. 中国机械工程, (11): 40-42, 4.

邓翔. 2012. 绿色金融研究述评. 中南财经政法大学学报, (6): 67-71.
都留重人. 1976. 经济学入门. 东京: 講談社.
杜莉, 丁志国, 李博. 2012. 产业结构调整升级: 碳金融交易机制的助推——基于欧盟数据的实证研究. 清华大学学报(哲学社会科学版), (5): 143-150, 161.
樊威. 2016. 英国碳市场执法监管机制对中国的启示. 科技管理研究, 36(17): 235-240.
冯文娟. 2014. 欧盟碳资产与能源资产的相关性及其风险对冲分析. 北京: 北京大学.
付强, 刘益. 2013. 基于技术创新的企业社会责任对绩效影响研究. 科学学研究, 31(3): 463-468.
傅京燕, 黄芬. 2016. 中国碳交易市场 CO_2 排放权地区间分配效率研究. 中国人口•资源与环境, 26(2): 1-9.
高建刚. 2012. 碳税征收对我国经济和碳减排的影响. 价格理论与实践, (3): 61-62.
高锦杰, 张伟伟. 2021. 绿色金融对我国产业结构生态化的影响研究: 基于系统 GMM 模型的实证检验. 经济纵横, (2): 105-115.
高敏雪. 2020. 生态系统生产总值的内涵、核算框架与实施条件: 统计视角下的设计与论证. 生态学报, 40(2): 402-415.
高敏雪, 刘茜, 黎煜坤. 2018. 在 SNA-SEEA-SEEA/EEA 链条上认识生态系统核算: 《实验性生态系统核算》文本解析与延伸讨论. 统计研究, 35(7): 3-15.
高萍. 2011. 开征碳税的必要性、路径选择与要素设计. 税务研究, (1): 50-54.
高晓龙, 林亦晴, 徐卫华, 等. 2020. 生态产品价值实现研究进展. 生态学报, 40(1): 24-33.
龚建文. 2009. 低碳经济: 中国的现实选择. 江西社会科学, 29(7): 27-33.
顾学明, 孙瑾, 卫平东. 2021. 我国绿色贸易融资发展的内涵、逻辑与前景. 国际贸易, (2): 4-11.
郭斌, 冯子芸. 2018. 动态博弈视角下绿色住宅激励模式优选研究. 生态经济, 34(1): 83-88.
郭晔, 房芳. 2021. 新型货币政策担保品框架的绿色效应. 金融研究, (1): 91-110.
国家发展和改革委员会. 2022. 生态产品总值核算规范. 北京: 人民出版社.
海小辉, 杨宝臣. 2014. 欧盟排放交易体系与化石能源市场动态关系研究. 资源科学, 36(7): 1442-1451.
韩剑, 刘瑞喜. 2022. 中国加入 CPTPP 参与全球环境经贸规则治理的策略研究. 国际贸易, (5): 31-39.
杭桂兰, 庄凌峰, 许静, 等. 2023. 鞋服石材产业固废综合利用产业共生绿色价值链提升策略: 以泉州市为例. 福建师范大学学报(自然科学版), 39(5): 10-17.
何宜庆, 文静, 袁莹莹. 2011. 中国碳税征收设计与资金使用模式研究. 经济研究导刊, (25): 13-15.
贺义雄. 2021. 海洋生态产品价值核算研究综述. 会计之友, (11): 99-105.
胡亮, 潘厉. 2007. 国际贸易、外国直接投资、经济增长对环境质量的影响: 基于环境库兹涅茨曲线研究的回顾与展望. 国际贸易问题, 298(10): 101-107.
胡悦莹. 2022. 基于绿色价值链的智能制造企业绩效评价研究: 以海尔智家为例. 济南: 山东财经大学.
黄金胜. 2015. 绿色银行发展的国际经验借鉴及其对我国的启示. 浙江金融, (10): 55-60.
金石. 2009. 浅谈“绿色建筑”. 资源与人居环境, (19): 79-80.

荆克迪. 2014. 中国碳交易市场的机制设计与国际比较研究. 天津: 南开大学.
亢娅丽. 2015. 影响我国能源消费总量增长的因素分析: 基于 LMDI 和 Granger 因果关系. 中国能源, 37(1): 14-20.
克鲁格曼 P R, 奥伯斯法尔德 M. 2021. 国际经济学：理论与政策. 11ed. 黄卫平译. 北京: 中国人民大学出版社.
李晗, 郝建锋. 2011. 中国农牧交错带研究进展. 安徽农业科学, 39(21): 12778-12781.
李嘉会. 2023. 欧盟碳边境调节机制研究. 大连：大连海事大学.
李剑泉, 田康, 陈绍志. 2016. 国际贸易生态足迹评估方法研究进展. 世界农业, (5): 41-47.
李明, 李干滨. 2017. 基于生态环境效益补偿的绿色建筑激励机制研究. 科技进步与对策, 34(9): 136-140.
李朋林, 叶静童. 2019. 绿色金融：发展逻辑、演进路径与中国实践. 西南金融, (10): 81-89.
李奇伟. 2015. 中国碳排放权交易试点履约期的市场特征与政策启示. 中国科技论坛, (5): 128-134.
李淑霞. 2012. 碳税的效率与公平目标的协调性研究. 求是学刊, 39(5): 44-50.
李素荣. 2022. 碳排放权的法律属性分析: 兼论碳排放权与碳排放配额的关系. 南方金融, (3): 91-99.
李维安, 李勇建, 石丹. 2016. 供应链治理理论研究: 概念、内涵与规范性分析框架. 南开管理评论, 19(1): 4-15.
李伟, 张希良, 周剑, 等. 2008. 关于碳税问题的研究. 税务研究, (3): 20-22.
李卫兵. 2012. 自由贸易及跨界污染背景下的国际环境政策协调. 国际贸易问题, (3): 108-114.
李晓依, 许英明, 肖新艳, 等. 2023. 绿色贸易发展: 国际格局、中国趋势和未来方向.国际贸易, (4): 40-50.
李昭华, 汪凌志. 2012. 中国对外贸易自然资本流向及其影响因素: 基于 I-O 模型的生态足迹分析. 中国工业经济, (7): 31-43.
李真. 2021. 全球价值链下中国绿色贸易利益评估研究. 上海: 上海财经大学出版社.
梁喜, 付阳. 2021. 政府动态奖惩机制下绿色建筑供给侧演化博弈研究. 中国管理科学, 29(2): 184-194.
梁玉莲, 黄燕媚, 韩明臣, 等. 2023. 生态产品价值核算研究综述与实践探索. 中国国土资源经济, 36(12): 18-24, 34.
林灿铃, 吴汶燕. 2018. 国际环境法. 北京: 科学出版社.
林木西, 肖宇博. 2023. 绿色金融促进经济高质量发展的测度及其作用机制研究. 当代经济科学, 45(3): 101-113.
林寿富, 苏也夫. 2017. 城市群生态经济系统的协同进化关系、阶段及模式.西安财经学院学报, 30(2): 23-29.
刘斌, 赵飞. 2021. 欧盟碳边境调节机制对中国出口的影响与对策建议. 清华大学学报(哲学社会科学版), 36(6): 185-194.
刘传江, 李雪. 2001. 西方产业组织理论的形成与发展. 经济评论, (6): 104-106, 110.
刘光复, 刘学平, 刘志峰. 2000. 绿色设计的体系结构及实施策略. 中国机械工程, 11(9):

965-968.

刘华军, 张一辰. 2023. 新时代10年中国绿色金融发展之路: 历程回顾、成效评估与路径展望. 中国软科学, (12): 16-27.

刘佳, 刘伊生, 施颖. 2016. 基于演化博弈的绿色建筑规模化发展激励与约束机制研究. 科技管理研究, 36(4): 239-243, 257.

刘建伟. 2011. 1991—2008年中国贸易生态足迹的动态测度与分析. 重庆大学学报(社会科学版), 17(3): 53-57.

刘敬东. 2014. WTO中的贸易与环境问题. 北京: 社会科学文献出版社.

刘婧宇, 夏炎, 林师模, 等. 2015. 基于金融CGE模型的中国绿色信贷政策短中长期影响分析. 中国管理科学, 23(4): 46-52.

刘兰勇, 王涛, 吴筠. 2023. 绿色金融促进出口企业高质量发展的作用路径及制约因素. 国际贸易, (9): 75-86.

刘雁南. 2022. 绿色能源开发与高质量发展建议探讨. 西部财会, (10): 78-80.

刘尧飞, 沈杰. 2020. 双循环格局下的供应链价值链绿色化转型研究. 青海社会科学, (6): 47-53.

刘振荣, 张文静, 司传宁. 2023. 绿色金融发展与居民消费潜力释放: 基于2014—2020年我国省级层面面板数据的实证分析. 新疆财经大学学报, (4): 28-40.

刘志峰, 刘光复. 1997. 绿色产品与绿色设计.机械计, (12): 2-4, 10, 45-46.

刘志颐. 2013. 内蒙古农牧交错带化德县生态经济模式研究. 北京: 中央民族大学.

龙凤, 董战峰, 毕粉粉, 等. 2022. 欧盟碳边境调节机制的影响与应对分析. 中国环境管理, 14(2): 43-48.

罗发友, 刘友金. 2004. 技术创新群落形成与演化的行为生态学研究. 科学学研究, 22(1): 99-103.

吕延方, 王冬. 2023. 价值链攀升、数字赋能与绿色发展. 北京: 中国社会科学出版社.

马国霞, 於方, 王金南, 等. 2017. 中国2015年陆地生态系统生产总值核算研究.中国环境科学, 37(4): 1474-1482.

马海涛, 白彦锋. 2010. 我国征收碳税的政策效应与税制设计. 地方财政研究, (9): 19-24.

马骏. 2015. 论构建中国绿色金融体系. 金融论坛, 20(5): 18-27.

马艳艳, 王诗苑, 孙玉涛. 2013. 基于供求关系的中国碳交易价格决定机制研究. 大连理工大学学报(社会科学版), 34(3): 42-46.

马茵. 2021. 绿色供应链治理模式研究. 物流工程与管理, 43(2): 59-60, 31.

麦均洪, 徐枫. 2015. 基于联合分析的我国绿色金融影响因素研究. 宏观经济研究, (5): 23-37.

牛晓帆. 2004. 西方产业组织理论的演化与新发展. 经济研究, 39(3): 116-123.

欧阳志云, 靳乐山. 2017. 面向生态补偿的生态系统生产总值(GEP)和生态资产核算. 31版. 北京: 科学出版社.

欧阳志云, 肖燚, 朱春全, 等. 2017. 生态系统生产总值(GEP)核算理论与方法. 北京: 科学出版社.

欧阳志云, 朱春全, 杨广斌, 等. 2013. 生态系统生产总值核算: 概念、核算方法与案例研究.生态学报, 33(2): 6747-6761.

裴长洪. 2014. 全球经济治理、公共品与中国扩大开放. 经济研究, 49(3): 4-19.
彭青, 余兆瑜. 2010. 绿色经济背景下的投资新热点: 绿色能源. 现代商贸工业, 22(13): 37-38.
朴英爱. 2010. 低碳经济与碳排放权交易制度. 吉林大学社会科学学报, 50(3): 153-158.
綦建红, 马雯嘉, 赵雨婷, 等. 2019. 全球绿色能源投资网络的演化特征与节点分析. 金融发展研究, (4): 14-21.
秦亚青. 1998. 国际制度与国际合作: 反思新自由制度主义. 外交学院学报, (1): 41-48.
屈满学. 2023. 欧盟碳边境调节机制及其对我国经济和贸易的影响. 西北师大学报(社会科学版), 60 (5): 105-113.
石敏俊, 袁永娜, 周晟吕, 等. 2013. 碳减排政策：碳税、碳交易还是两者兼之？. 管理科学学报, 16(9): 9-19.
石晓月. 2023. 环境咨询服务中现存问题及改善路径. 皮革制作与环保科技, 4(6): 191-193.
史代敏, 施晓燕. 2022. 绿色金融与经济高质量发展：机理、特征与实证研究. 统计研究, (1): 31-48.
束兰根, 顾蔚. 2020. 绿色金融基础读本. 南京: 南京大学出版社.
宋鑫. 2016. 我国绿色信贷传导路径的一般均衡实证研究. 金融监管研究, (5): 87-97.
苏东水. 2010. 产业经济学. 3 版. 北京: 高等教育出版社.
苏冬蔚, 连莉莉. 2018. 绿色信贷是否影响重污染企业的投融资行为?. 金融研究, (12): 123-137.
苏建兰, 郭苗苗. 2015. 中国碳交易市场发展现状、问题及其对策. 林业经济, 37(1): 110-115.
苏明, 傅志华, 许文. 2009. 中国碳税税制框架设计研究. 财政研究, (9): 2-11.
孙瑾, 丁冉, 李传仁. 2019. 我国绿色贸易融资的发展. 新理财(政府理财), (6): 23-25.
孙玉琴. 2012. 大萧条时期美国贸易政策与中美贸易. 美国研究, 26(1):113-123, 5-6.
谭会萍, 田森. 2005. 环境与贸易: 可持续发展中的博弈与融合. 经济问题探索, (8): 98-100.
陶彧佶. 2022. 环境咨询服务在环境保护中的应用研究. 清洗世界, 38(10): 196-198.
田萃, 韩传峰, 杨竹山, 等. 2018. 国际经济治理机制对中国贸易水平影响: 国际公共产品视角. 中国软科学, (10): 158-167.
田明华, 高秋杰, 吴红梅. 2011. 贸易与环境问题研究的新领域. 商业研究, (7): 156-160.
屠新泉, 金兴雪, 秦若冰. 2023. 欧盟碳边境调节机制及贸易影响分析. 东南学术, (5): 67-76.
汪洪. 2001. WTO 如何在贸易与环境中寻求平衡: 论环境保护与贸易自由的冲突及其解决思路. 求索, (6): 32-34.
汪中华, 胡垚. 2019. 基于影子价格模型的我国碳排放权交易市场价格扭曲度测算. 生态经济, 35(5): 13-20.
王金南, 於方, 马国霞, 等. 2019. 中国经济生态生产总值核算报告(2017). 北京: 中国环境科学出版社.
王俊, 徐明, 梁洋华. 2020. FTA 环境保护条款会制约污染产品进出口贸易吗: 基于产品层面数据的实证研究. 国际经贸探索, 36(9): 103-118.
王立和, 王国聘. 2007. 贸易与环境关系问题研究综述. 世界经济与政治论坛, (1): 57-63.
王丽萍, 夏文静. 2018. 生态足迹的国内外研究进展. 经济研究参考, (1): 56-68.
王文举, 范允奇. 2012. 碳税对区域能源消费、经济增长和收入分配影响实证研究. 长江流域资源与环境, 21(4): 442-447.
王馨, 王营. 2021. 绿色信贷政策增进绿色创新研究. 管理世界, 37(6): 173-188.
王亚京. 2009. 绿色建筑系列之一. 环境教育, (10): 64-66.
王勇, 秦书静, 孙雅文. 2023. 生态系统核算的发展历程、国际标准及国家经验: 以联合国官方文本的演进与实施为主线. 统计研究, 40(7): 148-160.
魏庆坡, 2015. 碳交易与碳税兼容性分析: 兼论中国减排路径选择. 中国人口·资源与环境, 25(5): 35-43.
文书洋, 刘浩, 王慧. 2022. 绿色金融、绿色创新与经济高质量发展. 金融研究, (8): 1-17.
吴笛, 程锋. 2020. 绿色贸易融资发展趋势与建议. 中国金融, (16): 93-94.
吴汉洪. 2019. 西方产业组织理论在中国的引进及相关评论. 政治经济学评论, 10(1): 3-21.
吴文浩, 李明, 赖小东, 等. 2016. 供给侧改革视角下绿色建筑推进机制研究. 科技进步与对策, 33(16): 124-128.
武力超, 王锐, 方心怡, 等. 2022. 绿色信贷政策与出口企业绿色技术创新. 研究与发展管理, 34(4): 66-80.
鲜祖德, 巴运红, 成金璟. 2021. 联合国2030年可持续发展目标指标及其政策关联研究. 统计研究, 38(1): 4-14.
肖序, 曾辉祥. 2017. 可持续供应链管理与循环经济能力: 基于制度压力视角. 系统工程理论与实践, 37(7): 1793-1804.
熊德国, 鲜学福, 姜永东. 2003. 生态足迹理论在区域可持续发展评价中的应用及改进. 地理科学进展, 22(6): 618-626.
熊灵, 齐绍洲, 沈波. 2016. 中国碳交易试点配额分配的机制特征、设计问题与改进对策. 武汉大学学报(哲学社会科学版), 69(3): 56-64.
熊玉娟. 2005. 环境与贸易的协调发展. 经济师, (5): 86-87.
徐晓勇, 雷冬梅, 梅桂飞. 2012. 生态服务贸易及其测度方法初探. 资源开发与市场, 28(11): 986-989.
徐昕, 吴金昌. 2023. 欧盟碳边境调节机制的实质、影响及中国因应: 基于全球气候治理与国际贸易双重视角. 国际贸易, (4): 51-59.
许晖, 邓伟升, 冯永春, 等. 2017. 品牌生态圈成长路径及其机理研究: 云南白药1999—2015年纵向案例研究. 管理世界, (6): 122-140.
许明. 2022. RCEP生效的出口贸易红利及美欧征收碳关税的应对. 亚太经济, (4): 54-61.
许统生, 蒋玉莲. 2023. 区域贸易协定环境条款深度对出口的影响: 来自“一带一路”沿线国家的证据. 中国人口·资源与环境, 33(5): 1-15.
薛钢. 2010. 我国碳税设计中的政策目标协调问题研究. 中国软科学, (10): 23-27, 103.
杨开忠, 杨咏, 陈洁. 2000. 生态足迹分析理论与方法. 地球科学进展, 15(6): 630-636.
杨曦, 彭水军. 2017. 碳关税可以有效解决碳泄漏和竞争力问题吗?: 基于异质性企业贸易模型的分析. 经济研究, 52(5): 60-74.
杨晓冬, 武永祥. 2017. 绿色住宅选择行为的因素分析及关系研究. 中国软科学, (1): 175-182.
姚战琪, 夏杰长. 2023. 绿色金融政策与绿色消费发展: 基于绿色金融改革创新试验区与合成控制法. 中国流通经济, 37(8): 101-115.
叶靓俏, 尹彩春, 赵文武. 2023. 基于 Web of Science 的联合国可持续发展目标研究文献计量分析. 生态学报, (24):1-11.
易寒洲. 2002. 论绿色贸易与多边贸易规则. 现代国际关系, (7): 56-60, 39.
殷剑峰, 王增武. 2016. 中国的绿色金融之路. 经济社会体制比较, (6): 43-50.
尹科, 王如松, 周传斌, 等. 2012. 国内外生态效率核算方法及其应用研究述评. 生态学报, 32(11): 3595-3605.
于立宏, 孔令丞. 2017. 产业经济学. 北京: 北京大学出版社.
于同申, 张欣潮, 马玉荣. 2010. 中国构建碳交易市场的必要性及发展战略. 社会科学辑刊, (2): 90-94.
俞岚. 2016. 绿色金融发展与创新研究. 经济问题, (1): 78-81.
曾佳. 2015. 中国碳排放权交易制度相关问题研究. 长春: 吉林大学.
曾诗鸿, 刘琦. 2011. 国外碳金融市场发展研究. 生产力研究, (11): 196-200.
詹诗渊. 2023. 碳排放权市场的规范性构建. 中国人口 • 资源与环境, 33(8): 62-68.
张琛哲. 2023. 新时代我国国际贸易经济的生态化战略路径研究. 商场现代化, (6): 65-67.
张帆, 李佐军. 2012. 中国碳交易管理体制的总体框架设计. 中国人口 • 资源与环境, 22(9): 20-25.
张建国, 谷立静. 2012. 我国绿色建筑发展现状、挑战及政策建议. 中国能源, 34(12): 19-24.
张景华. 2013. 碳税的就业“双重红利”效应研究. 生态经济, (7): 47-50.
张林波, 陈鑫, 梁田, 等. 2023. 我国生态产品价值核算的研究进展、问题与展望. 环境科学研究, 36(4): 744-756.
张林波, 虞慧怡, 郝超志, 等. 2021. 生态产品概念再定义及其内涵辨析. 环境科学研究, 34(3): 655-660.
张宁, 张维洁. 2019. 中国用能权交易可以获得经济红利与节能减排的双赢吗?. 经济研究, 54(1): 165-181.
张诗懿, 任育锋, 王玉庭, 等. 2023. 德国乡村内生型发展战略及对中国乡村土地规划建设与管理的启示. 世界农业, (3): 48-58.
张贤. 2023. 欧盟碳边境调节机制对江苏的影响及应对建议. 阅江学刊, 15(3): 57-66.
张学勤, 陈成忠. 2010. 中国国际贸易及其生态影响的动态分析. 河北师范大学学报(自然科学版), 34(5): 601-608.
张跃军, 魏一鸣. 2010. 化石能源市场对国际碳市场的动态影响实证研究. 管理评论, 22(6): 34-41.
张志强, 徐中民, 程国栋, 等. 2001. 中国西部 12 省(区市)的生态足迹. 地理学报, 56(5): 599-610.
张志新, 李亚. 2011. 征收碳税对中国经济增长与行业发展的影响. 中南财经政法大学学报, (6): 44-49, 143.
赵驰, 戴阳晨. 2021. 绿色贸易壁垒抑制了发展中国家的产业安全吗?：中国制造业产业的视角. 经济问题探索, (12): 83-103.

赵维田. 2001. WTO 案例研究:1998 年海龟案. 环球法律评论, (2): 144-157.
赵玉林, 汪芳. 2020. 产业经济学: 原理及案例. 5 版. 北京: 中国人民大学出版社.
赵忠秀, 王苒, 闫云凤. 2013. 贸易隐含碳与污染天堂假说: 环境库兹涅茨曲线成因的再解释. 国际贸易问题, 367(7): 93-101.
郑玲丽. 2021. 环境与贸易: CPTPP 环境章节解读及我国法律对策研究. 北京: 人民出版社.
郑世刚, 张兆旺, 朱剑锋, 等. 2012. 绿色建筑相关利益群体博弈分析: 基于绿色建筑价值链视角. 科技进步与对策, 29(18): 143-146.
郑艳婷, 徐利刚. 2012. 发达国家推动绿色能源发展的历程及启示. 资源科学, 34(10): 1855-1863.
钟小剑, 黄晓伟, 范跃新, 等. 2017. 中国碳交易市场的特征、动力机制与趋势: 基于国际经验比较. 生态学报, 37(1): 331-340.
周楠, 邱波, 赵良, 等. 2022. 欧盟碳边境调节机制影响分析. 中国财政, (13): 80-81.
周伟, 沈镭, 钟帅, 等. 2021. 生态产品价值实现的系统边界及路径研究. 资源与产业, 23(4): 94-104.
周肖肖, 贾梦雨, 赵鑫. 2023. 绿色金融助推企业绿色技术创新的演化博弈动态分析和实证研究. 中国工业经济, (6): 43-61.
周新苗, 刘慧宏, 唐绍祥, 等. 2021. 不同驱动机制下绿色金融发展的宏观经济效应研究. 中国软科学, (12): 31-40.
朱庆华. 2021. 绿色供应链治理与价值创造. 北京: 机械工业出版社.
朱雅珣, 邓晓飞. 2013. 碳税政策的经济效应:“双重红利假设”在广东的实证检验. 贵州财经大学学报, (6): 34-41.
朱永彬, 刘晓, 王铮. 2010. 碳税政策的减排效果及其对我国经济的影响分析.中国软科学, (4): 1-9, 87.
Abman R, Lundberg C. 2020. Does free trade increase deforestation? The effects of regional trade agreements. Journal of the Association of Environmental and Resource Economists, 7(1): 35-72.
Ackerberg D A, Caves K, Frazer, G. 2015. Identification properties of recent production function estimators. Econometrica, 83(6): 2411-2451.
Adedoyin F F, Alola A A, Bekun F V. 2020. An assessment of environmental sustainability corridor: the role of economic expansion and research and development in EU countries. Science of the Total Environment, 713: 136726.
Alberola E, Chevallier J, Chèze B. 2008. Price drivers and structural breaks in European carbon prices 2005–2007. Energy Policy, 36(2): 787-797.
Antonakakis N, Chatziantoniou I, Filis G. 2017. Energy consumption, CO_2 emissions, and economic growth: an ethical dilemma. Renewable and Sustainable Energy Reviews, 68: 808-824.
Antweiler W, Copeland B R, Taylor M S. 2001. Is Free Trade Good for the Environment? American Economic Review, 91(4): 877-908.
Baghdadi L, Martinez-Zarzoso I, Zitouna H. 2013. Are RTA agreements with environmental provisions reducing emissions?. Journal of International Economics, 90(2): 378-390.

Barrows G, Ollivier H. 2021. Foreign demand, developing country exports, and CO_2 emissions: firm-level evidence from India. Journal of Development Economics, 149: 102587.

Baumol W J, Oates W E. 1971. The use of standards and prices for protection of the environment. The Swedish Journal of Economics, 73(1): 42-54.

Baumol W J, Oates W E. 1988. The Theory of Environmental Policy. 2nd ed. Cambridge: Cambridge University Press.

Brandi C, Schwab J, Berger A, et al. 2020. Do environmental provisions in trade agreements make exports from developing countries greener?. World Development, 129: 104899.

Bricknell K B, Ball R J, Cullen R, et al. 1998. New methodology for the ecological footprint with an application to the New Zealand economy. Ecological Economics, 27(2): 149-160.

Bryner G C. 2004. Carbon markets: reducing greenhouse gas emissions through emissions trading. Tulane Environmental Law Journal, 17(2): 267-299.

Caliendo L, Parro F. 2015. Estimates of the trade and welfare effects of NAFTA. The Review of Economic Studies, 82(1): 1-44.

Caron J, Fally T. 2022. Per capita income, consumption patterns, and CO_2 emissions. Journal of the Association of Environmental and Resource Economists, 9(2): 235-271.

Chang J, Cheng Y, Peng S. 2022. Trade, emissions, and regulatory (non-)compliance: implications of firm heterogeneity. Review of International Economics, 30(1): 57-82.

Cherniwchan J. 2017. Trade liberalization and the environment: evidence from NAFTA and U.S. manufacturing. Journal of International Economics, 105: 130-149.

Chevallier J, Goutte S, Ji Q, et al. 2021. Green finance and the restructuring of the oil-gas-coal business model under carbon asset stranding constraints. Energy Policy, 149: 112055.

Chiara S. 2016. The EU ETS and the European industry competitiveness. European Energy & Climate Journal, 6(3): 34-44.

Coase R H. 1937. The nature of the firm. Economica, 4 (11): 386-405.

Coase R H. 1960. The problem of social cost. Journal of Law and Economics, 3: 1-44.

Cohen C, Pearlmutter D, Schwartz M. 2017. A game theory-based assessment of the implementation of green building in Israel. Building and Environment, 125: 122-128.

Cole M A, Elliott R J R, Zhang L Y. 2017. Foreign direct investment and the environment. Annual Review of Environment and Resources, 42: 465-487.

Copeland B R, Shapiro J S, Taylor M S. 2021. Chapter 2 - globalization and the environment. NBER Working Paper.

Copeland B R, Taylor M S. 1994. North-south trade and the environment. The Quarterly Journal of Economics, 109(3): 755-787.

Copeland B R, Taylor M S. 1999. Trade, spatial separation, and the environment. Journal of International Economics, 47(1): 137-168.

Cristea A, Hummels D, Puzzello L, et al. 2013. Trade and the greenhouse gas emissions from international freight transport. Journal of Environmental Economics and Management, 65(1):

153-173.

Cui J, Lapan H, Moschini G C. 2016. Productivity, export, and environmental performance: air pollutants in the United States. American Journal of Agricultural Economics, 98(2): 447-467.

Dales J H. 1970. Pollution, Property and Prices: An Essay in Policy-making and Economics. Toronto: University of Toronto Press, 18-22.

Díaz S, Demissew S, Carabias J, et al. 2015. The IPBES Conceptual Framework—connecting nature and people. Current Opinion in Environmental Sustainability, 14: 1-16.

Dietzenbacher E, Mukhopadhyay K. 2007. An empirical examination of the pollution haven hypothesis for India: towards a green leontief paradox?. Environmental and Resource Economics, 36(4): 427-449.

Du L M, Hanley A, Wei C. 2015. Marginal abatement costs of carbon dioxide emissions in China: a parametric analysis. Environmental and Resource Economics, 61(2): 191-216.

Egger H, Kreickemeier U, Richter P M. 2021. Environmental policy and firm selection in the open economy. Journal of the Association of Environmental and Resource Economists, 8(4): 655-690.

Emilie A, Julien C, Benot C. 2007. European carbon price fundamentals in 2005-2007: the effects of energy markets, temperatures and sectorial production. Economic Working Paper No. 33.

Erb K H. 2004. Actual land demand of Austria 1926–2000: a variation on ecological footprint assessments. Land Use Policy, 21(3): 247-259.

Färe R, Grosskopf S, Lovell C A K, et al. 1989. Multilateral productivity comparisons when some outputs are undesirable: a nonparametric approach. Review of Economics and Statistics, 71: 90-98.

Färe R, Grosskopf S, Lovell C A K, et al. 1993. Derivation of shadow prices for undesirable outputs: a distance function approach. The Review of Economics and Statistics, 75(2): 374-380.

Färe R, Grosskopf S, Pasurka C A. 2007. Environmental production functions and environmental directional distance functions. Energy, 32(7): 1055-1066.

Farooque M, Zhang A, Thürer M, et al. 2019. Circular supply chain management: A definition and structured literature review. Journal of Cleaner Production, (228): 882-900.

Fezzi C, Bunn D W. 2009. Structural interaction of european carbon trading and energy prices. The Journal of Energy Markets, 2(4): 53-69.

Forslid R, Okubo T, Sanctuary M. 2017. Trade liberalization, transboundary pollution, and market size. Journal of the Association of Environmental and Resource Economists, 4(3): 927-957.

Forslid R, Okubo T, Ulltveit-Moe K H. 2018. Why are firms that export cleaner? International trade, abatement and environmental emissions. Journal of Environmental Economics and Management, 91: 166-183.

Geoffrey B, Ollivier H. 2018. Cleaner firms or cleaner products? How product mix shapes emission intensity from manufacturing. Journal of Environmental Economics and Management, 88: 134-158.

Goulder L H. 1992. Carbon tax design and U.S. industry performance. Tax Policy and the Economy,

6: 59-104.

Grossman G M, Krueger A B. 1991. Environmental impacts of a north American free trade agreement. NBER Working Papers No. W3914.

Hailu A, Veeman T S. 2000. Environmentally sensitive productivity analysis of the Canadian pulp and paper industry, 1959-1994: an input distance function approach. Journal of Environmental Economics and Management, 40(3): 251-274.

Hammoudeh S, Nguyen D K, Sousa R M. 2014. What explain the short-term dynamics of the prices of CO_2 emissions?. Energy Economics, 46: 122-135.

Hao Y, Tian C S, Wu C Y. 2020. Modelling of carbon price in two real carbon trading markets. Journal of Cleaner Production, 244: 118556.

Holladay J S. 2016. Exporters and the environment. The Canadian Journal of Economics/Revue canadienne d'Economique, 49(1): 147-172.

Hu Y J, Li X Y, Tang B J. 2017. Assessing the operational performance and maturity of the carbon trading pilot program: the case study of Beijing's carbon market. Journal of Cleaner Production, 161: 1263-1274.

JaffeA A B, Palmer K. 1997. Environmental regulation and innovation: a panel data study. Review of Economics and Statistics, 79(4): 610-619.

Keppler J H, Mansanet-Bataller M. 2010. Causalities between CO_2, electricity, and other energy variables during phase I and phase II of the EU ETS. Energy Policy, 38(7): 3329-3341.

Kindleberger C P. 1986. International public goods without international government. American Economic Review, (1): 1-13.

Kissinger M, Gottlieb D. 2010. Place oriented ecological footprint analysis—The case of Israel's grain supply. Ecological Economics, 69(8): 1639-1645.

Kissinger M, Gottlieb D. 2012. From global to place oriented hectares—The case of Israel's wheat ecological footprint and its implications for sustainable resource supply. Ecological Indicators, 16: 51-57.

Kreickemeier U, Richter P M. 2014. Trade and the environment: the role of firm heterogeneity. Review of International Economics, 22(2): 209-225.

Lai P H, Du M Z, Wang B, et al. 2016. Assessment and decomposition of total factor energy efficiency: an evidence based on energy shadow price in China . Sustainability, 8(5): 408.

Lee M. 2011. Potential cost savings from internal/external CO_2 emissions trading in the Korean electric power industry. Energy Policy, 39(10): 6162-6167.

Lee M, Zhang N. 2012. Technical efficiency, shadow price of carbon dioxide emissions, and substitutability for energy in the Chinese manufacturing industries. Energy Economics, 34(5): 1492-1497.

Lee T C, Chang Y T, Lee P T W. 2013. Economy-wide impact analysis of a carbon tax on international container shipping. Transportation Research Part A: Policy and Practice, 58: 87-102.

Levinson A, Taylor M S. 2008. Unmasking the pollution haven effect. International Economic Review, 49(1): 223-254.

Liu L W, Chen C X, Zhao Y F, et al. 2015. China's carbon-emissions trading: overview, challenges and future. Renewable and Sustainable Energy Reviews, 49: 254-266.

Liu R Y, Wang D Q, Zhang L, et al. 2019. Can green financial development promote regional ecological efficiency? A case study of China. Natural Hazards, 95(1): 325-341.

Manolis E N, Manoli E N. 2021. Raising awareness of the sustainable development goals through ecological projects in higher education. Journal of Cleaner Production, 279: 123614.

Mansanet-Bataller M, Pardo A, Valor E. 2007. CO_2 prices, energy and weather. The Energy Journal, 28(3): 73-92.

Matisoff D C, Noonan D S, Flowers M E. 2016. Policy monitor—Green buildings: economics and policies. Review of Environmental Economics and Policy, 10(2): 329-346.

McWilliams A, Siegel D S, Wright P M. 2006. Corporate social responsibility: strategic implications. Journal of Management Studies, 43(1): 1-18.

Melitz M J. 2003. The impact of trade on intra-industry reallocations and aggregate industry Productivity. Econometrica, 71: 1695-1725.

Melitz M J, Ottaviano G I P. 2008. Market size, trade, and productivity. The Review of Economic Studies, 75(1): 295-316.

Moran D, Wood R. 2014. Convergence between the Eora, WIOD, EXIOBASE, and OpenEU's consumption-based carbon accounts. Economic Systems Research, 26(3): 245-261.

Mortensen B O G. 2004. The EU emission trading directive. European Energy and Environmental Law Review, 13(10): 275-284.

Muller F, Hoerner J A. 1994. Greening state energy taxes: carbon taxes for revenue and the environment. Pace Environmental Law Review, 12(1): 5-60.

Mundaca G, Strand J, Young I R. 2021. Carbon pricing of international transport fuels: impacts on carbon emissions and trade activity. Journal of Environmental Economics and Management, 110: 102517.

Nguyen D D, Ongena S, Qi S S, et al. 2022. Climate change risk and the cost of mortgage credit. Review of Finance, 26(6): 1509-1549.

Nguyen H X, Yamamoto R. 2007. Modification of ecological footprint evaluation method to include non-renewable resource consumption using thermodynamic approach. Resources, Conservation and Recycling, 51(4): 870-884.

Olubunmi O A, Xia P B, Skitmore M. 2016. Green building incentives: a review. Renewable and Sustainable Energy Reviews, 59: 1611-1621.

Panayotou T. 1993. Empirical tests and policy analysis of environmental degradation at different stages of economic development. Working Paper for Technology and Employment Programme, International Labor Office, Geneva.

Pearce D. 1991. The Role of Carbon Taxes in Adjusting to Global Warming. The Economic Journal, 101(407): 938-948.

Peters G P, Minx J C, Weber C L, et al. 2011. Growth in emission transfers via international trade from 1990 to 2008. PNAS, 108(21): 8903-8908.

Pittman R W. 1983. Multilateral productivity comparisons with undesirable outputs. The Economic Journal, 93(372): 883-891.

Porter M E. 1991. America's green strategy. Scientific American, 264(4): 168.

Porter M E, Kramer M R. 2011. Creating shared value. Harvard Business Review, 89(1/2): 62-77.

Porter M E, Linde C. 1995. Toward a new conception of the environment-competitiveness relationship. Journal of Economic Perspectives, 9(4): 97-118.

Provan K G, Kenis P. 2008. Modes of network governance: structure, management, and effectiveness. Journal of Public Administration Research and Theory, 18(2): 229-252.

Qian Q K, Fan K, Chan E H W. 2016. Regulatory incentives for green buildings: gross floor area concessions. Building Research and Information, (44): 675-693.

Reyes O, Gilbertson T. 2010. Carbon trading: how it works and why it fails. Soundings, 45(45): 89-100.

Richter P M, Runkel M, Schmidt R C. 2021. Strategic environmental policy and the mobility of firms. Journal of the Association of Environmental and Resource Economists, 8(5): 863-893.

Richter P M, Schiersch A. 2017. CO_2 emission intensity and exporting: evidence from firm-level data. European Economic Review, 98: 373-391.

Rodrigue J, Sheng D, Tan Y. 2022. The curious case of the missing Chinese emissions. Journal of the Association of Environmental and Resource Economists, 9(4): 755-805.

Scott M F G. 1975. Intra-industry trade: the theory and measurement of international trade in differentiated products. Economics Business, 85(339): 646-648.

Shafik N, Bandyopadhyay S. 1992. Economic growth and environmental quality: time series and cross-country evidence. World Bank Policy Research Working Paper, WPS904.

Shapiro J S. 2016. Trade costs, CO_2, and the environment. American Economic Journal: Economic Policy, 8(4): 220-254.

Shapiro J S, Walker R. 2018. Why is pollution from U.S. manufacturing declining? The roles of environmental regulation, productivity, and trade. American Economic Review, 108(12): 3814-3854.

Sheng Y, Shi X P, Su B. 2018. Re-analyzing the economic impact of a global bunker emissions charge. Energy Economics, 74: 107-119.

Siche J R, Agostinho F, Ortega E, et al. 2008. Sustainability of nations by indices: comparative study between environmental sustainability index, ecological footprint and the energy performance indices. Ecological Economics, 66(4): 628-637.

Siebert H. 1977. Environmental quality and the gains from trade. Kyklos, 30(4): 657-673.

Söderbaum P. 1999. Values, ideology and politics in ecological economics. Ecological Economics, 28(2): 161-170.

Tan X P, Wang X Y. 2017. The market performance of carbon trading in China: a theoretical framework of structure-conduct-performance. Journal of Cleaner Production, 159: 410-424.

Tukker A, Bulavskaya T, Giljum S, et al. 2016. Environmental and resource footprints in a global context: Europe's structural deficit in resource endowments. Global Environmental Change, 40: 171-181.

Tukker A, Giljum S, Wood R. 2018. Recent progress in assessment of resource efficiency and environmental impacts embodied in trade: an introduction to this special issue: recent progress in assessment of embodied impacts. Journal of Industrial Ecology, 22(3): 489-501.

van der Ploeg F, Rezai A. 2020. The risk of policy tipping and stranded carbon assets. Journal of Environmental Economics and Management, 100: 102258.

van der Ryn S, Cowan S. 1996. Ecological Design. Washington: Island Press.

Vurro C, Russo A, Perrini F. 2009. Shaping sustainable value chains: network determinants of supply chain governance models. Journal of Business Ethics, 90(4): 607-621.

Wackernagel M. 2009. Methodological advancements in footprint analysis. Ecological Economics, (68): 1925-l927.

Wackernagel M, Onisto L, Bello P, et al. 1999. National natural capital accounting with the ecological footprint concept. Ecological Economics, 29(3): 375-390.

Wackernagel M, Rees W E. 1996. Our Ecological Footprint: Reducing Human Impact on the Earth. Gabriola Island, BC: New Society Publishers.

Wang Q. 2013. China has the capacity to lead in carbon trading. Nature, (493): 273.

Webb L. 1994. Green purchasing: forging a new link in the supply chain. Resource: Engineering and Technology for Sustainable World, 1(6): 14-18.

Wei C, Löschel A, Liu B. 2013. An empirical analysis of the CO_2 shadow price in Chinese thermal power enterprises. Energy Economics, 40: 22-31.

Yamano N, Guilhoto J. 2020. CO_2 emissions embodied in international trade and domestic final demand: Methodology and results using the OECD Inter-Country Input-Output Database. OECD Science, Technology and Industry Working Papers.

Yu Y T, Zhang N. 2022. Environmental regulation and innovation: evidence from China. Global Environmental Change, 76: 102587.

Yuan P, Liang W B, Cheng S. 2012. The margin abatement costs of CO_2 in Chinese industrial sectors. Energy Procedia, 14: 1792-1797.

Zhang Z. 2015. Carbon emissions trading in China: the evolution from pilots to a nationwide scheme. Climate Policy, (15): 104-126.

Zhao S, Li Z Z, Li W L. 2005. A modified method of ecological footprint calculation and its application. Ecological Modelling, 185(1): 65-75.

Zhao X G, Wu L, Li A. 2017. Research on the efficiency of carbon trading market in China. Renewable and Sustainable Energy Reviews, 79: 1-8.

Zhu L, Wang X, Zhang D. 2020. Identifying strategic traders in China's pilot carbon emissions trading scheme . The Energy Journal, 41(2): 123-142.

后　记

进入 21 世纪以来，随着生态环境的恶化以及全球气候变暖，社会各界对加强环境保护、维护生态环境、实现人与自然和谐共处的呼声越来越强烈。贸易与环境之间的关系也得到了广泛关注。理论上而言，国际贸易与环境保护之间的关系存在着冲突与协调的双重特征。一方面，国际贸易快速发展促进了要素和产品在全球流动，优化了全球资源配置，提高了消费者福利水平，也拓展了生产边界，促进了经济发展，社会各界更有能力实施绿色技术创新、改善生态环境。另一方面，国际贸易带动的产能增长以及经济发展不可避免地会过度消耗资源，造成环境污染。因此，如何在国际贸易中处理好环境保护与生态修复等问题，成为关注焦点。

从学科发展角度来看，生态经济学作为一门新兴学科已经出现，其核心在于解决生态环境与经济发展之间协调与发展问题，重塑人与自然之间和谐共生关系。然而，学术界尚未有“生态贸易学”的提法，也就无法构建完整的“生态贸易学”学科框架。从本质上来看，生态贸易学与生态经济学应该是“同根同源”，生态贸易学借鉴了生态经济学的理论基础以及相关的碳足迹、碳价格等核算方法。不同的是，生态贸易学更加聚焦于国际贸易层面，还涉及了国际贸易体系中的环境规则、国际环境法律及公约、生态服务贸易、绿色供应链产业链、绿色贸易壁垒等新内容。

本书构建的生态贸易理论和政策框架，是对生态贸易领域的初步探索，本书内容具有新颖性和前沿性特点，可作为相关工作者研究参考用书，经济学专业高年级硕士生和博士生学习用书，也可作为经济学、管理学等专业学生参考用书。

我们编写的《生态贸易：理论与政策》是一次大胆的理论尝试，从对外经济贸易大学原副校长林桂军教授提出写作倡议以来，我们组织了十余人的编写团队，历时两年半的时间编写和研讨，最后形成了较为完整的内容体系。本书是由林桂军教授担任顾问、王俊教授担任主编，王俊教授负责设计本书的内容框架。具体编写分工如下：第一部分导论是由程嘉嘉博士、王俊教授编写，第一、二章是由董洁妙博士编写，第三、十二章是由朱文珏副教授编写，第四、五章是由戴艳娟教授编写，第六章是由江英博士、王俊教授编写，第七章是由王俊教授、叶林伟博士编写，第八章是由余燕团副教授编写，第九、十章是由刘乾副教授编写，第十一章是由王聪博士、江英博士、叶林伟博士编写。甄马莲等硕士研究生和博士研究生参与了书稿整理和校对等工作，最后由王俊教授统稿和校订。在此，对所有参与本书编写、审校和出版的老师和同学表达诚挚的谢意。

限于编写者的学术水平以及编写时间限制，加之本书又是该领域的系统性、理论性探索，书中不足及疏漏之处在所难免，恳请广大读者批评指正。

王　俊

2024 年 4 月 20 日